ネイティブが教える

日本人研究者のための
論文の書き方・アクセプト術

エイドリアン・ウォールワーク
[著]

前平 謙二／笠川 梢
[訳]

講談社

Translation from the English language edition:
English for Writing Research Papers
by Adrian Wallwork

Copyright © Springer International Publishing Switzerland 2016
This Springer imprint is published by Springer Nature
The registered company is Springer International Publishing AG
All Rights Reserved

Japanese translation rights arranged with
Springer International Publishing AG
through Japan UNI Agency, Inc., Tokyo

日本の科学者の皆さんへ

　日本はこれまでに26人のノーベル賞受賞者を輩出し、世界で7番目にノーベル賞受賞者の多い国となりました（2019年1月現在）。科学とテクノロジーの進歩に日本が果たした多大な貢献を考えると、日本はそれ以上の評価に値すると思います。日本語と英語の間には言語学的に大きな隔たりがあり、研究の成果を論文にまとめて発表することは簡単なことではないでしょう。

　本書は私の執筆した*English for Writing Research Papers*の日本語への翻訳版です。英語版が出版されたときの私のミッションは、世界中の科学者が欧米の科学者と同等のレベルで競い合うことを手助けすることでした。私は、本書で解説したシンプルな論文執筆のルールを学習することで、皆さんの論文がジャーナルに発表され、やがて日本がノーベル賞受賞者ランキングの第5位以内に入ることを願っています。

　本書は2部構成です。第1部では、英文ライティングのスキルアップと読みやすさの向上について解説しています。第2部では、論文の各セクション（要旨、序論、方法など）の書き方、時制の使い方、避けるべき典型的な誤りについて詳しく解説しています。原稿を執筆する前に、まず第1部をすべて学習してみて下さい。論文の各セクションの執筆に入ったら、第2部から関連のある章を学習して下さい。

　本書は3つの基本的ガイドラインに基づいて構成されています。

（1）原稿は常に査読者と読者を念頭に置いてその期待に添うように書く

　皆さんの目的は論文を発表することです。査読者やジャーナルの編集者が、（1）皆さんの原稿は読みやすいと判断し、（2）皆さんの研究が何を達成し従来の研究と比較してどのような新規性を有しているかを理解できれば、原稿がアクセプトされる可能性は高まります。そのためには原稿の内容を査読者や編集者の期待に沿うように構成しなければなりません。それは原稿を明快かつ簡潔に書くこと、および各セクションだけではなくすべてのセンテンスとパラグラフを注意深く構成することで達成可能です。

　皆さんの母国語は日本語ですので、読者視点というよりも著者視点で原稿を書くことに慣れておられるでしょう。しかし読者の視点に立てば問題が生じることがあります。ノーベル物理学賞を受賞したアンソニー・レゲット氏は日本語についてこう記しています。

　　「日本語の文章は概念を前から並べて書いていき、パラグラフや論文全体を
　　最後まで読んで初めて、その一つ一つの概念の関連性や意味を理解すること

ができる。一方、英語は、各センテンスの内容が完全に明快でなければならない。さらに、一つ一つの概念の関係も、先を読まなくてもその時点で完全に明瞭でなければならない。したがって、本筋から脇道に逸れるようなときは、その脇道の終着点ではなく開始点を明確に示さなければならない。」

　つまり、上手な英語を書くためには読者の視点を持って書くことが極めて重要なのです。そのためには、筆者である皆さんの伝えたいことをどのように書けば読者は理解しやすいのかを常に考えなければなりません。日本の企業（トヨタやソニーなど）がいかに効率よくビジネスのプロセスを簡素化して消費者のニーズを満たす製品を製造してきたかを考えれば、日本の皆さんがクライアントやユーザーや読者の立場に立って考えることを生まれながら身につけていることは明らかです。原稿を執筆するときは読者の視点を失わないように常に心掛けましょう。皆さんにはそれができると私は確信しています。

（2）模範的な論文を読み、よく使われる表現を学び、また雛形として利用する
　自分の研究分野の論文を多く読むほど、英語を書く力は大きく上達します。さまざまな機能表現（目的を述べる、文献をレビューする、他の研究の結果を強調するなど）に使われる頻出語句を見つけたら、下線を引いたりノートに書き留めたりして原稿作成に役立ててください。論文の構造にも注意を向けてください。良い例があれば自分の論文のテンプレート（モデル）として役立ててください。

（3）冗長さやあいまいさを省いて簡潔に書けば、読みやすさは高まる
　英語は長く書くほどミスが多くなります。無駄な単語や語句の使用を回避できれば、原稿の可読性は大いに高まるでしょう。

　最後になりましたが、科学者としての皆さんの成功を心から祈っております。本書が皆さんの研究の成功の一助となれば望外の喜びです。

2019年10月
エイドリアン・ウォールワーク

はじめに

論文執筆を控えている科学者の皆さんへ

　本書は *English for Academic Research* シリーズの1つで、国際的な研究領域のさまざまな分野で活躍されている学者の方々のために、英語で論文を執筆するテクニックについて解説しています。論文執筆の経験の少ない方でも豊かな方でも学習が深まるように構成しました。本書で紹介した多くのアドバイスが英語以外のどの言語にも応用可能です。アカデミック英語の先生方は、本書と *English for Academic Research: A Guide for Teachers* を併用されるといっそう効果的でしょう。

本書の構成および活用法

　本書は2部構成です。すべての内容を目次で詳しく紹介しています。この目次は本書の要約としての役割も果たしており、目次を読んで内容を概観することが可能です。

　第1部では、ライティングのスキル向上および読みやすさのレベルアップを目指します。第2部では、各セクション（要旨、序論、方法など）の上手な書き方について、また時制の使い方について学習します。もちろん、研究分野によって論文の構成にやや差はありますが、多くの論文がおおむね同様のセクションで構成されています。

　原稿の執筆に取りかかる前に第1部を学習することをお勧めします。そして論文の各セクションを書くときに、該当する内容を第2部の各章で学んでください。第20章には原稿を投稿する前の最終チェック項目をまとめています。

各章の構成

　各章は次のように3つのパートで構成されています。

（1）論文ファクトイド/名言集

　これらのセクションは各章のテーマへの導入です。中にはセクションの内容とは直接関係のない、単に興味を引きつけるために書いた論文ファクトイドもあります。アカデミック英語を指導される先生方は授業前のエクササイズとして使うとよいでしょう。すべての統計値と引用は真実に基づいていますが、場合によっては私がその情報源を検証できなかったものも含まれています。

（2）ウォームアップ

　ウォームアップは、さまざまな練習問題を解きながら各章のテーマについて考えてもらうためのものです。アカデミック英語を学ばれている方は、これらの練習問

v

題をEAP（English for Academic Purposes）の先生方とともに授業の中で考えていただきたいと思います。重要な気づきがあるはずです。ウォームアップの後半で、その章で学習することの概要を説明しています。

（3）各章はいくつかの見出しで分けられていて、具体的に問題点の解決策を解説しています。第1部は英文作法のアドバイスを中心に、第2部では論文構成に関する疑問を中心に解説しました。また各章の終わりにまとめのページを用意しました。

EAPやEFLの先生方へ

　EAP（アカデミック英語）やEFL（外国語としての英語）の先生方は、英語が非母国語の研究者がよく遭遇する問題について学習することができ、質の高い論文の書き方および論文を査読者と編集者に受理してもらうためのアドバイスを指導することができるようになるでしょう。さらに、論文ファクトイド、名言集、ウォームアップを練習問題として使って刺激的で楽しい授業を行うことができるでしょう。また、*English for Academic Research*シリーズの3冊の問題集（ライティング、文法、語彙）と、これらの問題集のガイドブック*English for Academic Research: A Guide for Teachers*を併用すると効果的です。このガイドブックにはウォームアップのセクションの練習問題のヒントを載せています。

ジャーナル編集者の皆さんへ

　本書はジャーナルの編集に携わっておられる方々の日頃の疑問点にもお答えし、大いに役立つように構成されています。

実際の論文から例文を引用

　例文のほとんどを実際のジャーナルに掲載された論文から引用しました。そのうちいくつかの論文は、タイトル、著者名、ダウンロード元を巻末付録に掲載しています。また、創作した論文もいくつか含まれていますが、リアリティに問題はありません。

良い例と悪い例について

　例文は文頭に S1 や S2 などの記号をつけました。アスタリスク印（＊）のついた例文は誤った英語または何らかの理由でお勧めできない例文です。長い例文は囲みの中に示しました。囲みには修正前の例文と修正後の例文を併記しました。特に断りの無い限り、「修正前」と記された例文が悪い例文です。

ネイティブが教える論文英語表現（第21章）

論文執筆に役立つ表現集を無料ダウンロードできます：https://www.springer.com/gp/book/9783319260921

英語版第1版との違い

各章の最初に論文ファクトイドとウォームアップを設けました。新しく増えた章もあります（第9章：研究の限界の書き方のテクニック）。100ページ増やして約50のセクションを加筆しました（第8章：研究結果を強調するテクニック、第13章：要旨（Abstract）の書き方、第14章：序論（Introduction）の書き方、第18章：考察（Discussion）の書き方、第19章：結論（Conclusions）の書き方）。第21章のネイティブが教える論文英語表現は上記サイトからダウンロードすることができます。

筆者について

筆者のエイドリアン・ウォールワークは、1984年から科学論文の編集・校正および外国語としての英語教育に携わる。2000年からは博士課程の留学生に英語で科学論文を書いて投稿するテクニックを教えている。30冊を超える著書がある（シュプリンガー・サイエンス・アンド・ビジネス・メディア社、ケンブリッジ大学出版、オックスフォード大学出版、BBC他から出版）。現在は、科学論文の編集・校正サービスの提供会社を運営（e4ac.com）。連絡先は、adrian.wallwork@gmail.com

本シリーズの他の書籍

本書を含むこのシリーズは、英語を母国語としない科学者の英語のコミュニケーション能力の向上を目的としています。このシリーズには本書以外にも次のような書籍があります。

English for Academic Research: A Guide for Teachers

English for Presentations at International Conferences

English for Academic Correspondence

English for Interacting on Campus

English for Academic Research: Grammar, Usage and Style

English for Academic Research: Grammar Exercises

English for Academic Research: Vocabulary Exercises

English for Academic Research: Writing Exercises

CONTENTS

第1部　英文ライティングのテクニック 1

第1章　論文執筆の計画と準備 3

1.1	ウォームアップ	4
1.2	なぜ論文を発表するのか、自分の研究にどれほどの発表価値があるか	4
1.3	投稿するジャーナルの選び方	6
1.4	編集者のニーズを知る	7
1.5	必要な準備事項	8
1.6	テンプレートの作成	9
1.7	各セクションを書く順序	9
1.8	第一稿は母国語で書くべきか	10
1.9	論文のスタイルと構造	11
1.10	研究結果を効果的に強調する方法	12
1.11	論文の内容理解は筆者の責任かそれとも読者の責任か	13
1.12	査読者を満足させる方法	14
1.13	論文を多くの人に知ってもらうための検索エンジンの役割	16
1.14	まとめ	17

第2章　センテンスの構造：語順 18

2.1	ウォームアップ	19
2.2	基本語順：主語＋動詞＋目的語＋関接目的語	20
2.3	読者の思考の流れを分断させないために、センテンスの各要素を最もロジカルに配置する	20
2.4	主語は動詞の前に置く	22
2.5	主語の導入を遅らせない	24
2.6	主語と動詞を離さない	25
2.7	主語と述語の間に情報を挿入しない	26
2.8	直接目的語を動詞から離さない	27
2.9	直接目的語は間接目的語の前に置く	28
2.10	代名詞（itやthey）を、その代名詞が指し示す名詞よりも先に導入しない	28
2.11	否定語はできるだけ文頭に置く	29
2.12	否定語は本動詞の前、助動詞の後に置く	30

viii

2.13	理由を述べる前に目的を述べる	31
2.14	副詞の位置	31
2.15	形容詞は修飾する名詞の前に置く、または関係代名詞を使う	32
2.16	修飾していない名詞の前や、名詞と名詞の間に形容詞を置かない	33
2.17	名詞を数珠つなぎに連続させて形容詞を作らない	33
2.18	まとめ	34

第3章　パラグラフの構成　35

3.1	ウォームアップ	36
3.2	セクションの第一パラグラフで簡潔に要約する	37
3.3	セクションの第一パラグラフで、単刀直入に結論を述べる	39
3.4	パラグラフの第一センテンスの主語は、伝えたい内容を最もよく表すものを選ぶ	39
3.5	新規の情報と既知の情報はセンテンス中のどこに配置すべきか	41
3.6	既知の情報と新規の情報	43
3.7	トピックセンテンスは具体的に表現する	46
3.8	できるだけ具体的に書き、できるだけ早く提示する	47
3.9	コンセプトが徐々に具体的になるようにセンテンスを配列する	48
3.10	重要な情報の前に予備情報を並べ過ぎない	49
3.11	情報の提示はロジカルに順序よく	50
3.12	序数を上手に使う	51
3.13	長いパラグラフの構成の仕方	52
3.14	センテンスやパラグラフをロジカルにつなぐ表現	55
3.15	自分の研究成果について書くときはパラグラフを改める	56
3.16	パラグラフのエンディングは簡潔に	57
3.17	パラグラフの構成の仕方	57
3.18	まとめ	60

第4章　長いセンテンスを分割するテクニック　61

4.1	ウォームアップ	62
4.2	長いセンテンスを書いてしまう理由	64
4.3	短いセンテンスを使えば共著者が修正しやすい	65
4.4	短いセンテンスを使ってキーワードを繰り返し、ロジックを明確にする	66
4.5	短いセンテンスを連続で使い、読者の注意を引きつける	66
4.6	2つの短いセンテンスをつないで1つの長いセンテンスを作る	67
4.7	研究の目的について述べるとき、長いセンテンスは分割する	67
4.8	andやas well asを使ってセンテンスが長くなれば分割する	69

ix

4.9	注意を要する接続詞の使い方	72
4.10	センテンスが長くなるようであればwhich節は使わない	74
4.11	接続詞＋動詞 -ing 形は要注意	78
4.12	1つのセンテンスにコンマを多用しない	79
4.13	セミコロンはできるだけ使わない	81
4.14	セミコロンが必要なとき	82
4.15	例証するための括弧はできるだけ使わない	83
4.16	アドバイス	84
4.17	まとめ	86

第5章　簡潔で無駄のないセンテンスの作り方　　87

5.1	ウォームアップ	88
5.2	語数を減らしてケアレスミスを防ぎ、要点を明確に伝える	89
5.3	冗長な表現を削除する	90
5.4	抽象的な言葉の使用は控える	91
5.5	［一般的表現＋具体的表現］の構造を避ける	92
5.6	読者の注意を引きつけたいとき、できるだけ簡潔に表現する	92
5.7	接続語句の使用は少なく	93
5.8	できる限り短い表現でセンテンスをつなぐ	95
5.9	できるだけ簡潔な表現を選ぶ	95
5.10	冗漫な形容詞は削除する	96
5.11	不要な導入語句は使用しない	97
5.12	It is～の構文は避ける	97
5.13	名詞よりも動詞を使う	98
5.14	動詞＋名詞（例：make an analysis）を 1つの動詞（analyze）で表現する	99
5.15	著者としての立場でコメントをしない	101
5.16	図表の解説は簡潔に	101
5.17	目的は不定詞を使って表現する	102
5.18	常識的な情報は削除して無駄を省く	103
5.19	オンラインのジャーナルに投稿するときも表現は簡潔に	104
5.20	原稿は基本的に短く書く	104
5.21	まとめ	105

第6章　あいまいな言葉、表現、繰り返しを避ける　　107

6.1	ウォームアップ	108
6.2	あいまいさが生じない語順	109
6.3	代名詞はあいまいさを生む最大の原因	110

6.4	キーワードを同義語で置き換えない。	
	また、総称的であいまいな言葉を使わない	113
6.5	同義語の使用はキーワード以外の言葉に限定する	115
6.6	読者が理解できない専門用語を使わない	117
6.7	できるだけ正確な表現を使う	118
6.8	より具体性の高い言葉を使う	120
6.9	句読点を上手に使って文意を明確にする	120
6.10	関係代名詞の制限用法と非制限用法	122
6.11	which、that、whoの先行詞を明確にする	124
6.12	動詞-ing形か、それとも関係代名詞thatか	125
6.13	動詞-ing形か、それともS＋V形か	125
6.14	byやthusを使って動詞-ing形のあいまいさを防ぐ	127
6.15	不可算名詞	128
6.16	定冠詞と不定冠詞	130
6.17	the formerとthe latterの使い方に注意	131
6.18	above、below、previously、earlier、laterの使い方の注意点	133
6.19	respectivelyを使ってあいまいさを排除する	134
6.20	both A and Bと、either A or Bの使い方	135
6.21	as、like、unlikeなどで類似や相違を表現する	136
6.22	fromとbyの使い分け	137
6.23	ラテン語に由来する表現は要注意	137
6.24	同綴異義語（false friend）	138
6.25	タイポ（誤字）に注意	139
6.26	まとめ	140

第7章 ［Who＋Did＋What］の構造を明確にする　142

7.1	ウォームアップ	143
7.2	第一人称と受動態の使い方を投稿規定で確認する	144
7.3	受動態の使い方	145
7.4	受動態であいまいさが生じるときは能動態を使う	145
7.5	自分の研究と他の研究はパラグラフを分けて区別する	147
7.6	weが禁止されているときは、	
	時制を利用して自分の研究と他者の研究を区別する	148
7.7	ジャーナルが人称代名詞の使用を許可しているときは、	
	weを使って自分の研究と他の研究を区別する	152
7.8	自分の研究と他の研究を区別する必要がなくても	
	weを使ったほうがよい場合	153
7.9	レファレンスの活用	153

xi

7.10	the authors が誰を指すか明確に	156
7.11	論文がブラインド査読されるときの注意点	156
7.12	まとめ	158

第8章　研究結果を強調するテクニック　159

8.1	ウォームアップ	160
8.2	論文を投稿する前に、専門外の人に読んでもらいその理解度を確認する	161
8.3	査読者と読者が研究の重要性を理解できないような長文は避ける	161
8.4	読者の目が自然に研究成果に引き寄せられるセンテンスの書き方	164
8.5	ブレットを効果的に使う	165
8.6	見出しを効果的に使う	166
8.7	図表に読者の注意を引きつける	167
8.8	重要な情報ほど短いセンテンスで表現する	167
8.9	重要な研究結果はその意義を短いセンテンスでパラレルに表記する	168
8.10	不要な要素を削除する	169
8.11	注意を引きつける言葉とは	170
8.12	動きの感じられる言葉を使って重要性を強調する	170
8.13	研究結果について述べるとき、平凡な表現を使わない	171
8.14	note や noting を含む表現の使用は慎重に	172
8.15	研究成果の説明は専門外の人でも理解できるように細部まで詳しく	173
8.16	データの妥当性を説得する	175
8.17	研究成果を誇張しすぎない	177
8.18	まとめ	178

第9章　研究の限界の書き方のテクニック　179

9.1	ウォームアップ	180
9.2	質の低いデータの重要性を理解する	181
9.3	結果に不確実性はつきもの。隠す必要はない	182
9.4	研究の限界は前向きに開示する	183
9.5	研究の限界は詳しく説明する	184
9.6	信頼を失わないために	185
9.7	データ解釈の代替案を示す	186
9.8	同じ問題を持つ研究者を参考にする	187
9.9	最先端の技術を使っても問題を解決できないことを示す	188
9.10	研究しなかったデータがあれば、その理由を述べる	189
9.11	研究データをどのような観点から評価してもらいたいか	190
9.12	研究の限界を論文の最後で開示しない	191

| 9.13 | まとめ | 191 |

第10章　他人の研究を建設的に批評する方法　192

10.1	ウォームアップ	193
10.2	ヘッジング表現の使い方	194
10.3	強調表現とヘッジング表現	197
10.4	トーンを抑える動詞	198
10.5	トーンを抑える形容詞と副詞	199
10.6	副詞を使って強い主張を和らげる	200
10.7	確からしさのトーンを抑える	202
10.8	批判を避ける方法：自分の存在を明らか/あいまいにする	203
10.9	他の研究者の研究成果を肯定的に批評する	204
10.10	他の研究者の研究成果に別の解釈が考えられるとき	205
10.11	ヘッジング表現の使い過ぎに注意	206
10.12	ヘッジング表現：考察での使い方	206
10.13	まとめ	210

第11章　プレイジャリズム（剽窃）とパラフレージング（置き換え）　211

11.1	ウォームアップ	212
11.2	剽窃は簡単に発見される	214
11.3	一般的な表現はそのまま引用してもよい	215
11.4	他の論文から修正を加えずに引用する	216
11.5	他の論文をパラフレージングして引用する方法	217
11.6	パラフレージングが許されない例	220
11.7	他の著者の研究からパラフレージングする	221
11.8	パラフレージング：シンプルな例	222
11.9	パラフレージングして正しい英語を書く	223
11.10	剽窃について：個人的な考え	224
11.11	まとめ	226

第2部　論文構成のテクニック　227

第12章　論文タイトルのつけ方　229

12.1	ウォームアップ	230
12.2	タイトルの長さ	231
12.3	タイトルには前置詞を上手に使う	232
12.4	冠詞a、an、theの必要性	233

12.5	冠詞aとanの使い分け方	235
12.6	抽象名詞よりも動詞 -ing を使う	236
12.7	innovative や novel などの形容詞は読者の注目を引きつけるか	237
12.8	名詞だけを並べてタイトルを簡潔に表現できるか	238
12.9	検索のためのヒント	239
12.10	タイトルの表記：大文字と句読点	240
12.11	タイトルを短くする方法	241
12.12	タイトルに躍動感をつける	243
12.13	タイトルで結論を述べても良いか	244
12.14	疑問形式のタイトルで読者の注目を集める	245
12.15	タイトルを2つの要素に分ける	246
12.16	学会投稿用の抄録のタイトル	246
12.17	ランニングタイトルとは	247
12.18	スペルチェッカーを過信してはならない	248
12.19	まとめ：タイトルのチェックポイント	250

第13章　要旨（Abstract）の書き方　251

13.1	ウォームアップ	252
13.2	要旨（Abstract）とは	254
13.3	要旨の重要性	255
13.4	要旨の位置	255
13.5	ハイライトとは	256
13.6	キーワードの選び方	256
13.7	投稿規定は必ずダウンロードして、必要な情報をすべて入手する	257
13.8	人称代名詞と非人称代名詞の使い分け	258
13.9	要旨の時制	260
13.10	構造化要旨（Structured Abstract）とは	261
13.11	医療系の研究者ではなくても構造化要旨を使うべきか	264
13.12	拡張要旨（Extended Abstract）とは	264
13.13	ビデオ要旨（Video Abstract）とは	265
13.14	Nature に投稿したい：Nature の要旨と他のジャーナルの要旨の違い	266
13.15	要旨の第一センテンスの書き方	266
13.16	背景情報をどの程度詳しく書くべきか	269
13.17	研究の限界はいつ開示すべきか	271
13.18	インパクトのある要旨の書き方	271
13.19	簡潔な要旨の書き方	272
13.20	要旨で述べてはならないこと	273
13.21	査読者からみた付加価値のない表現	274

13.22	下手な要旨に見られる共通の特徴	274
13.23	行動社会学分野の要旨：研究背景はどの程度詳しく述べるべきか	276
13.24	研究の結論や方法を示す必要のない分野の要旨の書き方	277
13.25	レビュー論文の要旨の構成	279
13.26	学会発表用の要旨の注意点	279
13.27	現在研究中の要旨を学会で発表するときの注意点	281
13.28	国際会議のセッション、ワークショップ、セミナーで発表する要旨の書き方	283
13.29	ジャーナル編集者と学会査読委員会は要旨をどう評価しているか	284
13.30	まとめ：要旨のチェックポイント	286

第14章　序論（Introduction）の書き方　287

14.1	ウォームアップ	288
14.2	序論の構成と見出し	289
14.3	序論と要旨の違い	289
14.4	序論の長さ	292
14.5	序論のオープニング	292
14.6	典型的な科学分野ではない場合の書き方	294
14.7	序論の後半の構成	295
14.8	時制の使い分け	298
14.9	パラグラフの長さ	299
14.10	序論における典型的な落とし穴	300
14.11	序論で使ってはならない表現	301
14.12	論文の全体の構成を説明する	301
14.13	まとめ：序論のチェックポイント	303

第15章　文献レビューの書き方　304

15.1	ウォームアップ	305
15.2	文献レビューの構成	306
15.3	すべての関連文献及び自分とは異なる文献のレビュー	307
15.4	文献レビューのオープニング：これまでの進展を効果的に伝える	307
15.5	他の研究の研究者または成果に焦点を当てる	309
15.6	既存の研究の限界と自分の研究の新規性を効果的に述べる	310
15.7	時制の使い分け	311
15.8	文献レビューの語数を減らす	314
15.9	まとめ：文献レビューのチェックポイント	316

xv

第16章　方法（Methods）の書き方　317

16.1　ウォームアップ　318
16.2　方法の構成　319
16.3　能動態と受動態、時制の使い分け　320
16.4　方法のオープニング　322
16.5　標準的な方法でも詳細に記述すべきか　323
16.6　過去に発表した自分の論文の方法と同じ場合、
　　　同じ説明をしてもよいか　323
16.7　すべて時系列に説明すべきか　324
16.8　1つのセンテンス内で紹介する手順の数　325
16.9　箇条書きの使用　327
16.10　語数を減らす　327
16.11　単なる情報の羅列に見せない工夫　328
16.12　あいまいさを払拭する　328
16.13　読者が読み返さなくてもすむように書く　329
16.14　目的と方法の正しさを表現するための文法構造　330
16.15　allow、enable、permitなどの動詞に伴う文法構造　331
16.16　ステップの移行や流れの示し方　333
16.17　小見出しをつけるとき　334
16.18　まとめ：方法のチェックポイント　335

第17章　結果（Results）の書き方　336

17.1　ウォームアップ　337
17.2　結果の構成　338
17.3　結果のオープニング　339
17.4　時制の使い分け　340
17.5　結果の文体　340
17.6　カジュアルな文体を使うとき　341
17.7　否定的な結果を報告すべきか　342
17.8　データの価値を効果的に提示する　343
17.9　図表を説明する　344
17.10　図表解説のその他の注意点　345
17.11　レジェンドやキャプション　347
17.12　インタビューを行った場合、回答者のコメントの引用ガイドライン　348
17.13　データを開示する際のその他の注意点　349
17.14　まとめ：結果のチェックポイント　350

第18章　考察（Discussion）の書き方　351

18.1	ウォームアップ	352
18.2	能動態と受動態のどちらを使うか	354
18.3	考察の構成	355
18.4	構造化考察（Structured Discussion）	356
18.5	考察のオープニング	357
18.6	他の研究とどのように比較するか	358
18.7	同意できない他の解釈の可能性も考慮しつつ自分の解釈を提示する	362
18.8	考察に小さな興奮を盛り込む	362
18.9	seemやappearを使い、すべての可能性を調査したわけではないことを認める	365
18.10	自分の研究結果と矛盾する文献に言及するべきか	366
18.11	先行・類似研究の落とし穴をどのように指摘するか	366
18.12	研究の限界を考察すべきか	366
18.13	人文科学系の研究者が考察で陥りがちな問題	367
18.14	考察の長さ	368
18.15	さらに簡潔にしたい場合	368
18.16	パラグラフの長さ	369
18.17	「結論」があるときの「考察」の締めくくり	370
18.18	「結論」がないときの「考察」の締めくくり	371
18.19	まとめ：考察のチェックポイント	372

第19章　結論（Conclusions）の書き方　374

19.1	ウォームアップ	375
19.2	結論のセクションは必要か	376
19.3	結論の時制	377
19.4	結論の構成	378
19.5	要旨と結論の違い	379
19.6	考察の最終段落や序論との違い	381
19.7	結論の第一センテンスのインパクトを強くする	381
19.8	明確な結論を導き出せない場合：限界に言及すべきか	384
19.9	研究の限界と将来の研究の可能性をつなげる	385
19.10	結論の締めくくり	388
19.11	謝辞（Acknowledgements）の書き方	390
19.12	まとめ：結論のチェックポイント	391

第20章　投稿前の最終チェック　392

20.1	ウォームアップ	393

xvii

20.2	PC上の修正で終わらず、印刷して確認する	396
20.3	最高の状態に仕上げてから投稿する	397
20.4	無駄な表現を徹底的に省く	398
20.5	論文の読みやすさを確認する	399
20.6	常に査読者の存在を意識する	400
20.7	明確で順序正しい論理展開か	401
20.8	カット＆ペーストに気をつける	401
20.9	論文全体の一貫性を確認	402
20.10	適切で正式な英語を使っていることを確認する	403
20.11	スペルミスの重大性を軽視しない	403
20.12	カバーレター（メール）を正しく書く	405
20.13	リジェクトに対応する	405
20.14	編集者や査読者のコメントを真剣に受けとめる	406
20.15	有料編集・校正サービスを利用する場合のポイント	407
20.16	エイドリアン・ウォールワークから最後のメッセージ： 科学英語をおもしろく！	408
20.17	まとめ：投稿前のチェックポイント	409
20.18	本書の総まとめ：10の基本ルール	410

第21章　ネイティブが教える論文英語表現　412

| 21.1 | 目次 | 413 |
| 21.2 | 論文英語表現の使い方 | 415 |

謝辞	473
付録：ファクトイドその他のデータソース	474
翻訳者あとがき	480
索引（第1章〜第20章）	482
索引（第21章）	489

第1部
英文ライティングの
テクニック

第 1 章
論文執筆の計画と準備

 論文ファクトイド

毎日7,000報の科学論文が投稿されているが、そのすべてが受理されるわけではない。

発表された論文の少なくとも3分の2が英語を母国語としない研究者が執筆している。

国際的ジャーナルに投稿された原稿に対する査読者のコメントの約2割が、英語の使い方の問題に関するものである。

OECD（経済協力開発機構）の報告によると、イタリアとスペインの大学卒業者で標準識字能力試験の上位2ランクのレベルに到達していたのはわずか12％であった。一方、日本とオランダでは高校生の約13％がこのレベルに達していた。

EUだけでも25万人の博士課程の学生がいる。

中国には約100万人の、日本には67万5千人の、ロシアには50万人の研究者がいる。

1.1　ウォームアップ

　論文を国際的ジャーナルに投稿する理由を3つ考えてみよう。次の3つの引用が役に立つはずだ。

「言語は、記録する、発表する、指導するなどのさまざまな科学的活動に意味を与えるツールだ。科学者は、観察、知見の獲得、仮説の立案など、あらゆる活動に言語を使い思考している。」

Writing for Science（ロバート・ゴールドボート著）

「正確で理解しやすい論文を書くことは研究そのものと同じくらい重要だ。」

How to Write and Publish a Scientific Paper（ロバートA. デイ著）

「書くことで学習は加速する。調査や準備には終わりはあるが、書くことに終わりはない。書くことは研究を前に進めるための欠くべからざる道具だ。」

Handbook of Writing for the Mathematical Science（ニコラス・ハイマン著）

　本章では研究を発表することの重要さを考え、以下のようなさまざまな方法を紹介する。

- 適切なジャーナルの選び方、および編集者が期待する内容、スタイル、構造について
- 各セクション（序論や方法など）を書く順序
- 査読者を満足させる方法について

1.2　なぜ論文を発表するのか、自分の研究にどれほどの発表価値があるか

　研究を発表する理由を明確に自覚しているほど、よい論文を書きたい気持ちは高まる。自分の専門分野のまだ解明されていない領域に貢献したいというのも1つの理由だろう。どのような貢献をしたいのか具体的に書き出して、果たしてその貢献

4　第1章　論文執筆の計画と準備

にオリジナリティがあるかどうか、よく考えてみよう。

　私の教え子の一人が査読者から投稿論文の却下の理由として次のようなコメントを頂いた。

「受理できない。新しい知見、科学的視点、新規性に欠ける。」

　このようなコメントが論文を投稿して半年後に届くことも珍しくない。半年もかかってしまっては、大いなる時間と労力の無駄使いというものだ。そこで、原稿の執筆に取りかかる前に完全に明確にしておかなければならないことがある。

- 研究の最終目的は何か
- 最も重要な発見は何か。それが真実であることをどのように証明できるか
- その発見はこれまでの知見とどのように異なり、またどのような価値があるか

　あなた自身は何年間もそのプロジェクトに携わっており、自分の発見の重要さを理解しているだろう。しかし読者はそのことを知らないので、はっきりと伝達しなければならない。同僚を相手に発表してみたり議論したりするのも、何が重要な発見かを見定めることに役立つかもしれない。

　重要な発見をいくつか書き出して、投稿先のジャーナルの語数制限を考慮しつつ、最も重要な発見をいくつか選び出す。それぞれの重要な発見に、別の角度から新しい説明を加えられないかどうかを考える。文献を再び検索する必要があるかもしれない。説明を行うとき、バイアスが生じないように注意すること。次に、それぞれの重要な発見が正しいと思う根拠を説明する。このとき、他の解釈の余地があることを示す必要がある。

　これらのアドバイスが、あなたが投稿を考えている論文が科学コミュニティに貢献できるかどうかを判断するために役立つはずだ。

1.3　投稿するジャーナルの選び方

これまでに論文を書いたことがなければ、あるいは上司から具体的にどのジャーナルに投稿すべきとアドバイスがなければ、同じ研究チームの同僚に、普段どんなジャーナルを読んでいるか、また彼らならどのジャーナルに投稿するかなどを相談してみるのもよいかもしれない。

たとえ初めての論文でも、投稿先は刊行規模の小さいジャーナルや知名度の低いジャーナルである必要はない。アカデミアで自分の業績を認めてもらえるかどうかは、インパクトファクターの高いジャーナルに論文を発表できるかどうか次第だ。

インパクトファクターはそのジャーナルがどれほど一流かどうかを測る尺度だ。インパクトファクターが高ければ、そのジャーナルがそれだけ広く読まれており、他の研究者が引用する可能性が高いことを意味する。論文審査のあるすべてのジャーナルを順位づけしてインパクトファクターをまとめた表がインターネット上で閲覧可能だ。Google Scholar でも見つけることができる。

しかし、インパクトファクターの高いジャーナルに受理されることは難しいので（→ **20.13**節）、レターなどの短い論文を投稿するのも良い考えだ。文献レビューや方法論を考察した内容は受理されやすい。例えば、もしあなたの専門が医学なら、重要かつ日常的な問題にどのように対処するべきかを考察する臨床総説を2,500ワード程度の論文に書いてみるのも一考だ。

ジャーナルが3～4の候補に絞られたら、各ジャーナルの論文作成のスタイルと読者層を検討する。編集者と読者は論文に何を期待しているだろうか（→ **1.9**節）？

ジャーナルで議論されている問題について論文を書いて議論に参加するのも良いだろう。この方法で論文が受理される可能性は高くなるかもしれない。

もちろん論文のテーマは投稿するジャーナルに関連の深いテーマを選ぶべきだ。自分の論文のテーマよりも先にジャーナルを選んだほうがよい場合もある。その後で、選んだジャーナルの期待に沿うためにはどのような方法にしたがって自分の研究を進めるべきかを判断すればよい。

怪しいメールを研究者に送ってサービス内容を宣伝する多くのオンラインジャーナルには注意が必要だ。そのようなジャーナルに投稿してはならない。詐欺かもしれないし、少なくともインパクトファクターにまったく欠けるジャーナルだろう。

1.4 編集者のニーズを知る

投稿するジャーナルが決まったら、掲載されている論文をできるだけ多く読むこと。多くの読者数を獲得しつづけるためにそのジャーナルの編集者が何を求めているかがわかるはずだ。通常、ジャーナルの編集者は原稿に以下のようなことを期待している。

論文の種類	原著論文、系統的レビュー、ポジションペーパーなど（さらに詳しい情報はGoogle ScholarやWikipediaを参考）
テーマ	オリジナル性と新規性があり現在最も注目されているトピックであること。議論を呼んでいるトピックであること。古典的なトピックであること
目的	研究の目的が明確であること
研究方法	研究プランがしっかりしていること。方法が明確であること。倫理性があること。再現が可能であること。バイアスがないこと。研究の限界を明記していること
結果	研究の目的にかなっていること。まったく新しい結果が得られている、または同じジャーナルにすでに発表された他の研究結果と同じ結果が得られていること。散漫すぎて意味不明になっていないこと。他の分野にも一般化できること
論文の長さ	指定語数以内
スタイル	人称代名詞（We, I）または非人称代名詞を受動態で。あるいは両者の併用

ジャーナルによってはテーマを決めていたり、具体的なテーマについて特別号を設定したりしているものもある。これらの特別号は発刊の数か月前に発表されるので、自分の専門分野の課題の発表を見逃さないよう注意が必要だ。まさに自分にぴったりのテーマがあるかもしれない。

1.5　必要な準備事項

　ジャーナルが決まったら、最も引用されている論文を読み、その論理構築を研究する。自分の研究テーマとの関連性が高く、自分の論文に引用する可能性のある論文または自分の専門分野の古典的な論文を選ぶ。

　次のような見出しをつけて内容を表に整理してみるのもよい。

- 解決すべき問題
- 背景情報および関連する参考文献
- 研究の革新性のレベルを証明する事実
- それぞれの研究で検討された概念モデル、方法、手順
- 利用した材料、装置、ソフトウェア
- 実際に使用された方法と手順
- 達成された結果
- 結果の分析と解釈
- 研究の強みと弱点、および実証された仮説
- 将来の研究に寄せる期待

　上記の見出しごとに論文を表にまとめてみよう。この分析が次のステップを容易にしてくれるはずだ。

1. 自分の論文用の文献レビューを書いてみる。分析を行った後なので文献には精通している
2. 他の研究の方法と結果との差別化のポイントを明らかにする
3. 他の研究の強みと弱点を書き出す（潜在的バイアスも含めて）

　これらの3つのポイントを整理することが、あなたの研究の新規性、革新性、有用性を理解するために、またすでに文献で発表されている研究の理解をさらに深めるために役立つはずだ。あなたがやらなければならないことは知識のギャップを埋め合わせることだ。

　十分な文献検索を行ったら、実際に文献レビューを書いてみよう。

8　第1章　論文執筆の計画と準備

1.6　テンプレートの作成

　自分の研究テーマに最も近い、英語のネイティブスピーカーが書いた、しかも自分でも楽しめる論文を1つ選ぶ。その論文をモデルにして自分の研究を上書きしていくことも可能だ。

　モデルにした論文の構成を観察しよう。

- 筆者はどのように論文を書き出しているか
- 筆者は各セクションのポイントをどのようにまとめているか
- 筆者は各パラグラフをどのようにリンクさせているか
- 筆者は結果と考察をどのようにリンクさせているか
- 筆者は結論をどのように提示しているか

　モデルの論文を読みながら、使えそうな英語表現があればメモを取りながら読む。そのような表現は読者も良く知っている表現であり、それらを使うことで論文は読みやすくなる。

1.7　各セクションを書く順序

　論文の各セクションの書き方の順序にルールがあるわけではない。自分の最も書きやすい順序で書くのが良い。時にはいくつかのセクションを同時に書くこともあるかもしれない。

　多くの筆者が方法のセクションから書き始めている。「方法」は最も整理されており、論文の中では最も書きやすいパートだからだ。また方法から書き始めることで、その他のセクションを書く自信と意欲が生まれる。

　本来なら要旨（アブストラクト）から書き始めるのが理想だ。そうすることで自分の考えをまとめて、研究の要点を整理することができる。もし学会で発表するのであれば、学会主催者は論文の前に要旨の提出を求めるはずだ。また要旨は論文を書き終えてから修正することもできる。

1.7　各セクションを書く順序　9

あなたが博士課程の入学時、または現在のプロジェクトを開始したときに、作成した研究計画書を見直すと参考になるかもしれない。このときも研究の最終目的を明確に書き出していたはずなので、要旨が書きやすくなるだろう。

多くの筆者にとって最も難しいセクションが考察である。考察では得られた結果を解釈して他の研究の結果と比較しなければならない。考察を書きながら序論を下書きすることが役に立つ。序論と考察では同じ引用論文の筆者に言及することがあるからだ。

各セクションの一般的な執筆の順序は以下のとおり。

要旨（草稿）→ 方法 → 結果 → 考察 → 序論 → 結論 → 要旨（最終稿）

序論を書く前に結果と考察を書くほうが良いだろう。自分の研究の意義を本当の意味で理解できるのは、これら2つのセクションを書き終えた後だからである。研究背景をしっかり地固めしてから研究の意義を強調する。これが序論の大きな役割の一つだ。

1.8　第一稿は母国語で書くべきか

母国語で下書きをするよりも最初から英語で書くことをお勧めする。最初は難しいかもしれない。しかし、英語のネイティブスピーカーが書いたモデルの論文を参考にしながら丁寧に書き進めていけば、母国語で書いた原稿を英語に翻訳するよりも速い。また、モデル論文から借りた表現を使うことになるので、正確で信頼性の高い英文を書くことができる。

研究期間中に英語で草稿を書いていれば、論文作成はスムーズに進むだろう。原稿の執筆に取りかかったときに、必要なコンテンツがすでに英語で存在しているからだ。英語で書くことは英作文の練習にもなり、また研究テーマの理解もいっそう進むだろう。

研究期間中に英語で書く草稿の英文チェックを依頼できるネイティブスピーカーを探しておくことも重要だ。あなたの研究分野に特化することになるので、一般的

な英語講座よりも役に立つ。しかし、あなたの勤務先の部署や施設が英文ライティングサービスを提供していれば利用する価値はある。

　同じ部署の研究仲間と英文ライティング勉強会を作ることも可能だろう。そうすることで自分の英文ライティングのスキルを伸ばすことも、お互いの英文ライティングのスキルを評価することもできるかもしれない。

　ライティングスキルを向上させ、自分の専門分野での知名度を高めるために、論評を書いてみるのもよい。通常、ジャーナルは他の研究者の論文に対する短い論評を載せている。長さにして300ワード程度だから、要旨より少し長いくらいだ。紙媒体のジャーナルに掲載されている論評に、オンライン上で即座に反応することもできる。

1.9　論文のスタイルと構造

　それぞれのジャーナルに独自の要件とスタイルガイドがある。ジャーナルによって、Instructions for authors、Notes for authors、Author guidelinesなどと呼ばれている。通常、Author resources（著者向け情報）と呼ばれるページに掲載されていることが多い。

　ガイドラインには次のような情報が載せられている。

- 受理可能なタイトルについて
- 論文の構成について（例）：文献レビューは序論で行うか、それとも最後に行うか。結果は考察に含まれるか、それとも独立したセクションか。結論のセクションは独立したセクションか
- レイアウトについて（要旨の提示方法（例）：1つの長いパラグラフか、それとも5～6の短いパラグラフで構成するか）
- セクションの構成について。ジャーナルによっては、各セクション（特に考察）の書き方や、小見出しについて厳密に規定しているものもある
- WeやIなどの人称代名詞を使うよりも受動態を使うかどうか
- 引用の仕方について
- 参考文献一覧について

- キーワードについて
- スペリングについて。アメリカ英語とイギリス英語のどちらを使うか

投稿先のジャーナルの規定に従うことは非常に重要だ。ジャーナルのウェブサイトからこれらの規定をダウンロードしてから論文の執筆にとりかかるとよい。

インパクトの低いジャーナルを選ぶのであれば、同じ分野のインパクトの高いジャーナルの規定を見ておくことが非常に役に立つ。インパクトが高いジャーナルほど著者向け情報の質は高い。そのジャーナルの特定の専門分野の筆者だけではなく、すべての論文筆者にとって有益な情報だ。

あなたの専門分野のジャーナルがそのような情報を掲載していなければ、世界で最も権威のあるジャーナルの一つBMJ（bmj.com）のウェブサイト上のWelcome to resources for authorsのページで確認することをお勧めする。あなたが医学の研究者でなくても、非常に有益な情報を得られるだろう。

医学界全体が一つになってジャーナルに掲載される論文の質を高める努力をしてきた。1~2報の医学論文を読むだけで明解な文章の書き方と理論構築の方法を学ぶことができる。

1.10　研究結果を効果的に強調する方法

各セクションの理論構築をプランしながら、自分の貢献をどこでどのようにアピールしたら効果的かを考えよう。自分の論文を読んだ読者が次のような質問をしたと仮定して、その答えを考えてみるとよいだろう。

1. 解決/調査すべき問題は何か？
2. その問題をどのようにして解決/調査したか？
3. あなたの解決策/調査方法は、従来の解決策/調査方法とどのように違うか？
4. どのような発見があったか？
5. あなたの発見と文献にすでに発表されている発見との違いは何か？

読者は一般的にまずタイトルと要旨を読み、次に考察を読む。図表しか読まない

12　第1章　論文執筆の計画と準備

読者もいるかもしれない。読者が最初にどこから読み始めるかはわからないので、すべてのセクションでこれらの問いの回答を用意しておかなければならない。ジャーナルに掲載された論文をいくつか見て、その論文の筆者がどのような対策を講じているかを研究するのもよい。これらの問いに対する回答はセクションによってその重要性に差があるが、要旨と考察において最大限に強調されることが多い。しかし他のセクションにおいても同様の検討を行うべきだ。

　論文の推敲の段階で研究結果を強調し過ぎていると感じれば、いつでも2～3つの文を削除することができる。しかし論文執筆の段階で貢献を強調し過ぎてしまうと、論点がぶれてしまう。論文を査読者やジャーナルに売る製品と考えてみてはどうだろうか。論点がクリアで説得力があるほど、ジャーナルがあなたの論文を買う可能性は高い。第8章で、自分の貢献を強調する方法についてさらに紹介する。

1.11 論文の内容理解は筆者の責任か それとも読者の責任か

　本書を読んでおられる読者の方々の文化的背景はさまざまであろう。あなたと指導教員の間に力関係が存在するだろうか？あなたの指導教員は、口頭で伝えたことを正しく理解することをあなたに期待する人だろうか？また、あなたが理解できないほど難しい文章を書く人だろうか？もしそうであれば、あなたはごく平均的だ。きっとあなたは受信者志向的な文化背景を持つ人であろう。そして聞いたり読んだりしたことを理解するのはあなたの責任であり、話し手や書き手の責任ではない。

　かつてはアングロサクソン人の文化も同様であったが、この50年の間に役割は逆転した。話し手または書き手の意図を相手に理解させるのは、その話し手または書き手の責任である。

　読者に無駄な負担を強いることのない簡単に理解できる論文を書くこと、それがあなたの責任だ。

1.12 査読者を満足させる方法

　まったくミスのない完全な英語を書くことは可能だが、文章作法が下手であるとして論文がリジェクトされることがある。英語のネイティブスピーカーでさえも同様だ。一方、しっかり構築された読みやすい論文は、英語が完璧でなくても受理される可能性はある（多少の修正のリクエストは有り得る）。

　私の経験では、ネイティブスピーカーの査読者は論文の論点の流れと可読性の高さに重きを置いている。一方ノンネイティブスピーカーの査読者は文法や語彙の誤用に注意を払う傾向があり、彼らを満足させるためには非常に正確な英語を書くことが重要だ。とにかく、簡潔な英文を書かなければどの査読者からも受け入れてもらえないだろう。私の知る限り、英文の質のハードルが低いジャーナルは見たことがない。原稿を執筆するときは、以下の点に留意しよう。

（1）査読者にはあなたの原稿を査読する義務があるわけではない

　査読者は空いた時間を利用してあなたの原稿を読んでいる。また報酬があるわけではない。したがって、査読者が快適に読み進めるためにできることはすべてやったほうがよい。すなわち、英文もさることながら、レイアウトや図表も明確でなければならない。そうすることで論文が受理される可能性が高まる。

（2）その分野の専門家でない人にも経験が不足している人にも理解可能な文章を書く

　研究分野はどんどん専門化されつつあるので、同じ学識レベルの2人の研究者がいたとして、その2人はお互いの論文を理解できないかもしれない。また、必ずしも研究したい分野で財政支援を受けられるとは限らないので、財政支援を受けられる類似の研究分野へシフトしなければならないこともある。そうすると新しい研究分野の文献を読まざるを得なくなる。だからこそ、理解してもらうためには明解に書かなければならない。

　つまり、読者はあなたほど研究分野について知識がないかもしれないことを念頭に置いて原稿を書き始めなければならない。

14　第1章　論文執筆の計画と準備

（3）専門家の興味を引きつけられる論文を書く

専門家にとっても充実した内容（＝科学的根拠）を持つ論文になるように注意しなければならない。といっても難しく書くという意味ではなく、専門家の興味を引きつけられる十分な情報が必要ということだ。

（4）査読者がフィードバックに使っている書式を調べる

どのジャーナルにも査読者が報告書を作成する際に使用する書式がある。編集者はこの報告書を見て原稿を受理するかどうかを判断する。あなたの上司や同僚はこのような書式を持ってはいないだろうか。あなたが投稿しようとしているジャーナルの書式が望ましい。

その書式の質問事項をガイドラインとして利用して原稿を書くことをお勧めしたい。以下はその例だ。

- 研究に新規性はあるか。また国際的に重視されているか
- 論文はジャーナルの目的や研究領域に適合しているか
- 英文は文法的に正しく、またクリアに書かれているか
- 文体は簡潔であり、また研究内容に適しているか
- タイトルは研究の内容を適切に反映しているか
- 要旨は研究の内容を正しく要約しているか
- 結論はエビデンスと考察から導き出されたものか

　これらの質問事項を念頭において原稿執筆に取りかかることが大いに役立つことだろう。さらに、執筆を終えた後も、各質問事項の答えが「はい」であることを確認すること。

1.12　査読者を満足させる方法　15

1.13 論文を多くの人に知ってもらうための検索エンジンの役割

シカゴ大学の社会学者ジェームズ・エバンスが実施した研究によると、オンラインで多くの論文にアクセスできるようになったにもかかわらず（古い論文もデジタル化された）、新しい論文ほど引用頻度が高い。

検索エンジンを使って読みたい論文を検索することができるが、人は検索エンジンで表示された最初のページに表示される論文をクリックする傾向がある。結果的に、検索の幅が狭くなり、検索エンジンで上位にランクされた論文の重要性が永久に誇張されることになる。

この事実から、あなたの論文執筆にとって示唆に富む以下のような重要なアドバイスが導き出される。

- 検索エンジンに自分の論文を発見してもらうためには、キーワードが非常に重要である
- 読者がただちには内容を理解できない論文であったり、引用されない論文であったりすれば、どのようなキーワードを並べても何の役にも立たない

1.14 まとめ

☑ 投稿するジャーナルの選択について上司や同僚からアドバイスをもらう。

☑ ジャーナルの編集方針に沿った研究テーマを、または研究テーマに合ったジャーナルを選ぶ。

☑ 投稿規定をダウンロードする。原稿のスタイルや構造のヒントを得られる。

☑ 選んだジャーナルから引用頻度の高い論文を選んで、その筆者がどのように理論を構築しているかを研究し、自分の研究とそれらを比較して、自分の研究にはどのような新規性があり、またどのように差別化できるかを考える。

☑ モデルとして使える論文を選び、そのスタイルと構成を学び、その上に自分の研究マップを描いて重ね合わせてみる。もちろん英語のネイティブスピーカーが書いた論文を選ぶこと。

☑ モデルの論文に役に立つ表現があればそれをメモし、自分の原稿に応用する。

☑ どのセクションから書き始めるべきか、その順序を決める。通常は要旨を最初に書き、その次は構成ができ上がっている箇所から順番に書いていく（通常は材料と方法のセクション）。

☑ 各セクションは別々に原稿を書くこと。そうすることで、各セクションの原稿を同時に準備することができる。

☑ 自分の研究の独自性を、要旨だけでなく各セクションにおいても明確に記述する。

☑ その分野の専門家でなくても理解できるように書く。

☑ 査読者は無報酬で、しかも勤務外の時間を使って査読を行っていることが多い。ケアレスミスのある原稿を送ってはならない。

☑ 査読者の報告書の書式を入手して、査読者の評価のポイントを理解する。

☑ 最初から英語で書く。英語を学ぶあらゆる機会を利用して英文ライティングスキルを磨く。

☑ オンライン上のリソースを使う。

☑ 検索エンジンがあなたの論文にどのようなインデックス付けを行うかを知る。

第2章
センテンスの構造：語順

 論文ファクトイド

1,000年以上も前に話されていた古代英語では、単語はセンテンス中のどこにでも置くこともできた。しかも文意を変えることなく。

✳

言語によっては、たとえI like you.のような単純なセンテンスであっても語順は大きく変わる。例えば、クロアチア語ではLike to me you.、エストニア語ではYou like to me.、アイルランド語ではYou are liking to me.、韓国語ではI you like.、スペイン語ではTo me you like.、ウォロフ語ではYou me I like.となる。

✳

This is the rat that lives in the house that Jack built.という英文は、日本語に訳すとThis Jack-built-house live-in-rat is.という語順になる。

✳

非常に基本的な概念を伝える場合であっても、言語が異なれば語順も異なる。例えば、多くの言語で、men and womenとは言うがmother and fatherとは言わない。中国語ではfather and motherと言うが、これは性別が意識されているわけではなく、単に、言葉が対になっている場合、発音しやすい順に発話するというだけのことだ。世界の言語の約半数がblack and whiteと発話し、他の半数の言語がwhite and blackと発話するのもこのような理由による。英語圏の人にとっては [w] の音より [b] の音が発音しやすい。同じ理由でスペイン語圏の人にとっては、negro e biancoよりもbianco e negroのほうが発音しやすい。

✳

検索エンジンを使ってリサーチするとき、人は、まずページの左端を上から下に素早く目を走らせ、次に水平に目を動かして文字を読んでいる。だから、各パラグラフの最初のセンテンスの先頭に来る主語の選択には十分に注意しなければならない。さもなければ、読んでもらいたい重要な情報にブラウザー（検索中の研究者）や読者が気づかない可能性がある。

2.1　ウォームアップ

（1）次の例文の改善点はどこにあるか？

S1 Finding a candidate with all the right qualifications, with a high level of communications skills, a good knowledge of at least two languages and a friendly personality is a rare event.

S2 It is advisable that a foreign language should be learned at a young age.

（2）次の **S3** と **S4** では、どちらが良いセンテンスか？

S3 You are doing this course in your own time but at the expense of your department in order to learn English.

S4 In order to learn English you are doing this course. The course takes place in your own time but at the expense of your department.

（3）次の例文のうち、最も読みにくい例文はどれか？それはなぜか？

S5 English, although currently the international language of business, may one day be replaced by Spanish or Chinese.

S6 Although English is currently the international language of business, it may one day be replaced by Spanish or Chinese.

S7 English may one day be replaced by Spanish or Chinese, even though it is currently the international language of business.

S8 English is currently the international language of business. However, it may one day be replaced by Spanish or Chinese.

（4）次の説明は正しいか？それとも間違いか？

● 人は重要な情報から先に読みたい。履歴書を書くときも人は最近の業績から書いていく。どこの小学校に通ったかから書く人はいない。

● 最も重要な情報をセンテンスの最初に置くことで、最も重要な情報が何であるかが自ずと明らかになり、読者の理解はそれだけ深まる。

● 主語と動詞を文頭に置くことで、簡潔で短いセンテンスを書くことができる。

　本章ではセンテンス中の語彙の配置のルールについて解説する。さらに詳しい解説は *English for Academic Research: Grammar, Usage and Style* の 第16～18章参照。

2.2 　基本語順：主語＋動詞＋目的語＋関接目的語

　センテンス（またはパラグラフ）の中の情報の配列の順序は、読者が受け取る各情報の重要度に大きく影響する。

　情報の配列の順序については、英語ネイティブの読者ははっきりとした期待をもっている。英語のセンテンスは、その期待される言葉の順序を厳密に守っている。以下はその例だ。この語順が変わることはめったにない。

> The researchers sent their manuscript to the journal.
> 　主語 ＋ 動詞 ＋ 直接目的語 ＋間接目的語

　主語、動詞、直接目的語、関接目的語のお互いの配置をできるだけ離さないことが重要だ。

> Last week *the researchers sent their manuscript to the journal* for the second time.

次の例文は正しい語順のルールにしたがっていない。

> *The researchers *last week* sent *for the second time* to the journal their manuscript.

　last weekとfor the second timeの配置が間違っている。また間接目的語が直接目的語の前に置かれている。

2.3 　読者の思考の流れを分断させないために、センテンスの各要素を最もロジカルに配置する

　読者は、センテンス中でお互いに密接に関連し合っている語句が並置されることを期待している。

20 　第2章 センテンスの構造：語順

✕ 悪い例	⭕ 良い例

Several authors have evaluated the possibility to minimize the levels of background compounds, both those released from the bag material and those from the previous sample collection *using a cleaning procedure*.

All PCR-amplified products were visualized on 2% agarose gel containing ethidium bromide, *under ultraviolet light.*

The figures show, for each observation time, the average values of the peak areas of the compounds present in the dry gaseous standard mixture.

Overall the match between the aggressiveness of season-based inoculations and the capacity of the fungus to be active in vitro as a function of the temperature, *appears strict*.

Several authors have evaluated the possibility *of using a cleaning procedure* to minimize the levels of background compounds, both those released from the bag material and those from the previous sample collection.

All PCR-amplified products were visualized *under ultraviolet light* on 2% agarose gel containing ethidium bromide.

For each observation time, *the figures show* the average values of the peak areas of the compounds present in the dry gaseous standard mixture.

Overall *there seems to be a close* match between the aggressiveness of season-based inoculations and the capacity of the fungus to be active in vitro as a function of the temperature.

　悪い例文の最初の2例では、イタリック体部分が読者の理解にとって重要な情報であり、できるだけ早く、しかも関連する情報の近くに配置しなければならない。3番目の例の良い例文では、センテンスの流れの分断が修正されている。最後の例の悪い例文では、動詞がセンテンスの末尾に配置されている。これは英語の世界では極めて稀であり避けなければならない。

　さらにいくつか例文を紹介しよう。

✕ 悪い例	○ 良い例
It is important to remark that our components are of a traditional design. *However*, we want to stress that the way the components are assembled is very innovative.	*Although* our components are of a traditional design, the way they are assembled is very innovative.
Working in this domain entails modifying the algorithms as *we are dealing* with complex numbers.	*Since we are dealing* with complex numbers, working in this domain also entails modifying the algorithms.
Therefore, the rescaled parameters seem to be appropriate for characterizing the properties, *from a statistical point of view*.	Therefore, *from a statistical point of view*, the rescaled parameters seem to be appropriate for characterizing the properties.

　良い例文では、すべての例文において読者は読み進みながら次にどのような情報が来るかヒントを得ることができる。しかし悪い例では、この点で混乱を招いてしまっている。

- 最初の例では、読者は、筆者が与えたい重要な情報はtraditional designであるとただちに理解できる。筆者は次に、前述の情報とは対照的な新規の情報を紹介している。このような場合、筆者は文頭にalthoughなどの接続詞を置いて、それ以降に対照的な内容が続くことをあらかじめ示唆するほうが良い。
- 2つ目と3つ目の例文では、重要な情報が文末に置かれている。一方、良い例では、筆者は、読者に理解してもらいたい情報を文頭に配置している。

2.4　主語は動詞の前に置く

　主語（以下の例文ではイタリック体で表記した）は動詞の前に置かなければならない。

22　第2章　センテンスの構造：語順

✗ 悪い例	○ 良い例
In the survey participated *350 subjects*.	*Three hundred and fifty subjects* participated in the survey.
Were used *several different methods* in the experiments.	*Several different methods* were used in the experiments.
With these values are associated *a series of measurements*.	*A series of measurements* are associated with these values.
Once verified *the nature of the residues* ...	Once *the nature of the residues* had been verified ...

英文を書くときは主語を先に述べることが極めて重要である。

次の悪い例では、文末まで主語の導入が遅れている。また、主語について述べる前に、主語の重要性や存在を強調する補足の説明を行っている。

✗ 悪い例	○ 良い例
Among the factors that influence the choice of parameters *are time and cost*.	*Time and cost are* among the factors that influence the choice of parameters.
Of particular interest *was the sugar transporter*, because...	*The sugar transporter was* of particular interest, because...
Important parameters *are conciseness and non-ambiguity*.	*Conciseness and non-ambiguity are* important parameters.

命令文やthere is/are構文では、名詞の前に動詞を置くことができる。

✗ 悪い例	○ 良い例
Noteworthy *is the presence* of a peak at ...	*Note the presence* of a peak at ...
	There is a peak at ...

不定詞が文頭に置かれることもある。

(In order) to learn English, a good teacher is required.

2.5 主語の導入を遅らせない

論文ファクトイドでも述べたように、人は検索エンジンの検索結果に目を走らせるとき、まず画面の左側を上から下に見て、次に左から右に見る。

したがって、パラグラフの第一センテンスの最初にどのような情報を配置したらよいか良く考える必要がある。重要な情報の配置場所を間違えると、ブラウザー（検索中の研究者）や読者に気づいてもらえないリスクは大きくなる。

次のセンテンスでは、イタリック体部分がセンテンスの左側を占めている。主語の提示が遅く、読者は主語を見ない可能性がある。

S1 *It is interesting to note that* X is equal to Y.
S2 *As a consequence of the preceding observations*, X is equal to Y.

このような問題を防ぐためには、以下の工夫が可能だ。
- 主語より前の部分を削除または削減する
- 主語より前の部分をセンテンスの後半に置く

そうすることで S1 と S2 は以下のようなセンテンスになる。
- *Note that* X is equal to Y. または、*Interestingly*, X is equal to Y.
- *Consequently*, X is equal to Y. または、X is *thus* equal to Y.

Itを文頭に置くと（S1）真の主語の導入が遅くなるので、可能な限り助動詞（might, need, shouldなど）を使う（→5.12節）。

24　第2章　センテンスの構造：語順

✕ OKレベル	○ 修正後
It is probable that this is due to poor performance.	This *may* / *might* / *could* be due to poor performance.
It is possible to do this with the new system.	This *can* be done with the new system.
It is mandatory to use the new version.	The new version *must* be used.

2.6　主語と動詞を離さない

動詞に含まれる情報は重要であり、動詞をできるだけ主語の近くに置くことが大切だ。読者は、主語と述語の間に置かれた情報をあまり重視しておらず、注意して読むことは少ない（→ 2.7節）。

次の S1 と S2 では、動詞の導入が遅く、読者は重要な情報提示まで長く待たされることになる。

S1 *A gradual decline in germinability and vigor of the resultant seedling, a higher sensitivity to stresses upon germination, and possibly a loss of the ability to germinate *are recorded* in the literature [5, 8, 19].

S2 *People with a high rate of intelligence, an unusual ability to resolve problems, a passion for computers, along with good communication skills *are generally employed* by such companies.

次の S3 と S4 では、動詞をセンテンスの前半に移動させて、文意も文の流れも理解しやすくなっている。

S3 There *is* generally a gradual decline in germinability and of the resultant seedling, followed by a higher sensitivity to stress upon germination, and possibly a loss of the ability to germinate [5, 8, 19].

S4 Such companies generally *employ* people with a high rate of...

S3 と **S4** では能動態が用いられている。しかし、1つの動詞に複数の主語がある
にもかかわらず、受動態を使わざるを得ないこともある。そのような場合、最初の
主語の後に受動態にした動詞を置く（**S5**）。

> **S5** People with a high rate of intelligence *are* generally employed by such
> companies. They must also have other skills including: an unusual ability to...

2.7　主語と述語の間に情報を挿入しない

　主語と述語の間に語句を挿入すると読者の思考の流れが分断される可能性がある。
読者は挿入されたこの情報を重要でないと判断するかもしれない。

　センテンスは、ロジックが直線的かつ段階的に理解されるときに読みやすくなる。

✕ 悪い例	○ 良い例
The result, after the calculation has been made, can be used to determine Y.	After the calculation has been made, the result can be used to determine Y.
This sampling method, when it is possible, is useful because it allows....	When this sampling method is possible, it allows us...
These steps, owing to the difficulties in measuring the weight, require some simplifications.	Owing to the difficulties in measuring the weight, these steps require some simplifications.
	These steps require some simplifications, owing to the difficulties in measuring the weight.

　だからといって、1つのセンテンスの中に節を多用してはならないというわけで
はない。例えば以下の例文では、読者は、文節から文節へと読み進みながらも、視
点を変える必要はない。

> In old English, the language spoken in English over 1000 years ago, a word could be placed almost anywhere in a sentence, and often with no change in meaning.

　もちろん、情報を挿入しないというルールは他のルール同様に絶対的ではない。挿入したほうが文意の流れがスムーズになり伝達したいことが明確になると思えば、自分の裁量でこのルールを無視してもよい。

2.8　直接目的語を動詞から離さない

　動詞が2つの目的語を取る場合、直接目的語は間接目的語の前に置く。

　この構造は、動詞の後にtoやwithなどの前置詞を伴うことが多い。例えば、associate X with Y、apply X to Y、attribute X to Y、consign X to Y、give X to Y（またはgive Y X）、introduce X to Y、send X to Y（またはsend Y X）などである。

✕ 悪い例	○ 良い例
We can *separate*, with this tool, *P and Q*.	We can *separate P and Q* with this tool.
We can *associate* with these values *a high cost*.	We can *associate a high cost* with these values.

　次の S1 では、直接目的語が長すぎる、または多くの要素を含むため、読者は直接目的語が何と関連しているのかを理解するまでに長く待たされることになる。解決策は、間接目的語を最初の要素の直後に置き、その後にalong withと続けることだ（S2）。またS3とS4で示したような解決策もある。

> S1 *We can *associate* a high cost, higher overheads, a significant increase in man-hours and several other problems *with these values*.
> S2 We can *associate* a high cost *with these values*, *along with* higher overheads, a significant increase in man-hours and several other problems.
> S3 We can *associate several factors with these values*: a high cost, higher overheads, a significant increase in man-hours and several other problems.

2.8　直接目的語を動詞から離さない　27

S4 The *following can be associated with these values*:

- a high cost
- higher overheads
- a significant increase in man hours

2.9 直接目的語は間接目的語の前に置く

間接目的語（イタリック体）をセンテンスや主節の書き出しに置かない。これは通常の英語の語順ではない。

✕ 悪い例	○ 良い例
However, only *for some cases* this operation is defined, these cases are called...	However, this operation is only defined *for some cases*, which are called...
Although *in the above references* one can find algorithms for this kind of processing, the execution of ...	Although algorithms for this kind of processing are reported *in the above references*, the execution of...
This occurs when *in the original network* there is a dependent voltage.	This occurs when there is a dependent voltage *in the original network.*

訳注 著者の indirect objective（間接目的語）の解釈の幅は広いようです。ここでは、副詞句や形容詞句などの修飾語句について述べられています。

2.10 代名詞（itやthey）を、その代名詞が指し示す名詞よりも先に導入しない

代名詞がその前文の名詞を指し示している場合（後方指示）、文頭に代名詞を置いてもよい。**S1** はその例である。

S1 *Beeswax* is a very important substance because... In fact, *it* is...

28 第2章 センテンスの構造：語順

S1 では、it が beeswax を指示していることは明らかである。次の **S2** では it がその後の名詞を指し示しており（前方指示）、読者はその関連性を理解するために待たされることになる。

> **S2** *Although *it* is a very stable and chemically inert material, studies have verified that the composition of ***beeswax*** is...

次の **S3** は、読者が主語をただちに理解できて、良い構造といえる。

> **S3** Although ***beeswax*** is a very stable and chemically inert material, studies have verified that ***its*** composition is...

2.11 否定語はできるだけ文頭に置く

センテンス内の語順は、読者を思考のロジカルな流れに沿って導けるように配置しなければならない。思考は前に向かって進む。決して後ろ向きではない。だから読者が読み返したり、読者の思考が中断したりすることがあってはならない。

次の **S1** と **S2** では、読者はセンテンスがどのように進展するのかを予測することができない。センテンスを最後まで読んで初めてその内容を理解することができる。

> **S1** *Data regarding the thyroid function and the thyroid antibodies before the beginning of the therapy ***were not available***.
> **S2** **All* of the spectra of the volatiles ***did not*** show absorption in the range...

S1 と **S2** は、ともに肯定的なトーンでセンテンスが始まっているように見えて、突然、その方向が途中で変化する。

次の **S3** と **S4** では、読者はセンテンスの意味と文脈をただちに理解することができる。

2.11　否定語はできるだけ文頭に置く　29

S3 *No data were available* regarding thyroid function and thyroid antibodies before the beginning of the therapy. // Before the beginning of the therapy, *no data were available* regarding...

S4 *None* of the spectra of the volatiles showed absorptions in the range...

否定語（no、do not、does not、none、nothing など）は、センテンスの文脈を作る上で重要な役割を果たしていることが多い。できるだけセンテンスの開始位置近くに置く。

✕ 悪い例	○ 良い例
The number of times this happens when the user is online is generally *very few*.	This *rarely* happens when the user is online.
Documentation on this particular matter is almost *completely lacking*.	There is *virtually no documentation* on this particular matter.
*Consequently *we found* this particular type of service *not* interesting.	Consequently *we did not find* this particular type of service interesting.

悪い例の最初の2つの例文で示したように、英語では否定的な概念は否定語を用いて表現する傾向がある。そうすることで、読者はただちに否定的な内容であることを理解することができる。最後の例文では、動詞と否定語の not が離れており、文法的に正しくない。*English for Academic Research: Grammar, Usage and Style* の §15.16 参照。

2.12　否定語は本動詞の前、助動詞の後に置く

否定語 not は修飾する動詞の前に置く。

S1 では not が動詞の後に置かれている。文法的に間違っている。

S1 *Patients *seemed not* to be affected by intestinal disorders.

S2 Patients *did not seem* to be affected by intestinal disorders.

haveやbe動詞が現在形や過去形で使用される場合、否定語notは後置される。

S3 These findings *are not* significant.

S4 Their results *had no* value. // Their results *did not have* any value.

否定語notは助動詞の後に置く。

S5 Such patients *should not* be treated with warfarin.

S6 We *have not* encountered such a problem before.

2.13　理由を述べる前に目的を述べる

新しいゲームを誰かに説明する場合、ルールや戦略の立て方を説明してからゲームの目的を説明するだろうか。それともその逆だろうか。以下の **S1** と **S2** ではどちらが理論的だろうか？

S1 You need to develop a strategy, make decisions as to whether to collaborate or not with the other players, also keep an eye on the progress of the other players, and finally make the most money *in order to win the game*.

S2 *In order to win the game* you need to make the most money. To do this, you need to develop...

ゲーム参加者も読者も期待することは同じだ。つまり、まず目的を知り、次にルールや戦略の立て方を知りたいと思っている。**S1** では、読者は重要な情報が現れるまで待たされることになる（38ワード目に現れる）。一方 **S2** では、目的がただちに導入されている。しかし、センテンスが短ければ、目的と方法のどちらが先に来ても大差はない。

S3 *In order to win the game* you need to make the most money.

S4 You need to make the most money *in order to win the game*.

2.14　副詞の位置

副詞をどこに置くか、そのルールは複雑だ。本章ではこのルールについて基本的

2.14　副詞の位置　**31**

なガイドラインを解説する。

　副詞を置く位置について迷ったら、only と also を除いては、次のガイドラインが参考になる。

- 本動詞の直前に置く。

  Dying neurons do not ***usually*** exhibit these biochemical changes.

  The mental functions are slowed, and patients are ***also*** confused.

- 助動詞と have が使われている場合、have の直前に置く。

  Language would ***never*** have arisen as a set of bare arbitrary terms if...

  Late complications may not ***always*** have been notified.

- be 動詞の直後に置く。

  The answer of the machine is ***thus*** correct.

　他の副詞、例えば、certainly, manner, time などは別のルールに従う。詳しくは *English for Academic Research: Grammar, Usage and Style* の第17章参照。

2.15　形容詞は修飾する名詞の前に置く、または関係代名詞を使う

通常、形容詞は修飾する名詞の前に置く。

✕ 悪い例	◯ 良い例
This is a paper particularly interesting for PhD students.	This paper is particularly interesting for PhD students. This is a paper that is particularly interesting for PhD students.
We examined a patient, 30 years old, to investigate whether ...	We examined a 30-year-old patient to investigate whether ... We examined a patient, who was 30 years old, to investigate whether ...

形容詞を名詞の後に置きたいときは、良い例の2つ目の例文のように関係代名詞を使う（which, that, who など。➡**6.10**節）。

2.16 修飾していない名詞の前や、名詞と名詞の間に形容詞を置かない

修飾していない名詞の前に形容詞を置かない。また、名詞と名詞の間にも形容詞は置かない。

✗ 悪い例	○ 良い例
The main document *contribution*	The main *contribution* of the document
The editor *main* interface	The *main* interface of the editor
The algorithm *computational* complexity	The *computational* complexity of the algorithm

2.17 名詞を数珠つなぎに連続させて形容詞を作らない

名詞を数珠つなぎに連続させて形容詞を作ってはならない。例えば、art state technology（正しくは state-of-the-art technology）や mass destruction weapons（正しくは weapons of mass destruction）と表現してはならない。しかし、a software program や an aluminum tube は正しい。

ネイティブスピーカーも名詞を数珠つなぎに連続させて形容詞をつくることはあるが、どのような順序で言葉を配列すればよいかを感覚的に知っている。もしあなたがネイティブスピーカーでなければ、Google Scholar で検索して、自分が考案した形容詞がすでに存在しているか、また、ネイティブスピーカーの論文筆者によって使用されているかどうかを確認することをお勧めする。

2.17　名詞を数珠つなぎに連続させて形容詞を作らない　33

もし存在していなければ、英語ネイティブの査読者にとっては非常に奇妙に聞こえるだろう。このような文法上のミスが一つでもあれば、査読者は論文の見直しを勧めるかもしれない。

　もし考案した表現が英語ネイティブの論文筆者によって使用されていなければ、適切な前置詞を挿入したりして、言葉の順序を変えてみる必要があるかもしれない（→**12.8**節）。

2.18　まとめ

- ☑ 英語の基本的な語順は（1）主語、（2）動詞、（3）直接目的語、（4）間接目的語の順である。これら4つの要素の語順を守り、また、できるだけ各要素を離さないようにしなければならない。

- ☑ 主語の候補が複数あれば、最も重要でセンテンスを最もシンプルに構成できるものを選ぶ。

- ☑ 主語の導入が遅れないようにする。そのためにも、センテンスを非人称代名詞のitで始めることは避ける。

- ☑ 主語と動詞の間に情報を挿入しない。

- ☑ 副詞の位置はほとんどの場合は本動詞の直前に、また助動詞とhave動詞が使われている構文ではhave動詞の直前に置く。

- ☑ 形容詞は修飾する名詞の前に置く。あるいは関係詞節にして名詞の後に置く。形容詞を2つの名詞の間に挿入したりしない。また修飾しない名詞の前に置かない。

- ☑ 名詞をいくつも数珠つなぎにして形容詞をつくらない。

　ルールには例外がつきものだ。本章で紹介したルールにも例外がある。英語のネイティブスピーカーの書いたセンテンスでも、私の紹介したルールに従わないものがあるかもしれない。

第3章
パラグラフの構成

 論文ファクトイド

ポインター研究所が実施した視標追跡調査とヤコブ・ニールセン（デンマーク人でウェブユーザビリティの専門家）が実施した分析の結果から、論文を最後まで読むのはわずか半数であること、しかもオンライン上だとわずか5分の1に過ぎないことがわかった。

ノーベル物理学賞受賞者のトニー・レゲットは、「日本語の文章は、パラグラフの最後まで、ときには論文の最後まで読まないと、その内容構成や意味をはっきりと理解することができない。」と書いている。意味をできるだけ早く明確に確立しなければならない英文では、この書き方は良い英文ライティングとはいえない。

サンフランシスコ大学で英語を教えるトレイシー・シーレイ教授は、「多くの学生が教科書を読むとき、1回に30秒とか1分以上の集中ができなくなっている。人は技術の進歩とともにじっくり読書することができないことに慣れつつあることを生徒との対話から発見した。」と書いている。

3.1　ウォームアップ

次の文に含まれている情報を記憶してみよう。なぜ難しいのだろうか？

NON-NATIVE SPEAKERSTYPICALLYSAYTHATENGLISH ISASIMPLE LANGUAGE BECAUSE IT FAVORS SHORT CLEAR SENTENCES SuCh NoN-nAtiVe spEAkeRS thEn saythattheirownlanguageisnotlikeEnglishbecause itfavorslong complex sentences

00399340788304

different language use punctuation in different ways before you submit your text for google translation if possible try to punctuate it in an English way keep the sentences short replace semicolons with full stops and where appropriate use commas to break up the various parts of the sentence

これらの文章を読解することは困難だ。情報伝達という観点から適切ではない。もしあなたの書く英語に以下のような特徴があれば、査読者や英語を母国語とする人は上の例文が抱える同じ困難さをあなたの論文に感じることだろう。

- センテンスの構造が不明瞭
- 句読点が不正確
- センテンスあるいはパラグラフが長すぎる
- あいまいかつ冗長な表現が多い

あなたの論文の読者があなたの論文の読解に多くの時間と労力を要するようであれば、あなたは、それと同じ労力と時間をその読者の仕事から奪っていることになる。

上記の最初の例文は、正しくは以下のように表記すべきであることに異論はないであろう。

Non-native speakers typically say that English is a simple language because it favors short clear sentences. Such non-native speakers then say that their own language is not like English because it favors long complex sentences.

36　第3章　パラグラフの構成

0039 934 0788 304

Different language use punctuation in different ways. Before you submit your text for Google translation, if possible try to punctuate it in an English way. Keep the sentences short, replace semicolons with full stops, and where appropriate use commas to break up the various parts of the sentence.

電話番号は、あなたとしては数字を区切らないほうが書きやすいかもしれないが、そうすると読者としては読みにくく、また覚えにくい。

本章では、センテンスをできるだけロジカルにつないでパラグラフを構成する方法、および長いパラグラフを分割する方法について考察する。また、良い英文ライティングとは常に読者視点で考えることであることも学んでいただきたい。

- ➡ スムーズなロジックの流れを作り、読者に自分の研究の方法と結果の良さを理解してもらうためにはどうすればよいか
- ➡ 読者の負荷を最小限に抑えつつ、これらを実現するためにはどうすればよいか

3.2　セクションの第一パラグラフで簡潔に要約する

読者は必ずしも論文を最初から最後まで順に読んでいるわけではない。途中から読み始めることもあり得る。

したがって、序論、考察、結論などの各セクションの最初で、論文の目的や結果を1~2のセンテンスで要約してみるのもよい。このようなライティングスタイルは書籍の執筆においてはよく見られることだ。

しかし、投稿先のジャーナルの掲載論文のライティングスタイルを研究して、もし各セクションがそのように始まっていなければ、お勧めできない。代わりにもっと直接的なアプローチをとるべきだ（➡ 4.5節）。

次に、あるセクションの冒頭に置かれたサマリーの例を示す。

● The X Committee has for some years encouraged collaborative clinical trials in X by reporting the results in the medical literature. In this section we describe the first of two unreported results that we believe deserve such publication and which constitute the main contribution of this paper.

● As mentioned in the Introduction, a principal concern in the field of X is to understand why... This section attempts to answer the question...

● Our aim is to provide a simple alternative to the complex theoretical models that attempt to explain... In this section we present a simplified model, which we believe is...

● This section reviews the process of... This process provides the backbone to the system that is at core our research.

簡潔に要約した後に、セクション全体の構成を示す論文筆者もいる。

S1 In this section, we briefly review the broad perspectives that have shaped the direction of thinking about...

S2 In this section, the numerous advances in cosmology are described, with emphasis on the vast new area of...

S3 In this section, we will ask the question: "Under what circumstances will a paper be rejected?"

S4 In this section we define our approach and show how it can be very naturally used to define distributions over functions. In the following section we show how this distribution is...

これらの例ではテーマの導入の仕方がそれぞれ異なっている。**S1** では人称代名詞 we を、**S2** では受動態を使った標準的アプローチだ。**S3** の質問を投げかける形式は、セクションの書き出しに変化がもたらされて効果的かもしれない。

S4 では、この筆者はその次のセクションにまでも言及している。そうすることで読者は、現在のセクションと他のセクションとの論理的な関連性を理解することができる。しかし、そのような説明は読者にとっては負担が大きく複雑になるので、できるだけ簡潔に済ませたい。

38　第3章　パラグラフの構成

3.3 セクションの第一パラグラフで、 単刀直入に結論を述べる

特に短い論文では、セクションの最初に簡潔なサマリーを書くスペースがないか もしれない。サマリーを書いたとしても、それを読んでいる時間がない、あったに せよ読まない読者も多いだろう。そのような場合は、もっと直接的な方法を取る必 要がある。

直接的といっても、読者に伝えるべきは「何をしたか」ではなく「何が得られた か」だ。結果のセクションの書き始めの典型的な例を示す。

> **S1** An analysis of the number of words used in English with respect to Italian, showed that the average sentence in English was 25 words long, whereas in Italian it was 32 words long (see Table 1). This indicates that when an Italian document is translated into English, there is...

次はもっと直接的なアプローチの例。

> **S2** Italian tends to use more words per sentence than English, so when an Italian document is translated into English, there is...

S2 は、重要な情報から始まり、次にその内容の重要性を伝えている。読者には 必ずしも「何をしたか」を詳しく伝える必要はない（方法のセクションでは必要だ）。 「何が得られたか」を書くことが重要だ。

3.4 パラグラフの第一センテンスの主語は、 伝えたい内容を最もよく表すものを選ぶ

簡潔な英語を書くためには、主語はセンテンスの最初に置いたほうがよい。通常、 いくつかの言葉が主語の候補となり得る。

- X was elicited by Y.
- Y elicited X.

上記のようなシンプルなセンテンスでは、そのどちらを選ぶべきかは、自分がX を強調したいかYを強調したいか次第である。強調したい要素を主語としてセンテンスを始めるのがよい。

　読者の意識はピリオドの直前と直後に集中する傾向がある。読者の注意がセンテンスとセンテンスの間のスペースに引きつけられ、そこで読者の目の動きが止まるからだ。また人はセンテンスの最初の大文字にも注意を引き寄せられる。これらは読者の注意を引きつける良い機会であり、利用すべきだ。

　もし最初の数語で新しい重要な情報を提示できなければ、極めて退屈なセンテンスとなるだろう。そうならないためには、付加価値のない語句はセンテンスの後半に配置し、可能なら1語でまとめることだ。そうでもしなければ、読者は速読し始め、語句やセンテンスを、ときにはパラグラフごと読み飛ばす可能性がある。

> **S1** Particularly interesting for *researchers in physics* is the new feature, named X, for calculating velocity.
> **S2** *Physics* now has a new feature, named X, for calculating velocity.
> **S3** *Velocity* can now be calculated with a new feature, named X, which is particularly interesting for physicists.
> **S4** *X is a new feature* for calculating velocity. It is particularly interesting for physicists.

　パラグラフの第一センテンスの主語は、通常、最も新しい情報を選ぶのが良い。 **S1** と **S2** は、既知の言葉であるphysicsとphysicistsに言及している。これらは新しい情報ではなく、上手に構成されたセンテンスとはいえない。

　S3 も、既知の言葉velocityで始まっている。この場合、もしvelocityがテーマであれば問題ない。しかしvelocityは物理学者にとって普遍的なテーマであることを考えると、まったく新しい情報で始まっている **S4** が最も良い解決策といえる。 **S3** か **S4** の選択は、筆者がどちらに着目したいかだ。

　まとめると、自分の描きたいストーリーの重要な要素をパラグラフの先頭、すなわちトピックポジションに置くことだ。しかし、パラグラフの中では既知の情報（すなわち前述された情報）をトピックポジションに置くことで理解が促進されることもある。そうすることで、センテンスをお互いにリンクさせ、前述のセンテン

スで生み出された情報を読者が新しいセンテンスの中で解釈することが可能になる。

3.5 新規の情報と既知の情報は センテンス中のどこに配置すべきか

次の S1 と S2 は、いずれも同じEnglishという言葉で始まっている。これがセンテンスのメインテーマである。その後に2つの情報が提示されているが、それぞれ語順が異なっている。

> S1 English, *which is the international language of communication*, is now studied by 1.1 billion people.
> S2 *English, *which is now studied by 1.1 billion people*, is the international language of communication.

いずれの場合も、which節（イタリック体）を除いても文意は理解可能だ。しかし最後の節を削除すると文意を理解することはできない。つまり、最後の節に最も重要な情報が配置されているということだ。読者は、このようなセンテンス中の各要素パートの位置関係から、それぞれのパートに含まれている情報の重要性の関係を推し量っているのである。

S1 では、その語順から、English is the international language of communication が既知の情報であることがわかり、1.1 billion peopleはおそらく読者がまだ知らない新規の情報であることがわかる。そう考えると S2 の語順は少し変である。なぜなら新規の情報（1.1 billion people）が既知の情報（international language）の前に配置されているからである。

読者は、センテンスの最初と最後に置かれたワードに注意を向ける傾向がある。したがって最も重要な情報を長いセンテンスの中央に置いてはならない。読者としては重要な情報をわざわざ探す努力はできるだけ惜しみたい。むしろ努力せずにただちに理解したい。

次の例文は、情報の配列の順序を変えることで異なる意味が生じることを示している。

3.5　新規の情報と既知の情報はセンテンス中のどこに配置すべきか　41

> **S3** English is now studied by 1.1 billion people, ***though*** this number is expected to drop with the rise in importance of Chinese.
> **S4** ***Although*** English is now studied by 1.1 billion people, this number is expected to drop with the rise in importance of Chinese.
> **S5** Although the importance of Chinese is expected to lead to a drop in the numbers of people studying English, 1.1 billion people ***still*** study English.

S3 から **S5** はすべて同じ情報を含んでいるが、それぞれの情報の重みが異なる。

S3 では、読者はまず1つの情報を提示される。その後に筆者は、読者にとって新規と思われる情報を、接続詞thoughを用いて導入している。

S4 では、読者はセンテンスの最初で、提示された情報がセンテンスの後半に新規の情報により修飾されるであろうことをただちに知る。したがって、**S4** の情報の配列の順番が **S3** よりもロジカルだ。

S5 では、筆者は読者が中国語の重要性をすでに知っているという前提に立っており、中国語を話す人の数は増加しているが、"それでも"英語の学習者の数は多いということに焦点が当てられている。"それでも"（still）という言葉が重要な役割を果たしており、センテンスの終わり近くに置かれている。

S1 から **S5** は、それぞれ2つの部分から成り立っており、筆者は後半を強調している。しかし同等に強調したいときもあるだろう。例えば、

> **S6** English is the international language of communication. It is now studied by 1.1 billion people.
> **S7** The importance of Chinese is expected to lead to drop in the number of people studying English. Despite this, 1.1 billion people still study English.

S6 と **S7** では、筆者は読者に2つの別々の情報を理解してほしいと考えている。そのために2つのセンテンスを別々に提示している。この手法は、あまり頻繁に用いてはならない。短いセンテンスが多くなり、情報を羅列しているだけに見えるからだ。

3.6　既知の情報と新規の情報

　通常、既知の情報はセンテンスまたはパラグラフの最初に配置される。以下の例は、ビジネスコミュニケーション専門のジャーナルに投稿された想定の、*Readability and Non-Native English Speakers* と題された架空の論文の要旨の最初の3文だ。

> **バージョン1**
>
> ***Readability formulas*** calculate how readable a text is by determining the level of difficulty of each individual word and the length of sentences. All types of writers can use these formulas in order to understand how difficult or readable their texts would be for the average reader. However, readability formulas are based purely on what is considered difficult for a native English speaker, and do not take into account problem that may be encountered by non-natives. In this paper...

　最初の単語readability がこの筆者のキーワードの一つだ。読者はただちにセンテンスのテーマと要旨および論文の全体的テーマを知ることになる。しかし、そこに含まれている情報は新しいものではない。readability formulas（読みやすさの公式）という用語はその指数とともにビジネスコミュニケーションの文献上ではすでに確立されている。

　最初の2つのセンテンスの役割は文脈を作り、読者をパラグラフにスムーズに誘導することだ。3つ目のセンテンスが新規の情報、すなわちreadability指数は英語を母国語としない人は想定していないという事実を導入している。このようにして、3つ目のセンテンスで本論文が解決しようとしている問題が提起されている。

　一方、要旨は次のように始めることも可能だ。

> **バージョン2**
>
> ***Current readability formulas*** are based purely on what is considered difficult for a native English speaker. They fail to take into account problems that may be encountered by non-natives. One thousand five hundred PhD students from 10 countries were asked to evaluate the difficulty of five technical texts from their business discipline written by native English speakers. Three key difficulties were found: unfamiliar vocabulary (typically Anglo-Saxon words), unfamiliar cultural

references, and the use of humor. The paper also proposes a new approach to assessing the level of readability of texts to account for such difficulties.

バージョン2でも、最初のセンテンスはキーワードのreadabilityで開始されている。しかしその前にcurrentが置かれているので、読者は新しい概念がこの後に提示されるであろうと推察することができる。筆者は、読者がreadability formulasについて知っているものと考えており、説明の必要はないと考えている。2つ目のセンテンスで、筆者はただちにcurrent formulaの重大な問題点を提示している。そして3つ目のセンテンスで、筆者は研究の目的と結果を明らかにしている。

バージョン3

Unfamiliar vocabulary (typically Anglo-Saxon words), unfamiliar cultural references, and the use of humor: these, according to our survey of 1500 PhD students, are the main difficulties non-native speakers have when reading a business text in English. Our results highlight the need to adjust current readability formulas in order to take non-native speakers into account. The paper also proposes a new approach to assessing the level of readability of texts to account for such difficulties.

バージョン3はただちに読者の興味を引くように工夫されている。対照的にバージョン1では、最初の50語に新規の情報はまったく含まれていない。バージョン2では、読者がノンネイティブのreadabilityの限界についてどの程度の知識があるかにもよるが、40〜50%以上の新規の情報が含まれている。

さて、あなたならどのバージョンを選ぶだろうか？どちらが優れているか、それは次の2つの要因に依存している。

1. 論文のどのセクションを書いているか
2. 達成したいことは何か

もし投稿先のジャーナルがコミュニケーションやreadabilityをテーマとしてあまり扱っていなければ、バージョン1が使えるのは要旨だけであろう。この場合、読者にそこに至るまでの文脈を提示する必要がある。もう少し専門性の高いジャーナルなら序論に適切であろう。序論の目的は、本来読者の注意を引きつけることではなく、もし読者があなたの書いた序論を読んでいるとすれば、読者の注意はすでに

引きつけられていると言ってよいだろう。

　したがって、バージョン1に含まれる情報は、読者に文脈を与えるために序論で使用されるべきであろう。これは序論のオープニングとしては非常に一般的であり、また読者も期待していることであり、良く使われる優れたテクニックである。

　バージョン2は、ビジネスコミュニケーションに特化したジャーナルの要旨か序論に使うのが良いだろう。

　バージョン3は、非常に専門性の高いジャーナルの要旨が相応しいだろう。しかし、明快な結果が得られている場合、あるいはまったく新しい方法を用いている場合にのみ使用が可能だ。おそらく読者はある程度の知識を有しており、読者に背景情報を読むことを強いることをしなくても済むので、この方法は非常に効果的だ。

　またバージョン3は、大規模なカンファレンスの要旨にも使える。審査員は要旨を読んでその研究の採否を判断する。あなたは審査員の注意を十分に引きつけられなければならない。いったん要旨が受理されれば、今度は、同じ時間帯に並行開催される他の論文筆者/発表者との間で学会参加者の奪い合いになる。

　バージョン2や3が受け入れられない言語も多いだろう。博士課程で学ぶギリシャ人の私の生徒は次のようにコメントしている。

　「ギリシャ語では新規の情報は最後に配置される。つまり、筆者は最初に多くの背景知識を述べて、最後に新しい情報を提示するというのがルールだ。これが広く受け入れられ、かつ正しいと考えられている一般的なライティング技法だ。」

　つまり、英文を書く場合、母国語では良しとされている文体でもそれを無視して書かなければならないことがある、ということだ。そうしたルールを破ることを恐れて、自分の研究結果を効果的に提示できず、結果的に多くの読者を得られないのはもったいない。

3.7 トピックセンテンスは具体的に表現する

具体性に欠けるセンテンスは表現が冗漫になりがちだ。

次のパラグラフには何かが足りない。どのような情報が欠けているのだろうか？

> **S1** Devices are becoming increasingly miniaturized, powerful, cheap and have become part of our daily lives. Notable examples include smart phones and smart watches equipped with a plethora of sensors, home appliances and general purpose devices such as tablets and ultra-thin notebooks. We are surrounded by all these devices daily in a pervasive way, at home, work and also in public spaces - as anticipated in Mark Weiser's visionary observation: "The most profound technologies are those that disappear."

実は **S1** の原文は次の一文で始まっていた。

> **S2** The last decade has been characterized by advances in devices manufacturing.

しかし **S2** は新規の情報には言及していない。要点は後続のセンテンスの中で解説される。加えて、具体性に欠ける文体は読者の読む意欲を削ぐばかりであり、削除したほうが良い。

パラグラフの先頭に導入のためのセンテンスを置くことは、それがトピックセンテンスとして機能して読者に要点を暗示するので、非常に良い考えだ。しかし導入のためのセンテンスは、可能な限り読者の注意を引きつけなければならない。

S1 の Devices are becoming increasingly miniaturized, powerful, cheap and have become part of our daily lives. などのセンテンスでは十分に注意を引きつけることはできない。

読者はセンテンスやパラグラフのすべての語句を読んでいるわけではない。読者の視線は横にゆっくり動くのではなく、興味を引きつけられるまでページを上から下に縦に動いている。したがって **S1** は次のように開始するのが良いだろう。

46　第3章　パラグラフの構成

S3 Way back in 1991 Mark Weiser observed that "The most profound technologies are those that disappear." In fact, increasingly miniaturized, powerful, and cheap devices have become part of daily lives, for example smart phones and smart watches, home appliances, tablets and ultra-thin notebooks. We are surrounded by all these devices: at home, work and also in public spaces.

S3 はさまざまなテクニックを用いて読者の興味を引きつけている。

- センテンスの初めに西暦と人物名を提示している。数字やイニシャルを大文字にした人名は文中で目立つ
- 付加価値のない平凡な表現は削除している：Notable examples include... equipped with a plethora of sensors...general purpose devices such as...in a pervasive way を削除
- 導入のセンテンスを想起させるセンテンスでパラグラフを締めくくっている。そうすることでパラグラフに一貫性が生まれている

　私は凡庸な表現を削除することにかけては厳しい。これは、いかに私たちが新しい情報を提供しない多くの語句を使っているか、その結果、ページが不必要な語句で埋め尽くされ、読者の時間が浪費されているか、ということを意味している。

3.8　できるだけ具体的に書き、できるだけ早く提示する

次の2つの例文を比較してみよう。

S1 Smart devices may have to manage *sensitive information* that, often, must be protected against unauthorized diffusion or from malicious attacks. Some notable examples of sensitive information are data concerning the health conditions of a patient or data gathered from caregivers about the status of an elderly person.

S2 Smart devices may have to manage *sensitive information*, for example the health conditions of a patient or data gathered from caregivers on the status of an elderly person. Clearly, such data must be protected against unauthorized diffusion or from malicious attacks.

　S1 では、読者は sensitive information とは何か、なぜ守らなければならないかをただちに知ることはできない。

S2 では、読者は sensitive information が何かをただちに理解し、なぜそれを守らなければならないかがわかる。また S2 は簡潔でもある。

私は S1 よりも S2 のような文を常に書くことを勧めているわけではない。同じ情報も異なる順序で提示できることを示しているだけであることに注意していただきたい。あなたなりの最も効果的な情報の提示の順序を選ぶこと。

3.9 コンセプトが徐々に具体的になるようにセンテンスを配列する

パラグラフの中でセンテンスをつなぐとき、センテンスと次のセンテンスをいかにつなぐかは重要な問題だ。次の例は、土壌汚染に関する論文中のあるパラグラフの最初のセンテンスからの抜粋だ。S3 から S4 にかけての論理的文脈の展開に失敗し、インパクトに欠けている。

> S1 The *soil* is a major source of *pollution*. S2 *Millions of chemicals* are released into the environment and end up in the soil. S3 The *impact of most of these chemicals* on human health is still not fully known. S4 In addition, *in the soil* there are naturally occurring amounts of potentially *toxic substances* whose fate in the terrestrial environment is still *poorly known*.

S1 は soil をトピックとしている。S2 はこの汚染の量を Millions of chemicals と表現してさらに詳しく述べている。S3 は、S2 で言及された chemicals の影響について述べている。しかし S4 では、この一般から具体へという論理的な文脈の進行に欠き、それどころか、soil をトピックとしている。soil は S1 のトピックであり、ここで論理的な文脈の進展が崩壊している。

次のセンテンスは S1 から S3 の論理的構造を受け継いでおり、S4 の代わりとなるであろう。

> There are also naturally occurring amounts of potentially *toxic substances in the soil* whose fate in the terrestrial environment is still *poorly known*.

改善のテクニックをまとめると、

1. S1：メイントピック（soil）がサブトピック1（pollution）を導入している
2. S2：サブトピック2（millions of chemicals）がサブトピック1を具体的に説明している
3. S3：サブトピック3（impact of these chemicals）がサブトピック2を具体的に説明している
4. S4：サブトピック4（impact of toxic substances, is poorly known）がサブトピック3に関するさらに詳細な情報を伝えている

基本的に、各センテンスはお互いにリンクし合い、全体として1つのパラグラフを構成している。そしてその集合体が1つのセクションを構成しているのである。

3.10　重要な情報の前に予備情報を並べ過ぎない

S1 を読むために読者は多くの労力を強いられる。

> S1 Considering that peach skin is particularly rich in antioxidants (Figs. 1A, 1B, 2A, 2B), positively reacts to UV-B radiation at the end of postharvest by increasing antioxidant activity (Fig. 3A), and, differently from flesh, is directly exposed to UV-B radiation under natural conditions, the study of free radical generation was performed specifically on this tissue.

S2 では、その問題を解決するためにセンテンスを3つに分割している。そうすることで読者に1回で少量の情報を与えることができ、読者は理解可能な量の情報を読むことになる。結果的に読者は二度読みをすることなく前に読み進むことが可能になる。

> S2 Peach skin is particularly rich in antioxidants (Figs. 1A, 1B, 2A, 2B) and reacts positively to UV-B radiation at the end of postharvest by increasing antioxidant activity (Fig. 3A). Unlike the flesh, the skin is directly exposed to UV-B radiation under natural conditions. Consequently, the study of free radical generation was performed on peach skin.

センテンスの分割の仕方については第4章で詳しく学ぶ。

3.11　情報の提示はロジカルに順序よく

　情報の提示の方法を工夫すると可読性は格段に増す。次のパラグラフの推敲前の英文は完璧だ。しかし推敲後の英文を読むと、さらに読み易さが改善されていることがわかる。

✕ 修正前

Memory can be subdivided into various types: long-term memory, which involves retaining information for over a minute, and short-term memory, in which information is remembered for a minute or less, for example, the memory required to perform a simple calculation such as 5 × 7 × 3. Another type of short-term memory is also recognized: sensory memory, for example we see a video as a continuous scene rather than a series of still images. Research shows sex differences in episodic (i.e. long term) memory: women tend to remember better verbal situations, whereas men have a better recollection of events relating to visuals and space. Long-term memory can be further subdivided into recent memory, which involves new learning, and remote memory, which involves old information.

◯ 修正後

Memory is the capacity to store and recall new information. It can be subdivided into two main types: short-term and long-term. Short-term memory involves remembering information for a minute or less, for example, the memory required to perform a simple calculation such as 5 × 7 × 3. Another type of short-term memory is sensory memory, for example, we see a video as a continuous scene rather than a series of still images. Long-term memory can be further subdivided into recent memory, which involves new learning, and remote memory, which involves old information. Interestingly, research shows sex differences in remote memory: women tend to remember better verbal situations, whereas men have a better recollection of events relating to visuals and space.

　推敲前の最初のセンテンスは、記憶にはさまざまなタイプがあるという内容の解説が続くような印象を読者に与えてしまう。しかし実際に提示されている情報は論理性に欠き文脈が定まっていない。推敲後のパラグラフではセンテンスは短く、論旨は以下のようにロジカルに展開している。

- 記憶の定義
- 記憶の種類の明確化（推敲前では「複数のタイプ」、推敲後では「2つのタイプ」）
- 最初に短期記憶について言及し、後半で長期記憶について詳しく解説
- 短期記憶について情報を追加（短期記憶の考察はここで終了）
- 2つ目のトピック（長期記憶）に戻り、近時記憶と遠隔記憶に分割
- 遠隔記憶についての興味深い事実の提示

　推敲後のパラグラフでは、各センテンスがその前のセンテンスから受け取った情報を展開し、読者はそのロジカルな論理展開を理解できる。筆者はパラグラフの最初ですべてのトピックを提示して、パラグラフの後半で再度考察する意図があることを暗示している。筆者はその後、最初に提示したように、最初に近時記憶、次に遠隔記憶の順に、それらのトピックを解説している。

3.12　序数を上手に使う

　方法、手順、プロジェクトなどの各段階について記述するときは、first(ly)、second(ly)、third(ly)、finally などの序数を上手に使うとよい。表記の仕方については一貫性を維持すること。次の例を比較してみよう。

✕ 修正前	◯ 修正後
Our methodology can be divided into three main parts: first of all the characterization of demographic changes between 2000 and 2010, in order to obtain a scenario for the future with regarding to population shifts. The results from this first part were used as inputs to obtain maps for 2010 to 2015. The resulting maps and input maps regarding climatic and political characteristics were inserted into our model in order to predict	Our methodology can be divided into three main stages. ***Firstly***, we characterized demographic changes between 2000 and 2010, in order to obtain a future scenario for population shifts. ***Secondly***, we used the results from the first part as inputs to obtain maps for 2010 to 2015. ***Finally***, the resulting maps along with input maps regarding climatic and political characteristics were inserted into our model in order to predict future

3.12　序数を上手に使う　51

| future patterns. | patterns. |

　修正前のパラグラフの構成はやや誤解を招きそうだ。最初のセンテンスのコロン
が、筆者が後続のセンテンスの中でこれら3つの段階について解説する意図がある
ような印象を読者に与えている。実際には、2つの段階については明確に触れられ
てはいない。一方、推敲後のパラグラフでは、最初のセンテンスが2つに分割され
ている。まず筆者は最初のセンテンスで3つの段階が存在することを明らかにして
いる。その後、筆者はそれぞれの段階についてセンテンスを分けて解説している。
それぞれのセンテンスの頭に序数を置いて、パラグラフの可読性を高めている。

3.13　長いパラグラフの構成の仕方

次のパラグラフを見ていただきたい。読みたいと思うだろうか？

The only advantage of a long paragraph is for the writer, not for the reader. It
enables writers to save time because they avoid having to think about where they
could break the paragraph up to aid reader comprehension. But breaking up long
paragraphs is extremely important. Firstly, long blocks of text are visually
unappealing for readers, and tiring for their eyes. They fail to meet the basic rule
of readability - make things as easy as possible for your reader. Evidence of this
can be found in newspapers. If you look at newspapers from 100 years ago, they
were basically big blocks of text that took a great deal of effort to read. Today
many online newspapers have one sentence per paragraph, with lots of white
space between each paragraph. Secondly, your points and the related logical
sequence of these points will be much more clearly identifiable for the reader if
they are in a separate paragraph. Thirdly, you will find that you will write more
clearly if you use shorter paragraphs. This is because it will force you to think
about what the main point of your paragraph is and how to express this point in
the simplest way. If you just have one long paragraph, the tendency is just to have
one long flow of frequently disjointed thoughts. This tendency is known in
English as 'rambling'. Fourthly, having shorter paragraphs enables you (and your
co-authors) to quickly identify if you need to add extra information, and allows
you to do this without having to extend an already long paragraph. Likewise, it

enables you to identify paragraphs that could be cut if you find you are short of space. The third and fourth points are also valid reasons for using short sentences. The maximum length of a paragraph in a well-written research paper is about 15 lines. But most paragraphs should be shorter. If you have already written more than 8-12 lines or 4-6 sentences, then you may need to re-read what you have written and think about where you could start a new paragraph. When you begin to talk about something that is even only slightly distinct from what you have mentioned in the previous 4-6 sentences, then this is a good opportunity to begin a new paragraph. For example, when you have been talking about how another author has approached the problem of X, and you then want to make a comparison with your own approach. The topic (i.e. X) is the same, but the focus is different. Likewise, if you have been comparing X and Y, and you have spent a few sentences exclusively on X, then when you start on Y you can use a new paragraph. Basically, there is an opportunity to begin a new paragraph every time there is a change in a focus.

もういちど読んで、どこで段落をつけるべきかを考えてみよう。

私はこのパラグラフを以下のように分けてみた。あなたならどこで段落に分けるだろうか。どちら（上記のパラグラフと下の修正後のパラグラフ）が読みやすく理解しやすいだろうか？

The only advantage of a long paragraph is for the writer, not for the reader. It enables writers to save time because they avoid having to think about where they could break the paragraph up to aid reader comprehension.

Breaking up long paragraphs is extremely important.

1. Long blocks of text are visually unappealing for readers, and tiring for their eyes. They fail to meet the basic rule of readability - make things as easy as possible for your reader. Evidence of this can be found in newspapers. If you look at newspapers from 100 years ago, they were basically big blocks of text that took a great deal of effort to read. Today many online newspapers have one sentence per paragraph, with lots of white space between each paragraph.

2. Your points and the related logical sequence of these points will be much more clearly identifiable for the reader if they are in a separate paragraph.

3. You will find that you will write more clearly if you use shorter paragraphs. This is because it will force you to think about what the main point of your paragraph is and how to express this point in the simplest way. If you just have one long paragraph, the tendency is just to have one long flow of frequently disjointed thoughts. This tendency is known in English as 'rambling'.

4. Having shorter paragraphs enables you (and your co-authors) to quickly identify if you need to add extra information, and allows you to do this without having to extend an already long paragraph. Likewise, it enables you to identify paragraphs that could be cut if you find you are short of space.

The third and fourth points are also valid reasons for using short sentences (see Chap. 5).

The maximum length of a paragraph in a well-written research paper is about 15 lines. But most paragraphs should be shorter. If you have already written more than 8-12 lines or 4-6 sentences, then you may need to re-read what you have written and think about where you could start a new paragraph.

When you begin to talk about something that is even only slightly distinct from what you have mentioned in the previous 4-6 sentences, then this is a good opportunity to begin a new paragraph. For example, when you have been talking about how another author has approached the problem of X, and you then want to make a comparison with your own approach. The topic (i.e. X) is the same, but the focus is different. Likewise, if you have been comparing X and Y, and you have spent a few sentences exclusively on X, then when you start on Y you can use a new paragraph.

Basically, there is an opportunity to begin a new paragraph every time there is a change in a focus.

改行してパラグラフを新しくすることの重要性については**8.3節**参照。

54　第3章　パラグラフの構成

3.14　センテンスやパラグラフをロジカルにつなぐ表現

　センテンスとセンテンスを上手に繋いで思考をロジカルに発展させるときに使われる表現を以下に示す。これらの典型的な表現は、新しいパラグラフを開始するときのマーカーとしても機能する。

典型的な表現	表現の役割
In order to do this / To this end / With this in mind	目的を述べる。達成しなければならないことの概要と、どのようにしてその目的を達成することができたかを述べる
Then /Following this / Afterwards	時間的関係を述べる
For example, / An example of this is / In fact, / Unlike / Nevertheless,	例や肯定/否定するためのエビデンスを示す。exampleは単なる項目の羅列ではなく、主張を肯定/否定できる完璧な例やエビデンスを数センテンスで提示する
In addition / Another way to do / An additional feature of	説明を追加する。例えば、何か（仮にXとする）について述べているときに、Xの属性に言及したいときなど
On the other hand / However / In contrast	主張を強化する。例外や二面性を例証する
Due to / Since/ Although	理由を述べる
Thus / Therefore / Consequently / Because of this	結果を述べる
This means that / This highlights that / These considerations imply that / In conclusion / In sum	前のセンテンスで述べたことの結果を述べる
Figure 1 shows / As can be seen in Table 2	図表に言及する
Firstly, secondly, finally	新しい事実を順番に導入する

| As far as X is concerned, / In relation to X / In the case of / With regard to / As noted earlier | 新しい事実を導入する。前述したことに再度言及する |
| It is worth noting that / Interestingly | 直接的にまたは間接的に、前述したことに情報や意見を追加する |

　この表に示した例は、表現の役割を達成するために少なくとも3つの（または2つの長い）センテンスが必要となる。例えば、firstlyやsecondlyなどの言葉を使うとき、これらの言葉の後に3センテンス以上が後続するのであれば、そこで改行して新しいパラグラフを始めたほうがよい。もし後続するセンテンスが一つだけであれば、パラグラフを新しくする必要はない。

　パラグラフには最低これだけのセンテンスが必要、というルールはない。1つのセンテンスで構成されていることもある。しかし、わずか1～2つの短いセンテンスで構成されたパラグラフが続くのはやや奇妙だ。

　新しいパラグラフをどこから書き始めるかは、どのセクションを書いているかにも左右される。文献レビューを書いているのであれば、改行してパラグラフを新しくするのは、(1) 論文のロジックの構築に新しい展開を加える必要があるときや、(2) 他の論文について述べたいときだ。方法のセクションを書いているのであれは、そのさまざまな構成要素やステップが別々のパラグラフに簡潔に記述されていれば、読者の理解は進むであろう。

3.15　自分の研究成果について書くときはパラグラフを改める

　長いパラグラフの真ん中に、This study shows that... / Our findings highlights... / These results indicate that... などの表現を置いても読者はそのようなセンテンスがあることにすら気づかないかもしれない。結果的に、自分の研究成果に読者の注意を引きつける機会を失うことになる。自分の研究の重要性や成果を強調したければ、新しいパラグラフに書くべきだ（→ 8.2節）。

3.16 パラグラフのエンディングは簡潔に

このセクションで私は、論文の主張の論理的な文脈を読者が理解することを助けることの重要性を説いている。あなたの文章が明快であれば、読者の理解を助ける努力はそれほど必要ではないかもしれない。新しいパラグラフの始まりは、その前のパラグラフの終わりを受け継いで表現するのが通常であり、パラグラフのエンディングに要約のセンテンスは不要だ。1つの主張を次の主張へ展開するための明解で論理的な文脈があればよい。

また論文筆者の中には、セクションを終える前に、次のセクションで考察する内容に言及する者もいる。しかし、このような情報は、特に次のセクションの冒頭で繰り返されると、冗長さを助長するだけだ。

3.17 パラグラフの構成の仕方

1960年代前半、アメリカのNASAのベテラン科学者のサム・カツゾフが、*Clarity in Technical Reporting* と題された30ページにもわたる小冊子を出版した。この小冊子は、NASAで働く人たちのために、自分の考えを簡潔に表現する方法について書かれたものだ。現在でもNASAの科学者だけでなく世界中の英語圏の人々の間で読み継がれている。英語が母国語であってもなくても、ライティングスキル向上のための素晴らしい入門書だ。

ここで私は、この小冊子の『技術報告書のまとめ方』という見出しのセクションの第一パラグラフを、カツゾフがどのように構成しているかを分析してみたいと思う。

Different writers have different methods of organizing their reports, and some seem to have no discernible method at all. Most of the better writers, however, appear to be remarkably close agreement as to the general approach to organization. This approach consists of stating the problem, describing the method of attack, developing the results, discussing the results, and summarizing the conclusions. You may feel that this type of organization is obvious, logical, and natural. Nevertheless, it is not universally accepted. For example, many writers present results and conclusions near the beginning, and describe the derivation of these results in subsequent sections.

いくつかの統計学的考察を加えてみよう。

単語、センテンス、句読点	キーワードの繰り返しの回数
語数：101 センテンス数：6 センテンス中の平均語数：16.8 最長のセンテンスの語数：22 最短のセンテンスの語数：6 ピリオド：6 コンマ：10 セミコロン：0	approach：2回 method：3回 organization：3回 results：4回 writer：3回

　もしあなたが典型的な論文のパラグラフを分析したら、まったく別の分析を行ったかもしれない。自分の過去の論文を分析してみよう。カツゾフのパラグラフと比較して、語数、カンマ、セミコロンの多さに気づくはずだ。通常、センテンスの長さは約30～40ワードだ。70～80ワードのこともある。ピリオドとキーワードの繰り返しも極端に少ないことにも気づくのではないだろうか。

　サム・カツゾフは非常に優れた科学者だった。この小冊子は同僚の科学者のために書いたもので、彼らはカツゾフ同様に英語が母国語であり、また世界中の科学者の中でも特に優れた科学者だった。どんなに複雑な文章でも理解できる知性を持っていたに違いない。それでもカツゾフは、この小冊子を可能な限り簡潔かつ明快に書いて、彼らにも同様に簡潔かつ明快に文章を書くことを薦めた。カツゾフの友人の一人がカツゾフのことを次のように述べている。

　「カツゾフは論文を一読してそれがまったくの"でたらめ"かどうかを判断できる人だった。もし論文を書いて発表したいと思っている人がいれば、彼は原稿を読んで、より良い表現方法をアドバイスしたはずだ。」

　ちなみに、この同僚の科学者は"でたらめ"という言葉を使っている。効果を狙ってさまざまな表現を試みてパラグラフ構成を構成してみたものの、まったく機能しなかったという意味だ。

さて、カツゾフのパラグラフの構成を分析してみよう。

> **S1** Different *writers* have different methods of organizing their reports, and some seem to have no discernible method at all. **S2** Most of the better *writers*, *however*, appear to be in remarkably close agreement as to the general *approach* to organization. **S3** This *approach* consists of stating the problem, describing the method of attack, developing the results, discussing the results, and summarizing the conclusions. **S4** You may feel that this type of organization is obvious, logical, and natural. **S5** *Nevertheless*, it is not universally accepted. **S6** *For example*, many *writers* present results and conclusions near the beginning, *and* describe the derivation of these results in subsequent sections.

S1 がトピックセンテンスで、現在の報告文書の書き方を総括している。**S2** は **S1** をさらに詳しく別の角度から述べている。読者はhoweverでこの提示に注意を引きつけられる。

カツゾフは、**S1** から **S2** にスムーズに移行するためにwriterという言葉を繰り返して使っているが、いくつかの形容詞（different、better）を使って、一般的なauthorsから具体的なbetter authorsへとテーマが移行しつつあることを示している。**S3** でも同様の目的のためにapproachを繰り返して使用している。読者はカツゾフのトピック展開の戦略に徐々に導かれていく。

S4 でカツゾフは読者に直接的に語りかける。通常は論文中ではこのような語りかけはしない。It may be argued that... などの受動態の表現を用いるのが普通であろう。カツゾフの目的は、後続するセンテンスに対する反対意見をあらかじめ受け止めておくことだ。**S5** はわずか6ワード。このような短いセンテンスは学術的な論文では稀であるが、読者の注意を引きつけるには非常に効果的だ。文頭に置かれた接続詞neverthelessも、読者の注意を引きつけて内容の重要さを強調するには効果的だ。

S6 ではもう一つの接続詞 for example が用いられている。これらの接続詞が、各センテンスが前述された内容とどのような関係にあるかを示している。これらの接続詞がなければ、読者としては、カツゾフがどのような文脈の流れを作ったかは想像するより方法はない。またカツゾフは、本当に必要とされるところにしか接続詞を使用していない。

58ページの表の右側の欄にまとめたように、カツゾフが頻繁に使用しているテ

クニックは言葉の繰り返しだ。カツゾフはwriterという言葉を3回も使用している。authorやresearcherや technicianなどの類義語を使うこともできたはずだ。しかしそれでは、何か微妙な違いがあるのかもしれないと読者に憶測させて、かえって混乱を招く可能性がある。

　読者の理解を大きく促進する方法がもう一つある。それは、1つのセンテンスに盛り込む情報を2つまでに制限することだ。 S4 と S5 に含まれる情報は一つだけだ。 S6 ではandを使って2つの情報を提示している。

3.18　まとめ

- ☑ 常に読者のことを第一に考えること。情報は最も論理的かつシンプルな順序で提示する。

- ☑ 各パラグラフの最初にトピックセンテンスを置く。それ以降のパラグラフの中でトピックセンテンスを展開させる。もし可能なら、パラグラフの最後に短い結びのセンテンスを置く。

- ☑ 新しいセクションに短い要約をつけるべきか、それとも直接本論に入るべきかを決める。

- ☑ トピックセンテンスはパラグラフのテーマとして相応しいテーマを選ぶ。その後に既知の情報（前のパラグラフからの文脈や背景）を、そしてその後に新規の情報を展開させる。既知の情報が読者にとって明白な場合は提示しないことも検討する。

- ☑ 一般的な情報から具体的な情報へと徐々に移行する。両者を混同させない。

- ☑ 最も論理的かつ一貫性のある順序でトピックを展開させる。逆戻りしない。

- ☑ 長いパラグラフはいくつかに分割する。

- ☑ パラグラフを新しくしたほうがよいのは、(1) 新しいトピックに移行するとき（例：一般的な背景情報から具体的な例に移行するとき）、(2) 文献の説明から自分の研究の貢献の説明に移行するとき、(3) 具体的にどのような貢献をしたかの説明に移行するとき、(4) 自分の研究結果の考察から主な成果に移行するとき、などである。

- ☑ セクションの最後のパラグラフは冗長さを避けて簡潔にまとめる。

第4章
長いセンテンスを分割するテクニック

 論文ファクトイド

スタンフォード大学が実施したある調査によると、86.4%の学生がエッセイや論文などを書くときは少しでも知的に見えるように難しい言葉を使って書いていることがわかった。

英語のセンテンスの平均的長さはこの数世紀の間に徐々に短くなった。シェークスピアの時代は1センテンスの長さは約45ワードであったが、150年前は約29ワードになり、現在では15ワードから18ワードが良いとされている。

コミュニケーションの専門家ジョン・アデア氏は、8ワードの長さのセンテンスは約9割の人が1回読んで理解できるが、27ワードのセンテンスともなると、もし句読点の打ち方を間違えれば、1回読んだだけで理解できる人はわずか4%であると、*The Effective Communicator*で報告している。

論文に読む価値がないと判断する人は最初の50ワードで判断していることが多い。300ワードも読んでから判断する人は少ない。

ウィーンの美術史家アーネスト・ゴンブリッチ氏の母国語はドイツ語だが、多くの著書を英語で執筆している。1950年に出版されたアーネストの最初の著書*Story of Art*が多くの人に受け入れられた美術史の書籍の一つとなったのは、そのシンプルでわかりやすく気取らない文体によるところが大きい。

4.1 ウォームアップ

(1) 次の75ワードのセンテンスを読んで、このセンテンスの筆者は英語のネイティブスピーカーかそれともノンネイティブスピーカーかを考えてみよう。

When we reflect on the vast diversity of the plants and animals which have been cultivated, and which have varied during all ages under the most different climates and treatment, I think we are driven to conclude that this greater variability is simply due to our domestic productions having been raised under conditions of life not so uniform as, and somewhat different from, those to which the parent-species have been exposed under nature.

(2) 次のセンテンスはある要旨の一部である。簡単に読めるだろうか？

The aim of our study was firstly to assess changes in the level of tolerance of natives of one country towards immigrants over the course of a 50-year period in order to be able to advise governmental agencies on how to develop strategies based on those countries that have been more successful in reducing racism as already investigated in previous studies, but not in such a systematic way, and secondly to establish correlations with data from the USA, which until now have been reported only sporadically.

　次に、上記の要旨から抜き出した以下の4つの短いセンテンスを、最もロジカルな順に並べてみよう。

(a) The main aim was to be able to advise governmental agencies on how to develop strategies based on those countries that have been more successful in reducing racism.
(b) The second aim was to establish correlations with data from the USA, which until now have been reported only sporadically.
(c) This aspect has already been investigated in previous studies, but not in such a systematic way.
(d) We assessed changes in the level of tolerance of natives of one country towards immigrants over the course of a 50-year period.

　英語を母国語とする多くの人が長いセンテンスは読みたくないと思っている。最初の例文は1859年に出版されたダーウィンの「種の起源」の一節である。当時の英語を母国語とする科学者にとって、70ワードを超えるセンテンスは珍しくはなか

62　第4章　長いセンテンスを分割するテクニック

った。しかし今日では、アカデミック以外の分野では約20ワードが平均的な長さだ。

　センテンスは長いほど理解しやすいことを証明した研究は存在しない。逆に多くの研究が、センテンスは短いほど読者は理解しやすいことを証明している。シンプルで簡潔なセンテンスは、上品さに欠け、軽薄な印象を与えると思われているかもしれない。

　だが重要なことは、センテンスが上品かどうか、知的かどうかではない。問われるべき問題は、センテンスが効果的かどうか、また、読者は問題なく理解できているかどうかだ。ジョン・カークマンは、科学技術分野のコミュニケーションの調査とトレーニングが専門のイギリス人コンサルタントだ。その著書*Good Style – Writing for Science and Technology*の中で次のように説いている。

> 「センテンスは、読者が理解しやすいように、かつ複雑にならないように、ある程度短くなくてはならない。これは文法的な理由によるものではない。読者が1つの概念から理解できる情報の量に関連している」

　実際、ノーベル賞受賞者であろうと、オックスフォード大学教授であろうと、大学1年生であろうと、すべての読者が次のようなセンテンスを望んでいる。

- 1回読んで理解できる
- それほど集中力を必要とせず、さっと読んで理解できる
- 最後まで読んでやっと全体を把握できるのではなく、読みながら筆者の理論展開を理解できる

　これらを満たすためにはセンテンスを短くしなければならない。アカデミックライティングでは1つのセンテンスのワード数は25を上限としたほうがよいだろう。

　4.2節〜4.7節で、長いセンテンスを書いてしまう理由について説明する。また短いセンテンスの読者にとっての長所と短所は何か、および、短いセンテンスで書くことが読者と共著者にどのようなメリットをもたらすかについても解説する。

　4.8節〜4.16節では、長いセンテンスを短くする方法について解説する。さらに詳しくは、*English for Academic Research: Grammar, Usage and Style*の第15章を参照していただきたい。

4.1　ウォームアップ　63

4.2 長いセンテンスを書いてしまう理由

まず、長く複雑なセンテンスを構成している要因について考えてみよう。

> **S1** English owes its origins to the Angles and Saxons, two tribes from what is now northern Germany and Denmark.

S1 は19ワードで構成されている。2つのパートにわかれているが読みやすい。長過ぎず、複雑過ぎず、明快なセンテンスだ。

次の **S2** は49ワードで構成されており長い。しかし、構造はシンプルで、多くの読者がそれほど苦労せずに理解できるだろう。

> **S2** Owing its origins to the Anglo Saxons (a tribe who lived in what is now Denmark and Northern Germany), English is the international language of communication, in part due to the importance of the USA, rather than the Queen of England, and is now studied by 1.1 billion people.

長いセンテンスの問題は、概念が難しくなりがちであること、またそれが複数箇所に現れることだ。**S2** には難しい概念は含まれていないが、文構造は最善とはいえない。ロジックの論理的な展開に欠ける。次の **S3** のほうがよいだろう。

> **S3** English owes its origins to the Anglo Saxons, who were a tribe from what is now Denmark and Northern Germany. // It has become the international language of communication. // This is in part due to the importance of the USA, rather than the Queen of England. // English is now studied by 1.1 billion people.

次の **S4** は51ワードの長さだ。1回読んで理解することは可能だが、読者の負担は大きい。長過ぎて、読者は要点を把握しにくい。また、イタリック体で示したような表現を使いセンテンスが長くなっているので、それが複雑さを増している。

> **S4** *We did several surveys aimed at investigating whether stress increases in proportion to the number of children a couple has **and** each survey led to the same result, i.e. that there is no correlation, ***thus confirming*** the hypothesis that stress in the family is generally connected to factors other than size.

64 第4章 長いセンテンスを分割するテクニック

S4 は S5 のように3分割すると、読者はどの情報が重要かを判断することができる。

> S5 We did several surveys aimed at investigating whether stress increases in proportion to the number of children a couple has. Each survey led to the same result, i.e. that there is no correlation. This confirmed the hypothesis that stress in the family is generally connected to factors other than size.

S5 では、情報を3つに分けて提示しているので、読者はそれらをただちに理解することが可能だ。基本的に1つのセンテンスは一息で読めなければならない。試しに S4 を一息で読もうとしてもそう簡単ではない。原則として、センテンスの前半に12～15ワード以上の単語があれば、後半に10～12以上の単語を使ってはならない。

明快な文章を書くためには簡潔なセンテンス作りを心がけなければならないことをわかって頂けたと思う。長いセンテンスを使ってパラグラフを書くことは、筆者にとっては楽であっても読者にとっての負担は決して軽くない。

4.3　短いセンテンスを使えば共著者が修正しやすい

通常、原稿は複数の共著者が執筆している。短いセンテンスを使って第一稿を書くことで、共著者には以下のメリットがある。

- 加筆してもセンテンス全体がそれほど長くならない
- 容易にセンテンスの順序をかえることができる

例えば、次の S1 は簡単に S2 のように再構成できる。

> S1 English owes its origins to the Anglo Saxons, who were a tribe from what is now Denmark and Northern Germany. // It has become the international language of communication. // This is in part due to the importance of the USA, rather than the Queen of England. // English is now studied by 1.1 billion people.

S2 English is now studied by 1.1 billion people. // It owes its origins to the Anglo Saxons, who were a tribe from what is now Denmark and Northern Germany. // It has become the international language of communication. // This is in part due to the importance of the USA, rather than the Queen of England.

4.4 短いセンテンスを使ってキーワードを繰り返し、ロジックを明確にする

　長いセンテンスを分割すると、必然的にキーワードを繰り返して使用せざるを得ない。4.2節の **S5** と4.3節の **S1** がその例だ。surveyとEnglishが間を空けずに繰り返し使用されている。キーワードを繰り返し使うことはテクニカルライティングのスタイルとしては悪くはない（→**6.4節、6.5節**）。実際、キーワードを繰り返して使用することで、読者は筆者のロジックの流れを追うことができ、また共著者はセンテンスの順序を変更したいときにそれを容易に行える。

4.5 短いセンテンスを連続で使い、読者の注意を引きつける

　論文を短いセンテンスだけを使って書くことはできないし、またそうするべきではない。次の例のように短いセンテンスを連続的に使うと、多くのジャーナルは論文として不適切と判断するだろう。

> We investigated the meaning of life. We used four different methodologies. Each methodology gave contradictory results. The results confirmed previous research indicating that we understand absolutely nothing. Future research will investigate something more simple: the cerebral life of a PhD student.

　このパラグラフは5つのセンテンスで構成され、各センテンスのワード数はそれぞれ6、5、5、11、14ワードだ。このような短いセンテンスの連続は、例えていうと、運転初心者の運転する車に同乗してでこぼこ道を進むようなもので、スムーズな流れが感じられず、結果的に乗客、すなわち読者は苛立ちを覚えるばかりだ。

　しかし、このように短いセンテンスを連続して使うことは、結果や考察の重要な

ポイントを強調するとき、あるいは研究の目的を述べるときには最適だ。

4.6　2つの短いセンテンスをつないで 1つの長いセンテンスを作る

　本章では長いセンテンスよりも短いセンテンスをつくることを推奨している。しかし、もし2つの短いセンテンスをつないで1つの長いセンテンスを作ることで、繰り返しが避けられて可読性が高まるのなら、そうしたほうがよい。

　S1 は2つの短いセンテンスで構成されており、繰り返し（イタリック体部分）が目立っている。**S2** では、これら2つのセンテンスをつないで、よりわかりやすいセンテンスができている。

> **S1** *On the one hand, companies are increasingly *and significantly* making use of green claims in advertising their products (Grün and Verde, 2017). *On the other hand*, consumers often believe that these claims are not reliable *and, because of this*, they are not orienting their purchasing decisions towards greener products.
> **S2** Although companies increasingly make use of green claims in advertising their products (Grün and Verde, 2017), consumers often believe that these claims are not reliable and thus do not orient their purchasing decisions towards greener products.

本章の後半は、長いセンテンスの分割の仕方について解説する。

4.7　研究の目的について述べるとき、 長いセンテンスは分割する

　研究の手順について、その手順を採用した根拠を述べなければならないことは多い。このような場合、通常、in order to、with the purpose of、with the aim to、in an attempt to などの表現が使われる。

　次の例文のように、根拠を数ワードで表現できるときは問題ない。

4.7　研究の目的について述べるとき、長いセンテンスは分割する　67

> In order to test our hypothesis, we sampled a random selection of documents.

　しかし、根拠の説明に15ワード以上を要し全体が長くなる場合は、センテンスを分割したほうがよい。以下にその例を示す。

✕ 修正前	⭕ 修正後
Our readability index is based on a series of factors – length of sentences and paragraphs, use of headings, amount of white space, use of formatting (bold, italics, font size etc.) – in order to provide writers with some metrics for judging how much readers are likely to understand the writers' documents.	*We wanted to provide* writers with some metrics for judging how much readers are likely to understand the writers' documents. *We thus produced a readability index* based on a series of factors – length of sentences and paragraphs, use of headings, amount of white space, and use of formatting (bold, italics, font size etc.).
In order to establish a relationship between document length and level of bureaucracy and to confirm whether documents, such as reports regarding legislative and administrative issues, vary substantially in length from one language to another, *we conducted an analysis of A, B and C*.	(1) *We conducted* an analysis of A, B and C. *The aim of the analysis was to* establish.... (2) *We wanted to establish* a relationship between ... language and another. *To do this*, we conducted ...

　修正後の英文には2つのテクニックが使用されている。

1. 実際に何を行ったかを説明してから、その根拠を述べる
2. 根拠を述べてから、実際に何を行ったかを説明する

　一般的には読者には前者のテクニックが親切だ。根拠を文脈の中で理解できるからだ。

4.8　andやas well asを使って
センテンスが長くなれば分割する

次の例の修正前のandには2つの使い方がある。

1. 2つの動詞（speakとwrite）と2つの名詞（EnglishとItalian）をつないでいる
2. 情報を追加（and that this is true ... and to this end）している

最初のandの使い方に問題はない。しかし2番目のandの使い方がセンテンスを長くしている（65ワード）。修正後では、情報の順序を再構成して、3つのセンテンスに分けている。

✕ 修正前	〇 修正後
The aim of this paper is to confirm that how we speak *and* write generally reflects the way we think *and* that this is true not only at a personal but also at a national level, *and* to this end two European languages were analyzed, English *and* Italian, to verify whether the structure of the language is reflected in the lifestyle of the respective nations.	How we speak and write generally reflects the way we think and act. *This* paper aims to prove that this thesis is true not only at a personal but also at a national level. *Two* European languages were analyzed, English and Italian, to verify whether the structure of the language is reflected in the lifestyle of the respective nations.

次の例の修正前では、3つの概念がandで接続され、1つの長いセンテンスになっている。

✕ 修正前	〇 修正後
The treatments are very often expensive and technically difficult, *and* their effectiveness very much depends on the chemical and physical characteristics of the substances used for impregnation, *and* on their ability to ...	The treatments are very often expensive and technically difficult. *Their* effectiveness very much depends on the chemical and physical characteristics of the substances used for impregnation. *Also important* is their ability to ...

4.8　andやas well asを使ってセンテンスが長くなれば分割する　69

修正後では、最初のandの前で文を終えている。これはセンテンスを短くする最も一般的な手法だ。2番目のandでは、ここで単純にピリオドを置いて文を終えることはできない。そこでこのセンテンスの筆者は、alsoを用いて追加の情報があることを、またimportantを用いてそれが重要であることを暗示している。

　andを多用したセンテンスは、論文では材料と方法のセクションに多く見られる。センテンスを短くすることで、読者としては、筆者がどのような材料を用いたか、またどのような方法を採用したかを容易に理解できる。各センテンスで伝えるメッセージは1つか2つに制限すべきであろう。例外については**16.8節**参照。

> **S1** *All samples were collected at the same time (9 AM) every day to prevent any effects of possible circadian variation **and** then stored after treatment at 4℃ until assay.
> **S2** All samples were collected at the same time (9 AM) every day to prevent any effects of possible circadian variation. **They** were then stored after treatment at 4℃ until assay.

　S1 では、読者としてはand節が2つ目の予防策について述べることを期待してしまう。しかしandが導入しているのは実験方法だとわかると、その考えを改めなければならない。**S2** では、次のトピックに移行したことを強調するために新しいセンテンスを導入して、このあいまいさを払拭している。以下の2つの例でこの点を再確認してみよう。

✕ 修正前	○ 修正後
Seeds, sterilized for 3 min in NaOCl (1% available chlorine) **and** rinsed with distilled water, were germinated on moist filter paper (Whatman No. 2) in Petri dishes **and** grown in the dark at 23°C.	The seeds were sterilized for 3 min in NaOCl (1% available chlorine), **and** rinsed with distilled water. **They** were then germinated on moist filter paper (Whatman No. 2) in Petri dishes and grown in the dark at 23°C.
At the beginning we performed 2D and 3D forward modeling of a medium where only the lithological discontinuities were taken into account	At the beginning we performed 2D and 3D forward modeling of a medium where only the lithological discontinuities were taken into

and compared the apparent synthetic resistivity *and* phase curves with our experimental data.

account. *We* then compared the apparent synthetic resistivity and phase curves with our experimental data.

as well asはandと同様に情報を追加するときに使用される。andの代わりに使用されることもあれば、センテンスに多くのandが含まれているときに読者が混乱しないように使用することもある。as well asを使ってセンテンスが長くなるようであれば、センテンスは分割したほうがよい。しかしセンテンスはas well asで開始できないので、そのような場合、次の修正後の例文に示したように、その前のセンテンスの一部を繰り返して用いるとよい。

✕ 修正前

This finding could be explained by the specific properties of gold, silver and platinum *as well as* by the conditions in which these metals were found, for example silver was found in ...

〇 修正後

(1) This finding could be *explained* by the specific properties of gold, silver and platinum. *Another explanation could be* the conditions ...

(2) ... silver and platinum. *The conditions* in which these metals were found could *also* be an *explanation*. For example, ...

本節で解説したandの使い方は、andと同様の意味を持つin additionやfurthermoreやmoreoverなどの語句や表現を含むセンテンスにも応用することが可能だ。

✕ 修正前

The treatments are very often expensive and technically difficult, *moreover* their effectiveness very much depends on ...

〇 修正後

The treatments are very often expensive and technically difficult. *Moreover,* their effectiveness very much depends on ...

4.8　andやas well asを使ってセンテンスが長くなれば分割する　71

4.9　注意を要する接続詞の使い方

whereas、on the other hand、although、however

　接続詞で始まるセンテンスが後続している場合、全体が長くても単純にそこで分割できないことがある。センテンスの先頭に置けない接続詞もあるからだ。例えばwhereasがその一例だ。whereasを使って2つの事実を比較している長いセンテンスを2分割するときは、on the other handを代わりに使うべきであろう。

✕ 修正前	○ 修正後
The levels of cadmium in Site C were comparable to the levels found in Sites A and B in the previous years, *whereas / on the other hand* the levels for copper were much lower in Site C with respect to the values found in the previous sampling campaigns in 2008 and 2010.	The levels of cadmium in Site C were comparable to the levels found in Sites A and B in the previous years. ***On the other hand***, the levels for copper were much lower in Site C with respect to the values found in the previous sampling campaigns in 2008 and 2010.

　althoughとhoweverの使い方は、それぞれwhereasとon the other handと同じだ。したがって、そこでセンテンスを分割する場合、注意が必要だ。一例を挙げる。

✕ 修正前	○ 修正後
The levels of cadmium in Site C were comparable to the levels found in Sites A and B in the previous years, *although / however* this was not the case for the levels found in the southeast part of Site C.	The levels of cadmium in Site C were comparable to the levels found in Sites A and B in the previous years. ***However***, this was not the case for the levels found in the south-east part of Site C.

　althoughは2つのセンテンスをつなぐ従属接続詞としてのみ使用される。

> ***Although*** this book was written for non-native speakers, ***it can also*** be used by native speakers.

72　第4章　長いセンテンスを分割するテクニック

修正後のセンテンスには従属節が無いので、althoughを使用することはできない。また、becauseやsince、asなどの接続詞が、理由を述べるために文中で使われることがある。そのようなセンテンスを2分割するとき、2番目のセンテンスの開始位置にこれらの接続詞を置くことはできない。

because、since、as、in fact

　sinceやalthoughは、 S1 のように、従属節で始まるセンテンスの先頭に置かれることが多い。

> S1 *Since* English is now spoken by 1.1 billion people around the world and is used as a lingua franca in many international business and tourism scenarios between people of different languages and between native English speakers and non-native speakers, *the learning of foreign languages in the United Kingdom has suffered a huge decline*.

　 S1 の問題点は、sinceが伝える内容がどのように主節（イタリック体）と関連しているか、最後まで読まないとわからないことだ。 S1 は次の S2 のように分割すると読者としては理解しやすい。

> S2 English is now spoken by 1.1 billion people around the world and is used as a lingua franca in many international business and tourism scenarios between people of different languages and between native English speakers and non-native speakers. The consequence is that learning of foreign languages in the United Kingdom has suffered a huge decline.

接続詞sinceとasには、althoughと同様に従属節が必要だ。次にその例を示す。

> *Since/As* you are a PhD student, you probably have to write a lot of papers in English.

したがって、次の修正後のセンテンス構造ではsinceやasを使うことはできない。

✕ 修正前	○ 修正後
The chemical characterization of organic paint materials in works of art is of great interest in terms of conservation, *because / since / as* the organic components of the paint layer are particularly subject to degradation.	The chemical characterization of organic paint materials in works of art is of great interest in terms of conservation. ***This is because / In fact*** the organic components of the paint layer are ...

owing to、due to、as a result of、consequently、thus

これらの語句は、その直前に述べたことの理由（**S1**）やこれから述べることの理由（**S2**）を説明するときに用いられる。次の例文において［直前に述べたこと］や［これから述べること］とはプロセスの簡素化である。

> **S1** *It was found necessary to make some simplifications to our procedures (essentially we did A, B and C), ***due to*** the difficulties in measuring the weight of the various compounds, particularly with regard to the weights of X, Y and Z.
> **S2** ****Owing to*** the difficulties in measuring the weight of the various compounds, particularly with regard to the weights of X, Y and Z, it was found necessary to make some simplifications to our procedures, essentially by doing A, B and C.

上の例文はセンテンスを3つに分割すると読みやすくなる（**S3**）。

> **S3** We encountered difficulties in measuring the weight of the various compounds, particularly the weights of X, Y and Z. We ***thus*** decided to make some simplifications to our procedures. This entailed doing A, B and C.

接続詞については、*English for Academic Research: Grammar, Usage and Style* の第13章でさらに詳しい解説を行った。

4.10 センテンスが長くなるようであればwhich節は使わない

whichは情報を追加するときに用いられる。

S1 English is now the world's international language, **which** is why it is used in scientific papers.
S2 English, **which** has now become the world's international language, is studied by more than a billion people.
S3 English, [**which** is] now spoken by more than a billion people, is the world's international language.

S1 のwhichは情報を追加している（この場合は説明の追加）。**S2** のwhichは主題（the English language）を補足している。**S3** のwhichは **S2** のwhichと同じ機能を有しているが、省略が可能なので括弧に示した。

これら3つの例文はどれも短く、その意味を容易に理解することができる。問題は次の例文の修正前のように、センテンスが長いときだ。

✕ 修正前	⭕ 修正後
English is now the world's international language and is studied by more than a billion people in various parts of the world thus giving rise to an industry of English language textbooks and teachers, **which** explains why in so many schools and universities in countries where English is not the mother tongue it is taught as the first foreign language in preference to, **for example**, Spanish or Chinese, **which** are two languages that have more native speakers than English.	English is now the world's international language and is studied by more than a billion people in various parts of the world thus giving rise to an industry of English language textbooks and teachers. **This** explains why in so many schools and universities in countries where English is not the mother tongue it is taught as the first foreign language. **For example**, English is taught in preference to Spanish or Chinese, **which** are two languages that have more native speakers than English.

修正前ではwhichを用いて2つの新しい情報を追加しているが、その結果、センテンスが必要以上に長くなっている（79ワード）。修正後は、最初のwhichをthis（ここではthis factと同じ）に変更している。このようにwhichを使わずにthisを単独で、または名詞（例：this fact、this decision、this methodなど）と組み合わせて使うことは一般的であり、センテンスを短縮するための便利な方法である。

4.10　センテンスが長くなるようであればwhich節は使わない　75

次の修正前の例文のwhichは、 **S2** のwhichと同じ機能を持つ。

✕ 修正前	◯ 修正後
English, ***which*** has now become the world's international language and is studied by more than a billion people in various parts of the world thus giving rise to an industry of English language textbooks and teachers, is generally used in scientific papers.	(1) English is generally used in scientific papers. In fact, English has now become the world's international language and is studied by more than a billion people in various parts of the world. This has given rise to an industry of English language textbooks and teachers. (2) English has now become the world's international language and is studied by more than a billion people in various parts of the world. This has given rise to an industry of English language textbooks and teachers. Today, English is generally used in scientific papers.

　修正前のセンテンスの主語（English）と述語（is）の間に35ワードの単語が存在している。読者は動詞まで読み進んだころには主語を忘れているだろう。

　この問題には2つの解決策がある。修正後の最初の例文では、筆者はscientific paperをテーマとして扱い、これを文尾からセンテンスの前半に移動させている。2つ目の例文では、最初にEnglishに関する情報を提示し、後半にscientific paperについて説明を加えている。どちらのテクニックを用いるかは、どの情報を重視するかによって決める。

　次の修正前の例文では、 **S3** で紹介したwhichと同じ使い方のwhichが用いられている。しかし、たとえ短いセンテンスであっても、whichをいつでも省略できるわけではないので、注意が必要だ。

76　第4章　長いセンテンスを分割するテクニック

✕ 修正前

English, [which is] ***now spoken*** by more than a billion people from all over the world, the biggest populations being those in China and India, and more recently in some ex British colonies in Africa, is the world's international language.

◯ 修正後

English is the world's international language. It is ***now spoken*** by more than a billion people from all over the world. The biggest populations are those in China and India, and more recently in some ex British colonies in Africa.

次の修正前の2つの例文ではwhichが省略されている。areaとdistinctionが繰り返して使用されていることに注意。このような繰り返しはライフサイエンスの英語では問題ないとされている。

✕ 修正前

Using the method described by Peters et al. (2010), we assessed the state of pollution of three sites in a coastal area [which was] ***characterized*** by high levels of agricultural, industrial and tourist activity, as well as occasional volcanic activity (the last major eruption was in 1997).

Using the approach described by Smith and Jones (2011), a ***distinction***, [which was] ***useful*** for analysis purposes, particularly in the final stages of the project, was made between the three types of pollution: agriculture, industry and tourism.

◯ 修正後

Using the method described by Peters et al. (2010), we assessed the state of pollution of three sites in a coastal ***area. This area is characterized*** by high levels of agricultural, industrial and tourist activity, as well as occasional volcanic activity (the last major eruption was in 1997).

Using the approach described by Smith and Jones (2011), a ***distinction***, was made between the three types of pollution: agriculture, industry and tourism. ***This distinction*** was useful for analysis purposes, particularly in the final stages of the project.

4.11 接続詞＋動詞 -ing 形は要注意

接続詞の後に動詞 -ing 形をつないでセンテンスを作ることは多い。しかし、動詞 -ing 形を使うことでセンテンスが長くなるようであれば、動詞 -ing 形は使用せずに、その動詞を適切に活用させて新しいセンテンスを開始したほうがよい。

✖ 修正前	⭕ 修正後
Using automatic translation software (e.g. Google Translate, Babelfish, and Systran) can considerably ease the work of researchers when they need to translate documents ***thus saving*** them money (for example the fee they might have otherwise had to pay to a professional translator) and ***increasing*** the amount of time they have to spend in the laboratory rather than at the PC.	Using automatic translation software (e.g. Google Translate, Babelfish, and Systran) can considerably ease the work of researchers when they need to translate documents. ***Such software saves*** them money, for example the fee they might have otherwise had to pay to a professional translator. It ***also increases*** the amount of time they have to spend in the laboratory rather than at the PC.

修正後の例文で2つのテクニックを示した。まず、主語 software を2回使っている。次に、動詞を ing 形から現在形（saving から saves へ、increasing から increases へ）など適切な形に活用させている。

次の修正前の例文では、関係代名詞は使わずに動詞 -ing 形が用いられている。ここで、which indicate と表現することも可能だが、このような場合、動詞 -ing 形の前でいったんセンテンスを終えて、新しいセンテンスを This で開始するのもよい。

✖ 修正前	⭕ 修正後
As can be seen from Table 1, the concentrations were far higher than expected especially in the first set of samples, ***indicating*** that one cause of pollution was ...	As can be seen from Table 1, the concentrations were far higher than expected especially in the first set of samples. ***This indicates*** that one cause of pollution was ...

78　第4章　長いセンテンスを分割するテクニック

4.12　1つのセンテンスにコンマを多用しない

何かを列挙するとき、コンマが多用されることに問題ない。

> Many European countries are now part of the European union, these include France, Germany, Italy, Portugal, Spain, ...

しかしコンマを多用して1つのセンテンスを多くの分節に区切ると、読者は思考の流れを度々修正しなければならない。また、1つのセンテンスにコンマが多く使用されるほど、センテンスは長くなりやすい。

✕ 修正前

As a preliminary study, in an attempt to establish a relationship between document length and level of bureaucracy, we analyzed the length of 50 European Union documents, written in seven of the official languages of the EU, to confirm whether documents, such as reports regarding legislative and administrative issues, vary substantially in length from one language to another, and whether this could be related, in some way, to the length of time typically needed to carry out daily administrative tasks in those countries (e.g. withdrawing money from a bank account, setting up bill payments with utility providers, understanding the clauses of an insurance contract). The results showed that ...

◎ 修正後

Our aim was to see if there is a direct relationship between the length of documents produced in a country, and the length of time it takes to do simple bureaucratic tasks in that country. Our hypothesis was: the longer the document, the greater the level of bureaucracy.

In our preliminary study we analyzed translations from English into seven of the official languages of the European Union. We chose 50 documents, mostly regarding legislative and administrative issues. We then looked at the length of time typically needed to carry out daily administrative tasks in those countries. The tasks we selected were withdrawing money from a bank account, setting up bill payments with utility providers, and understanding the clauses of an insurance contract.

The results showed that ...

修正前のセンテンスのコンマの多用は、それが手抜きライティングであることを示している。筆者は無計画にセンテンスを書き始め、その後に、読者の理解に配慮することなく、詳細な情報の追加を繰り返している。おそらく、筆者自身も自分が何を書きたいのかわかっていないのではないだろうか。

修正後の改良点をまとめた。

- 語数は増えたが、はるかに理解しやすい
- 従属節をロジカルな順序に並べ替え、複数のセンテンスに分けている
- 情報を2つのパラグラフに分けてまとめている。最初のパラグラフで目的を述べ、2つ目のパラグラフで調査の方法について述べている。分けることで2つの情報の関連性が明確になっている

次の S1 ように、センテンスを意味のかたまりごとにコンマで分けて、説明を並列していくことは危険だ。

> **S1** In particular, the base peak is characteristic of the fragmentation of dehydroabietic acid, the main degradation marker formed by aromatization of abietadienic acids, the major constituents of pine resins.

S1 を読んでまず想像することは、peakがコンマで区切られたいくつかの物質のcharacteristicであるということだ。さらに読み進めていくと、the main degradation markerは2つ目の物質ではないということが分る。the main degradation markerがdehydroabietic acidの直後に続いていることから、このacidとmarkerが同格であるに違いないと推測してしまうのだが、実はfragmentationを修飾していることが理解される。このように、S1 は読者の読解力を大いに必要とするので、次の S2 のように書き換えたほうがよい。

> **S2** The base peak is characteristic of the fragmentation of dehydroabietic acid. ***This fragmentation*** is the main degradation marker formed by aromatization of abietadienic acids, ***which are*** the major constituents of pine resins.

S2 は S1 を2つのセンテンスに分割している。また、それぞれの要素の関連性が明確になっている。

4.13　セミコロンはできるだけ使わない

　現代英語でセミコロン（;）はあまり使わない。もしあなたにセミコロンを使ってその後に新しい情報を追加する傾向があれば、ピリオド（.）を使うことをお勧めする。

> By 1066 English, or Old English as it is known, was firmly ***established; it*** was a logical language and was also reasonably phonetic. This situation changed dramatically when England was invaded by the Normans in ***1066; in*** fact, for the next 250 years French became the official language, and when English did come to be written again it was a terrible concoction of Anglo-Saxon, Latin and French.

　上記の要旨の筆者は、セミコロンを使ってその前後の2つの情報に何らかの関連があることを示唆している。このようなセミコロンの使い方は間違いではないが、現在では不要と考えられている。この場合の2つのセミコロンをピリオドに変えても、読者に理解の変更を強いることはない。

　読者はピリオドで無意識に一瞬のポーズを置く。話すときに小休止したり息継ぎしたりするのと同じだ。セミコロンにはそのような機能はなく、読者にかかる負荷が大きくなる。またセミコロンを使用するとセンテンスは長くなり、目への負担も大きくなる。

　コロン（:）がセミコロンと同じように使われることがある。もしコロンを使うことでセミコロンと同様にセンテンスが長くなるようであれば、それをピリオドに変えて、新しいセンテンスを開始したほうがよい。

> **S1** Old English had two distinct advantages over Modern ***English: it*** had a regular spelling system and was phonetic.
> **S2** Old English, which was the language spoken in most parts of England over 1,000 years ago, was a relatively pure language (the influence of Latin had not been particularly strong at this point, and the French influence as a result of the Norman Conquest was yet to be felt) and had two distinct advantages over Modern ***English: it*** had a regular spelling system and the majority of words were completely phonetic.
> **S3** Old English was the language spoken in most parts of England over 1,000

years ago. It was a relatively pure language since the influence of Latin had not been particularly strong at this point, and the French influence as a result of the Norman Conquest was yet to be felt. It had two distinct advantages over Modern **English: it** had a regular spelling system and the majority of words were completely phonetic.

S1 のセンテンスのコロンの使い方に問題はない。センテンス全体の語数は20ワード以下だからだ。しかし **S2** の場合、コロンに至るまでのセンテンスが非常に長いので、**S3** のように3分割するのがよい。

4.14　セミコロンが必要なとき

セミコロンを使うのは物事を列記してお互いの関連性を示すときだけだ。次の **S2** はセミコロンを上手に使っており **S1** よりも意図が明快である。

S1 *The partners in the various projects are A, B and C, P and Q, X and Y and Z.
S2 The partners in the various projects are A, B and C; P and Q; X; and Y and Z.

S2 では、パートナーには（1）A、B、C、（2）P、Q、（3）X、（4）Y、Zの4つのグループがあることがよくわかる。

次の修正前のように、列記することでセンテンスが長くなる場合は、短いセンテンスに分割したほうがよい。

✕ 修正前	◯ 修正後
Our system is based on four components: it has many data files (the weather, people, places, etc.); it has procedures which it tries to use to combine these files by working out how to respond to certain types or patterns of questions (this entails the user knowing what types of questions it can answer); it has a form to	Our system is based on four components. Firstly, it has many data files, for example the weather, people, and places. Secondly, it has procedures which it tries to use to combine these files by working out how to respond to certain types or patterns of questions and this entails the user knowing what types of questions it can answer.

82　第4章　長いセンテンスを分割するテクニック

understand the questions posed in a natural language (so the user may need to know English) which it then translates into one of the types of questions it knows how to answer; finally, it has a very powerful display module, which it uses to show the answers, using graphs, maps, histograms etc.

Thirdly, it has a form to understand the questions posed in a natural language, which means the user needs to know English. It then translates the natural language into one of the types of questions it knows how to answer. Finally, it has a very powerful display module, which it uses to show the answers. These answers are shown using graphs, maps, histograms etc.

修正後のセンテンスは修正前よりも長くなっているが、読者としては読みやすい。これには次のような理由が考えられる。

- セミコロンをピリオドに変えて、1つの長いセンテンスを7つの短いセンテンスに分割している
- firstly、secondly、thirdly、finally を使って、全体が4つのパートにわかれていることを明確に示している
- 括弧を使用していない

4.15 例証するための括弧はできるだけ使わない

語句を括弧に入れて提示するとセンテンスが必要以上に長くなることがある。括弧は、次の例文のように、具体例を短くリストアップするときにのみ使うのがよい。

> Several members of the European Union (e.g. Spain, France, and Germany) have successfully managed to reduce their top tax threshold from 42 to 38%.

この例文では、括弧内の情報がセンテンスの理解を阻害することも、多くのスペースを占領することもない。しかし括弧の中には、リスト化されていない説明や実例を入れるべきではない。以下にその例を示す。

✕ 修正前	○ 修正後
Using automatic translation software (*e.g. Google Translate, Babelfish, and Systran*) can considerably ease the work of researchers when they need to translate documents thus saving them money (*for example the fee they might have otherwise had to pay to a professional translator*) and increasing the amount of time they have to spend in the laboratory rather than at the PC.	Using automatic translation software (*e.g. Google Translate, Babelfish, and Systran*) can considerably ease the work of researchers when they need to translate documents. Such software saves them money, *for example the fee they might have otherwise had to pay to a professional translator.* It also increases the amount of time they have to spend in the laboratory rather than at the PC.

修正前のセンテンスの最初の括弧の使い方に問題はない。しかし、2回目の括弧の使い方はセンテンスの流れを阻害し、しかもセンテンスが非常に長くなっている。

4.16　アドバイス

第一稿はセンテンスの長さを気にせずに書いてみるのがよい。そして、

1. 長いセンテンスを探す
2. それを声に出して読んでみる

息継ぎをしなければならないようであれば、センテンスを分割する必要がある。以下に一般的なガイドラインを示す。

- ➠ 5〜15ワードの短いセンテンスを連続して書かない
- ➠ 短いセンテンスは読者の注意を引きつけるために、特に要旨や考察で使うと効果的だ
- ➠ 35ワード以上の長いセンテンスは避ける
- ➠ センテンスの長さはセンテンスの明確さや可読性とは別問題である

目的は最後まで読んでもらうために読者の興味を引きつけることだ。もしセンテ

84　第4章　長いセンテンスを分割するテクニック

ンスに次のような構造が一つでも含まれているなら、そのセンテンスは分割したほうがよいだろう。

- which ... which ...
- and ... and ... and ...
- , ... , ... , ... , ...
- also ... in addition / furthermore ...
- ;

次の **S1** と **S2** は、ただちにその意味を理解することができるだろうか。

S1 *Using four different methodologies previously used in the literature in separate contexts each of which gave contradictory results in this study the meaning of life as seen through the perspective of a typical inhabitant of western Europe was investigated confirming previous research indicating that as a general rule we understand absolutely nothing. (63ワード)

S2 Using four different methodologies each of which gave contradictory results, we investigated the meaning of life confirming previous research indicating that we understand absolutely nothing. (25ワード)

句読点なしでも全体の意味が理解できれば問題はない。**S1** は **S2** と比べてはるかに読みにくい。重要なことは、読者にとっての読みやすさを第一に考えることだ。

4.16 アドバイス　85

4.17 まとめ

　長いセンテンスを分割しても構築した論理が損なわれることはないし、センテンスに含まれる情報の質が変化することもない。あなたがやるべきことはただ一つ。読者が一読して意味を理解できるように工夫して情報を提示することだ。しかし、だからと言って、短いセンテンスだけを使ってはならない。

　可読性を高めるためのコツを以下にまとめた。

- ☑ 主語と述語の間を8〜10ワード以上離さない。

- ☑ 主節がすでに15〜20ワードの長さであれば、主節の後に新たに情報を追加しない。

- ☑ センテンスのワード数が30ワードを超えていないかどうか確認する。論文全体で30ワードを超えるセンテンスが3〜4つ以上含まれないように注意する。

- ☑ and、which、接続詞、動詞-ing形、in order toなどを含んで長くなったセンテンスは、途中で分割して新しいセンテンスを開始できないかを検討する。

- ☑ ピリオドを最大限に活用する。コンマの使用は最小限にとどめ、またセミコロンや括弧の使用も避ける。

- ☑ キーワードを繰り返して使用することを躊躇してはならない。長いセンテンスを分割することでキーワードを繰り返さざるを得なくても問題はない。それどころか、キーワードを繰り返すことでセンテンスは明確さを増す。

注：and、which、動詞-ing形を多用することでセンテンスのあいまいさが増すことが多い（→6.10節、6.14節）。

86　第4章　長いセンテンスを分割するテクニック

第5章
簡潔で無駄のないセンテンスの作り方

 論文ファクトイド

英語は不要な要素を取り除きながら進化してきた言語だ。例えば、性（古英語には男性、女性、中性の文法上の性別が存在した）、格（非主格、対格など）、動詞の活用形（三人称単数現在のsだけが残っている）、youのさまざまな活用形（現在ではyouは元々二人称複数形であり、二人称単数形ではないと考えられている。フランス語のvousに相当する）などがそうだ。

＊

語彙数が最も少ない言語はトキポナ語だ。発明者のソーニャ・エレン・キサによれば、123語であらゆる意思疎通が完全に可能だという。30時間で習得が可能だ。

＊

多くのジャーナル、特に*Science*や*Nature*などの読者の多いジャーナルは投稿論文に語数制限を課している。*Nature*はウェブサイト上で次のように述べている。私たちの経験から、論文は簡潔に書くほど、また図表も重要なものだけを掲載するほど、メッセージはクリアにインパクトは大きくなる。

＊

2006年、ヤコブ・ニールセンは、人がウェブサイト上でどのように視線を移動させるかを調査して、ページ当たりの語数が増えてもページを読む時間はそれほど増えないことを発見した。ニールセンは、クライアントのウェブサイト制作会社に、冗長な表現をサイトに加えても、実際に読まれるのはそのうちわずか18％だと報告している。

＊

ユニバーシティ・カレッジ・ロンドンの研究者たちは、人はオンライン記事や本を読むとき、通常2ページ足らずで読むことを止める傾向があることを明らかにした。またこの研究によれば、今日の読者は新しい読書法を身につけており、それを"パワーブラウジング"と名づけたという。

5.1　ウォームアップ

（1）以下の引用を見ていただきたい。研究論文の執筆にも相通じるところがあるのではないだろうか。

文章を書いたら何度も読み返すこと。そして、特に素晴らしいと思う箇所があれば、迷わずにそれを削除すること。

（サミュエル・ジョンソン、詩人、1709～1784年）

優れた科学理論は、たとえ読者が誰であれ、容易に理解されなければならない。

（アーネスト・ルースフォード、イギリス/ニュージーランドの化学者・医者、1871～1937年）

簡潔な文章を書く能力とは、不要な要素を削除して必要な要素を際立たせる力のことだ。

（ハンズ・ホフマン、ドイツ生まれのアメリカ人抽象印象画家）

私は自らも重要だとは思えない箇所に読者の注意を引きつけたいとは思わない。

（バーバラ・キングソルヴァー、アメリカ人小説家、1955年生まれ）

人類は情報を燃料にして論理思考する機械ではない。

（ブルース・クーパー、*Writing Technical Reports*の著者）

（2）私たちが日々書いている論文、電子メール、手紙は、一体どれくらい冗長であり、どれくらい簡素化できるだろうか。

（3）明快かつ簡潔に書くことのメリットを3つ以上挙げてみよう。

本章では次の3つのポイントについて解説する。

88　第5章　簡潔で無駄のないセンテンスの作り方

- 難しい専門用語を使うと知的に見えると思ってはならないこと
- 最も簡潔で単刀直入な言葉を使って書くこと
- 本質的ではない要素は削除すること。そうすることで伝えたいメッセージが際立つ

　あなたが論文を書く目的は、決して以下のような評価を査読者からもらうことではないはずだ。

「簡潔で読みやすい原稿を書くことは筆者の責任である。原稿がそのように書かれていて初めて、査読者は結論が導かれたデータを評価できる。原稿が冗長であるほど、分析が正しく行われたかどうかの判断に膨大な時間と労力を要する。」

「本稿はあまりにも詳細に記述されており可読性に欠ける。記述の重複も多く見られる。書籍の一部のように執筆されている箇所もある。参考文献が144報も引用されている。加えて、考察に12頁を費やしている。」

「結果的に、発見したこと、すなわち相手に伝えたいことが埋没してしまっている。筆者が読者に何を伝えたいのかわからなくなっている。」

「編集者への私のアドバイスは、この原稿をリジェクトして、もっと簡潔で要点が明快な原稿を再提出する機会を筆者に与えることだ。」

　本章では、まず冗長さを避けることの納得のいく理由を説明し、次にどのようにすれば簡潔な文を書けるかを例証する。といっても、簡潔な文というのは単に語数が少ないという意味ではない。できるだけ少ない言葉で、伝えたいことを100%明確に伝えるという意味だ。

5.2 語数を減らしてケアレスミスを防ぎ、要点を明確に伝える

　英語のセンテンスは語数を減らすほどケアレスミスが少なくなる。仮に、次の S1 のaimedの後にはatが続くべきか、それともtoが続くべきか、自信がないとしよう。また S2 では、名詞形のスペリングとして正しいのはchoiceかそれともchooseかわからないとしよう。

> **S1** The activity aimed *at* / *to* the extrapolation of the curve is not trivial.
> **S2** We did the calculation manually. This *choice* / *choose* meant that...

　センテンスの冗長さを取り除いてさらに簡潔にすれば、このような問題を防ぐことが可能になり、間違いを犯すリスクも減る。**S1** と **S2** はそれぞれ次のように修正可能だ。

> **S3** The extrapolation of the curve is not trivial.
> **S4** We did the calculation manually. This meant that...

　ちなみに、**S1** と **S2** では、それぞれ aimed at と choice が正しい。

　S3 と **S4** は、重要な情報に読者の注意を引きつけているという点において、**S1** や **S2** よりも効果的であることに注目していただきたい。読者の注意を散漫にし、本来伝えるべき情報が伝わらなくなるような情報は含まれていない。これは、要旨（第13章）や考察（第18章）を書くうえで特に重要である。

5.3　冗長な表現を削除する

　次のセンテンスの角括弧の中の単語をすべて削除しても、文意が損なわれることはない。

> - It was small [in size], round [in shape], yellow [in color] and heavy [in weight].
> - This will be done in [the month of] December for [a period of] six days.
> - Our research [activity] initially focused [attention] on [the process of] designing the architecture.
> - The [task of] analysis is not [a] straightforward [operation] and there is a [serious] danger that [the presence of] errors in the text...
> - The analyses [performed in this context] highlighted [among other things] the [fundamental and critical] importance of using the correct methodology in a consistent [and coherent] manner [of conduction].
> - This was covered in the Materials and Methods [section].

　削除したこれらの言葉は、削除しなかった言葉と比較して、何か特別な意味があ

90　第5章　簡潔で無駄のないセンテンスの作り方

るわけではない（例：in colorを削除してyellowだけに修正）。可能な限り具体性のある言葉を使うようにしたい（次のサブセクションを参照）。

　意味が類似している単語を連続して使うことは避けること。次のような例文では、イタリック体で示した単語はどれか一つあれば十分だ。

● So far, researchers have failed to solve this equation due to various *issues*, *problems* and *difficulties*.
● This point is *critical* and *fundamental* for our research purposes.

　あなたの母国語にも英語から外来語として入ってきている言葉があるはずだ。そのような言葉を使うとき、他の言葉を補って使うことがあるだろう。例えば、あなたの国では、make a skype callとかan email messageという表現を使っているかもしれない。しかし英語では、単にskypeとかemailだけで十分に通じる。

5.4　抽象的な言葉の使用は控える

　activityやtaskなどの言葉は、あなたが伝えたいことに何の貢献も果たしていない。非常に抽象的で記憶に残りにくい。もしあなたの論文に以下に列挙したような言葉が散見されれば、まず、削除できないかを考えてみる。もし削除できそうになければ、もっと簡潔で具体性のある言葉を探してみることだ。

activity, case, character, characteristics, choice, circumstances, condition, consideration, criteria, eventuality, facilities, factor, instance, intervention, nature, observation, operation, phase, phenomenon, problem, procedure, process, purpose, realization, remark, situation, step, task, tendency, undertaking

例えば、次の例文中のthe process ofはどれほど重要だろうか？

The process of registration can take up to ten minutes.

「自分の研究の要点は何か」、「自分の研究と他の研究との違いは何か」、「自分の研究はどのような点で貢献しているか」、などと自問してみよう。

これらの問いの答えがわかっていれば、あなたは迷うことなく具体的にそれらを書き出すことができるだろう。しかもあなたの研究の重要性を説明する具体例も示すことができるはずだ。

抽象的な言葉をすべて削除する必要はない。抽象的な言葉でもコンセプトを明確に表現しているもの（例：freedom、love、fear）は削除すべきではない。

5.5　［一般的表現＋具体的表現］の構造を避ける

次のセンテンスはどこを削除して簡素化できるだろうか。

- Meetings will be held *twice a year* in *June and December*.
- We investigated *two countries* (i.e. *Italy and France*), both of which...

可能なら、一般的な表現を前置きせずに、ただちに具体的な情報を読者に伝えたい。上の例文では、twice a year と two countries は読者にとって不要な情報だ。

5.6　読者の注意を引きつけたいとき、できるだけ簡潔に表現する

読者の注意を要点にしっかり引き寄せたいときがある。そのようなとき、できるだけ少ない語数で表現したほうが効果的だ。自ずとセンテンスは短くなる。短いセンテンスはパラグラフの中で目立つ。目立てば読者の注意が引き寄せられる。

以下の表現はすべて Note that で代用することが可能だ。

- It must be emphasized / stressed / noted / remarked / underlined...
- It is interesting to observe that...
- It is worthwhile bearing in mind / noting / mentioning that...
- It is important to recall that...
- As the reader will no doubt be aware...
- We have to point out that...

5.7 接続語句の使用は少なく

人は映画を見るとき、論理的な推理を働かせて無意識にストーリーを推測しながら見ている。編集されていない映像があっても想像で補っている。論文の読者も、センテンスから次のセンテンスへ、パラグラフから次のパラグラフへと読み進みながら、論理的な推測を働かせている。論旨の展開が明快かつ論理的であれば、以下のような表現を過剰に使わなくても読者を迷わすことはない。

- *It is worthwhile noting that*...
- *As a matter of fact*...
- *Experience teaches us that*...

次のような接続語句は since で代用することが可能だ。

considering that, given that, due to the fact that, on the basis of the fact that, notwithstanding the fact that, in view of the fact that, in consequence of the fact that

次の例文の修正前と修正後を比較してみよう。修正前で使用されていた接続語句のうちいくつかは削除され、いくつかはそのまま使用されている。新たに追加された接続語句もある。

✕ 修正前

Our data highlighted a significant toxic effect. (1) *In fact*, cell survival in cultures inoculated with elutriates was about 75% of the control, respectively. (2) *Considering that* several heavy metals (HMs) are known to be carcinogenic compounds, the metal contamination may explain some of the toxicity. (3) *Moreover*, in complex mixtures, HMs may also act as co-mutagens, (4) increasing the toxic activity of other compounds

◯ 修正後

Our data highlighted a significant toxic effect. (1) *In fact,* cell survival in cultures inoculated with elutriates was about 75% of the control, respectively. (2) Several heavy metals (HMs) are known to be carcinogenic compounds, *thus* the metal contamination may explain some of the toxic results. (3) In complex mixtures, HMs may also act as co-mutagens, (4) *thus* increasing the toxic activity of other compounds (Brogdon, 2011). (5) Cadmium could

5.7 接続語句の使用は少なく 93

(Brogdon, 2011). (5) *In particular*, cadmium could be responsible for the mutagenic effects. (6) *In addition*, the high concentrations of chromium may be responsible for the toxic effects, (7) *given that* chromium is a potent mutagenic compound (Ray, 1990) and it is also ...

be responsible for the mutagenic effects. (6) *In addition*, the high concentrations of chromium may be responsible for the toxic effects. (7) Chromium is *in fact* a potent mutagenic compound (Ray, 1990) and it is also ...

以下に、修正前の7ヵ所の接続語句について、その要点を解説する。

(1) In factは、その前のセンテンスの内容のエビデンスを導入する働きがあるので必要。

(2) 読者は、センテンスの後半まで読まないと、considering thatの意味を正しく理解することはできない。修正版では、considering thatをthusに修正してセンテンスの後半に置いている。結果的に、事実を提示した後にその結果を示す文構造になっている。

(3) Moreoverは、センテンス中に同じ働きを持つalsoもあるので不要。

(4) 修正後では、increasingの前にthusを置いた。thusは、重金属が共変異原として機能するのは毒性作用の増幅によるものであると読者が誤解することを防ぐために必要だ。動詞-ing形の前のthusとbyの使い分けについては**6.14節**を参照。

(5) 修正前では、4つのセンテンスが連続して接続詞で始まっている。このような文章スタイルはやがて癖のように何度も現れるようになり、その度にセンテンスのテーマの導入が遅れることになる。in particularは頻繁につかうものではない。修正後では削除した。

(6) in additionは、新しいトピックを導入するのではなく、前のセンテンスで述べた事実に新たに情報を追加することを読者に示すために必要だ。

(7) 修正後では、直前のeffectsでセンテンスが終了し、新しいセンテンスが始まっている。いつも接続詞を用いて新しいセンテンスを開始することの退屈さを避けるために、ここでは主語の後にin factを置いた。

5.8　できる限り短い表現でセンテンスをつなぐ

　結果を述べるときや、前のセンテンスで提示された情報を受け継いで新たな要点を導入するときは、冗長な表現を避けて（**S1**、**S2** のイタリック体）、代わりにthusを使う（**S3**、**S4**）。

> **S1** **From the previous list of properties, it emerges that* cooperation with devices is a complex task.
>
> **S2** **Under this respect*, the design of a suitable gateway is necessary in order to guarantee the interoperability between the gateway and other communication protocols.
>
> **S3** Cooperation with devices is ***thus*** a complex task.
>
> **S4** The design of a suitable gateway is ***thus*** necessary in order to guarantee the interoperability between the gateway and other communication protocols.

5.9　できるだけ簡潔な表現を選ぶ

　できるだけ簡潔な（文字数が少ない）表現を使うように心がけるべきだ。

- X is *large in comparison with* Y.（26文字）
- X is *larger than* Y.（15文字）

　形容詞＋総称的名詞（way, mode, fashionなど）の表現よりも、その形容詞の副詞形を用いる。

✕ 修正前	◯ 修正後
To do this, the application searches for solutions *in an automatic way* / *fashion* / *mode*.	To do this, the application searches for solutions ***automatically***.
This should be avoided since ***it is generally the case that*** it will fail.	This should be avoided since it ***generally*** fails.

| ***From a financial standpoint***, it makes more sense to ... | ***Financially***, it makes more sense to ... |

その他の例として次のような表現が挙げられる。

in the normal course of events (→normally), on many occasions (→often), a good number of times (→many times, frequently), from time to time (→occasionally), in a rapid manner (→rapidly), in a manual mode (→manually), in an easy fashion (→easily), from a conceptual point of view (→conceptually)

5.10　冗漫な形容詞は削除する

形容詞を使うとき、果たしてその形容詞が本当に必要かどうかよく考えること。

an ***acute*** dilemma, a ***real*** challenge, a ***complete*** victory, a ***novel*** solution, an ***interesting*** result, an ***appropriate*** method

　形容詞や副詞は、それを使うことでセンテンスの主旨が明確になるときだけに用いる。もしこれらの形容詞が必要と考えるなら、novelである理由、interestingである理由、appropriateである理由を説明する必要がある。

　同じ意味を持つ形容詞を連続して使用しないこと。次の例文では、角括弧の中の語句は読者の理解を助けているだろうか？

● This is [absolutely] necessary as the reader could interpret the sentence in a [completely] different way.
● This has made it possible to review the analysis of important [fundamental and practical] problems [and phenomena] of engineering.
● Numerical methods have increasingly become quick [and expedient] means of treating such problems.
● Equation 1 is [readily] amenable to numerical treatment.
● The method lends itself [more amiably] to being solved by...

96　第5章　簡潔で無駄のないセンテンスの作り方

5.11　不要な導入語句は使用しない

　見出しの直後では、導入のための語句は省略できることが多い。例えば、Results
の見出しの直後に次のような語句はまったく不要だ。

- The salient results are summarized in the following.
- The results of this work may be synthesized as follows.
- Let us recapitulate some of the results obtained in this study.

同様に、Conclusionの見出しの後に次のような語句は不要である。

- In conclusion, we can say that...

5.12　It is〜の構文は避ける

　It is〜で始まるセンテンスでは主語の導入が遅れる。このような人を主語としな
い非人称表現は、以下に示すような工夫を行って表現を変更するとよい。

（1）助動詞（can, mustなど）を使う。

✕ 修正前	○ 修正後
It is necessary / *mandatory* to use X.	X *must* be used. X is *necessary* / *mandatory*.
It is advisable to clean the recipients.	The recipients *should* be cleaned.
It is possible that inflation will rise.	Inflation *may* rise.

（2）副詞（surprisingly, likelyなど）を使う。センテンス中での副詞の位置は**2.14**
　　節を参照。

✕ 修正前	◯ 修正後
It is surprising that no research has been carried out in this area before.	*Surprisingly*, no research has been carried out in this area before.
It is regretted that no funds will be available for the next academic year.	*Unfortunately*, no funds will be available for the next academic year.
It is clear / *evident* / *probable* that inflation will rise.	Inflation will *clearly* / *probably* rise.

(3) センテンス全体を書き直す。

✕ 修正前	◯ 修正後
It is possible to demonstrate [Kim 1992] that ...	Kim [1992] *demonstrated* that ...
It is anticipated / *believed* that there will be a rise in stock prices.	We *expect* a rise in stock prices. We *believe* there will be a rise in stock prices. A rise in stock prices *is expected*.
It may be noticed that ... *It is possible to observe* that ...	*Note* that ...

しかし、非人称表現は主張を和らげるときには効果的だ（第10章参照）。

5.13　名詞よりも動詞を使う

　英語では動詞の名詞形よりもそのまま動詞を使うことが多い。そうすることで不要な言葉を使わずに済み、情報の流れがスムーズになり、多様な表現が可能になる。名詞を多用するとセンテンスは読みづらくなるだけだ。

❌ 修正前	⭕ 修正後
X was used in the *calculation* of Y.	X was used to *calculate* Y.
Symbols will be defined in the text at their first occurrence.	Symbols will be defined **when they first occur** in the text.
Lipid *identification* in paint samples is based on the *evaluation* of characteristic ratio values of fatty acid amounts and *comparison* with reference samples.	Lipids are generally *identified* in paint samples by *evaluating* the characteristic ratio values of fatty acid amounts and *comparing* them with reference samples.

5.14　動詞＋名詞（例：make an analysis）を １つの動詞（analyze）で表現する

　動詞句（動詞＋名詞）の構文では、名詞の前に"補助動詞"が必要だ。例えば、do / make a comparison of X and Y という表現がそうだ。それよりも compare X and Y という表現のほうがシンプルであり、補助動詞の選択を間違うこともない。

❌ 修正前	⭕ 修正後
X *showed* a better *performance* than Y.	X *performed* better than Y.
Heating of the probe can be *obtained* in two different ways:	The probe can be *heated* in two different ways:
The *installation* of the system is *done* automatically.	The system is *installed* automatically.
The *evaluation* of this index *has been carried out* by *means* of the correlation function.	This index was *evaluated using* the correlation function.
The *monitoring* of the kinetics was	The kinetics were *monitored* by

possible by irradiation.

irradiation.

その他の例として次のような表現が挙げられる。

> *achieve* an improvement (improve), *carry out* a test (test), *cause* a cessation (stop), *conduct* a survey (survey), *effect* a reduction (reduce), *excuse* a search (search), *exert* an influence (influence), *exhibit* a performance (perform), *experience* a change (change), *give* an explanation (explain), *implement* a change (change), *make* a prediction (predict), *obtain* an increase (increase), *reach* a conclusion (conclude), *show* an improvement (improve), *subject to* examination (examine)

これらの例のイタリック体で示した動詞は、読者にとって価値のある表現ではない。次の例では、このような［動詞＋名詞］の構文によって生じる無駄な表現を示している。例えば、修正前のundergoes a rapid riseを修正後ではrises rapidlyで表現している。

✕ 修正前	〇 修正後
In Figure 2 the curve *exhibits a downward trend* (portion A-B); then it *undergoes a rapid rise* (part B-C), it then *assumes a leveled state* (zone C-D). It *possesses a peak* at point E before displaying a slow decline ... On the other hand, the curve in Fig 3 *is characterized by a different behavior*.	In Figure 2 the curve initially *falls* (segment A-B) and then *rises rapidly* (B-C). It then *levels off* (C-D). Finally it *peaks* at point E before falling slowly ... On the other hand, the curve in Fig 3 *behaves differently*.

しかし、名詞を使わざるを得ないこともある。

> ● *Detection* was carried out at 520 nm, using a Waters 2487 dual λ UV-visible detector.
> ● *Chromatogram analysis* was performed using Millennium 32 (Waters).

英語では多くの名詞に動詞形がある。新しく作られた動詞もある。例えば、send an emailやdo a search on Googleといった表現の代わりに、シンプルにemailや

Googleを動詞として使うことが可能だ。

5.15 著者としての立場でコメントをしない

　読者は、次の修正前に見られるような、論文著者としての立場のコメントが続くことを好まない。最後の例文に見られるようなweを使って著者と読者に言及することも避けるべきである。

✗ 修正前	◯ 修正後
As in the previous case we observe that there are three distributions of this measure:	There are three distributions of this measure:
We can identify two categories of users ...	There are two categories of users ...
It is now time to turn our attention, in the rest of the paper, to the question of ...	The rest of the paper focuses on the question of ...
We find it interesting to note that x = y.	Interestingly, x = y.
As we can see in Fig. 1, for each network we have a series of different relationships.	Figure 1 highlights that there is a series of different relationships for each network.

さらに詳しくは7.6節〜7.8節参照。

5.16 図表の解説は簡潔に

次の修正後の例文は、図表の解説をいかに簡素化できるかを示している。

✕ 修正前	⬤ 修正後
Figure 1 shows schematically / gives a graphical representation of / diagrammatically presents / pictorially gives a comparison of two components	Figure 1 shows a comparison of two components.
From the graphic / picture / diagram / drawing / chart / illustration / sketch / plot / scheme that is depicted / displayed / detailed / represented / sketched in Figure 3, we can say that ...	Figure 3 shows / highlights / reports that ...
The mass spectrum, reproduced in the drawing in Figure 14, proved that ...	The mass spectrum (Fig. 14) proved that ...
We can observe / As can be seen from Table 3 that ...	Table 3 highlights that ...
From an analysis / inspection of Table 3 it emerges that ...	

　図表に言及するとき、graphically や schematically といった語句を使用する必要はない。内容を説明するために同じ意味を持つ言葉を重ねて使う必要もない。また、できるだけ能動態を使う。例えば、X is shown in this figure. よりも This figure shows X. と表現する。

　説明の文では、図表を見ればわかるような情報の重複を避けること。重要なポイントだけ要約すればよい。

5.17　目的は不定詞を使って表現する

　目的を述べるときは、できるだけ簡潔に表現して語数を節約しよう。

102　第5章　簡潔で無駄のないセンテンスの作り方

✕ 修正前	◯ 修正後
We use X *for the purposes of showing* the suitability of Y for the description of Z.	We use X *to show* how Y is suitable for describing Z.
In order to maximize channel utilization ...	*To maximize* channel utilization ...
The design of software is aimed at supporting *multimedia services*.	The software is designed *to support* multimedia services. The software *supports* multimedia services.

5.18　常識的な情報は削除して無駄を省く

　専門家でなくても知っているような情報を多く載せることはできるだけ避ける。そのような情報を載せることの問題は、このパラグラフからは新しいことを学べないと読者が判断してしまうことだ。その結果、読者はそのパラグラフを読み飛ばすかもしれない。いったんパラグラフの読み飛ばしが始まると、重要なパラグラフもそうでないパラグラフもともに読み飛ばされる可能性がある。

　読者が詳細を無視して表面的な情報だけを流し読みしないように、読者にとって意味のある情報だけを提示することが重要だ。

　次の例では、冗長で不要な箇所をイタリック体で示した。

> Devices in a smart environment (SE) can be deployed as stationary or mobile devices. Stationary devices are installed permanently in specific locations *and they are supposed not to change their location*; for example a smart plug and some kinds of environment sensors or appliances do *not move from their initial deployment*. On the other hand, mobile devices *can change their position over time*; for example a smart phone, a smart watch or a wristband *are not deployed in SE hot spots, but* are worn by people within the SE and their mobility is tightly

linked with the mobility of the person carrying them. ***The numbers of mobile devices are increasing in our daily lives and thus they are even more present in the SE in which we spend most of the time***. *We observe that* the mobility of a device affects the way and the quality of the services that are provided by devices.

5.19 オンラインのジャーナルに投稿するときも表現は簡潔に

　オンラインのジャーナルでは原稿が長くなっても問題にならないと思うかもしれない。だがそうではない。読者に論文を読んでもらい、引用してもらいたければ、自分の研究の重要性を明確に述べなければならない。冗長で不要な部分が多いほど明快さは失われる。

5.20 原稿は基本的に短く書く

　私と私の妻は原稿の編集の仕事に携わっている。20ページを超える原稿を受け取ると、私たちは気が重くなる。仕事が嫌なのではなく、単に、原稿が長ければ長いほど筆者の主張はあいまいになり、論文の主旨を理解することが困難になるからだ。

　ユーモアのセンスあふれるアメリカ人作家マーク・トウェインの言葉をぜひ心に留めていただきたい。かつてこう書いている：「私には短い手紙を書いている時間がなかった。だから長い手紙を書いたのだ。」

　次のポイントを自分に問い確認してみよう。

- 自分の書いた原稿が40ページもあるのは、単に時間をかけて推敲するよりもすべてを報告するほうが楽だからか。それとも、40ページもの重要な情報が含まれているからか
- 編集者や査読者はその分厚い原稿にどのような反応を示すだろうか
- 自分が書いた40ページの論文が発表されたとしよう。読者は、同じテーマで書かれた10〜20ページの論文とどちらを読みたいと思うだろうか

とは言うものの、短い論文が長い論文よりも引用されやすいというエビデンスはない。実際、医学論文では、複数の筆者によって執筆された長い論文のほうが引用されやすいということがわかっている（巻末付録を参照）。しかし、自分の論文が引用されるためには、以下の要件が満たされなければならない。

- すでに発表されていること（たとえ長すぎる論文でも、問題を感じるのは査読者だけであろう）
- 有益なデータをシンプルかつ明快に提示していること

原稿が短いか長いかは、論文の価値に直接的な影響を及ぼすほど重要な問題ではない。論文は、たとえ長くても無駄を省いて書けていれば、短い論文よりも採用されて引用される可能性は十分にある。とにかく推敲を重ねよう。

5.21　まとめ

さらに簡潔な論文を書くためのコツをまとめた。

☑ 100%必要でない言葉はすべて削除する。

☑ できるだけ少ない言葉で表現する方法を探す。

☑ 名詞よりも動詞を使って表現する。

☑ 語句や表現はできるだけ短いものを選ぶ。

☑ It is~ のような非人称語句の使用は控える。

　語数を少なくすると、結果的に主語がセンテンスの開始位置の近くに移動する。読者はその分だけ早くセンテンスのテーマを把握することが可能になる。また語数を少なくすることで読者に伝えたいことが際立つ。

　本章で考察したこれらのテクニックを用いれば、より簡潔なセンテンスを作ることが可能になるはずだ。しかし文体に変化をつけることも大切であり、長い語句やセンテンスあるいは複雑な構文を用いることも、時には必要だ。

最後になったが、簡潔さを求めすぎると意味不明な表現になることがあるので注意が必要だ。たとえ語数が多くなっても、常に明快さを第一に考えるべきだろう。

あいまいな言葉、表現、繰り返しを避ける

 論文ファクトイド

1905年、ロシアと日本の二国間で結ばれる予定の条約が、言語のあいまいさが原因で締結に至らなかった。草案は英語とフランス語で作成されていた。ある言葉の訳語として、英語のcontrolとフランス語のcontrôlerがあてられていた。英語のcontrolは支配（dominate）を意味し、フランス語のcontrôlerは調査（inspect）を意味していた。

1967年11月、国連安保理決議は、6日戦争で占拠された領域からのイスラエルの撤退を求めた。このとき英語では、Withdrawal of Israeli armed forces from territories occupied in the recent conflict. と表現されたが、フランス語（国連の公用語の一つ）ではterritoriesの前に定冠詞が置かれ、それは「すべての領域」を意味した。しかし英語では「いくつかの領域」という解釈が可能であり、必ずしもすべての領域を意味してはいなかった。

andの使い方が法廷での争いに発展したことがある。仮にある調査会社が"……pay you €10,000 and give you a full contract if you finish the research within 18 months."と約束したとしよう。もし18ヵ月以内に調査が終了しなければどうなるのか？それでも€10,000は受け取れるのか？もしandの前にコンマがあれば受け取ることが可能だ。コンマを置くことで、€10,000の受領と調査が期限内に終了するかどうかは別問題であることが示される。

6.1 ウォームアップ

(1) 以下に実際にあった新聞の見出しを紹介しよう。あいまいさの問題（複数の解釈が可能であること）を抱える例はどれか？また解釈に迷いのない例はどれか？

1. Panda mating fails; vet takes over
2. Miners refuse to work after death
3. Juvenile court to try shooting defendant
4. Killer sentenced to death for second time in 10 years
5. Red tape holds up new bridge
6. Astronaut takes blame for gas in spacecraft
7. Plane too close to the ground, crash probe told
8. Kids make nutritious snacks
9. Local high school dropouts cut in half
10. Sex education delayed, teachers request training

(2) *Nature* は、著者向けリソース中で、簡潔で読みやすい文体の重要さについて次のように書いている。

「*Nature* に投稿された論文の多くに、不要な専門用語、解読不可能な研究説明、複雑な図表解説などが散見される。*Nature* の編集者や校閲者が、原稿の文法間違いを修正し、ロジカルで簡潔な文体に修正し、また専門用語は、過去の *Nature* の発表論文との整合性が維持されるように検索用語を統一している。もちろんこのプロセスは、論文筆者が原稿を簡潔かつ読みやすい文体で書いていれば、大いに省略することが可能だ。なぜなら、筆者こそが、読者に論文のメッセージを伝え、その論文は読むに値する論文であることを説得するキーパーソンだからだ。」

　6.2節から6.9節では、あいまいさや不要な繰り返しのないセンテンスの作り方について考察する。その他のセクションでは、重要な文法事項、およびあいまいさにつながる言葉の誤用について解説する。特に、代名詞と同意語について解説した6.3節から6.5節は必ず読んでいただきたい。

108　第6章　あいまいな言葉、表現、繰り返しを避ける

6.2　あいまいさが生じない語順

　センテンスも語句も、解釈が一つに定まらないときや、定まっても解釈そのものが明確さを欠けば、あいまいになりがちだ。査読者が正しく理解できないセンテンスが一つでもあれば、論文の全体的な理解まで損なわれる可能性がある。結果的にあなたの論文の良さが理解されないこともあり得る。査読者が「英文をネイティブに校正してもらうまでは受理できない」と判断するまでに、あいまいなセンテンスが2つか3つもあれば十分である。

　あいまいさは、次の S1 と S2 に示したように、語句の解釈が一つに定まらないときに起きる。

> S1 *Professors like annoying students.
> S2 *I spoke to the professor with a microphone.

　S1 では、annoying が students を修飾しているのか、like の目的語として機能しているのかがあいまいだ。S1 のあいまいさを解消するためには、次の S3 や S4 のように表現しなければならない。

> S3 Professors like to annoy their students.
> S4 Professors like students who are annoying.

　S2 では、私がマイクを使ったのか、それとも教授がマイクを手に持っていたのか、どちらであろうか？ S2 のあいまいさを解消するためには、次の S5 や S6 のように表現しなければならない。

> S5 Using a microphone, I spoke to the professor.
> S6 I spoke to the professor who was holding a microphone.

次の S7 は、語順が悪いために混乱を招いている。

> S7 To obtain red colors, insects and plant roots were used by indigenous people.

S7 の読者は、red colors と insects が一連の語句と理解するかもしれない。そして最

6.2　あいまいさが生じない語順　109

後まで読んで、insects and plant roots が主語として機能していることに気づくであろう。この問題を解決するために2つの方法がある。S8 では insects and plant roots を、S9 では primitive people を主語として使っている。S8 か S9 かの選択は、primitive people が既出の語句かどうかで決まる。

> S8 Insect and plant roots were used to obtain red colors.
> S9 To obtain red colors, primitive people used insects and plant roots.

人はいくつかの単語を一塊にして読む。したがって、2つ～3つの単語が連続しているとき、それらの単語はお互いに関連し合っていると考える。次の S10 は混乱を招いている。

> S10 The European Union (EU) adopted various measures to combat these phenomena. This resulted in smog and pollution levels reduction.

S10 は、resulted in smog and pollution まで読んだところで、それが EU の施策の招いた結果であると理解される。しかし levels まで読むとその考えを改めなければならない。論文を読んでいて、このように解釈を再考させられることが1度や2度であれば問題は無いが、何度もこのようなことが起きるようであれば読者の負荷は大きくなる。中には内容を推測することを、また読むこと自体を止めてしまう読者もいるだろう。そうなると原稿はリジェクトされる可能性がある。S11 は S10 の文意を明確に表現した例文だ。

> S11 The European Union adopted various measures to combat these phenomena. This resulted in reduction in smog and pollution [levels].

6.3　代名詞はあいまいさを生む最大の原因

母国語ではあいまいさは生じなくても、英語に翻訳されたときにあいまいさが生じるセンテンスがある。

> S1 *I put the book in the car and then I left *it* there all day.

英語ではitがbookを指すのかcarを指すかはわからない。言語によっては名詞に格があったり性別があったりする。例えば、もしbookが男性名詞でcarが女性名詞であれば、itをそれに合わせて変化させ、itが何を指し示すかを読者に明示することが可能であろう。しかし英語ではitですべての名詞を指すことも可能だ（例外的に人には使わない）。

itを使って前のセンテンスの名詞に言及すると、読者にそのセンテンスを再読させて、itが指し示す名詞を思い出すことを強いることになるかもしれない。したがって、もしあいまいさが生じると思えば、あるいは、読者がitの内容を忘れているかもしれないと思えば、単にその言葉を繰り返すだけでよい。

> **S2** I put the book in the car and then I left ***the book*** there all day.

あまり上手な対処法ではないと思うかもしれない。しかし読者としてはこちらのほうが明確で、専門性の高い内容のセンテンス中においては決して悪くはない。

次の **S3** では、theyは3か国すべてを指しているのだろうか、それともCanadaとNetherlandsを指しているのだろうか？あるいはNetherlandsだけであろうか？

> **S3** *We could go to Australia, Canada or the Netherlands, but ***they*** are a long way from here.

誤解を避けるためには、できるだけ具体的に書かなければならない。

> **S4** ...Australia, Canada or the Netherlands, ***all of which are*** a long way from here.
> **S5** ...Australia, Canada or the Netherlands. ***But Canada and the Netherlands are*** a long way from here.
> **S6** ...Australia, Canada or the Netherlands. ***But the Netherlands are*** a long way from here.

次の **S7** では、one、this、theseは、それぞれ何を指しているだろうか？（a）user namesか、それとも（b）passwordsか？

> **S7** *No user names or passwords are required, unless the system administrator

6.3　代名詞はあいまいさを生む最大の原因　111

decides that *one* is necessary. ...decides that *this* is necessary. ...decides that *these* are necessary.

(a) か (b) かの解釈は、それぞれ S8 と S9 のように表現すると明確になる。

> S8 ... unless the system administrator decides that *a user name* is necessary.
> S9 ... unless the system administrator decides that *a password* is necessary.

次の S10 と S11 では、this と them は何を示しているだろうか？

> S10 *There are two ways to learn a language: take private lessons or learn it in the country where the language is spoken but *this* entails spending a lot of money.
> S11 *We cut the trees into sectors, then separated the logs from the branches, and then burnt *them*.

S10 のthisは個人教授の授業料を指しているのだろうか？それともその外国語が話されている国での生活費を意味しているのだろうか？あるいはその両方だろうか？ S11 のthemはbranchesを指しているのだろうか？それともlogsも意味しているのだろうか？あいまいさを避けるためには、重要なポイントを繰り返すだけでよい。

> S12 There are two ways to learn a language: take private lessons or learn it in the country where the language is spoken. However, *living in a foreign country* entails spending a lot of money.
> S13 There are two ways to learn a language: take private lessons or learn it in the country where the language is spoken. However, *both these solutions* entail spending a lot of money.

S12 では、その外国語が話されている国での生活費を、 S13 では両者を示していることは明らかだ。また S13 ではwayをsolutionと言い換えたが、キーワードではない言葉を同意語で言い換えても問題はない。

S11 では、文意を明解にするために、燃やしたのがbranchesだけであればthemをbranchesと書き換える必要があり、燃やしたのがbranchesとlogsの両方であればthemをboth of themと書き換える必要がある。

112　第6章　あいまいな言葉、表現、繰り返しを避ける

私の編集者としての経験では、あいまいさを生じさせる可能性のあるすべての要因の中で、代名詞が最大の原因だ。これは読者の読み方にも依存する。筆者としては、読者にすべての言葉、センテンス、パラグラフを丁寧に読んでもらいたいところだが、読者はそのような時間も労力も最小限に抑えたい。したがって、もし前のセンテンスやパラグラフで解説した事柄（Xとしよう）にthis、these、it、them、which、the formerなどを使って言及したくても、読者がXを読み飛ばしていたら、読者の興味を維持することは難しいだろう。

　もしあいまいさが生じる可能性があれば、その解決策は代名詞は使わずに単純に元の名詞を繰り返すことだ。

6.4 キーワードを同義語で置き換えない。また、総称的であいまいな言葉を使わない

　誰でも、同じセンテンスの中では同じ言葉を2回以上使わないことと、国語の時間に習った経験があるはずだ。同じパラグラフの中でも繰り返してはならないと教わった人もいるかもしれない。同義語を見つけることはいいことだが、その結果、今では多くの研究者が単語繰り返し恐怖症（monologophobia）に陥っている。

　単語繰り返し恐怖症があいまいさや混乱を生んでいる。例えば、 S1 のイタリック体で示した3つの言葉にはそれぞれ異なる意味があるだろうか？

> S1 *Companies* have to pay many taxes. In fact, occasionally *enterprises* fail because of over-taxation. Some *firms* resolved this problem by moving their headquarters to countries where the tax rate is lower.

　これらの言葉は筆者としては同じ意味を持つのかもしれないが、読者には必ずしもそうではない。読者としては判然としないので、これら3つの言葉の意味の違いを理解しようとする。このようにして、筆者は読者に不要な努力を強いているのである。

　ほとんど意味の差のない同義語を使うのであれば、読者の理解を助けるために、それらの言葉の意味の差を定義したほうがよい。 S1 では、company、enterprise、firmの意味の差を定義するべきだろう。

科学英語を書くうえで大切なことは、キーワードを同義語で置き換えないことだ。同義語病（synonymomania）に陥ってはならない。S1 は次の S2 のように修正すべきだろう。

> S2 *Companies* have to pay many taxes and occasionally may fail because of over-taxation. Some [*companies*] resolved this problem by moving their headquarters to countries where the tax rate is lower.

　この問題は、同じ概念が各パラグラフで異なる言葉で表現されているときに顕著に現れる。例えば、パラグラフ1ではtest、パラグラフ2ではexperience、パラグラフ3ではtrialという言葉が使われたとしよう。読者には、これらのtest、experience、trialという言葉がすべて同じ概念を意味しているのか、あるいは別々の概念を意味しているのかはわからない。

　論文筆者は同じ言葉を繰り返さないようにさまざまな工夫を行っている。その一つがキーワードを総称的な言葉に置き換えることだ。

> S3 *Our findings demonstrate that treatment with *chitosan* resulted in the significant protection of Arabidopsis leaves against the necrotrophic fungus Botrytis cinerea. This is closely related to the fact that this *compound* is perceived by the planet as a powerful elicitor.
> S4 *The maximum solubility of *mercury* occurs in an oxygenated environment, which is the typical condition found in soil. The principle forms that are found in soil are $Hg(OH)_2$ and $HgCL_2$. With these ions, this *metal* can form soluble complexes that are...

　おそらく読者は、S3 のcompoundと S4 のmetalがそれぞれchitosanとmercuryを意味していることはわかるだろう。しかし、もし同じ言葉を繰り返して使えば（すなわち、to the fact that *chitosan* is perceivedと With these irons, *mercury* can formと表現すれば）、読者は元に戻って読み直す必要がなくなる。このように、具体性のある言葉（上の例ではchitosanとmercury）を数行後に総称的な言葉（compoundやmetal）に置き換えるときは特に注意が必要だ。

　同様にprocess、parameter、element、feature、functionなどの抽象的な言葉を使ってキーワードに言及するときは注意を要する。あなたには、読者が問題なくこれらの言葉をキーワードに関連づけられるという確信があるだろうか？

114　第6章　あいまいな言葉、表現、繰り返しを避ける

時には、次の例文のように、総称的な語句が何に言及しているのかまったくわからないこともある。

> **S5** *Moreover, it is strongly discouraged to restrain horses while monitoring their cardiac activity, because ***this unnatural condition*** leads to stressing stimuli.

this unnatural conditionはrestraining horsesを意味しているようにも見える。しかし筆者は、monitoring their cardiac activityがunnaturalであると言いたい。この問題はキーワードを繰り返すとこで解決できる。

> **S6** Moreover, it is strongly discouraged to restrain horses while monitoring their cardiac activity, because such ***monitoring*** leads to stressing stimuli.

次の **S7** と **S8** では、繰り返しを避けるためにoneやthatを用いている。

> **S7** *This can be done by using either a ***chromatographic pump or a peristaltic one***.
> **S8** *With regard to the TTC output the ***arbitrariness*** of a g_{pk} parameter can be exploited by starting from ***that*** of g_{pa}.

しかし、英語のネイティブスピーカーには **S7** と **S8** は不自然であり、次のように修正すべきであろう。

> **S9** This can be done by using either a ***chromatographic or peristaltic pump***.
> **S10** With regard to the TTC output the arbitrariness of a g_{pk} parameter can be exploited by starting from the ***arbitrariness*** of g_{pa}.

6.5 同義語の使用はキーワード以外の言葉に限定する

同義語は、次の例文のように、形容詞や動詞を繰り返して使用することを避けたいときに便利だ。

- We would like to ***stress*** / ***underline*** / ***emphasize*** / ***highlight*** that x=y.
- We ***performed*** / ***carried out*** / ***did*** several experiments.

● This is a *critical* / *very important* / *fundamental* issue.

　同義語のもう一つの便利な使い方は、次の例文に示したように、同じ総称的言葉や派生語の繰り返しを避けられることだ。

● The identification is *mainly* based on three *main* strategies.
● This function has three main *aims* all *aimed* at reducing stress.
● The *use* of synonyms is *useful* to replace *overuse* of the same adjectives.

　このような繰り返しは読者としては読みづらく不要である。mainlyをgenerallyに、またはmainをprincipalに、aimsをobjectivesに、あるいはaimedをtargetedになどのような修正をするとよい。最後の例文（use、useful、overuseの使い方）については、the use ofを削除して、usefulの代わりにhelpfulを使うことが可能だ。

　なお、上記の最後の例文の解説文では、その内容を明確にするために、（use、useful、overuseの使い方）と表現して、例を括弧内にまとめた。さもなければ、その内容が、その一つ前の例文の変換例（すなわち、aimedをtargetedに）と勘違いされる可能性もあるからだ。この、括弧に説明を入れる、あるいは、"すなわち（i.e.）"を使って言及の対象を具体的に示すことは良い方法だ。あいまいさの原因となる総称的言葉を使わざるを得ないときには特に効果的だ。

　同一センテンスの中で（または複数のセンテンスの中で）同じ接続語句（下の例ではdue to）を繰り返して使用することは、特にその語句の配置が近い場合は避けるべきだ。前にも述べたが、そのような繰り返しがあると読者は読みづらいだけだ。例を示そう。

The lack of *tolerance* towards the plight of others generally showed by rich people is likely *due to* their *family* background. In fact such *intolerance* can either be *due to* the fact that their *family* has always had *money*, therefore they are almost immune to the rest of the world and live literally on their own planet. Alternatively it may be *due to* the fact that their *family* actually had very little *money*, and in this case *due to* the allure of money, and *due to* the fact that the person feels justified in accumulating *money* (they never want to feel *poor* again) the *poor* person that surround them seem to vanish into the background.

　この引用文ではいくつかの言葉が繰り返して使用されている。tolerance、family、

116　第6章　あいまいな言葉、表現、繰り返しを避ける

moneyはキーワードであり、これらを別の言葉で置き換えて表現してはならない。poorは重要なポイントを強調しており、これを繰り返して使用していることに問題はない。しかしdue toは、他にもcaused by、as a result of、because ofなどのさまざまな表現もあり、繰り返して使用する必要はない。

同じセンテンス中に同じ前置詞（特にof）が2つ以上含まれていても気にする必要はない。前置詞にはそれぞれ異なる意味があるので、同義語を探す必要はない。前置詞の使い方は特に論文のタイトルを考えるときに重要である（→**12.3節**）。

前置詞を正しく使用しているかどうかは常に確認する必要がある。例えば、an increase of 10%と表現するが、an increase in inflationとは表現しない（of+～%、in+名詞の表現型については、*English for Academic Research: Grammar, Usage and Style*の§14.11を参照）。

同義語は他の研究や自分の研究をパラフレーズする際にも重要だ（→**11.5節～11.9節**）。

6.6　読者が理解できない専門用語を使わない

次の S1 の筆者の専門はコンピューターだ。しかしこの筆者は、社会科学者や心理学者なら理解できてもコンピューターの専門家にはわからない専門用語を使っている。

> **S1** *People in smart environment do not move randomly – their mobility is affected by (i) the kinds of social-relationships they are involved in, and (ii) their personal activities. Concerning the first aspect, the ***homophily*** among humans introduces additional features in the way people (and hence devices) in a mobile social network move and behave.

あなたの母国語がギリシャ語やラテン語の影響を受けていないなら、homophilyという用語は初めてだろう。homophilyは似た者同士が結びつこうとする傾向を意味する。この筆者がこの言葉を用いたのは、その前のセンテンスで述べた社会的関係に関連するコンセプトに言及したかったからであろう。しかし読者がhomophily

の意味を知らなければ、読者は筆者が単に同義語を使っているとは理解できないかもしれない。最善の解決策は専門用語の説明に置き換えることだ。

> **S2** ... and (ii) their personal activities. ***The tendency of individuals to associate and bond with similar people (i)*** introduces additional features in the way people...

S2 のテクニックを用いることで、Concerning the first aspectなどの一般的表現を使わずに済む。

6.7　できるだけ正確な表現を使う

　可能な限り正確な表現を心がけることが大切だ。例えば、"多くの症例" が起きたことを表現したい場合、a number of casesを使うよりも、もっと具体的にThis happened in 11 cases.と表現するのがよい。もし具体的な数字を示すことが重要でない場合やデータがない場合は、より簡潔な表現を使う。

簡潔な表現	冗長な表現
about	of the order of
few	few in number
many	a high percentage of
many	a large proportion of
most	vast majority of
never	never at any time
several	a good number of
some / -	a number of

　論文の筆者によくありがちなミスは、読者の理解を勝手に憶測してしまうことだ。筆者はその研究に何年も取り組んでおり、そのトピックについては熟知しているからだろう。自分としては意味の明快な言葉や表現を使っているつもりでも、読者にとってはそうではないこともある。以下はさまざまな解釈が可能な表現の例だ。いずれももっと具体的に表現しなければならない。

118　第6章　あいまいな言葉、表現、繰り返しを避ける

- in the short term, in the near future
- a relatively short / long duration
- [quite a] high / low number of
- recently, recent（読者はあなたの論文を発表から何年も後に読んでいる可能性もあるので注意が必要だ）

査読者は次のようなセンテンスに対しては批判的だ。

> **S1** *Usually*, the samples were cooled to room temperature.
> **S2** It was necessary to study the problem with *attention*.
> **S3** In the late 1990s *nearly all newspapers* created a companion website.
> **S4** Subjects performed *fairly* well and their results were *substantially* better than their counterparts.

S1：実験や結果について言及するときにusuallyやnormallyなどの副詞を使用すると、読者としては、それ以外では何が起きているのか、または起きたのかを知りたくなる。

S2：attentionとは具体的には何を意味しているのか？どの程度のattentionか、あるいはどのようなattentionが必要かなどの情報を足したほうが良いだろう。

S3：これはイタリアで実施されたオンライン新聞分析の要旨の最初のセンテンスだ。世界中の新聞について述べているのか、イタリアの新聞だけについて述べているのか、このセンテンスからは不明だ。何に言及しているのか筆者にはわかっていても読者にはわからないという問題の典型的な例だ。

S4：fairlyやsubstantiallyなどの副詞は読み手によって解釈が異なる。このように意味があいまいな形容詞や副詞はこの他にadequate、appreciable、appropriate、comparatively、considerable、practically、quite、rather、real、relatively、several、somewhat、suitable、tentative、veryなどがある。これらの形容詞や副詞の意味は一つに定まらず、個々の読者の解釈に委ねられる。通常は不要であり、不要ではないにしても正確さを求められることが多い。

6.7　できるだけ正確な表現を使う　**119**

6.8 より具体性の高い言葉を使う

表現を的確にするためのもう一つの方法は、具体性の高い言葉を選ぶことだ。S1 と S2 では、総称的な言葉の後にその定義を具体的に説明している。しかしこのタイプの説明は不要な説明を繰り返しているに過ぎない。

> S1 *This kind of investigation, i.e. the analysis of the AS profiles*, also aims to find sets of modes which behave similarly and ...
>
> S2 *Climatic conditions (i.e. temperature, rainfall)* were also checked.

できれば先行する語句を削除して定義だけを残す。次の S3 と S4 の表現は簡潔かつ的確で、読者が要旨を読み直す必要はない。

> S3 *By analyzing AS profits* we can also find sets of nodes that behave similarly and...
>
> S4 *Temperature and rainfall* were also checked.

もちろん意図的に文意をあいまいにすることもあるかもしれない（→10.2節〜10.8節）。しかし可能なら、読者の理解を助けるために、できるだけ具体性の高い言葉を使いたい。

6.9 句読点を上手に使って文意を明確にする

必ずしもすべての言語がそうではないが、英語では、単語や語句の関連性を明確にするために句読点を使っている。

多くの言語がコンマはandの前には使わないというルールにしたがっている。かつては英語でも同様であったが、やがてその有用性が疑問視されるようになった。

次の例文はあるEメールから借用したセンテンスだ。

> S1 *I will be free the whole of Monday **and** Tuesday **and** Thursday morning

120　第6章　あいまいな言葉、表現、繰り返しを避ける

unless one of the professors decides to arrange an extra class.

　この筆者は月曜日と火曜日は終日授業がないと言っているのか？それとも、月曜日は終日、火曜日と木曜日は午前中だけ授業がないと言っているのか？もし前者が正しければ S2 のように、後者が正しければ S3 のようにセンテンスを直したほうがよい。

> S2 I will be free the whole of Monday and Tuesday, and (also) Thursday morning.
> S3 I will be free the whole of Monday and, (also) Tuesday and Thursday morning.

　列記すべき項目が多い場合は、それぞれの項目の関連性を明確にしなければならない。次の S4 のようにセミコロンを使う方法もある。

> S4 The languages were grouped as follows: Spanish, Italian and Romanian; German and Dutch; and Swedish and Norwegian.

　S4 はさらに次の S5 のように、より良いセンテンスに修正することが可能だ。

> S5 The languages were allocated to three groups: (1) Spanish, Italian and Romanian; (2) German and Dutch; and (3) Swedish and Norwegian.

　英語ではハイフンを用いて単語と単語の関連性を示すこともできる。 S6 ではハイフンを用いていないため文意かあいまいだ。

> S6 We have a little used car in the garage.

　このセンテンスの意味は、"車はあるがほとんど乗らない"（ S7 ）か？それとも"中古車を所有している"（ S8 ）か？ハイフンを使えばこの区別を明確にできる。

> S7 We have a *little-used* car in the garage.
> S8 We have a little *used-car* in the garage.

6.9　句読点を上手に使って文意を明確にする　121

6.10　関係代名詞の制限用法と非制限用法

次の２つのセンテンスを比較してみよう。姉妹が複数いるのはどちらのセンテンスか？

S1 My sister, *who* lives in Paris, is a researcher.
S2 My sister *that* lives in Paris is a researcher.

S1 の２つのコンマで挟まれた情報は必須の情報ではない。読者は、筆者には姉妹が一人いて、その人が研究職に就いていることを知る。つまり、パリに住んでいるという事実は付加的である。私なら単純にMy sister is a researcher.とするだろう。

S2 で提示された情報は **S1** の情報とは異なる。つまり、筆者には複数の姉妹がいて、そのうちの一人がパリに住んでいるということを意味している。その他の姉妹は医師かもしれないし、その区別をつけるためにパリに住んでいるという情報を足している。

関係代名詞のwhoとthatの違いは、whichとthatの違いと同じだ。科学英語では、whichとthatはまったく異なる機能を持つ。例えば、次の例文のような指示を受けたとしよう。

S3 *Correct the sentences below *which* contain grammatical mistakes.

S3 は、すべてのセンテンスが文法上の間違いを含んでおり、それらを修正せよと言っているのか、それとも文法上の間違いを含むセンテンスだけを修正せよ、と言っているのか？ **S3** は、もしすべてのセンテンスに間違いがあるなら **S4** のように、一部のセンテンスに間違いがあるなら **S5** のように書き換えるべきだ。

S4 Correct the sentences *below, which* contain grammatical mistakes.
S5 Correct the sentences *below that* contain grammatical mistakes.

つまり、単に情報を足すときは、whichやwhoの前にはコンマが必要だ（**S4**）。先行詞を修飾するのであればthatを使う。

122　第6章　あいまいな言葉、表現、繰り返しを避ける

ただし、この区別を理解している人はあまり多くはないので、S4 は S6 のように、S5 は S7 のように修正して差を明確に出すのがよいだろう。

> S6 Correct the sentences *below; all of which* contain grammatical mistakes.
> S7 Correct *only those sentences below that* contain grammatical mistakes.

S1 と S4 の関係代名詞は文法的には"非制限用法"とよばれている。関係代名詞の非制限用法ではその後に情報が補足的に追加される。関係代名詞を使わなくても文意はとおる。非制限用法の関係代名詞には、先行詞が物の場合はwhichを、人の場合はwhoを使う。

S2 と S5 は"制限用法"の例だ。制限用法の関係代名詞節の情報は必要不可欠な情報で、thatだけが使われる。

次は文意があいまいな例だ。

> S8 *The table below gives details of the parameters *which* are not self-explanatory.

読者には以下のような疑問が残る。

- 筆者はparametersの後にコンマを打ち忘れてしまい、すべてのパラメータが一目瞭然ではない、という意味になったのではないか
- 筆者はwhichではなくthatを使うべきだった。そうであれば、説明を要するパラメータの詳細だけが表に掲載されているという意味になるのではないか

次の S9 のように、もし筆者がwhichもthatも使用しなければ、同様の問題が生じる。ほとんどの言語学の専門家が、S9 を正しい英語とはみなさないだろう。

> S9 *This is followed by a characterization of the states *poorly represented* at atmospheric pressure.

S9 は、S10 （非制限用法を使用）や S11 （制限用法を使用）のように修正してあいまいさを排除することができる。

6.10 関係代名詞の制限用法と非制限用法　123

S10 This is followed by a characterization of the states, **which** are poorly represented at atmospheric pressure.

S11 This is followed by a characterization of **all those** states **that** are poorly represented at atmospheric pressure.

注：口語英語ではこのような区別は行われない。非制限用法と制限用法の如何に関わらず、単純に、先行詞が物であればwhichを、人であればwhoを使う。

6.11　which、that、whoの先行詞を明確にする

関係代名詞which、that、whoは、その直前に置かれた名詞を修飾する。

S1 *A group of patients was compiled using this procedure, as proposed by Smith and Jones [2010], **who** had died under surgery.

S1 は、スミスとジョーンズが手術中に死亡したと理解されるかもしれない。従属節（as proposed...）が挿入されて主語（patients）と動詞（had died）が分離されてしまい、このような意味のあいまいさが生じている。この問題は主語と動詞の距離をできるだけ近くすることで解決できる。

S2 A group of patients **who** had died under surgery was compiled using procedure, as proposed by Smith and Jones [2010].

次の **S3** にも同様にあいまいさがある。しかし **S4** のように修正すると文意は明確になるだろう。

S3 Each scheduling service is characterized by a mandatory set of QoS parameters, as reported in Table 1, **which** describes the guarantees of the applications.

S4 Each scheduling service is characterized by a mandatory **set** of QoS parameters, as reported in **Table 1**. **This set** describes the guarantees of the applications.

S4 の問題の解決策は、センテンスを2つに分割してキーワード（set）を繰り返

124　第6章　あいまいな言葉、表現、繰り返しを避ける

したことだ。

6.12　動詞-ing形か、それとも関係代名詞thatか

　関係詞節（→6.10節）と同じ効果を持つ動詞-ing形を使うことがある。これは次のような例文中では問題はない。

> **S1** Those students *wishing* to participate in the call for papers should contact...
> **S2** The professor *giving* the keynotes speech at the conference is from Togo.

　S1 は Those students that/who wish に、**S2** は The professor that/who is giving......に修正することもできるが、このままであいまいさはない。なぜなら動詞-ing形が修飾する名詞の直後に置かれているからだ。

　しかし **S3** では、学生と教授のどちらの英語が上手かはあいまいだ。

> **S3** *Professor Rossi teaches the students *having* a good level of English.

　S4 では英語が上手いのは学生であることが明確だ。**S5** ではProfessor Rossiが2つの動詞（teachとhave）の主語となっている。このような場合、文意を明確にするために sinceやbecause（**S5**）あるいは他の構造（**S6**）を用いる必要がある。

> **S4** Professor Rossi teaches the students *that have* a good level of English.
> **S5** Professor Rossi teaches the students *since he has* a good level of English.
> **S6** Professor Rossi, *who has* a good level of English, teaches the students.

6.13　動詞-ing形か、それともS+V形か

　あいまいさの無いセンテンスを作るためには、動詞は主語の直後に置かなければならない。

S1 *If you take your young daughter in the car, don't let her put her head out of the window *while driving*.
S2 *After consuming* twenty bottles of wine, the conference chair presented the awards to the fifty best PhD students.

S1 では、driving が下の娘を修飾しているように見える。driving に最も近い人は daughter であり you ではないからだ。**S2** では、議長がワインを 20 ボトルも空けたかのように思われる。しかしこれはおそらく学生の行為だろう。そこでセンテンスは次のように修正すべきであろう。

S3 If you take your young daughter in the car, don't let her put her head out of the window *while you are driving*.
S4 After the fifty best PhD *students had consumed* twenty bottles of wine, the conference chair presented them with the awards.

S3 と **S4** では、主語（you と students）の後の動詞を ing 形から能動形（are driving と had consumed）に修正している。能動形にして主語を明らかにしたことで文意が明確になっている。

次の **S5** は、この語順ではチャタテムシが本を読むと誤解しそうだ（チャタテムシとは紙を食べる無翅類の昆虫）。

S5 *We cannot understand how psocoptera survive *by reading* books alone. Instead we need to...

文頭に動詞 -ing 形を置いてセンテンスを修正すると文意は明確になる。

S6 *By reading* books alone, we cannot understand how psocoptera survive. Instead we need to...

最善の策は、動詞 -ing 形を使わずに、主語＋動詞の構造に修正することだ。

S7 If *we* only *read* books, we cannot understand how psocoptera survive. Instead we need to...

センテンスを動詞 -ing 形で開始すると、その行為の主体がわからないので危険だ。

| S8 | *By sitting and watching too much television, our muscles become weaker.

S8 では、テレビを観ているのが筋肉だと誤解されるかもしれない。しかしそれは有り得ない。この問題の解決策は、S9 のように、動詞の前に主語（we）を置くことだ。

| S9 | When we sit and watch too much television, our muscles become weaker.

6.14　byやthusを使って動詞-ing形のあいまいさを防ぐ

次の S1 のあいまいさはどこからきているのだろうか？

| S1 | *This will improve performance keeping clients satisfied.

S1 の意味は、（a）性能が改善して顧客の満足が得られる、それとも、（b）顧客を満足させることで性能が改善する、のどちらだろうか？

動詞-ing形の前にbyやthusを挿入すると、意味が明確になる。

| S2 | This will improve performance thus keeping clients satisfied.
| S3 | This will improve performance by keeping clients satisfied.

S2 は「性能を改善すれば顧客が満足する」という意味で、thusがas a consequenceを意味している。S3 は「顧客を満足させることで性能が改善する」という意味で、byがその方法を示している。

センテンスを2つに分ける、またはandを使うことも効果的で、S3 は次のように修正が可能だ。

| S4 | This will improve performance and clients will (thus) be satisfied.

次の S5 もあいまいさを含んでいるが、S6 や S7 のような工夫であいまいさは払拭できる。どちらの文意も同じだ。

6.14　byやthusを使って動詞-ing形のあいまいさを防ぐ　127

S5 *The Euro indirectly raised prices, *causing* inflation.

S6 ... raised prices. This *consequently / subsequently caused* inflation.

S7 ... raised prices *and so / thus caused* inflation.

単に情報を追加するだけの場合は、動詞-ing形よりもandを使ってセンテンスを後続させるほうがよい。次の2つの例文では **S8** より **S9** の文意が明確だ。

S8 *This section focuses on the reasons for selecting these parameters, *trying* to explain the background to these choices.

S9 This document focuses on the reasons for selecting these parameters, *and tries* to explain the background to these choices.

最後に、次の3つのセンテンスの違いに注目していただきたい。

S10 *To burn* CDs you just need some software.

S11 *Burning* CDs now takes only a few seconds.

S12 *By burning* CDs we deprive artists of royalties.

S10 の不定詞には、"もし～したいなら"という目的・仮定の意味が生じている。

S11 の前置詞なしの動詞-ing形はCDを焼く操作そのものを意味しており、センテンスの主語として機能している。**S12** はIf we burn CDs we will deprive artists of royalties.を意味している。

6.15 不可算名詞

可算名詞とはone apple、two applesなどのように数えることができる名詞のことで、不可算名詞とは数えられない名詞のことだ。英語では、an information、these informationなどとは表現できない。英語ネイティブにとってinformationは一つの概念の塊であり、分割することはできない。

ホウレン草は可算名詞だが、いったん料理すると一つの塊になる。料理されたホウレン草を一つずつ数えることは不可能だ。したがって、These spinaches taste

128　第6章　あいまいな言葉、表現、繰り返しを避ける

very good. とは表現できない。This spinach tastes very good. という表現は可能だ。同様に、car は可算名詞だが、traffic は不可算名詞だ。同様に、steps forward とは表現できるが、progress は数えられない。同じく、comments は可算名詞だが、feedback は不可算名詞だ。

　通常、このような微妙な差異で問題を生じることはない。しかし、後で不可算名詞に再び言及するときに代名詞の複数形（they、these、those など）や、many や few などの形容詞を用いると、読者の混乱を招くことがある。

> **S1** *Such feedbacks are* vital when analyzing the *queries*. At subsequent stages in the procedure, for instance after steps 3 and 4, *they* are also useful for assessing...
>
> **S2** *Such feedbacks are* vital when analyzing the *queries*. At subsequent stages in the procedure, for instance after steps 3 and 4, *many of them* are also useful for assessing...

注：feedback は不可算名詞であり、複数形は存在しない。したがって、**S1** と **S2** は正しい英語ではない。

　S1 の query は複数形（queries）になっているので、英語ネイティブはそれが評価の対象（they）であると理解する。**S2** は大きな混乱が生じており、many of them が何を示しているかは理解できないだろう。**S1** と **S2** は次のように修正が可能だ。

> **S3** Such feedback is vital when ... At subsequent stages ... *it* is also useful for...
>
> **S4** Such feedback is vital when ... At subsequent stages ... *much of it* is also useful for...

　とにかく英語では代名詞があいまいさを生じさせる原因の一つだ。不可算名詞を繰り返すときは代名詞に置き換えずに名詞のまま繰り返すべきだ。

> **S5** Such feedback is vital when ... At subsequent stages ... (a lot of) *this feedback* is also useful for...

6.15　不可算名詞　129

6.16 定冠詞と不定冠詞

英語の定冠詞の使い方は複雑だ（詳しくは、*English for Academic Research: Grammar, Usage and Style*の第1～5章を参照）。

次の例文の意味の違いを考えてみよう。

> S1 *A researcher* spends many days in the lab.
> S2 *One researcher* spends many days in the lab.
> S3 *Researchers* spend many days in the lab.
> S4 *The researcher* spends many days in the lab.
> S5 *The researchers* spend many days in the lab.

S1 のa researcherは初出のresearcherで、特定できない一人の研究者を指している。

S2 では、すでに何人かのresearcherに言及しており、そのうちの一人がラボで何日間も過ごしていると述べている。また、他のresearcherは滅多にラボには来ないことが示唆される。

S3 のresearchersは特定できない。all researchersと同意であり、theは使用しない。

S4 のthe researcherは既出のresearcherに言及している。読者はどのresearcherか理解できる。

S5 は基本的に S4 と同じであるが、複数のresearcherに言及している。

論文のセクションが S4 や S5 のようなセンテンスで始まっていることもある。しかし、どのresearcherを指しているのか理解できない読者は、その前のセクションを読み返して探さなければならない。可算名詞をtheで修飾すると、その名詞は既出の名詞であることを意味する。

次の例文ではaとoneの違いを示した。

130　第6章　あいまいな言葉、表現、繰り返しを避ける

S6 We made *one* experiment before the equipment exploded.

S7 We made *an* experiment before the equipment exploded.

S6 では、複数の実験を計画していたが、1回目の実験で爆発が起きてそれ以降の実験を中断せざるを得なかったことが示唆される。**S7** にはそのような含みはない。この2つの例文には非常にかけ離れた意味が感じられる。なぜこのような意味の差が生じているのだろうか？

自分が行った実験の結果を示したいとしよう。その場合、次のような例文は不自然だ。

S8 *Tests* have shown that cell phones can cause cancer.

S8 は、携帯電話が癌を引き起こす可能性があることが筆者の実施した実験以外の実験からわかったと伝えている。前のパラグラフやセクションで言及した試験を読者に思い出してもらいたければThe testsと表現すべきだろう。Our testならさらに良い。

1種類の試験だけを実施したときに、次のように表現すると誤解を招く。

S9 One test revealed that cell phones can cause cancer.

S9 の意味は、複数の試験を実施して、そのうち1つの試験から携帯電話が癌の原因となり得ることが明らかになったが、他の研究では明らかにできなかった、ということだ。

6.17 　the formerとthe latterの使い方に注意

すでに解説した内容に言及するときのthe former、the latterが何を指しているか、ただちには理解できないこともある。

S1 *Africa has a greater population than the combined populations of Russia, Canada and the United States. In *the latter*, the population is only...

S1 の the latter は、アメリカだけを指しているのだろうか？それともアメリカと
カナダの両国だろうか？この問題は、単純に the latter をそれが指し示す言葉をその
まま表現することで解決できる。次にその例を示す。

> S2 Africa has a greater population than the combined populations of Russia,
> Canada and the United States. In *the USA*, the population is only...
> S3 Africa has a greater population than the combined populations of Russia,
> Canada and the United States. In *Canada and the USA*, the population is only...

言葉を繰り返すことは、それで読者の理解が高まるのであれば、問題はない。特
に、the former や the latter が指し示す内容が離れている場合にはなおさらだ。次に
その例を示す。

> S4 *Smith was the first to introduce the concept of readability in websites. In his
> seminal paper, written in 1991, he realized that the way we read pages on the web
> is totally different from the way we read a printed document. Five years later,
> Jones studied the differences between the way that people of different languages,
> whose scripts are written left right (e.g. English), right left (e.g. Arabic) and top
> down (e.g. Japanese), read texts on the web. *The former author* then wrote
> another paper...

The former author と表現することで、読者に、4〜5行前を読み返して筆者の言
及する author を思い出すことを強いることになる。Smith then wrote と表現すれば
読者は無駄な時間をかけずにスムーズに読むことができる。

もちろん the former と the latter を使って表現してもあいまいさが生じないことも
ある。

> S5 Water organisms can be contaminated directly or indirectly. *The former*
> occurs by contact or ingestion of the substance dissolved in water, whereas *the*
> *latter* happens when the contaminant is accumulated in the food chain.

S5 にあいまいさはない。しかし S6 のように修正するとインパクトが増す。

> S6 Water organisms can be contaminated directly or indirectly. *Direct*
> *contamination* occurs by contact or ingestion of the substance dissolved in water,

132 第6章 あいまいな言葉、表現、繰り返しを避ける

whereas ***indirect contamination*** happens when the contaminant is accumulated in the food chain.

　具体的な言葉（contamination）は抽象的な言葉（the former）よりも理解が早く、記憶に定着しやすい。

　原稿を読み直さなければならないことによって生じるあいまいさの問題は、the former や the latter に限ったことではない。次の S7 の Concerning this last topic は何に言及しているだろうか？

> S7 *In recent years, these skills have been applied to the study of heavy metal accumulation ***and*** toxicity in mammalian cells ***and*** the modulation of neurotransmitter-gated ion channels by metal ions in primary neuronal cultures ***and*** in recombinant receptors expressed in heterologous systems. ***Concerning this last topic***, there has been much interest in...

　問題は、and が 3 回も使われ、読者はこのセンテンスをどこで分割して理解すべきか判断がつかないことだ。おそらく this last topic は recombinant receptors を指していると思われる。しかし、modulation of neurotransmitter-gated ion channels と recombinant receptors を指している可能性もある。 S8 のように単純にトピックを繰り返すだけで、読者は筆者が何に言及しているかをただちに理解できる。

> S8 ... and in recombinant receptors expressed in heterologous system. With regard to such ***recombinant receptors***, there has been much interest in...

6.18　above、below、previously、earlier、later の使い方の注意点

　前述または後述した言葉に言及するときは、あいまいな表現で指示してはならない。

> S1 *As mentioned ***above*** / ***before*** / ***earlier*** / ***previously***, these values are important when...
>
> S2 *These points are dealt with in detail ***below*** / ***later***...

6.18　above、below、previously、earlier、later の使い方の注意点　**133**

読者としてはこれらが示す内容に興味があれば、その情報がどこにあるかを正しく知りたいはずだ。そのような場合、see Sect. 1.1や、see the above paragraph、see points 4-5 belowなどの、言及する場所を正確に指し示す表現が必要だ。

　previouslyという言葉は、読者にはそれが何を示しているのかがあいまいであることが多い。すなわち、

- ➡ その論文で前述したという意味でのpreviouslyか
- ➡ 自分が過去に発表した論文の中という意味でのpreviouslyか
- ➡ 他の研究者の論文の中という意味でのpreviouslyか

　読者が前述した箇所まで戻らなくても済むように、そのために読者に前述した言葉を繰り返していることを理解してもらうために、as mentioned aboveやas mentioned beforeなどの表現を使うことは悪いことではない。しかし、そのような断りが本当に必要かどうかを考える必要がある。

6.19　respectivelyを使ってあいまいさを排除する

　respectivelyは言葉と言葉のかかわりを明確にするとても使い勝手のよい言葉だ。**S1** では、地理の基本的な知識があれば、ロンドンとイギリスとの関係とパリとフランスとの関係は理解できる。

> **S1** London and Paris are the capitals of England and France.

　しかし、この例文のように関連性が常に明確であるとは限らない。**S2** がその例だ。

> **S2** *... where X is the function for Y, and f1 and f2 are the constant functions for P and Q.

　f1とf2がPとQの定数関数という意味であれば、**S3** のように表現すべきだ。

> **S3** ...and f1 and f2 are the constant functions for ***both*** P and Q.

134　第6章　あいまいな言葉、表現、繰り返しを避ける

f1がPの、f2がQの定数関数であれば、 S4 のようにrespectivelyを用いて表現する。

| S4 ... and f1 and f2 are the constant functions for P and Q, ***respectively***.

多くの解説書がrespectivelyをセンテンスの最後に置くことを勧めている。また、respectivelyの前にはコンマを置いたほうがよい。

6.20 both A and Bと、either A or Bの使い方

both A and Bの構文は「AとBの両者」が対象であること意味し、either A or Bの構文は「AまたはBのいずれか」が対象であることを意味する。

| S1 We studied ***both*** English ***and*** Spanish.
| S2 You can study ***either*** English ***or*** Spanish.

S1 は、英語とスペイン語の両方を学んだことを意味する。 S2 は、いずれか一つの言語を学べることを意味する。英語とスペイン語の両方は学べない。英語を学ぶか、スペイン語を学ぶか、そのいずれかだ。

| S3 You cannot study ***both*** Russian ***and*** Korean.
| S4 You cannot study ***either*** Russian ***or*** Korean.

S3 は、ロシア語か韓国語のいずれかを選択しなければならないことを意味する。すなわち、1つの言語しか学べない。 S4 は、これら2つの言語の学習は提供されていないことを意味する。すなわち、どちらの言語も学べない。

前置詞bothの位置が変化すると意味も変わる。次の例文の意味の違いを見てみよう。

| S5 This is true ***both*** for the students ***and*** the professors.
| S6 This is true for ***both*** the students ***and*** the professors.

S5 では、bothが複数の生徒と複数の教授を指しているが、 S6 では、わずか2人

の生徒と複数の教授を指している。

次の S7 は2つの公園に言及しているが、S8 では公園の数は不明だ。

> S7 We had fun in ***both*** the parks we visited ***and*** also the museums.
> S8 We had fun ***both*** in the parks ***and*** the museums.

6.21　as、like、unlike などで類似や相違を表現する

研究の方法や結果を他の研究と比較するときは注意が必要だ。次の S1 では、筆者がウォーカーの提案に同意しているのかどうか正確にはわからない。

> S1 We also demonstrated that X does not equal Y ***as*** suggested by Walker (2016).

S1 の意味は、ウォーカーはXがYに等しいと提案しているが筆者の意見はその逆である、ということか？もしそうであれば、次の S2 または S3 のように修正すべきだ。

> S2 ***Unlike*** what was suggested by Walker (2016), we demonstrated that X does not equal Y.
> S3 ***Our findings do not concur with*** Walker (2016). In fact, we have clearly demonstrated that X does not equal Y.

もし S1 が、筆者もウォーカーと同様にXがYに等しくないことを発見したと伝えたいのであれば、次の S4 のように修正できる。

> S4 ***In agreement with*** Walker (2016), we demonstrated that X does not equal Y.

あいまいさは可読性に悪影響を及ぼす。もし文意を頻繁に確認せざるを得ないようであれば、読者はやがて読む意欲を失うだろう。

136　第6章　あいまいな言葉、表現、繰り返しを避ける

6.22 fromとbyの使い分け

fromとbyは異なる意味を持つ。fromは起点を、byは動作主を表わす。

> **S1** This paper was drafted *by* several different authors *from* three different universities.
> **S2** We received an email *from* Professor Southern written *by* her secretary.

S1 と **S2** では、fromの代わりにby、またはbyの代わりにfromを使っても、あいまいさが生じることはない。

次の **S3** では、fromまたはbyを使い分けることで、スマートコンをより正確に理解することができる。created fromを使えばスマートコンが材料であることが、created byを使えばスマートコンが製造元であることが分る。両者はまったく異なる存在だ。

> **S3** This product was created *from* / *by* smartcon.

6.23 ラテン語に由来する表現は要注意

ラテン語に由来する多くの表現の問題は、筆者にはその意味がわかっていても、読者が知らない可能性があることだ。語句を定義するときの *i.e.* と例を示すときの *e.g.* を相互交換的に使うことはできない。

> **S1** Great Britain, *i.e.* England, Scotland and Wales, is the ninth biggest island in the world and the third most populated.
> **S2** Some EU members, *e.g.* Spain, Italy and France, are not in agreement with this policy.

S1 の *i.e.* はグレートブリテン島を定義するために使われている。すなわち、グレートブリテン島は後述の三地域で構成されている。

6.23 ラテン語に由来する表現は要注意　137

S2 の *e.g.* は、EU諸国のうちこの政策に合意しない国にはスペイン、イタリア、フランスなどの国々が含まれることを意味している。そして他にも同様の国があることが示唆される。

語数制限に余裕があれば、*i.e.* の代わりに that is to say を、*e.g.* の代わりに for example や such as、for instance などを使ってもよい。

投稿するジャーナルがラテン語由来の表現をあまり使っていなければ、*a priori*、*a posteriori*、*ex ante*、*in itinere*、*ex-post*、*ceteris paribus* などの表現は避けるべきであろう。英語のネイティブスピーカーであっても、意味を知らない読者もいる。次の **S3** は **S4** のように修正すべきであろう。

> **S3** This argument holds, *a fortiori*, in mergers, where the reduction of the number of firms in the market is an explicit objective.
> **S4** This argument holds *for similar but even more convincing reasons in mergers*, where the reduction of the number of firms in the market is an explicit objective.

また、ラテン語由来の表現を使うときは、投稿するジャーナルがイタリック体での表記を求めているかどうかを確認すること。

6.24　同綴異義語（false friend）

同綴異義語（false friend）とは、異なる言語間で綴りが似ていても意味が異なる言葉のことだ。英語と他のヨーロッパ諸国の言語との間では同綴異義語は珍しくはない。例えば actually がいい例だ。英語では "実際に" を意味するが、他の言語では "現在は" を意味する。

科学研究の分野で頻繁にみられる同綴異義語に control がある。この場合の control は他の言語によくある verify という意味ではない。verify の意味には check などが使用できる。例を示そう。

> **S1** A thermostat is used to *control* the temperature.（"調節する" という意味）

138　第6章　あいまいな言葉、表現、繰り返しを避ける

S2 We *checked* the patient's temperature with a thermometer. ("確認する" という意味)

科学論文では、わずかではあるが、同綴異義語で問題を生じることがある。以下はその例だ。

actual（実際の）と effective（効果的）、alternately（交互に）と alternatively（別の方法で）、coherent（一貫した）と consistent（一致した）、comprehensive（包括的）と understanding（理解のある）、eventually（最終的に）と if necessary（必要なら）/if any（もしあれば）、occur（起きる）と need（要する）、sensible（賢明な）と sensitive（敏感な）。

6.25　タイポ（誤字）に注意

次のような例文に査読者はどのような反応を示すだろうか？

S1 There are three solutions to *asses*.
S2 A solution of lead was added to the mixture. Note: this *addiction* is likely to cause health problems.
S3 Acknowledgments: We would like to offer our *tanks* to the following people.

筆者は、assess のつもりで asses（ロバ）と、addition のつもりで addiction（中毒）と、thanks のつもりで tanks（戦車）と表記してしまった。

このようなタイポを修正してくれるシステムは現在のところ開発されてない。

注意すべき誤字を *English for Academic Research: Grammar, Usage and Style* の§28.4にまとめた。

6.25　タイポ（誤字）に注意　**139**

6.26　まとめ

本章の重要なポイントを以下にまとめた。

- [x] whichは先行詞に情報を追加するときに使い、thatは先行詞を限定するときに使う。

- [x] which、that、whoは、これらの関係代名詞の直前に置かれた先行詞だけに言及すること。

- [x] 動詞-ing形の主語を明確にする。

- [x] 動詞-ing形の前にthus（結果）またはby（手段）を置いて、その行為の結果を伝えているのか、あるいは行為のための手段を伝えているのかを明らかにする。

- [x] 特定の名詞に言及するときには定冠詞（the）を使い、一般的な概念を表わすときには冠詞を使わない。

- [x] 自分の専門分野に頻出する不可算名詞と同綴異義語を知る。

- [x] 代名詞（this, that, them, itなど）の使い方に要注意。これらが指している内容は明確か？代名詞を使わずに、前述した名詞を繰り返して使うほうが文意は明確になることもある。

- [x] The former..., the latter...の構文の使用は避けて、単純に言したい名詞を繰り返す。

- [x] aboveやbelowを使用するとき、必要に応じてその引用元を具体的に示す。

- [x] respectivelyは、語句間の関連が明確でないときにだけ使用する。

- [x] whichやandを使うとき、句読点の打ち方に注意する。句読点を正しく打つことで、読者はセンテンスの各パートがどう関連し合っているかを正しく理解することができる。

- [x] both（両方）とeither（いずれか一つ）、i.e.（定義）とe.g.（例証）、by（手段）とfrom（起点）、これらの使い方を混同しない。また、"同様に"の意味で使うときのasにも注意。

- [x] キーワードには同義語を使わない。一般的な動詞や副詞にだけ使う。

☑ 最も正確な言葉を選んで使う。

　あいまいさについては他にも大きな問題がある。それらについて他の章でも考察している。

1. 名詞や形容詞を数珠つなぎにしない（→2.17節）。
2. 時制の使い方の間違い。特に序論と考察のセクションで、過去形を使用すべきところで現在形を使用したりすると（またはその逆）、読者の理解に混乱が生じる。
3. 語順の間違い（→2.2節〜2.16節）。
4. 自分の論文に言及しているのか他の研究者の論文に言及しているのか判然としない（→7.5節〜7.8節）。

第7章
［Who＋Did＋What］の構造を明確にする

> **論文ファクトイド**
>
> 最古のカクテルといわれるサゼラックは、ニューオーリンズに住むフランス人によって1838年に考案された。アメリカ人ではなかった。ちなみに、最初にアルコール飲料をミックスしたのはイギリス人で、1750年頃のインドでのことだった。
>
> ✳
>
> 電気を発明したのはトーマス・エジソンではない。今日使われている電気はニコラ・テスラによって発明されたものだ。エジソンは長時間持続型の電球を発明した。
>
> ✳
>
> 痛みを軽減するための処刑方法としてギロチンを提案（発明ではない）したのはジョゼフ＝イニャス・ギヨタンだったが、同じような装置は14世紀から使用されていた。
>
> ✳
>
> 飛行機とヘリコプターを発明したのは、ライト兄弟ではなくレオナルド・ダ・ビンチだった。
>
> ✳
>
> 印刷技術を発明したのはヨハネス・グーテンベルグではない。古代中国の木版印刷が最古の印刷だ。
>
> ✳
>
> ラジオを発明したのはグリエルモ・マルコーニではなく、ニコラ・テスラだ。マルコーニの数年前に無線の送信に成功していたが、特許は出願していなかった（マルコーニは"無線電信"として出願した）。
>
> ✳
>
> スパークリングワインを開発したのはドン・ペリニョン（1638-1715）ではなく、その友人でカルカソンヌ近郊のサン・ティレール大修道院のベネディクテ

イン修道士だった（1531年）。

無意識の理論を確立したのはジークムント・フロイト（1836-1939）だが、最初に"着想"したのは初期の心理学者で思想家のアメリカ人チャールズ・サンダース・パース（1839-1914）だ。

7.1　ウォームアップ

　以下は、「人は近くの人よりも遠くの人との会話が多いか？携帯電話は人間のコミュニケーション手段をどのように変えたか？」と題された架空の論文のアブストラクトだ。筆者はジョー・ブログスという架空の人物が書いているとする。

　仮にあなたの目が、ある論文の結果のセクションの以下のパラグラフに引きつけられたとしよう。そしてこのパラグラフが最初に読んだパラグラフだとしよう。

> Subjects sitting in train compartments on a 60-minute journey were found to spend an average of 55 minutes either talking on their cell phone or sending messages, watching videos etc. Only 2% of passengers talked to other people, in such cases merely to say 'sorry' or 'is this seat taken'? This contrasts with research conducted in 1989 on the same train journey. Mobile phones were very rare at the time, and the study found that around 58% of passengers spoke to each other in a meaningful way for 10 minutes or more, with the prevalence being woman to woman, or man to woman. Conversations between two men were also found to be rare on the line between Copenhagen and Malmö.

以下の問いに答えられるだろうか。

1. 55分間の会話に関するデータを得たのは誰か？　(a) 筆者、(b) 筆者以外の人。
2. 1989年の調査を実施したのは誰か？　(a) 筆者、(b) 筆者以外の人。
3. コペンハーゲンとマルメで調査を実施したのは誰か？　(a) 筆者、(b) 1989年の調査を実施した人と同じ人物。実はコペンハーゲンとマルメの調査は同じ調査の一環、(c) それ以外の人。

7.1　ウォームアップ　143

自分の答えにどれほど自信があるだろうか？

これらの問いに自信を持って答えられるためには、このパラグラフをどのように修正すればよいだろうか？

論文の各セクションを執筆するときは、自分の研究の調査方法や結果をすでに公に認められている研究と比較しなければならない。どの研究の調査方法や結果と比較しているのか、読者が100％理解できるように明確にしなければならない。
そうでなければ、査読者には以下の3つの判断ができない。

- あなたの研究は貢献しているか
- あなたの研究の貢献はどの程度有用か
- あなたの研究の貢献は発表する価値があるか

例えば、もしあなたが「X＝1であることが発見された」と書けば、査読者は、あなたがX＝1を発見したのか、それとも他の筆者がそれを発見したのかを知りたいはずだ。
本章ではこのように［who＋did＋what］（誰が何をした）を明確にする方法について考察する。

7.2 第一人称と受動態の使い方を投稿規定で確認する

weを使って原稿を書くことが許されているかどうか、投稿するジャーナルの投稿規定で確認する。もしweを使うことができれば、自分の研究と他の研究を区別することは比較的容易だ。しかしジャーナルによっては、特に物理学関連のジャーナルなどがそうだが、科学論文に筆者の存在は不要だとして、人を主語としない非人称形を指定している。結果的に受動態を使うことになり、論文筆者は目立たなくなる。

もしジャーナルが受動態を使うことを指定していたら、注意が必要だ。重要なことは、自分では自分の研究と他者の研究の区別は明確かもしれないが、読者は必ずしもそうではないということだ。あくまでも読者の理解が大切だ。

7.3 受動態の使い方

能動態：We *performed* two tests. Blake et al. *carried out* one replication.

受動態（is / was / will beなど＋過去分詞）：Two tests *were performed* (by us). One replication *was carried out* by Blake.

受動態は、例えば方法のセクション（→**16.3節**）で手順を説明するときに特に有用だ。受動態を用いることで、装置、薬品、手法などを文頭に置けるからだ。文献レビューやその他の論文でも、序論や考察のセクションなどでは、他の研究の結果や既存の知見に言及するときは受動態を使うのがよい。例を示す。

> S1 Bilingual children *have been demonstrated* / *are believed* to adapt better to new situations than monolingual children.
> S2 *It has been demonstrated* / *It is believed* that bilingual children adapt...

S1 が S2 より優れているのは、センテンスの主題（bilingual children）を文頭に置けることだ。S2 では主語の導入が遅れている。

フォーマルな英語では、特定の個人に言及するときも特定できない個人に言及するときも、someone、one、peopleは使えない。したがって、S1 と S2 を次の S3 や S4 で表現することはできない。

> S3 *Someone/One has demonstrated that...
> S4 *People believe that...

7.4 受動態であいまいさが生じるときは能動態を使う

受動態を使った非人称のセンテンスのほうが読者にとって文意が明快であることを示した研究はない。にもかかわらず、非人称のセンテンスのほうがより科学的で論理的なセンテンスだとする保守的な編集者もいる。彼らは事実からこれは明らかなはずだと主張する。しかし私の知る限り、非人称のセンテンスが読者の理解を助

けることを証明した研究はない。いずれにせよ、受動態か能動態かについては、それこそ事実が物語っている。正確に情報を伝えるという点においては受動態が優っているという編集者もいるが、科学的根拠に欠けると私は思う。また、受動態のほうが高潔さ、すなわち正直さや品位といったセンテンスの本質的な質の高さにおいて優れているという編集者もいるが、証明のしようがない。

しかし、多くの研究により、受動態を使うと能動態よりもセンテンスが重くなり（→4.1節のジョン・カークマンを参照）、さらに、多くの場合はあいまいさが生じることがわかっている。

次の S1 と S2 において、イタリック体で示した動詞の主語は明確だろうか？

> S1 （論文の結論のセクションで）This is a limitation of our data assimilation system, which ***should be changed*** in the near future.
> S2 The same lack of regard for others was present amongst subjects who used their mobile phone while driving their car, in agreement with the higher values of selfish behavior ***observed*** in cigarette smokers [17].

S1 では、筆者は、同じ専門分野の他の研究者が変更しなければならないと言っているのか？それとも、筆者自身がそうすると言っているのだろうか？ S2 では、誰がこの観察を行ったのか？筆者自身か？それとも参照論文 [17] の筆者か？

もし筆者自身がこの動詞の主語であれば、 S1 と S2 は能動態を使って次のように修正すべきであろう。

> S3 This is a limitation of our data assimilation system, which ***we plan*** to change in the near future.
> S4 The same lack of regard for others was present amongst subjects who used their mobile phone while driving their car, in agreement with the higher values of selfish behavior that ***we observed*** in cigarette smokers and which has also been found by other authors [17].

もし筆者がこの動詞の主語でなければ、 S1 と S2 は次のように修正すべきであろう。

> S5 This is a limitation of our data assimilation system, and ***we invite others in***

the community to suggest possible remedies.

S6 The same lack of regard for others was present amongst subjects who used their mobile phone while driving their car, in agreement with the higher values of selfish behavior that *have been found by other authors* [17].

受動態によって生じるあいまいさは、副詞を上手に使うことで軽減できることが多い。次の **S7** では、誰がconsiderしたのか明らかではない。**S8** では副詞を使ってこの問題を解決している。**S9** では、isを残してconsideredを削除することで、発見または提案を行ったのは筆者ではないことが示唆され、結果的に客観性が生じている。

S7 Using the X methodology *is considered* the same as using the Y methodology.

S8 Using the X methodology is *generally / usually / often* considered the same as using the Y methodology.

S9 Using the X methodology *is* the same as using the Y methodology.

受動態で使うとあいまいさが生じやすい動詞には、acknowledge, conceive, consider, describe, design, develop, find, observe, propose, suggestなどがある。

もちろん、あいまいさがまったくないスマートな受動態もある。以下に例を示す。

S10 It *is well known* that smoking causes cancer.

S11 Mobile phone usage during meetings *is often criticized*.

S10 で示された事実はすべての人が知っている。**S11** では、会議の他の参加者からの批判であることは明らかだ。

7.5 自分の研究と他の研究はパラグラフを分けて区別する

考察のセクションでは、また時には序論においても、自分の研究から他者の研究にトピックを移すことがある。このように新しい比較を展開するときは、改行して新しいパラグラフに書くべきだ。読者も論旨を追いやすい。

また、他者の研究について解説するときと、自分の研究について解説するときは、それぞれ別々のパラグラフに書こう。同じパラグラフの中で頻繁にトピックを変えると、読者としては思考の切り替えが煩雑になり、論旨を追いにくい。

　1つのトピック（自分の研究）から別のトピック（文献）への思考の切り替えは、可視化つまりパラグラフを2つに分けることで、その負担は小さくなる。

7.6　weが禁止されているときは、時制を利用して自分の研究と他者の研究を区別する

　自分の研究と他者の研究を効果的に区別する方法については**18.6節**でも考察している。ぜひ参照していただきたい。本章では、その区別をつけないときのリスクについて考える。

　次の英文は、ある論文の考察の第一パラグラフからの抜粋だ。稚拙なライティングで、動詞の目的語がワーズワース（この論文の架空の筆者）による発見か、それとも他の詩人による発見か理解し難い。

❌ 修正前

Bilingual children (1) *were found* to show a greater adaptability to new situations (e.g. change of school, change of diet) and demonstrated a greater ease in communicating confidently with adults [Blake, 1995]. As a result of an extensive search for bilingual children in ten European countries, 149 children (2) *were identified* (Table 1). One hundred and twenty two children with parents of different nationalities (3) *were assigned* to a group (hereafter Group A). It (4) *has been found* that those children with parents of the same nationality but who live in a foreign country (for example, a child with English parents living in Italy) (5) *have* a greater level of adaptability than those children with parents of different nationalities living in the native country of one of the parents. Similar adaptability levels (6) *have been found* in trilingual children of parents of different nationalities living in a third country [Coleridge, 2011], for example the child of a Dutch/Russian couple living in France. However, in many such cases (7) *it was found* that one of the three languages was not as strong as the other two (Table 2).

148　第7章　［Who＋Did＋What］の構造を明確にする

このパラグラフを読んで私は次のように分析した。

（1）過去時制（were found）が使われているのでワーズワースの発見のように思えるが、センテンスの終わりにレファレンスの提示があり、ブレイクの発見であることがわかる。

（2）センテンスの最初の部分を読んだだけでは、ワーズワースがブレイクの研究に情報を足そうとしているのか、それとも自分の研究に言及しようとしているのかはわからない。センテンスの最後で参照として表があるのを知って、ワーズワースの研究に関することであることがわかる。

（3）このセンテンスにはあいまいさはないようだ。ワーズワースは自分の研究について説明している。

（4）と（5）時制が過去（were assigned）から現在完了（has been found）になり、さらにその後に現在（have）に変化している。この時制の変化から、それぞれ別の研究の成果であることが示唆される。しかし実際はワーズワースの研究ではないかと私は思う。

（6）私は、（4）でワーズワースが誤って現在完了を使ってしまい、（6）でも再び誤って現在完了を使ったと推測した。つまり私は最初、ワーズワースは自分の研究について語っていると考えた。しかしセンテンスの最後まで読んで、それがコールリッジの研究だとわかって考えを改めた。

（7）結局まったく理解できない。そもそも、it was foundとあるが、それがワーズワースによるものか、それともコールリッジによるものかまったく理解できない。［表2］という参照があることを知り、それがワーズワースの研究を指しているのではないかと思った。しかし［表2］がコールリッジの研究を指している可能性もある。

次は修正後のバージョンだ。修正箇所を下線で示した。

7.6　weが禁止されているときは、時制を利用して自分の研究と他者の研究を区別する　149

○ 修正後

Bilingual children ***show*** (1) a greater adaptability to new situations (e.g. change of school, change of diet) and ***demonstrate*** a greater ease in communicating confidently with adults [Blake, 1995]. ***Blake investigated children from the US and Canada. As mentioned previously, the focus of our study was Europe, and*** as a result of an extensive search for bilingual children in ten European countries, 149 children ***were identified*** (2) (Table 1). One hundred and twenty two children with parents of different nationalities ***were assigned*** (3) to a group (hereafter Group A). It ***was found*** (4) that those children with parents of the same nationality but who lived in a foreign country (for example, a child with English parents living in Italy) ***had*** (5) a greater level of adaptability than those children with parents of different nationalities living in the native country of one of the parents. Similar adaptability levels ***have been found*** (6) in trilingual children of parents of different nationalities living in a third country [Coleridge, 2011], for example the child of a Dutch/Russian couple living in France. However, in many such cases ***our findings revealed*** (7) that one of the three languages was not as strong as the other two (Table 2).

修正前のバージョンとの主な違いは、読者はセンテンスの前半を読んだだけで、ワーズワースの研究かそれとも別の研究がただちにわかることだ。修正前では、読者は最後まで読まないと誰の研究について述べられているのかわからなかったし、また理解を修正しながら読み進めなければならなかった。

修正前と修正後の違いを詳細に分析してみよう。

(1) 現在時制（show）が使われているので、読者は、一般的な事実としての知見が示されていること、つまりブレイクの研究であり、ワーズワースの研究ではないことを知る。Blake [1995] showed that... とセンテンスを開始することも可能だが、ここはセクションの第一パラグラフなので、セクションの主題のbilingualism ではなく筆者Blake でセンテンスを開始することは不自然だ。自分の知見ではないことを明示するために、ワーズワースは、It is well known that bilingual children でセンテンスを開始することも可能だが、それではキーワードのbilingual の導入が遅れる。

(2) 修正前の問題の一つは、第一センテンスと第二センテンスの関連性が明確でな

いことであり、そのために誰の研究について述べられているかあいまいになっている。修正後は、その関連性を説明しワーズワースの研究を紹介するために新しいセンテンスが加えられた。またワーズワースの方法のセクションでは新たな情報（主に欧州と北米で調査を行ったこと）が追加されている。しかし読者がすべての情報を読むとは限らない。もしこの論文の主たる貢献が、試験の実施方法の紹介ではなく得られた知見の紹介であれば、読者は方法のセクションを読まずに結果や考察のセクションに進むこともあり得る。考察に新しいセンテンスをいくつか加えることで読者の理解は深まるだろう。

(2) と（3）新しいセンテンスを加えることで、were identified と were assigned がワーズワースの研究に関することであることがわかる。

(4) 前述の2つのセンテンスでワーズワースは自分の研究について述べており、読者は It was found がワーズワースの研究に言及していることを知る。

(5) 現在形（have）ではなく過去時制（had）を使うことで、読者はそれがワーズワースの研究に関することであることを知る。一般的に（ルールではない）、結果と考察のセクションの時制は、他の研究に言及するときは現在形、現在完了形、過去形が使われるが、自分の研究に言及するときは過去形だけが使われる。自分の研究を現在完了形で語ることはない。

(6) ここではワーズワースはコールリッジの研究に言及しているので、時制は現在完了形でも問題はない。過去形（were found）も使える。

(7) ワーズワースは our を使うことで再び自分の研究に言及していることを明示している。

修正前のパラグラフからわかること：

- 図表やレファレンスを示すだけでは、誰の研究に言及しているかを読者が容易に理解できるとは限らない。読者に余分な努力を強いるかもしれない
- 時制の間違いや不一致は読者の混乱を招くだけだ。このような間違いが頻繁に起きると、査読者や読者の読む気を削ぐことになる

修正後のパラグラフからわかること：

- weを使わずに原稿を書くほうがジャーナル側の満足を得ることができる。どういう理由かわからないが、ourの使用については問題はないようだ
- センテンスとセンテンスの間には論理的な展開がなければならない。例えば、センテンスの中で誰かの研究に言及してその後に別のセンテンスを続ける場合、その2つのセンテンスの関連性が明確でなければならない。時制を変えるだけでは不十分だ

7.7 ジャーナルが人称代名詞の使用を許可しているときは、weを使って自分の研究と他の研究を区別する

自分の研究と他の研究を明確に区別する最も簡単な方法はweを使うことだ。ただしジャーナル側がそれを許可していなければならない。weを使うことで、読者はワーズワースの考察（→7.6節）の内容をより明確に理解することができる。

> Blake investigated children from the US and Canada, ***whereas we studied*** children in Europe. ***We conducted*** an extensive search for bilingual children in ten European countries and identified 149 children (Table 1). One hundred and twenty two children with parents of different nationalities ***were assigned*** to a group (hereafter Group A). ***We found*** that those children with parents of the same...

上記のバージョンは、weを使うことで、自分の研究と他の研究を簡単に差別化できることを示している。しかしすべてのセンテンスをweで始めると単調な印象を与えるだけなので避けたいだろう。そのような場合、能動態（we found）と受動態（it was found）を適宜使い分けるとよい。

受動態は自分の研究を説明するときにだけ使う。ただし、これから自分の研究に言及することをはっきりと断らなければならない。そのためにはパラグラフをweやin our studyで開始するとよい。そうすることでこれから自分の研究について述べようとしていることを読者に伝えることができ、たとえ受動態を用いていても、読者はそれがあなたの研究に関することであることを知る。その後、他者の研究を紹介してから再び自分の研究に言及する場合にも、センテンスはweやin our study

で開始するとよい。

7.8 自分の研究と他の研究を区別する必要がなくても weを使ったほうがよい場合

自分の研究の方法や手順について述べる場合、weや受動態を使っても何の問題もない。その例を以下に示す。

> *We* selected the candidates on the basis of an initial test in which they *were asked* to do a short simultaneous translation. The candidates *were then divided* into two groups: bilinguals and trilinguals. *Candidates then underwent a second test ... We then used the results* of these tests to further divide the candidates into four subgroups.

このパラグラフは、すべての動詞を受動態で書くことも可能だ。しかし、研究手順の説明をweで開始すると、それ以降は、特に断らない限り、自分の研究について述べていることは読者には明白だ。

このパラグラフからわかることは、weと受動態の両方を使うことで強調のポイントを差別化できることだ。The candidates were dividedという受動態を使ったセンテンスで候補者を強調することができ、weを使ったWe then used the resultsというセンテンスで自分の研究成果を強調することができる。weと受動態の両方を使うことで文体に変化が生じ、読者は退屈しない。しかし、時には能動態も使われることがある（例：Candidates then understand a second test.）。これは、場合によっては、能動態を使いながらweを主語にしない非人称のセンテンスを作ることが可能であることを示している。

7.9 レファレンスの活用

次の例はワーズワースの論文（→ 7.6節）から別の抜粋だ。誰がどのような研究をしたのか読者にはわかりにくい。修正前のパラグラフの最大の問題は時制の問題ではなく、文献の参照が示されていないこと、およびweとourを使っていないこと

だ。

修正前

Measurements (1) ***were made*** of the speed with which bilingual adults performed simultaneous translations of politicians' speeches because politicians tend to use formal language [Anderson and Wordsworth, 2008]. (2) ***Similar tests*** with Nobel prize winners' acceptance speeches gave similar values of speed. This finding strongly suggests that formal language represents an easier element for translation than informal language. The performance of teenagers (3) ***in analogous situations*** also confirms the above finding. Considering that informal language, in particular slang, (4) ***intensifies*** the stress levels of subjects undertaking simultaneous translation (5) ***the lack of changes in stress levels*** of the bilingual adults with respect to bilingual teenagers when simultaneously translating extracts from a teenage soap opera, would seem to indicate that experience plays an important role. Consequently, stress levels in bilingual subjects ***tend*** (6) to decrease with age.

修正後

In a previous paper [Anderson and Wordsworth, 2008] we made measurements of the speed with which bilingual adults performed simultaneous translations of politicians' speeches. We chose politicians because ***it is well known that*** they tend to use formal language. ***In the same study [Anderson and Wordsworth, 2008] we*** conducted similar tests with Nobel prize winners' acceptance speeches, which gave similar values of speed. ***These two findings*** strongly suggest that formal language represents an easier element for translation than informal language. The performance of teenagers in analogous situations also confirms the above finding [***Williams***, 2009]. ***Williams*** found that informal language, in particular slang, intensifies the stress levels of subjects undertaking simultaneous translation.

Therefore the lack of changes ***that we found in our present research*** in the stress levels of bilingual adults with respect to bilingual teenagers when simultaneously translating extracts from a teenage soap opera, would seem to indicate that experience plays an important role. ***As a consequence of our latest findings, we conclude*** that stress levels in bilingual subjects tend to decrease with age.

修正前の英語自体は完璧だが、内容は極めてわかりにくい。

（1）were madeは、それがワーズワースの研究について述べていることを示している。しかし読者は、センテンスの最後まで読んでレファレンスがあることに気づく。このレファレンスはセンテンスの後半（because politicians以降）に関するものか、それともmeasurementsに関するものか、あるいはその両方か、明確ではない。また、自分の過去の研究に言及するときは、ワーズワースもそうしているように、読者の注意を喚起して、それが自分の研究であり他者の研究ではないことを伝えなければならない。問題は、読者が今読んでいる論文の筆者の名前を覚えていないことだ。したがって、たとえワーズワースの名前をレファレンス中に見てもそれが今読んでいる論文の筆者であることに気づかない可能性がある。

（2）similar testとは誰が実施したのか（ワーズワースかそれとも他の誰か）？ いつ実施したのか（ワーズワースの2008年の研究においてか、それとも現在の研究か）？

（3〜5）ここでも読者は誰がいつ試験を実施したのかまったくわからない。また本研究のことかワーズワースの過去の研究のことかもわからない。

（6）この結論はどのようにして導かれたものか？本論文の研究に基づいてのワーズワースの結論か？それともそれは別の既報の論文筆者が発見した一般的結論か？

　問題の原因は、ワーズワースは［who＋did＋what］（誰が何をした）を知っていたこと、そしてワーズワースが読者もこの重要な情報を知っていると思い込んでいたことだ。

　修正後は［who＋did＋what］（誰が何をした）が明確になった。またパラグラフを2つに分けている。最初のパラグラフがこれまでの研究について、2つ目のパラグラフが現在の研究について述べている。読者はさまざまな研究に関する情報を与えられながら、本論文におけるワーズワースの結論へと導かれていく。

　結果的に使用する語数が増えたが、簡潔さよりも明確さが重要だ。

　自分の研究と他の研究を区別することの重要性をいくら強調してもし過ぎることはない。この区別が疎かにされていることが、学術論文に最も頻繁に見られる最も重大な過ちの一つだ。研究の成果を発表するときは、誰の研究の結果についての記

7.9　レファレンスの活用　155

述であるかが読者に100％明確になるように、すべてのセンテンスを細大漏らさず確認することが極めて重要だ。

7.10　the authorsが誰を指すか明確に

　もう一つの問題は、連続するセンテンスの中で自分の研究結果と複数の他の研究結果との関連性を述べるときに生じる。**S1** では、the authorsが誰を指すか明確ではない。

> **S1** *Our results agree with those on bilingual teenagers in Scandinavian countries by Magnusson et al. (2011), and those from the Middle East by Hussein et al. (2009), who used middle school and high school pupils; *these authors* ruled out the existence of...

　these authorsは、マグヌソンの研究グループとフセインの研究グループの両方を意味しているとも、また、どちらか一つの研究グループを意味しているとも考えられる。もしあいまいさが生じるようであれば、論文著者の名前を具体的に書くことをお勧めする。いずれにせよ、**S1** は長すぎる。**S2** のように修正するべきだろう。

> **S2** Our results agree with those obtained on bilingual children in Scandinavian countries by Magnusson et al. (2011). *They* also agree with studies in the Middle East by Hussein et al. (2009), who used middle school and high school pupils. *Hussein et al.* ruled out the existence of...

7.11　論文がブラインド査読されるときの注意点

　論文を提出する前に、ブラインド査読が行われるかどうかを確認すること。ブラインド査読とは著者の匿名性を守ったうえでの査読だ。編集者が原稿から著者の氏名と所属先を消す。その目的は査読者がそれらの情報の影響を受けないようにするためだ。

したがって論文著者は、自分に関する情報が論文上で漏洩しないように気をつけなければならない。自分の名前がJohn Doeである場合、原稿に次のような文を残してはならない。

| **S1** In a previous paper (Doe et al, 2017) we demonstrated that...

　S1のような記述があれば、査読者は投稿者がJohn Doeであることを容易に推測できる。それではブラインド査読の意味がない。**S2**のように修正すべきだろう。

| **S2** Doe et al. (2017) demonstrated that...

　論文が受理されたら、John Doeとはあなた自身であることが読者にわかるように、修正した箇所を修正前（**S1**）に戻さなければならない。

7.12 まとめ

- [x] 原稿にweやIを使っていいかどうか、あるいは常に受動態を使わなければならないか、ジャーナルの投稿規定を確認してそれに従う。

- [x] 科学論文では受動態を使ったほうが上質だと思われているかもしれない。その印象の真偽に関わらす、受動態を使うと、読者としては、記述されている研究結果が筆者のものか別の研究者のものかがただちにはわからないという問題が生じる。

- [x] 自分の研究成果とすでに文献に発表されている研究成果の差別化を図ることを、図表や文献目録への参照に依存してはならない。またその参照は、他の研究論文への参照であり自分の過去の論文への参照ではないかどうかを明確にする。

- [x] 自分の研究結果と他の研究結果を比較するときに時制の使い方を間違うと、読者の理解に混乱が生じるので注意が必要。常に正しい時制を使うこと。英語では過去形と現在完了形の間には大きな差があることを忘れてはならない。

- [x] 不必要にweを使わない。例えばロジックの流れを説明するときなどだ。

- [x] 長いパラグラフはいくつかの短いパラグラフに分けて、読者が自分の研究と他の研究を区別して理解できるように配慮する。

- [x] 他の研究者の論文に言及するときは、その論文を引用する理由およびその論文と自分の論文の関連性を読者に明確に伝える。

- [x] 投稿した論文がブラインド査読を受けるかどうかを事前に確認する。

第8章

研究結果を強調するテクニック

論文ファクトイド

アンプ：フランス人物理学者・数学者のアンドレ・マリ・アンペールが、2本の導線を並行に置いてそれらを通電させると磁場が生じることを初めて実証した。

ブライユ点字：フランス人のルイ・ブライユが、盲学校の教師をしていたときに考案した。ブライユは20歳の時に点字による初めての書籍を出版した。ブライユは43歳で他界。

*

ディーゼルエンジン：ディーゼルエンジンは、フランス生まれのドイツ人技術者のルドルフ・ディーゼルの功績だ。ディーゼルは1886年に論文発表した。

ガルバーニ電気：イタリア人哲学者・医師ルイジ・ガルバーニが、死んだカエルに電気ショックを与えると筋肉がピクピク動くのを見て偶然発見したとされている。英語のgalvanizeの元々の意味は電気ショックを与えて動かすという意味だ。

*

ジャクジー：1915年、ジャクージ7人兄弟がジャクージ社を設立。身内のリウマチ患者の治療のために水治療風呂を開発した。後に商品化されて病院や施設で販売された。

*

モールス信号：1838年、アメリカ人芸術家サミュエル・モールスが、電報を送る新しい手段として発明した。

*

ペトリ皿：1878年、ドイツ人細菌学者ユリウス・リヒャルト・ペトリが、微生物を培養するために発明した透明の平皿。

*

ピラティス：ドイツ生まれのフィットネス専門家ジョセフ・ピラティスが、東洋と西洋のさまざまなエクササイズを研究した後に、専門器具を使って行う身体運動として1920年頃に考案した。

8.1 ウォームアップ

（1）あなたの原稿に2人の査読者が次のような指摘をしたとしよう。これはあなたの責任か？

「本稿が着目しているのは"革新的方法"であることを考えれば、この研究の方法がいかに特別であるかを著者はもっと明確に記述しなければならない。とても素晴らしい貢献を著者は果たしていると思うが、その結論は行間を読まなければ理解できなかった。」

「研究結果および研究の意義を著者らは過度に誇張しており、ゆえにバイアスも生じているのではないかと強く感じる。結論が得られた結果の一部分ではなく全てに基づくことを確認するため、全データの再点検を勧める。」

（2）研究結果を強調する方法を自分なりに考えてみよう。

＊

　あなたの研究の重要性は極めて高いかもしれない。しかし、あなたの強調不足または説明不足のために、査読者があなたの研究を理解することができなければ、あなたの論文が受理される可能性は低い。あなたのせっかくの貢献も忘れ去られることになる。

　イギリス人植物学者フランシス・ダーウィンはこう言った。「科学の分野では、最初にアイデアを発想した人ではなく、最初に世界を説得した者がその功績を認められる」と。

　8.3節から8.9節では、読者の注意を主要な研究結果に引きつけるための可視化のテクニック（レイアウト、センテンス/パラグラフの長さ、ブレット［箇条書きのための行頭記号］、見出し、などの使い方）について学ぶ。8.10節から8.17節では、読者の注意を引きつけるための言葉の使い方の重要さについて考察する。

160　第8章　研究結果を強調するテクニック

8.2 論文を投稿する前に、専門外の人に読んでもらい その理解度を確認する

論文の論点が明快かどうかを判断するには、その論文の専門分野以外の人に読んでもらうとよい。主たる研究成果と思われる箇所にアンダーラインを引いてもらおう。たとえその分野の知識がまったく無い人に読んでもらっても問題はない。もし研究成果を理解することができないようなら、研究結果をもっと強調しなければならないということだ。

さらに完全な論文を目指すなら、研究の意義と限界について述べている箇所についても同じ人に指摘してもらうとよい。この2つも重要で、読者にはしっかりと理解してもらわなくてはならない。

8.3 査読者と読者が研究の重要性を理解できないような 長文は避ける

読者があなたの論文を読んでその研究の重要性を理解できるためには、そもそも読者がその記述を容易に発見できなければならない。

もしその研究成果の記述がパラグラフの中央部に埋もれていたら、読者がそれに気づいて読む可能性はほとんどない。なぜなら、読者はパラグラフの中央部よりも始まりと終わりを注意して読む傾向があるからだ。

次の例は、1つの長い情報とそれを短くいくつかに分割した情報が目に及ぼす影響を比較するために用意した。内容を読む必要はない。長いパラグラフの持つ否定的な側面を理解し、自分が論文を執筆するときは、このような大きな情報の塊をつくらないよう心掛けていただきたい。

| ✕ 1つの長いパラグラフ | ◯ 3つの短いパラグラフ |

This is one ridiculously long paragraph containing all kinds of information about everything that you can possibly imagine and conceive. This is one ridiculously long paragraph containing all kinds of information about everything that you can possibly imagine and conceive. This is one ridiculously long paragraph containing all kinds of information about everything that you can possibly imagine and conceive. This is one ridiculously long paragraph containing all kinds of information about everything that you can possibly imagine and conceive. Here are my findings you will be lucky if you can see them here buried in the midst of this ridiculously long paragraph containing all kinds of information about everything that you can possibly imagine and conceive. And now I will continue with this ridiculously long paragraph containing all kinds of information about everything that you can possibly imagine and conceive. So here we go again with this ridiculously long paragraph containing all kinds of information about everything that you can possibly imagine and conceive. This is one ridiculously long paragraph containing all kinds of information about everything that you can possibly imagine and conceive.

This is now a much shorter paragraph. This is now a much shorter paragraph. This is now a much shorter paragraph. This is now a much shorter paragraph. This is now a much shorter paragraph. This is now a much shorter paragraph. This is now a much shorter paragraph. This is now a much shorter paragraph. This is now a much shorter paragraph.

Here are my findings, which you can now see quite clearly. Note how this paragraph is also quite short. In fact, it is shorter than the previous and following paragraphs.

This is now a much shorter paragraph. This is now a much shorter paragraph. This is now a much shorter paragraph. This is now a much shorter paragraph. This is now a much shorter paragraph...

伝達したい重要な情報があるときは、改行して新しいパラグラフに書くべきだ。

次の2つの例を、今度は内容まで読んで比較してみよう。

✗ 修正前

The results showed that tourists in front of important monuments who take selfies using selfie sticks and those who drop litter have an equivalent negative empathy value suggesting that such people should be considered under the category of 'majorly selfish'. Additional observations support our view: i) subjects of the selfie group had a mean lag time of 30.3 seconds between arriving at the monument and the onset of the need to take a photograph of themselves. ii) The mean time of the litter group between arrival and dropping cans and food packages was aligned with the expected response from the selfie group to being given a warning by the monument guards. iii) The MEMEME ego ratio in the selfie group was compatible with a destructive form of graffiti writing, and not significantly different from that found in the can't-see-the-writing-on-the-wall group. iv) No significant differences in the recurrence rate of Kudnt Givadam Syndrome (KS) were observed between the groups.

◯ 修正後

The results showed that tourists in front of important monuments who take selfies using selfie sticks and those who drop litter have an equivalent negative empathy value, thus suggesting that such people should be considered under the category of 'majorly selfish'.

Four additional observations support our view.

Firstly, subjects in the selfie group had a mean lag time of 30.3 seconds between arriving at the monument and the onset of the need to take a photograph of themselves. Secondly, the mean time of the litter group between arrival and dropping cans and food packages was aligned with the expected response from the selfie group to being given a warning by the monument guards.

Thirdly, the MEMEME ego ratio in the selfie group was compatible with a destructive form of graffiti writing, and not significantly different from that found in the can't-see-the-writing-on-the-wall group.

Fourthly, no significant differences in the recurrence rate of Kudnt Givadam Syndrome (KGS) were observed between the groups.

修正後は十分なスペースを取り入れている。そのため修正前よりも読みやすくなり、読者は要点を容易に理解することができる。

8.4 読者の目が自然に研究成果に引き寄せられるセンテンスの書き方

次の S1 のどの部分にあなたの目は引きつけられただろうか？

> S1 The goal of the service discovery is twofold: (i) allow devices to advertise the services they provide. and (ii) allow the clients to find the services they need.

おそらく、twofold: (i) allow に目が止まったのではないだろうか。

少しでも他の部分と違う特徴があれば、人の目はそこに引きつけられやすい。次にその例を示す。

- 句読点：特に、括弧、コロン、感嘆符、疑問符など。ただし多用は逆効果
- 余白：例えば、ピリオドの後やパラグラフとパラグラフの間の余白
- 数字
- 大文字

twofold: (i) allow には何か興味を引きつける情報が含まれているだろうか？答えは「いいえ」だ。 S1 は読者の注意を引きつける機会を失っている。 S1 は次のように修正できる。

> S2 The goal of the service discovery is to allow: (i) *devices* to advertise the services they provide, and (ii) *clients* to find the services they need.

S2 では、読者の目は devices と clients に引きつけられる。これらは、まさに筆者が読者の注意を引きつけたい箇所だ。

どのような工夫を行ったのだろうか。

- is twofold が削除されている（その直後に2つの数詞が続くのでまったく不要だ）
- allow をコロンの前に置いている。そうすることで読者の目がコロンの後のキーワード（devices と clients）にただちに引きつけられる

164　第8章　研究結果を強調するテクニック

ドイツ生まれのアメリカ人抽象画家のハンス・ホフマンはかつてこう言った：「簡潔に表現する力とは不要な要素を取り除く能力のことだ。そうすることで必要な要素が自ずと際立ってくる」と。実際、S2 は次の S3 のように修正すればさらに良くなる。

> S3 Service discovery enables: (i) devices to advertise the services they provide, and (ii) clients to find the services they need.

S3 の文体はさらに効果的になった。テーマである service and discovery を文頭に置いている。冗長さは無く、S1 よりも約3割短くなっている。

もちろん、目標について述べることが重要な場合もあるだろう。そのようなときは S2 が適切だ。つまり、語句を削除できるのは、削除しても伝えたい内容がきちんと伝わるときだけだ。

8.5 ブレットを効果的に使う

ブレットや番号は文字の塊よりも目立つ。もし投稿先のジャーナルが許せば、ブレット（例：黒丸印）を効果的に使って重要なポイントを強調したい。

ブレットの使用についてはいくつかのルールがある。最も重要なルールは、それぞれのブレットに導かれる記述形式が同じ文法構造でなければならないことだ。次の例を見てみよう。修正前のブレットに導かれる2つの記述の文法構造はそれぞれ異なっている。一方、修正後ではブレットに導かれる2つの記述がともに不定詞で始まっている。これは文体を整えるためのテクニックだが、それと同時に、複雑な情報の要素を整理して提示することで読者の理解を助けている。

✕ 修正前	○ 修正後
Equation 2 is the main result of our study. It can be used: ● in numerical codes to evaluate the impact of the presence of anomalies in the various samples taken ● for simple estimates when design-ing experiments	Equation 2 is the main result of our study. It can be used to: ● evaluate in numerical codes the impact of the presence of anomalies in the various samples taken ● make simple estimates for design-ing experiments

　ブレットを使うか番号を使うかは、これらの情報に後で再び言及するかどうかに左右される。3つ以上のブレットを使うときや、後で再び言及する必要があるときは、番号を使うほうがよい。

　ブレットのさらに詳しい使い方については *English for Academic Research: Grammar, Usage, and Style* の §25.12 と §25.13 を参照。

　もし投稿先のジャーナルが許可していれば、重要な研究結果に読者の注意を引きつけるために小見出しを使うのもよい。

8.6　見出しを効果的に使う

　レビュー論文や専門書は、通常の論文のように要旨、序文、方法などのセクションには分けられていないので、つい文章が長くなりがちだ。著者は読みやすくても、読者にとってはとても厄介だ。

　レビュー論文や専門書の各章の長さにもよるが、5つか6つの大見出しを太字で示すことをお勧めする。さらに各見出しの下に、太字かイタリック体で数個の小見出しをつける。投稿するジャーナルや専門書の掲載論文を参考にしよう。

　見出しがあったほうが読者としては読みやすい。例えば、ある論文の非常に興味深かった箇所をもう一度読み直したいとしよう。もし見出しがなかったら、その箇所は容易に見つかるだろうか？

166　第8章　研究結果を強調するテクニック

英文を書くとき、視覚に訴える力は過小評価されがちだ。しかし読者の負担が大きくなれば、読むことをこのまま続けるかそれとも止めるかという読者の判断に大きな影響を与えるかもしれない。

8.7　図表に読者の注意を引きつける

　読者の中には本文を読む前に図表やその解説文を読むという読者もいるだろう。したがって、図表とその解説文はただちに理解可能でなければならない。さもなければ、読者はその論文を読むことは止めて別の論文を読むかもしれない。

　読者の注意を視覚的に引きつけるためにも、論文中の図表を上手に使おう。読者の目はグラフや図などの文字以外の情報には無条件に引きつけられる。その次に読者の目が止まりやすいのはその解説文であり、その次は解説文の後に続くパラグラフだろう。したがって、重要なポイントを強調するためにはこのパラグラフを使うとよい。

　図表は研究結果をまとめるための絶好のツールだ。投稿先のジャーナルが許可している図表の枚数を確認したら、研究の重要性と文体の簡潔さを失わないように気をつけながら図表をまとめよう。

8.8　重要な情報ほど短いセンテンスで表現する

　読者の目はセンテンスとセンテンスの間の余白やセンテンスの最初の大文字に引きつけられる傾向がある（自分でテストしてみるとよくわかる）。つまり、短いセンテンスほど注目されやすく理解しやすいということだ。

　視覚的効果は論文のインパクトに大きく影響する。口頭プレゼンテーションと同じだ。重要な内容を伝えるとき、プレゼンターはゆっくり大きな声で力強く、センテンスを短く切って、ときには強調の副詞（importantly、interestingly、remarkablyなど）を使って、人々の注意を引きつける。その目的は、（i）聞き手の注意を引きつける、（ii）内容を強調する、そして（iii）聞き手の理解を助けるためだ。

次の例はある論文の考察だ。修正前のパラグラフは長い1つのセンテンスで構成されている。修正後のイタリック体は各センテンスの始まりを示している。

✕ 修正前	⭕ 修正後
The method developed in this work relies on a sample pre-treatment that allows a low final dilution, ***guaranteeing, on the other hand***, a negligible shift of pH with regard to different specimens to be tested (±0.15 units from 23 samples tested)***; however, the slight shifts*** of pH do not alter the response of the test, ***as shown*** by the overlapping of standard curves obtained by spiking buffers at different pH with IGF-1.	Our method relies on a sample pretreatment that only requires a minimal level of dilution. ***In addition, it guarantees*** a negligible shift in pH with regard to the different specimens to be tested (±0.15 units from 23 samples tested). ***Importantly***, the slight shifts in pH do not alter the response of the test. ***This is revealed*** by the overlapping of standard curves obtained by spiking buffers at different pH with IGF-1.

読者としては、修正後のスタイルのほうが研究の革新性や結果および結果から示唆される内容を理解しやすい。howeverをimportantlyに変えていることに注意したい。接続詞howeverはやや否定的内容が後続することを示唆する。一方importantlyは肯定的内容が後続することを示唆するからだ。長いセンテンスの分割の方法については第4章で解説した。

8.9 重要な研究結果はその意義を短いセンテンスでパラレルに表記する

査読者と読者が論文を読んで研究結果の重要性に気づき、その記述を実際に読み、そして研究意義を明解かつ具体的に理解していることが重要だ。**S1** では、主要な研究成果〔すなわち等式2〕が39語のセンテンスを使って紹介されている。

> **S1** *Equation 2 is the main result of our study and it can be used both in numerical codes to evaluate the impact of the presence of anomalies in the various samples taken, or for simple estimates for designing experiments.

S1 を改善する方法はいくつかある。最初の方法は番号を使う方法だ。

S2 Equation 2 is the main result of our study. It can be used: *(i) to evaluate* in numerical codes the impact of the presence of anomalies in the various samples taken; *or (ii) to make* simple estimates for designing experiments.

S2 では、等式2がわずか9語のセンテンスの中で紹介されている。重要な研究結果を紹介するときは、最初のセンテンスは短いほうが読者は集中しやすい。また **S2** では、等式2に関連する2つの説明が同じ文法構造（不定詞：to evaluate と to make simple estimates）を用いて説明されている。**S1** にはそのようなパラレル構造は用いられていない。

数字を使いたくなければ、**S1** は次の **S3** のように修正することが可能だ。

S3 Equation 2 is the main result of our study. It can be used *for two purposes*. *Firstly,* to evaluate in numerical codes the impact of the presence of anomalies in the various samples taken. *Secondly*, to make simple estimates for designing experiments.

三番目の方法として、**8.5節**で解説したブレットを使う方法がある。

8.10　不要な要素を削除する

読者の注意を引きつける最も効果的な方法の一つは、不要な言葉を削除することだ。次の例はある論文の序文だ。**S1** と **S2** を比較してみよう。

S1 *The pollution from* hexavalent chromium affects both groundwater and soils *at many contaminated sites*, as a result *of diverse industrial activities in which the metal is used*, such as metal finishing and electroplating, production of pigments in dyes, inks, and plastics, and tannery leather factories.（45語）
S2 Hexavalent chromium pollutes both groundwater and soils as a result, for example, of metal finishing and electroplating, the production of pigments in dyes, inks, and plastics, and emissions from tanneries.（30語）

S1 のイタリック体部分は読者にとっては何の意味も成さない。**S2** では、語数を3割削減して同じ内容を伝え、しかも重要なポイントを強調している。冗長な要

8.10　不要な要素を削除する　**169**

素の削り方については第5章で解説している。

8.11　注意を引きつける言葉とは

名詞にはさまざまな種類があるが、それぞれインパクトが異なる。

ANOVA、spectrometry、equation などのキーワードとなり得る名詞や省略形は、常に読者の注意を引きつける。

process、characterization、phase などの名詞は科学英語では頻繁に使用されるが、読者の注意を引きつける言葉ではなく、削除できる場合が多い（→5.4節）。

brightness、toughness、durability などの名詞は具体的な言葉ではあるが、その形容詞形ほど効果的ではない。**S2** にその例を示す。

> **S1** Oriental lacquers have been used since ancient times in East Asia as coatings for every kind of surfaces, because of their ***brightness, toughness and durability***.
> **S2** Oriental lacquers are ***bright, tough and durable***. They have thus been used since ancient times in East Asia as coatings for all kinds of surfaces.

読者は抽象的な概念よりも具体的な概念に興味を示す（→5.5節）。特に重要な研究結果を示すときは、できるだけ具体的な語句を使わなければならない。さもなければ読者の注目を獲得することはできないだろう。

8.12　動きの感じられる言葉を使って重要性を強調する

視覚的効果だけではなく、言葉そのもので読者の注意を引きつけることもできる。

例えば、次のような副詞を文頭に置いて、重要な情報が後続することを読者に効果的に知らせることができる。

importantly、intriguingly、interestingly、surprisingly、incredibly、remarkably、significantly、unfortunately

また、さまざまな形容詞を使って肯定的な気持ちを足すこともできる。例えば、advanced、attractive、convincing、cutting-edge、effective、favorable、important、novel、productive、profitable、successful、superior、undeniable、valuableなどだ。もちろんextremelyやveryをこれらの形容詞の前に置いてさらに強調することも可能だが、そのようなことをしなくても十分にインパクトの強い言葉だ。

これらの副詞や形容詞を使うのは1報の論文中にせいぜい1回か2回が望ましい。それ以上使うと効果は薄れ、横柄な印象を与えてしまう（第10章を参照）。重要度の下がる内容の情報を伝えるのであれば、次のような接続詞が効果的だ。

- ☛ In addition～：コメントや効果や特徴などの情報を追加するときに使う
- ☛ However～：前述した情報を限定するときに使う
- ☛ In contrast～：説明した内容に反する情報を述べるときに使う

8.13 研究結果について述べるとき、平凡な表現を使わない

研究結果について述べるとき、その重要性に相応しい語句を使う。S1 はある論文からの引用で、研究結果について報告している。

> S1 *A comparison of X and Y revealed the presence of two Zs, one located in Region 1 as previously identified in the Z subgroup (Marchesi et al., 2009), and the other in Region 2 (Figure 6). This finding suggests the presence of another transcriptor factor that...

S1 には、例えば「これから極めて重要な研究結果について述べます。注意して読んで下さい」といった、読者の注意を喚起する表現がない。

実際、S1 の筆者は非常に驚くべき遺伝学上の発見をしている。これまでZはマルケージらによって発見された1個が存在するだけだった。筆者が新たにZを他の領域で発見したという事実はこの論文においては極めて重要な情報だ。にもかかわ

らずこの筆者は、この最先端の研究をまるで序文のように淡々と紹介してしまった。投稿はリジェクトされ、後に筆者は原稿を次のように修正した。

> **S2** Since Z has only ever been found in Region 1 (Marchesi et al., 2009), we were **surprised** to identify Z in Region 2 as well. Our **discovery** suggests the presence of an **unidentified** transcriptor factor that...

S2 では、Zという重要な研究結果に焦点を当てるためにセンテンスをZで開始している。この発見に至った経緯すなわちXとYの比較は結果のセクションで詳しく述べられているので、ここでXとYについては改めて解説する必要はない。また、感情に訴える言葉、例えばsurprised、discovery、unidentifiedなどを使って、研究成果の重要性と意義に読者を引きつけている。

次の例は牛乳に関する論文の要旨からの引用だ。

> **S3** *In this study, we set up a system to quantify the level of X in milk, relying on a particular kind of pre-treatment allowing a low dilution of the sample.
> **S4** In this study, we set up a system to quantify the level of X in milk. Our method is highly effective and less expensive than other options currently available. In fact, it uses a special pre-treatment, which means that the sample only requires a minimal level of dilution.

筆者の研究の妥当性と有用性を示すには **S4** がより効果的だ。次のような工夫が行われている。

- ➡ **S3** の長いセンテンスを2つに分割した
- ➡ 従来の方法と比較した
- ➡ 明解な言葉を使って前処理の重要性を強調した

8.14　noteやnotingを含む表現の使用は慎重に

読者の注意を引きつけようとして、It is interesting to note... や、It is worth noting... や、It should be noted that... などの表現を使うことがよくある。

このような表現は、通常、センテンスの先頭に置かれ、著者の意図とはまったく逆の効果を発揮する傾向がある。そのため、これらの定型句に導かれる表現はインパクトに欠けがちだ。

センテンスを作るときは重要な情報、少なくとも具体的な情報で開始しなければならない（→3.4節）。もし上記の定型句をセンテンスやパラグラフの始めに頻繁に使うと、読者の注意は阻害される。特に、あなたがinterestingだと思う箇所を読者が発見できなければなおさらだ。

それでもこれらの定型句を使いたければ、本文中に2回以上は使わないことだ。そしてその内容が実際にinterestingであること、またinterestingである理由を説明することを忘れてはならない。もっとシンプルにNote that...が使えないか考えてみよう。

8.15　研究成果の説明は専門外の人でも理解できるように細部まで詳しく

あなたの論文を読むのはその分野の専門家だけとは限らない。研究継続の資金を確保するために、潤沢な研究資金のある分野に研究分野を変える研究者もいる。つまり、あなたの研究分野についてあまり専門的知識を持たない研究者でも、あなたの論文を読む可能性があるということだ。

次の S1 は、パナマ病がバナナに及ぼす影響に関する論文の要旨の最後のセンテンスだ。

> S1 Results obtained have ***management implications*** and suggest that there is a high degree of improbability that sound fruit will be subject to an infection ***process*** by Panama disease and wounds have an inherent ***tendency*** towards a ***phenomenon*** of infection susceptibility with regard to bananas, therefore, necessary steps should be taken to set in place various guarantees so that bananas are handled in an adequately careful manner in order to undertake a ***strategy*** of ***lesion*** prevention.

バナナの栽培と販売に関わる人にとってこの研究結果の意義は大きい。しかし、

8.15　研究成果の説明は専門外の人でも理解できるように細部まで詳しく　173

S1 からその重要性を理解することは難しい。 S2 がより簡潔で（語数を75語から41語に削減）、論旨が明快だ。

> S2 Our results highlight *firstly* that Panama disease is unlikely to infect sound fruit, and that *secondly wounds* make fruit susceptible to infection. It is thus critical to handle bananas carefully so as to prevent *wounds* that are conducive to this disease.

S2 では、研究結果（Our results）が筆者らの研究結果を指していることは明らかだ。長かったセンテンスは2つの短いセンテンスに分割した。冗長な箇所の多くが、tendency、process、phenomenon、strategy などの付加価値のない抽象的な名詞とともに削除されている。これで読者は firstly~ と secondly~ で導かれる2つの結果が示されていることを理解できる。また、同じ意味で使われている wound と lesion は、読者が異なる意味を持つと理解しないように、使い分けるのではなく wound だけを使っている。

S2 は、次の S3 のように修正すると、さらに論旨が明快なセンテンスになる。

> S3 Our results highlight that Panama disease is unlikely to infect sound fruit, *but rather* it is wounds that make fruit susceptible to infection. Thus the best way to avoid infection is by ensuring that the fruit is handled carefully and not wounded. This is clearly critical for those involved in picking, packing, transporting and displaying bananas.

S3 は、この分野の専門家でなくても、例えば、この分野の調査を始めたばかりの研究者や、専門家ではないが調査を実施することでメリットのある人（例：バナナの栽培農家、仲買人、小売業者）にとっても、ずいぶん理解しやすい。また、この病気が健全な果実に及ぼす影響と傷んだ果実に及ぼす影響の関係が、but rather を用いることでさらに明確になっている。最後のセンテンスには S2 では示されていない情報が含まれている。それにより、 S1 の management implications が "傷がつかないように注意して収穫する" ことを意味していることが明確になった。

実際、management implications の意味は筆者には明らかでも読者にはほとんどわからない。このような問題は頻繁に起きている。つまり筆者は、自分の主張を抽象的な言葉で表現して、それを読者に具体的に理解してほしいと望みがちだ。むし

174　第8章　研究結果を強調するテクニック

ろ、自分の主張は具体的な言葉で表現して、さらに例を挙げて説明するのがよい。

S3 は誰にでも理解できる平易な英文だ。しかし私は本文のすべてをこのような読みやすさを最優先させたセンテンスで書くことを薦めているのではない。もし論文全体をこのようなスタイルで書くと、フォーマルさがないとか科学英語らしくないとか批評されるだろう。しかし、もし極めて重要なことを述べるのであれば、このような単刀直入な表現を用いるのがよい。そうすることで、査読者、同じ専門分野の人、専門分野以外の人などすべての読者に100%明確な情報を伝達できるだろう。

8.16　データの妥当性を説得する

データの解釈は一通りではない。論文がリジェクトされる理由の一つは、データの解釈が査読者とあなたとでは異なることがあるからだ。査読者は再実験/再調査を行ってどちらの解釈が正しいかを確認することを促すかもしれない。そのような実験が役に立つことがあるかもしれないが、それだけ論文の発表が遅れることになる。

査読者からのそのような要請を防ぐ方法は、査読者がどのような要請を行うかを予測することだ。そうすることで事前に論文の中でそれを解決し、査読者の誤った解釈を防ぐことができる（**10.9節**、**10.10節**、**18.7節**参照）。

仮に、1＋1という計算をして2ではなく3という答えが導き出されたとする。この答えに対するあなたなりの解釈があるだろう。その他にも2つの仮説（H1、H2）があるとする。あなたは自分の仮説（H3）が唯一の解釈であって欲しいと思っているだろう。重要なことはH1とH2を無視することではなく、むしろこれらの仮説と正面から向き合うことだ。そのためには、これらの仮説を全体的に（または部分的に）検証するか、妥当性のない仮説であることを証明しなければならない。その際、査読者がH1とH2を調査することをあなたに要請する必要性を感じなくなるような説得力を、あなたが発揮できるかどうかが鍵だ。

査読者に仮説H1やH2よりも仮説H3を受け入れてもらうためにはどうしたらいいか、次の架空の例で示した。

8.16　データの妥当性を説得する　175

- We believe that there are three possible ways of interpreting our findings. The first, H1, is that the result of three, contrary to the normal result of two, can be explained by... *However*, if this were the case, then the result should have been four. *In fact*, H1 is probably due to the rather low computational power, which the authors [Bing et al 2006] who originally proposed H1 later admitted... *Moreover*, Bing's methodology may have suffered from...

- The second interpretation, H2, proposes that... H2 has found some agreement in the literature [Chan 2009, Marx 2011], however as highlighted by [Uswe 2011], H2 is the result of a discrepancy in the X values due to...

- We *thus* believe that it is reasonable to discount H1 and H2, and that H3 provides the most reliable explanation for this apparently strange result. *In addition*, our finding is consistent with...

- Further evidence for H3 is that...

　自分にとって不利なエビデンスに正面から対峙し、論理的に段階的にその問題を解決することが重要だ。上記の例では筆者の論点ごとにパラグラフを分けることでロジックの流れを強調した。

　接続詞（thusやin factなど）はロジックを構築するうえで非常に効果的だ。筆者は、仮説H1とH2に対抗するエビデンスを示すために、howeverとmoreoverを使っている。howeverは前述したことの重要性を軽減したり疑問視したりするために使われることが多く、このような状況で使うことは理に適っている。第一パラグラフの最後のmoreoverと第三パラグラフの最後のin additionの意味は異なる。両者はともに前述した情報に新しい情報を補足するときに使われるが、moreoverは否定的内容を受けて否定的情報を追加するときに、in additionは肯定的内容を受けて肯定的情報を追加するときに使われることが多い。

　moreoverとin additionの違いをもう一つの例で確認してみよう。

> S1 This paper is written badly, *moreover* much of the data is inaccurate.
> S2 This paper is extremely well written. *In addition*, the method is very innovative.

8.17　研究成果を誇張しすぎない

　本章では、読者の視覚に訴えて研究の重要性を強調する方法について考えた。どのような調査や研究やプロジェクトにも完璧は有り得ない。自分の研究成果の強みだけではなく弱みやバイアスについてもきちんと説明しなければならない（例：サンプル選択の方法や手順）。

　特に考察のセクションでは、研究方法・研究結果の解釈に関するあらゆるバイアスと限界を考慮に入れた代替説明を意図的に行わなければならない。幅広い考察が査読者や読者の目には研究の質の高さとして映る。

　一方、研究結果を誇張しているのではないかと思われてしまうと、査読者は調査バイアスの存在を疑い出すだろう。そうなると、あなたの論文はリジェクトされるかもしれない。

8.18　まとめ

☑ 論文の視覚的構成が、読者の視線の動きに影響を与える。長いパラグラフは分割したり、見出しやブレットや図表を使ったりして読みやすさの工夫をする。

☑ 強調したい重要な情報があるときは、改行して新しいパラグラフに書く。

☑ キーポイントをまとめるときのセンテンスとパラグラフは短く。

☑ 結論を述べるときや前述したパラグラフに解釈を加えるときは、改行して新しいパラグラフに書く。

☑ 結果のセクションでは、一つ一つの結果を一つ一つのサブセクションで扱い、それぞれに見出しをつける。そうすることで、それぞれの結果に明解な結論を与えることが可能になる。

☑ 重要な研究結果について述べるときは、読者がそれにただちに気づくように、具体的で動きの感じられる言葉で説明する。

☑ 重要性をただ単に言葉で述べるだけでは不十分。説得すること。

☑ 読者に自分の研究結果の意義を伝える。

第9章 研究の限界の書き方のテクニック

 論文ファクトイド

車：自動車の開発はいよいよ限界に達したのだろうか。昨年はこれといって大きな進歩は見られなかった。　　　　　*Scientific American*、1909年1月

コンピューター：エニアックの電子計算機には19,000本もの真空管が使われ、重さは30トンもある。将来の計算機はわずか1,000本の真空管を使い、重さはほんの1.5トンほどかもしれない。　　　　　*Popular Mecanics*、1949年3月

電灯：電燈はパリ博覧会の終わりとともに使われなくなり、忘れ去られることだろう。　　　エラスムス・ウィルソン、イギリス人外科医/皮膚科医、1878年

女性科学者：研究室に女性科学者がいると3つのことが起きる。男性であるあなたは女性科学者に好意を抱くようになるだろう。女性科学者もあなたに好意を抱くようになるだろう。でもあなたが女性科学者を厳しく指導したりすると、彼女たちは泣く。　　　　ティム・ハント教授、ノーベル賞受賞者、2015年

知性：知性に関して最も重要な事実は、それが測定可能であることだ。
　　　　　　　　　　アーサー・イエンセン、アメリカ人心理学者、1969年

発明：発明できることはすべて発明しつくされた。
　　　　　　　　　　チャールズ・デュエル、米国特許庁長官、1899年

ニコチン：私は、ニコチンが外界からのストレスを跳ね返し、その結果とても優れた鎮静効果を有する、非常に卓越した薬だと信じている。
　　　　　　　　　　　チャールズ・エリス、シニア・サイエンティスト
　　　　　　　　　　　ブリティッシュ・アメリカン・タバコ社、1932年

原子力エネルギー：将来的に原子力エネルギーを手に入れられる見込みは微塵も存在しない。それは原子を思いどおりに分解することができるということを意味している。　　　　　アルバート・アインシュタイン、1932年

飛行機：重航空機の製造は不可能だ。
　　　　　　　　　　　　　　　ウイリアム・トーマス（ケルビン卿）
　　　　　　　　　　　　　イギリス人数学者/医師/エンジニア、1895年

手術：手術中の痛みを消すなどまったく荒唐無稽な空想。それを追及するとは馬鹿げた話だ。メスと痛みが手術中の患者から消えることはない。
　　　　　　　　　アルフレッド・ベルポー、フランス人外科医、1839年

9.1　ウォームアップ

（1）次の事実、数字、引用から何を推論できるか？

1. 極めて聡明な頭脳の持ち主でも完璧というわけではない。彼らは理解の枠組みを一段階前へ推し進めるために単に道を切り開いているだけだ。（マリオ・リヴィオ、*Brilliant Blunders* の著者）

2. いったん限界を受け入れたら、前に進まなければならない。（アルバート・アインシュタイン）

3. ポストイットは3M社の研究員スペンサー・シルバーが強力接着剤を開発中に発案した。たまたま通常の接着剤よりも弱い粘性を持つ接着剤ができたときのことだった。インクジェットプリンターは、キヤノンの技術者が誤って高熱の鉄の上にペンを置いて、その数秒後にペンのインクが鉄に移っていることに気づいたことがきっかけだった。アレクサンダー・フレミングは、細菌に汚染されたペトリ皿の上のカビがその周囲のバクテリアを分解していることに気づいた。そのカビを培養し、ペニシリンを発見した。

4. バービー人形、ホーバークラフト、モノポリー、トリビアル・パスート、安全カミソリ、電気掃除機の発明者たちは、最初はメーカーからアイデアを却下されている。

5. 80歳代の人でも質の高い仕事ができる。フランシス・ラウスは87歳でノーベル医学賞を受賞した。ミケランジェロは88歳でも現役の画家だった。

6. マリ・キュリー（放射線科学者、ノーベル賞を2回受賞）、トマス・ミジリー（化学者、有鉛ガソリンを発明）、ヘンリー・スモリンスキー（空飛ぶ車を発明したエンジニア）たちは全員、自分が研究/発明していたものが直接の原因で亡くなっている。

（2）自分の研究の限界を1つ書き出して、その限界に対する反対意見を考えてみよう。

本章では、研究の限界を考察することの重要性、および否定的結果の上手な提示方法について考える。もちろん否定的な結果が得られた理由は他にもあるかもしれない。例えば、

- あなたの仮説が間違っていた。したがって仮説の再構築が必要である
- 実験のデザインに不備があった。または統計分析の検出力が不足していた

しかし本章は、あなたの仮説と実験デザインにはともに問題がないと仮定して構成されている。

9.2　質の低いデータの重要性を理解する

どの優れた科学英語のライティングの教科書も、研究の限界について述べることの重要性を説いている。アメリカ人宇宙物理学者のマリオ・リヴィオ（宇宙望遠鏡科学研究所）もその著書 *Brilliant Blunders* の中で次のように書いている。

「…科学の発達はまったくのサクセスストーリーだという印象を払拭するために…勝利への道は失敗（blunder）だらけであることを…」

blunderとは大失敗という意味だ。研究に何らかのミスがあったかどうかを査読者が判断できるように、否定的な結果もあえて提示すべきだ。研究の方法に限界があった場合も正直に開示しよう。

マイケル・シャーマーは、その著書 *Why People Believe Weird Things* の中で次のように述べている。

「科学の領域では、失敗という否定的な研究結果の価値はいくら評価してもし過ぎることはない。通常、失敗は必要とされてはいないし発表もされない。しかし多くの場合、失敗があって真実に近づく。正直な科学者ならただちに過ちを認めるだろう。彼らの多くが、不正を行えばただちに仲間の科学者によって暴露されるかもしれないと恐れている。しかし偽科学者はそうではない。偽科学者は失敗を、特にそれが発覚した場合、無視するかまたは理論的に正当化し

ようとする。」

ベイツ大学のドナルド・ディアボーン博士は次のようにコメントしている。

「あなたの研究結果は、たとえ仮説が裏づけられなかったとしても、その重要性が認められる可能性はある。期待した結果が得られなかったからといって、必ずしもデータの質が悪いわけではない。研究を適切に実施したのであれば、研究結果は良くも悪くもない研究結果でしかなく、説明を必要とするだけだ。重要な発見の多くが、その元をたどれば質の低いデータだったりもする。」

ノーベル賞を2回受賞し後年になって他の科学者から発見のいくつかが過ちであることを指摘されたリーナス・ポーリングは、次のようにコメントしている。

「科学の領域では間違いは悪いことではない。優れた科学者が多いので、間違いはただちに彼らによって発見されて修正される。自尊心が傷つくかもしれないが、自分が恥をかくだけで他人を傷つけることはない。」

否定的なデータは結果（→**17.7節**）と考察（→**18.12節**）のセクションで述べられることが多い。

9.3　結果に不確実性はつきもの。隠す必要はない

British Medical Journal (BMJ) のウェブサイトには非常に便利な著者向けのページがある。医学関連の検索ができるだけでなく、あらゆるタイプの研究論文の執筆に役立つ。このサイト（http://www.bmj.com/about-bmj/resource-author/article types/research）にアクセスしてみることを強くお勧めする。次はBMJのサイトからの引用だ。

有意差があることを証明できなかった研究をnegativeという言葉で表現しないで下さい。標本が小さかったからだけかもしれません。結果に不確実性はつきものですが、研究結果はありのままを明確に提示して下さい。「効果/差は無かった」という表現よりも、「我々の結果はこれくらいの増加/減少を示した」や「本研究では効果を実証することはできなかった」などの表現が読者には親切です。

9.4　研究の限界は前向きに開示する

　研究の限界や不成功について述べるときは、他の研究者があなたの経験から学べるように、できるだけ建設的に提示する。

　研究の限界は否定的に提示しないほうがよい。自分にとっては否定的な結果だったかもしれないが、世の中の科学者にとっては必ずしも否定的ではなく、むしろ学識を発展させるためには非常に有用だ（→9.2節）。

　つまり、期待外れの残念な結果だったとしても、読者の否定的な反応を引き起こさないために、それを否定的な言葉を使って表現してはならない。すべてを客観的に報告することが重要だ。

> **S1** *The **limitation** of this paper is that the two surveys were **unfortunately** not conducted in the same period. This will affect our results in terms of...

S1 は正直すぎる。否定的なトーンを落として次のように表現することが可能だ。

> **S2** *Although* the two surveys were not conducted in the same period, this will *only* affect our results in terms of...

S1 の否定的なトーンが **S2** では緩和されている。具体的に解説しよう。

- limitationとunfortunatelyを削除している。limitationは使えなくもないが、2回以上使うと、読者はこの論文には肯定的側面よりも否定的側面が多いのではないかと疑うだろう。研究の限界に何回も言及しなければならないときは、読者に否定的な印象を与えないように、shortfall、shortcoming、pitfall、drawback、disadvantageなどの同義語を使うのもよい
- **S2** ではalthoughとonlyを使って新しいニュアンスを加えた。althoughはいったん否定的な内容が提示された後に肯定的な内容が続くことを示唆する。onlyで限定的に表現することで否定的な度合を緩和している
- 2つのセンテンスを1つにまとめた。そうすることで読者は、否定的な内容について考える時間が少なくなる

9.4　研究の限界は前向きに開示する　183

regrettably、unfortunately、moreover などは避けたほうがよい。moreover は否定的な内容の後に否定的な内容を補足するときに使われることが多い。一方、in addition、further、furthermore、also などは、肯定的内容の後に肯定的内容を補足するときに使われることが多い。その例を示す。

> **S3** You are the *worst* class I have ever had. *Moreover*, you appear to understand absolutely *nothing*.
> **S4** You are the *best* class I have ever had. *In addition*, you appear to understand absolutely *everything*.

9.5　研究の限界は詳しく説明する

研究の限界について述べるとき、どのような限界があったのか、またその意義を明確に説明しなければならない。次の **S1** と **S2** はそれを怠っている。

> **S1** *One limitation of our research was the sample size, which was too small.
> **S2** *The unfortunate contamination of a few of our samples may mean that some of our conclusions are somewhat misleading.

S1 と **S2** はあまり親切ではない。査読者にもよい印象を与えないだろう。**S1** には、なぜサンプルサイズが小さかったのか、それはどの程度の規模だったのか、そしてどのような結果が得られたのかなどの説明がない。**S2** では、サンプルが汚染されていた理由も、そのときの様子も、また結論にどのような影響が及ぼされたのかの説明もない。

次の **S3** と **S4** は情報が多く、しかも肯定的で、研究が過小評価されることはない。

> **S3** One limitation of our research was the sample size. Clearly 200 Xs are not enough to make generalization about Y. However, from the results of those limited number of Xs, a clear pattern emerged which...
> **S4** Two of our samples were contaminated. This occurred because... We thus plan to repeat our experiments in future work. However, our analysis of the uncontaminated samples (24 in total) supported our initial hypothesis that...

184　第9章　研究の限界の書き方のテクニック

重要なことは、(1) 正直であること、(2) 明確であること、(3) 必要に応じて対応策を示すことだ。

9.6　信頼を失わないために

マギー・チャールズ博士はオックスフォード大学ランゲージセンターでアカデミック英語を教えている。チャールズ博士は、研究の限界を正直に、しかも自分の信頼を失わないように開示することの重要性を次のように説いている。

「若い研究者である皆さんは、自分の所属する科学コミュニティで研究者としての信頼を得て、しかも正直で謙虚な存在でありたいはずだ。そのためには読者の注意を自分の研究の限界に引き寄せるべきだ。コミュニティは、単に倫理的観点からだけではなく、他の科学者もあなたの失敗から学べるように、あなたの研究の何が上手く行かなかったのかを知る必要がある。そうすることで、他の科学者はあなたが信頼できる正直な科学者であると判断するだろう。実際、研究中に生じた問題を開示することで、コミュニティがあなたの論文内容の妥当性や信憑性を受け入れる可能性は高くなる。

研究の限界は、その直接的責任を負わなくてもよいように開示することができる。人を主語としない非人称形式で記述することでそれは可能になる。そうすることで研究の限界を客観的に語り、同時に、研究成果をそのコミュニティの基準に合わせて評価していることを示すことができる。」

研究結果に全責任を負いたくないとき、受動態の使用は非常に効果的だ。受動態では主語を明らかにする必要がないからだ。

- It *was found* that the containers for the samples had become contaminated.
- This fraction *is assumed* to originate from...
- It might *be speculated* that...

Itで始まる非人称形も同様の効果がある。

- *It is regrettable* that the containers had become contaminated as this meant that...
- *It is reasonable* to hypothesize that...
- *It appears* possible that...

　これらの表現は汚染の責任が筆者にあるという印象を与えない。誰がこの推測や仮定を行っているのかを筆者が明らかにしていないからだ。そうすることで、信頼失墜の危険を回避し、科学者としての能力を疑われなくてもすむ（→ **18.12節**）。

9.7　データ解釈の代替案を示す

　査読者や読者に自分のデータ解釈を受け入れてもらいたければ、解釈の代替案を示すなどして説得力が増す努力をしなければならない。さまざまな反論があることは覚悟の上だから、自らデビルズアドボケイト（devil's advocate：相手の意見にあえて反論を投げかけること）を演じるようなものだ。

　仮に論文中で、「本研究の結果から犬は猫よりも知性が高いという結果が示された」と述べたとしよう。次の例文は、解釈の代案を示して自分の主張を和らげるときの例だ。

> **S1** *Of course*, the *opposite* may also be possible. *In fact*, *it cannot be ruled out* that certain species of cats, for example, Siamese, show intelligence traits that are remarkably similar to those of dogs.
>
> **S2** *Other factors* besides intelligence *could be involved*, such as the visual and olfactory senses. *This implies that*, in a restricted number of cases, cats could be considered as being more intelligent...
>
> **S3** It may be *premature* to reach such conclusions, and *clearly* there may be *other possible interpretations* for our findings. *However*, we believe that our findings are evidence of...
>
> **S4** *We do not know the exact reasons for the discrepancy* between our findings and those of Santac [2013], but *it might reflect*... Feeding habits may favor intelligence, *or* they may simply be..., *or* they may result from... Future work will be devoted to investigating these three *alternative possibilities*.
>
> **S5** *Despite* this apparently clear evidence of the superiority of dogs, our findings

are in contrast with those of Karaja [1999] and Thanhbinh [2012], whose experiments with Singapura and Sokoke cats apparently showed that both these species were superior to Rottweilers in terms of emotional intelligence. ***However***, we believe that the species of cats involved are quite rare, and that Rottweilers were not a good choice of comparison.

S5 は、自分の研究結果に向けられた反論の妥当性に疑問を呈するときの例文だ（→ **8.15節**）。

9.8　同じ問題を持つ研究者を参考にする

データの質が悪いという研究の限界の影響を軽減するもう一つの方法は、同じような問題を経験している研究者が他にもいることを述べることだ。その例を下に示す。

Analytic expressions for the density (1) were not derived, (2) because their interaction depends on the relative orientation of the spheres, (3) thus making integration considerably more complex. (4) Similar complications in the analytical determination of the density, using the same approach that we used, were experienced by Burgess [2018].

この例文では次の4つの戦略が使われている。

（1）ピットフォール（落とし穴、すなわち研究の限界）を説明する
（2）ピットフォールに落ちる理由を説明する
（3）ピットフォールに落ちた後の結果を説明する
（4）他の研究者が経験した同様のピットフォールを説明する

しかし、文献に言及するときは注意が必要だ。

S1 The statistical tool is not able to describe all the variables involved. The same tool was used for conducting similar research with an American sample, and the results were reliable and representative.

S1 は、文献への言及があいまいで、結果的に説得力に欠けている。次の **S2** は、この言及をより明確に示すことで、あいまいさを払拭している。

> **S2** The statistical tool may not be optimal for describing some of the variables involved. However it is optimal for X, Y and Z. In addition, exactly the same tool was used for conducting similar research with an American sample [*Williams, 2017*]. *Williams' results* were reliable and representative and were in fact used by the US government.

9.9 最先端の技術を使っても問題を解決できないことを示す

研究に限界があった理由は、現在の知識（理論、モデル、テクノロジーなど）では問題を解決できなかったからかもしれない。

> (1) A full treatment of our problem using Gabbertas's theory (GT) is complicated to handle in our case, (2) *given* the complex geometry. (3) *In fact*, the expressions derived by GT are only available for a few simple geometries [Refs]. (4) *Moreover*, GT is not well suited to describing the upper regions. (5) *An additional problem* is that a theoretical description of X is still the target of active experimental and theoretical research. (6) There is little experimental or theoretical information available for the properties of X [Refs]. (7) *At the same time*, the properties of Y can be described by Burgess's model, (8) *however* its ability to account for X is still under investigation.

この例文では次の3つの戦略が使われている。

（1）現在の理論（モデルなど）では問題解決は不可能であることを述べる
（2）上の（1）の説明をする
（3）上の（1）を証明する
（4）別の角度から上の（1）の証明をする

（5）～（8）が（1）～（4）と同じパターンに従っていることに注意。つまり筆者は、論点を強調し論理的に説明するために接続詞（イタリック体）を用いている。また、複数の接続詞を使い分けて単調さを防いでいる。しかし、接続詞の使い過ぎは、読

者に退屈な印象を与えるので注意が必要だ（→**5.7節**）。

　研究の限界について述べるときは、説明に一貫性を持たせること。「何々が75%の患者に効果的だった」（肯定的なアプローチ）または「何々は25%の患者には効果が無かった」（否定的アプローチ）と述べたら、その後は、いずれかのアプローチに統一する。そうしなければ読者を混乱させることになる。

　もし研究の限界の原因が現在の知見不足にあるなら、それを研究の限界の唯一の理由とする。しかしそれを決して言い訳にしてはならない。

9.10　研究しなかったデータがあれば、その理由を述べる

　データに関連する研究の限界としては、他にも、（1）最新の研究データを調べなかった、（2）研究データの量が不足していた、などが考えられる。これらの限界については、考察や結論のセクションで次のように書くことが可能だ。

> **S1** Even though the data were collected *two years ago*, the stability of this sector means that such data have not changed significantly. In fact, in the last *two years* the percentage of X has remained exactly the same [Wang 2017, Chu Wa 2018]. In addition, more recent data are not currently available.
> **S2** Our data only refer to one kind of sector. However, *as far as we know* there are no similar studies for this sector in South Korea. Thus we believe that this project opens the way for...

　S1 では、データを収集したのは2年前だがそれ以降の状況に変化はないことを述べている。**S2** では、調査を行った国（この場合は韓国）にそのようなデータが存在しないので、as far as we know という表現を使って批判をかわしている（第10章を参照）。

9.10　研究しなかったデータがあれば、その理由を述べる　**189**

9.11 研究データをどのような観点から評価してもらいたいか

　主観的な意見を述べる表現として in our view や we believe などがあるが、もっと積極的にどのような観点からデータを解釈または判断して欲しいかを読者に伝えることもできる。このテクニックは人文科学系の論文で役に立つ。以下にその例を示す。

- *Viewed / Seen in this way*, the data take on a different meaning.
- *From this alternative perspective*, these findings shed new light on...
- *From an X point of view*, the results can be interpreted very differently
- *From such a standpoint*, our data assume a very different significance.
- *In this view*, these data may mean that...
- *Under these conditions*, it is legitimate to pose a new *perspective* on...

　これらの表現方法を用いることで、研究データを客観的に提示することが可能になり、信頼性が向上する。

　これと同様のアプローチが、所有格（our、my）は使わずに、研究データ（方法、モデル、考察、仮説など）を主語にした表現方法だ。次にその例を示す。

- These *data* indicate that...
- The *evidence* favors the conclusion that...
- The *model* predicted that...
- From this *discussion*, it would appear that...
- The *hypothesis* seems plausible because...
- The *existence* of such phenomena may give confirmation of...

　このテクニックを用いることで、研究データや研究結果などを客観的に提示することが可能になる。まるでデータから結論が自然に導き出されるようで、筆者が結論を述べているようには見えない。議論に参加しているのは筆者だけではないという印象を与えることで、読者を自然に議論に巻き込んでいる。このテクニックは、自分の研究成果の意義や妥当性に自信がないときに有効だ。

　同じような状況で効果的な動詞に、imply、indicate、suggest、point toward、hint at などがある。

9.12　研究の限界を論文の最後で開示しない

　研究の限界を考察や結論の最後で開示してはならない。論文のエンディングは、読者の最終的な印象に影響を与えるため、もっと肯定的な内容で終えるべきだ。論文のエンディングは次のように終えるのがよい。

- 研究成果の応用の可能性について述べる
- 研究の将来の発展の可能性について述べる
- 研究成果の有用性を再び強調する

　詳しくは第19章「結論（Conclusions）の書き方」を参照。

9.13　まとめ

- ☑ 研究成果の強みだけではなく弱みについても述べて、査読者がバイアスの存在を疑うことがないようにする。

- ☑ 研究の限界には必ず言及する。

- ☑ 研究の限界に言及するときは、肯定的な言葉を使う。

- ☑ 研究の限界が生じた理由を説明する。

- ☑ 研究の限界を論文の最後で開示しない。

第10章
他人の研究を建設的に批評する方法

 賢者の名言

絶対的な知識というものは存在しない。科学者であろうと独裁者であろうと、主張すべき知識のある者が悲劇の扉を開ける。完璧な情報などあり得ないことを、我々は謙虚に受け入れなければならない。
　　　　　ジェイコブ・ブロノフスキー（ポーランド生まれのイギリス人数学者）

日本人には問題なく理解できる表現も、欧米人にとっては、まったく意味をなさなかったり、間違った印象を与えたりする。例えば、未確定の暫定的結論を述べたとする。日本の読者は、それは筆者が断定的になることを避けるためだと理解する。しかし欧米の読者は、筆者の自信の無さだと理解する。
　　　　　　　　　　　　トニー・レゲット博士（ノーベル物理学賞受賞者）

我々が推定した特殊な対構造から遺伝子素材の複製メカニズムの可能性が容易に示唆されることを、我々は見逃さなかった。
　　　　　ジェームス・ワトソンとフランシス・クリックのDNA二重
　　　　　螺旋構造に関する論文より（*Nature* 171: 737-738(1953)）

政治の世界の言語を使えば、嘘も真実になり殺人も立派な行為となる。そして見えない風にも姿を与えることができる。
　　　　　　　　　　　　　　ジョージ・オーウェル（イギリス人作家/詩人）

汝の隣人を愛せよ。されど生垣を取り壊すことなかれ。
　　　　　　　　　　　　　　　　　　　　　　　イギリスの諺
　　　　（アメリカ人科学者/政治家のベンジャミン・フランクリンの引用より）

10.1　ウォームアップ

　カールスバーグはデンマークのビール製造会社で、世界で4番目に大きい。40年もの間、カールスバーグは、"Probably the best beer in the world" というシンプルなコピーを使って、世界で最も成功した広告キャンペーンの一つを実施してきた。

　カールスバーグの初期の広告は次のような広告コピーを使っていた。

Lager at its best

Unrivalled quality and flavor

The world's best

（1）なぜカールスバーグはProbablyという言葉を使ったのだろうか？

（2）カールスバーグの広告コピーと研究者の論文の主張との間には、何か関連性があるだろうか？

　現在の科学英語のライティング技術はイギリスで生まれ、表現上のルールの多くがイギリス人科学者によって開発された。その一つが、主観的または未確認の仮説を提示するときは、尊大な態度や100%の確信を表さないように気をつけることだ。このテクニックはヘッジング（hedging）と呼ばれ、他の英語圏の研究者の間にも浸透している。

　ハンガリー生まれのイギリス人作家ジョージ・ミケシュは、著書 *How to be an Alien*（英国人入門）の中でこう書いている。

> 「イギリスでは明快に書くことや自信を持って述べることは悪いマナーだと考えられている。あなたは2+2が4であると思っているかもしれないが、決して自信たっぷりに口にしてはならない。なぜならこの国は民主主義国家であり、他人は別の意見を持っているかもしれないからだ。」

　ミケシュは面白おかしく言っているだけなのだが、同時に重要なことを示唆している。世界のトップジャーナルの多くがアメリカとイギリスに本部を置いているので、研究成果（自分では証明できたと思って真実であると提示している研究成果でも、将来、他の科学者から根拠が不十分な主張であることが証明されるかもしれないこと）を発表するときは、母国語で行うよりもやや抑え目のトーンで述べるのが

10.1　ウォームアップ　193

よいだろう。

特に考察や結論のセクションでは、あまり直接的ではなく穏やかなトーンの言葉や表現を使わなければならないことが多いだろう。

本章では次の2つのスキルの習得を目的とする。

- 研究の成果に対する反論を予測できるようになること。そうすることで、査読者からも学会からも受け入れられるような研究結果を書けるようになる
- 他の科学者の研究を、その不完全さを指摘するのではなく、さらに良くするために建設的に批評できるようになること

この2つのスキルには、その背景に"面目を保つ"という文化的側面が存在する。面目を保つとは、自分または他人が失敗しても、恥ずかしい思いをしないように配慮することを意味する。

10.2　ヘッジング表現の使い方

「ヘッジング表現は学問の世界では重要な関心事であり、研究論文では頻繁に使われている。断定的な表現を避けて仮説を提示しているため、確かな学識によって裏づけられた主張というよりも、信頼性の高い仮説に基づいた主張を行っていると理解されるだろう。もし主張が間違っていたとわかっても、代替案を受け入れて論文著者を守ることができる。」
　　ケン・ハイランド教授（香港大学応用英語学センター長兼応用言語学部長）

ヘッジング表現を使って柔らかく間接的に述べることで、査読者や読者からの反論を防ぐことができる。元々、ヘッジング（hedging）とい言葉は敷地と敷地の間の生垣や境界を意味する英語が語源であり、そこから外部からの侵入を防ぐという意味が生じた。今日では、hedgeという動詞はリスクから身を守るといったときに比喩的に使用されるようになった。

論文執筆の際のリスクは、査読者や他の研究者からの批評だ。自分が他者を批評

194　第10章　他人の研究を建設的に批評する方法

するときは、自分の考えを正直に、正確に、丁寧に伝えることが大切だ。つまり、上手にコミュニケーションできるかどうかの手腕が問われている。

　ヘッジング表現の使い方を習得すると、自分の書いた論文は受理されやすくなるだろう。逆に自信たっぷりな印象を与えると、査読者と読者を敵にまわすことになりかねない。

　ヘッジングとは表現をあいまいにすることではない。逆にできるだけ正確な表現でなければならない。あなたが寛容な態度を持ち正確な表現を心がけることで、読者はあなたに同意することも自分の仮説を主張することも行いやすくなる。

　次に査読者（イギリス人）に尊大な印象を与えている2つの例を示す。

> **S1** *Although many authors have investigated how PhD students write papers, **this is the first attempt** to systematically analyze all the written output (papers, reports, grant proposals, CVs etc.) of such students.
>
> **S2** **Our results demonstrate** that students from humanistic fields produce longer written texts than students from the pure sciences and **this is due to the fact** that humanists **are** more verbose than pure scientists.

　筆者が疑問の余地を残していないので、それを尊大と解釈する査読者もいるかもしれない。**S1** では、はたしてこれが"最初の"試みであると言えるだろうか？世の中のすべての論文を読んだのだろうか？**S2** では、筆者は、自分たちの標本から得られた自分たちの結果を自分たちで解釈しただけではないだろうか？他の研究者なら異なる標本から異なる結果を得て異なる解釈をするかもしれないことに関してはあいまいだ。また、this is due to the factという表現は、これしか解釈のしようがないという印象を与える。しかし、そのような主観的な考察にこそ別の解釈があったりするものだ。

　もちろんすべての査読者が **S1** と **S2** を尊大と解釈するとは限らない。実際、世界の科学者の多くが母国語ではこのような表現を用いている。したがって査読者が英語でそのような表現を見ても批評的にはならないだろう。またこの問題は、文化的背景にも左右されるので、すべての科学者がヘッジング表現に好意的であるとは限らない（**11.3節**のアリステア・ウッドの引用を参照）。断定を避けて仮説を提示することは困難ではない。ヘッジング表現を使って論文が受理される可能性が下がることはない。むしろ上がる。次にその例を示す。それぞれ **S1** と **S2** を修正したものだ。

S3 Although many authors have investigated how PhD students write papers, *we believe* / *as far as we know* / *to the best of our knowledge* this is the first attempt to systematically analyze all the written output (papers, reports, grant proposals, CVs etc.) of such students.

S4 Our results *would seem to* demonstrate that students from humanistic fields produce more written work than students from the pure sciences and *this may be due to the fact* that humanists are *generally* more verbose than pure scientists.

　もちろん、show、demonstrate、reveal などの動詞を使うたびに必ずヘッジング表現を使う必要はない。例えば、Table 2 shows that X had higher values than Y. といった表現に問題はない。さまざまな解釈が考えられて賛否両論がありそうな研究成果を提示するときにだけヘッジング表現の使用を検討すればよい。次の **S5** では、筆者は、猫は犬より知性が高いという現在の常識に異論を唱えている。

　S5 *Our results *prove* that dogs are more intelligent than cats.

S5 は、次の3つの例文のうちいずれかに修正したほうがよいだろう。

S6 Our results *would seem to* indicate that dogs are more intelligent than cats.
S7 A *possible conclusion would be* that dogs...
S8 Our results *may be a demonstration* that dogs...
S9 *At least in terms of our sample*, dogs appeared to be more intelligent...

これらの例文はヘッジング表現の特徴をよく表わしている。すなわち、

- 主張の前に、we believe（**S3**）や would seem to（**S4**、**S6**）などの表現を足している
- possible（**S7**）や generally（**S4**）などの副詞を足している
- prove や demonstrate や is などの100％の確からしさで断定する動詞の代わりに、可能性を示唆する may be（**S4**、**S8**）などの動詞句を使っている

196　第10章　他人の研究を建設的に批評する方法

10.3 強調表現とヘッジング表現

　第8章で研究成果の強調の仕方を解説した。強調表現とヘッジング表現は相反するテクニックではない。お互いに相性のよい表現方法だ。強調表現とはどういうことか、以下に具体的に示す。

- ➤ 論文の中で研究成果を記述している箇所に読者の注意を引きつける（長いパラグラフの中で重要な発見が埋もれないようにすること）
- ➤ 重要な情報を開示するときは短いセンテンスを使う
- ➤ 重要な発見に注意を引きつけるときは、一般的な問題について述べるときよりも力強い言葉を使う

　これらのテクニックがすべて使われていても、断定的なニュアンスは必要に応じて避けることができる。

> **S1** This is a very important finding.
> **S2** *These results suggest that* this is a very important finding.

　S2 が伝えている情報は **S1** とまったく同じだ。しかしセンテンスの前半の穏やかなトーンが、発見の重要性に意義を唱える研究者が将来的に現れるかもしれないことを未然に防いでいる。つまり、These results suggest thatという表現が著者を将来のリスクから守る役割を果たしている。

　しかも **S2** は語数が10語と短くシンプルなセンテンスであり、強調表現としても機能して読者の注意を引きつけている。また、very importantという力強い言葉を使っている。

　S1 は、もし誰か他の研究者の成果について述べているのであれば問題はないだろう。自分の研究について述べる場合でも、重要であることの理由をただちに説明すれば（重要と述べるだけでは不十分で、説明しなければならない）、問題はないであろう。**S1** にはそのような説明がないので尊大な印象を与える。このような表現を使うにしても、論文の本文中に1回か2回だろう。それ以上使うと効果は薄れ、尊大な印象が強くなる。

10.3　強調表現とヘッジング表現　**197**

interestingly や surprisingly などの副詞の使用についても同様だ。このような副詞も、強調する場合と断定を避ける場合に使うことができる。

> **S3** *Interestingly*, these results *prove* that X is fundamental in producing Y.
> **S4** *Interestingly*, these results *suggest* that X is fundamental in producing Y.

S3 と **S4** に意味の差はないが、prove よりも suggest を使ったほうが、将来これに異を唱える研究が発表されたとき、筆者は自分を守ることができる。また、**S3** と **S4** には読者の注意を引きつけるために interestingly が使われているが、このような表現も本文中に1回か2回の使用に留めておくことが重要だ。

強調表現とヘッジング表現のバランスを上手に取るテクニックが必要だ。また、査読者と読者に誠実な印象を与えるためのヘッジング表現のテクニックを学ぶことも重要だ。

10.4節から10.7節では、センテンスの各構成要素の主張、自信、確信の程度を、査読者が適切と考えるレベルまで抑える方法について解説する。

10.4　トーンを抑える動詞

疑いの余地をまったく与えない動詞がある。例えば、is/are、means、equals、demonstrates、proves、manifests だ。

> **S1** This factor *is* responsible for the increase in...
> **S2** These results *demonstrate* the importance of...
> **S3** These findings *are conclusive proof* that X = Y.
> **S4** This problem *manifests* itself in...
> **S5** This *means* that X = Y.

S1 〜 **S5** は読者に他の解釈の余地を与えない。自分の研究結果をこのように提示すれば、極めて強力な説得力が生まれる。文献に言及するときはそれでもよいだろう。

198　第10章　他人の研究を建設的に批評する方法

次の **S6** 〜 **S10** は、**S1** 〜 **S5** のトーンを抑えたものだ。

> **S6** This factor *may be* / *is probably* responsible for the increase in...
> **S7** These results *would seem to show* / *indicate* / *suggest* the importance of...
> **S8** These findings *provide some evidence* / *appear to prove* that X = Y.
> **S9** This problem *tends* / *seems* / *appears* to *manifest* itself in...
> **S10** It *seems likely* / *probable* / *possible* that X = Y.

S7 〜 **S9** は2つの動詞を使っている。最初の動詞（seem、appear、tends）が2番目の動詞（show、prove、manifest）のトーンを抑えている。他にも、help、contribute、have a tendency、be inclinedなどの動詞が同じような機能を持ち、効果的だ。

10.5　トーンを抑える形容詞と副詞

形容詞と副詞の中にも非常に強いトーンを持つものがある。例えば、

革新性：innovative、novel、cutting edge、seminal、pivotal
重要性：extremely important、very significant、of central / vital / fundamental importance
確実性：clear、obvious、evident、conclusive、definite、undeniable、undeniably、undoubtedly

自分の研究結果に言及するときは、これらの形容詞や副詞の使い方に十分な注意を払う必要がある。あまりにも確信に満ちた主張を行うと批判される可能性がある。

> **S1** *This *pivotal* approach is *particularly interesting* for physicians.

形容詞pivotal は重要なことや中心的なことに言及する。this pivotal approach（**S1**）という表現は、そのように判断しているのが筆者自身であるため、筆者が尊大である印象を与える。しかし他人の研究についてこのような表現を用いているのであればまったく問題はない。また **S1** は、筆者のアプローチは医師にとっても particularly interesting であろうと述べている。しかし筆者は、医師にとってどのく

らいinterestingであるかは医師の判断に任すべきだ。したがって、 S1 は次の S2 や S3 のように修正すべだろう。

> S2 Our approach *would* lend itself well for use by physicians.
> S3 *We hope* that physicians will find our approach useful.

S2 のトーンは S1 よりも穏やかになっている。研究方法の重要性を断定しているわけではないからだ。また、仮定法のwouldが主張を和らげている。 S3 のトーンはさらに穏やかだ。

断定的過ぎる表現を批判されることを防ぐためには、somewhat、to a certain extent、relatively、essentiallyなどの副詞や副詞句、probably、likely、possiblyなどの可能性に言及する副詞などを使う。例えば、次の S4 と S5 は、場合によっては非常に強い主張と見なされることがある。

> S4 X is related to Y.
> S5 X is certainly related to Y.

次の S6 と S7 はやや間接的な表現だ。

> S6 X is *somehow* related to Y.
> S7 X is *likely* related to Y.

S6 は、XがYと関連していることを直接的な表現を避けて伝えている。 S7 は、XがYと関連している可能性について直接的な表現を避けて伝えている。

他にも、研究結果に対する自信レベルを加減して間接的に表現するための副詞として、apparently、presumably、seeminglyなどがある。

10.6 副詞を使って強い主張を和らげる

さまざまな副詞を使って自信レベルの差を示すことができる。何かがはっきり見えることを伝えるときや、何かを見つけにくいことを伝えるとき、次のように表現

できる。

> **S1** X was *clearly* visible.
> **S2** X was *scarcely* detectable.

S1 と **S2** は、視認性の幅の両極端を表現している。この主張には主観的な判断の影響を感じると思えば、さらに副詞や副詞句を足して動詞の強さを抑えることができる。例えば **S1** と **S2** は次の **S3** と **S4** のように表現できる。

> **S3** X was *reasonably* clearly visible.
> **S4** X was *scarcely* detectable, *at least in our experiments*.

類似性、相関性、整合性のレベルを表現するときにも同じテクニックを用いることができる。

> **S5** Our data fit *perfectly* with those of Mkrtchyan.

S5 は **S6** のように主張を抑えて表現することも可能だ。

> **S6** Our data fit *quite well* with those of Mkrtchyan.

quite などの副詞（例：reasonably、sufficiently、adequately、satisfactorily、suitably appropriately）を使うことのメリットは、解釈を読者の判断に任すことができることだ。これらの単語は適度にあいまいであり、自分の主張にニュアンスを足すことが可能だ。しかし使うのは1回か2回がよい。使い過ぎるとあいまい過ぎるとして批判される可能性がある。

S6 は、quite の代わりに、surprisingly、remarkably、unexpectedly などを使うこともできる。これらの副詞を使うことで、データの解釈に読者の主観的な判断が入る余地が生じ、筆者の意図とは異なる解釈が許される。ここで再び注意を喚起したいことは、このような副詞を使うのであれば、surprisingly、remarkably、unexpectedly である理由を説明したほうがよいことだ（→**10.4節**）。

significantly を上手に使うのもよい。significantly は主に統計分析で使われ、何かが偶然に起きた可能性は低いことを示す。単に"重要"とか"注目すべき"といっ

た意味ではない。

　時には行動や行為がどこまで完成したかを示す必要もあるだろう。そのような場合に、partially、in part、to some extent、to a certain extent などの副詞を使うこともできる。前述した副詞同様にこれらもあいまいな表現であり、可能であればその程度を示すほうがよい。

10.7　確からしさのトーンを抑える

　主張を和らげるもう一つの方法は、研究結果の確からしさを示すことだ。確からしさの表現にはさまざまな方法がある。次の例文の末尾に示した確率は大まかな目安とご理解いただきたい。

助動詞を使った例

- X *must* / *cannot* play a role in Y.（100%確実）
- Smoking *can* cause cancer.（100%確実。注：といっても、喫煙が必ず癌につながると言う意味ではない。場合によっては喫煙が癌の原因になり得ることが証明された、という意味だ）
- Future work will entail investigating X, which *should* prove whether X is equal to Y or to Z.（80%確実）
- Smoking *may* / *might* cause antisocial behavior.（50%～70%確実）
- This discrepancy *could* / *may* / *might* be the result of contamination.（50%～70%確実）
- *Could* this interaction be the cause of this discrepancy?（50%～70%確実）

名詞を使った例

- *In all likelihood* / *probability* X = Y.（90%確実）
- This raises the *possibility* that X = Y.（50%～70%確実）
- These results are consistent with the *possibility* that X = Y.（50%～70%確実）

形容詞を使った例

- It appears *possible* / *probable* / *feasible* that X = Y.（50%～70%確実）

202　第10章　他人の研究を建設的に批評する方法

副詞を使った例

- X is *unlikely* to play a role in Y.（80%～90%確実）
- X is *probably* / *likely* equal to Y.（80%～90%確実）
- *Possibly*, X is not equal to Y.（50%～70%確実）
- X could *possibly* / *conceivably* / *plausibly* / *ostensibly* play a role in Y.（50%～70%確実）

10.8 批判を避ける方法： 自分の存在を明らか/あいまいにする

　自然科学分野での執筆は、客観的な立場を維持するために非人称形式であることが多い。一方、社会科学や政治科学などの分野では、読者を説得するために自分の存在を前に出した第一人称を使って執筆することが多い。

　次の2つの例文を比較してみよう。

> **S1** I *argue* that the way 18-21 year-olds vote is influenced more by the physical appearance of the candidate than the candidate's particular political ideas.
>
> **S2** *The present study* / *This paper argues* that the way 18-21 year-olds vote is not uniform.

　S1 では、筆者の研究成果がこれまでの研究とは異なることを述べている。そこで筆者はそれが自分の考えであることを明確に伝達するために第一人称を使っている。筆者は次のように言いたいのだ。「私の主張は間違っているかもしれないし、私の研究データは説得力に欠けるかもしれない。その責任は私にあります。ですから、私の研究結果があなたの研究結果と異なっていても気にしないで下さい」と。このように断ることで、筆者は自分の主張を受け入れてもらい信頼を得たいと願っている。

　I argueはいわゆる "筆者の声" とよばれるものだ、筆者の主張を述べるときに使われる。他の言語ではこのようなテクニックはあまり使用されないので、奇妙あるいは不自然に、またはどうでもよいように感じられるかもしれない。しかし、あなたの判断はジャーナルの投稿規定および査読者と読者の期待に従うべきであり、決してあなたの母国語の表現形式に左右されるべきものではない。

10.8 批判を避ける方法：自分の存在を明らか/あいまいにする　203

S2 では、筆者の主張が物議を醸すほどではない。むしろ科学コミュニティでは すでにある程度は受け入れられているのではないかと思われる。動詞argueの代わりに、suggest、propose、hypothesizeなどの動詞を使ってもよい。この文脈では、他にもinfer、calculate、believeなどの動詞を使ってもよい。

また次のような名詞を使うこともできる。

- Our *interpretation* of these results is...
- My *perspective* on these findings is...

10.9　他の研究者の研究成果を肯定的に批評する

　他者の研究の結果や結論に疑問を投げかけること自体に問題はない。高く評価されている論文でも、中にはそれほど質の高くない論文があったりする。しかし他の論文を批評するときは、必ず建設的な態度を忘れずに、その論文を肯定的に扱うことを忘れてはならない。そうすることでその研究者の面目、すなわち科学コミュニティでの筆者の評判と地位は保たれる。

　仮に、文献上、ある現象Xを証明する仮説はH1だけであるとしよう。そしてあなたは、H1とは主張をまったく異にする仮説H2を提案し、H1が間違っていることを証明したいとする。このような場合、H1をあからさまに批判してはならない。なぜなら、H1を最初に提案したのがあなたの論文の査読者ではないとも限らないからだ。それでなくてもH1を大いに支持しているかもしれない。また、建設的に意見を述べれば、読者があなたの反論を受け入れてくれるかもしれないことも忘れてはならない。

　H1に反対の意見を述べるとき、その論文筆者のプライドを傷つけないよう注意しなければならない。例えば、仮説H1の良さを筆者に代わって説明することができる。その他にも次のような例文を使うことが可能だ。

- Since H1 was originally proposed, a lot of new data on X has been presented in the literature (Smith et al. 2010, Burgess 2011). This data would seem to indicate that...

- The formulation of H1 was based on a much smaller sample size than in our study. In fact H2 is based on a sample size that is 4-fold greater than...
- When proposing H1, the author admitted that the quantity of X may have been influenced by Y. On this basis, we decided to investigate the impact of Y, and in fact found that...
- In her conclusions, the author of H1 recommended that longer follow-up times might lead to more conclusive evidence of X. This is why in our study we...

これらの表現を使うことで、仮説H1の提唱者の信頼を損なうことなく、読者を上手に自分の仮説に導くことができる。

批評する内容を書くとき、althoughやhowever、moreoverなどの接続詞が効果的だが、使い過ぎると否定的なトーンが強くなるので注意が必要だ。

他の研究に内在している問題点に読者の注意を引きつけないことであなたが負う代償にも考慮すべきだ。もし読者の注意を引きつけない場合、あなたの主張は説得力を持つことができるだろうか。

10.10　他の研究者の研究成果に別の解釈が考えられるとき

他の研究者の研究成果に間接的に疑問を呈するとき、その研究成果を全面的に否定してはならない。他にも解釈の方法があること（例えばあなたの主張）を述べるべきだ。

- From our investigations we conclude that the data of Negovelova [2011] can be seen in a different light when the effects of hydrogen are seen in conjunction with...
- It would not be implausible to analyze Hedayat's data from an entirely different point of view. In fact, our analysis reveals that...
- Budinich's findings could also be interpreted as evidence of... Viewed in this way, Budinich's results are actually in agreement with ours.

最後の例文は、たとえ自分の研究と矛盾するデータであっても、視点を変えれば自分の研究成果の支持を得るために使うことができることを示している。

10.11 ヘッジング表現の使い過ぎに注意

強い断定の後に主張の弱い表現を続けると信頼に欠ける（**S1**）。またヘッジングの度合いの異なる複数の表現を使うことも避けたほうがよい（**S2**）。

> **S1** **It is clear* that yellow *may* be preferable to red for alerting danger.
> **S2** **It may* thus, *given* these particular circumstances, be *assumed* that there is a *certain possibility* that yellow *may* be preferable to red for alerting danger.

S1 では、may が clear の力を弱めている。**S2** では断定を避けた4つの表現が使われ、筆者は自分の主張にまったく自信がないような印象を与えている。**S1** と **S2** は次のように修正するとよいだろう。

> **S3** It is clear that yellow *is* preferable to red.
> **S4** In these particular circumstances yellow *may be* preferable to red.

10.12 ヘッジング表現：考察での使い方

次の例は、考古学者エリザベッタ・ジオルジの論文 *The Archeology of Water in Gortyn* の考察のセクションからの抜粋だ。エリザベッタは古代ローマの水路について新しい考察を行った。現在に至るまで、古代ローマの水路の基本的機能はローマ市民の家庭に水を引くことであると考えられてきた。しかしエリザベッタは、噴水と温泉に水を引くことがその主たる機能であるという仮説を立てた。当然ながら古代ローマ人にそれを確認することはできず、100％の確信を持てないエリザベッタは断定を避けたヘッジング表現を使った。その箇所を下の引用中に斜体で示した。

> We calculated that the minimum amount of water supplied was around 7,000 m³ per day. On the basis of demographic estimates for that century, people (1) *may have consumed* from 25 to 50 L per day. (2) *Yet* our calculations show that, if thermal baths and fountains are not taken into account, approximately 280 L per head (3) *could have been pumped* into the town. This figure is 30 L per day higher than the daily average consumption of a post-industrial European country such as Italy.

206　第10章　他人の研究を建設的に批評する方法

The quantity of water that flowed along the aqueduct (4) ***thus*** (5) ***appears to have been*** much greater than was needed by the population living in Gortyn, which has been estimated as being around 25,000 [ref.]. Therefore the aqueduct was (6) ***probably*** built not exclusively to provide drinking water for the citizens. Other authors [ref.] contend that Roman citizens may have had running water in their houses and they cite findings at Pompeii as evidence of this. (7) ***However***, our previous archeological research [ref.] into aqueducts in other Roman towns (8) ***would seem to*** indicate that the aqueducts were not (9) ***necessarily*** built for the benefit of common citizens. (10) ***In fact***, there were many cases where citizens built their own private wells and cisterns even after the construction of the aqueduct [ref.].

エリザベッタは断言を避けるために、次のような4つのタイプの表現を使用している。数字は本文中の数字を示している。

助動詞を使う

may have＋過去分詞（1）の構文は、エリザベッタが100％の自信を持っていないことを示している。しかしエリザベッタは、自分および他の研究者の研究データに基づいて計算を行った結果、その推測が論理的であることを示している。could have＋過去分詞（3）の構文で、推測される水の量に言及している。

接続詞を使う

yet（2）は、エリザベッタが、その前のセンテンスで示された推測に反する推測データを持っていることを示している。however（7）もyetと同じような機能を有しており、ここでもエリザベッタが過去の研究に異議を唱えていることを示している。thus（4）とin fact（10）は、その直前の自分の主張をさらに強化するために使われている。読者は、エリザベッタの論理的なエビデンス構築に徐々に導かれていく。

可能性が低いことを示唆する動詞を使う

appears to have been（5）とwould seem to（8）が結論を提示する前に置かれている。エリザベッタの研究者としての経験は浅く、慎重にアプローチしている。査読者や読者に生意気な印象を与えて反感を抱かれたくないと思っている。現在時制（5）と仮定法（8）が使われているが、生じるニュアンスの差は小さい。仮定法を使うと断定のトーンが10％柔らかくなる。

10.12 ヘッジング表現：考察での使い方 207

副詞を使う

probably（6）と necessarily（9）はともに動詞 built を修飾している。エリザベッタは主張のインパクトや意味合いを弱めるためにこれらの副詞を使っている。前述したように、エリザベッタは、論文を読んだ研究者や将来の研究者から批判を受けて、自分の理論の正当性が失われることを防いでいる。

エリザベッタは、古代ローマ人はその気になればもっと早期に水路を敷設することができたというエビデンスと、水路を引いた本当の目的は温泉と噴水に水を供給するためおよび土地を灌漑するためだというエビデンスを考察の終わりで提示している。

> Our findings (11) *suggest* that the aqueduct in Gortyn cannot have been built earlier than the second century AD. In fact, archaeology data show that many cities, like Gortyn, had a high standard of urban, social and political life even before the Roman age.
>
> (12) *There is thus evidence* that the aqueduct only became necessary when "Rome" decided to transform Gortyn into a Roman provincial capital, which entailed Gortyn having thermal baths, monumental fountains, theatre, amphitheatre, and well-irrigated and cultivated land to supply its inhabitants.
>
> (13) *We believe that* the present findings (14) *might help* to reassess the real effect of the Roman aqueducts on the local water supply systems and their role in the daily life of the urban populations.
>
> (15) *To the best of our knowledge*, this is the first time that...

これらの例文でエリザベッタは、科学コミュニティの信頼を得ようとして、非断定的な動詞を使い、それに続く表現のトーンを和らげている。suggest（11）は、prove や demonstrate などの動詞よりもトーンを和らげる。

There is thus evidence（12）─この表現で筆者エリザベッタの存在と研究結果との間に距離が生じ、客観性が感じられる。We revealed that the aqueduct only became necessary と表現せずに、非人称の there is を使っているからだ。その狙いは読者の注意を研究結果（エビデンス）に引き寄せることだ。さらに、thus を使って論理展開を強化している。

208　第10章　他人の研究を建設的に批評する方法

We believe that（13）と might help（14）を同じセンテンスの中で使って断定を二重に和らげている。エリザベッタの主張は、従来の考え方とはまったく異なるいわゆるパラダイムシフトだ。そこでエリザベッタは二重に言葉を和らげようとしたのだ。

　To the best of my knowledge（15）―この表現を使うことで、エリザベッタは、自分も知らないどこかの科学者がすでに同じ研究成果を発表している可能性から自分を守っている。もし結論を This is the first time that... で書き始めていたら、エリザベッタの主張は非常に強いトーンを伴い、研究成果には間違いなく疑いの目が向けられただろう。

10.13 まとめ

　主張が強く直接的になり過ぎると、査読者や読者の反感を買う可能性がある。現実的には、重要な発見の説明を、解釈の幅を持たせた we believe や might を使って表現することは難しいことではない。断定を避けたこれらの表現を使うことで、アメリカやイギリスのジャーナルに論文が受理される可能性は高まる。であれば、躊躇せずに使うべきであろう。

☑ 動詞、形容詞、副詞のトーン、および自分の確信度合いを和らげる。

☑ 確信の度合いを下げても、英文に翻訳したときにその意図が十分に伝わるとは限らないので注意が必要。

☑ 自分の研究データの解釈に代替の解釈案を提案する。

☑ 研究データをどのような観点から解釈してもらいたいかを読者に伝える。

☑ 研究結果を解説するときは、自分の存在を感じさせない非人称形の主語を用いる。

☑ 非人称形の主語を用いて、批判されることを防ぐ。

☑ 他の研究者の成果は肯定的に評価する。必要に応じて、他の解釈(すなわちあなたの解釈)が考えられることを述べる。

☑ ヘッジング表現を重ね過ぎない。

☑ 研究結果について断定を避けて表現したいときは、ネイティブスピーカーの助言を得る。

注：自分の仮説に疑いの余地がないこと、すなわちそれが唯一の解釈であることを査読者に説得したいときもあるだろう。そのような場合の戦略については**8.13節、8.16節**を参照。

第11章

プレイジャリズム（剽窃）と
パラフレージング（置き換え）

 論文ファクトイド

アメリカ人脚本家ウィルソン・マイズナー（1876〜1933年）の言葉：一人の著者から盗用すればそれは剽窃。多くの著者から盗用すればそれは研究。

＊

ダン・ブラウン（ダ・ヴィンチ・コードの著者）、アレックス・ヘイリー（ルーツの著者）、アンディ・ウォーホール（アメリカ人芸術家）、ダミエン・ハースト（イギリス人芸術家）、ジョン・レノンとジョージ・ハリソン（ビートルズ）、レッド・ツェッペリン（イギリスのロックバンド）など、多くの著名な作家、芸術家、音楽家、政治家（政治家はそのスピーチ原稿）が、剽窃とかかわりがあったとされている。

＊

剽窃発見ソフトウェアのアイセンティケイト（iThenticate）のウェブサイトによれば、3人に1人の編集者が剽窃を定期的に発見し、10人に9人の編集者が剽窃発見ソフトウェアは効果的であると言っている。

＊

2001年、カールトン大学（オタワ市、カナダ）では、学生の3分の1がウェブサイトから盗用して書いたエッセイを提出していた。そのうちの1人は、わずか4語を変えているだけだった。

＊

ラトガーズ大学（ニューアーク市、アメリカ）のドナルド・マッケーブが実施した調査によると、カンニングを報告する教授はわずか6％だった（滅多にしない：54％、まったくしない：40％）。この調査は、政治腐敗、薬物使用アスリート、（映画、音楽、書籍の）不正ダウンロードなどが横行する時代において、学生たちはカンニングや剽窃が不正であると認識できていないと指摘している。

Wikipediaは学問の世界で起きた剽窃を20例ほど紹介している。それによると、

数学者でもありコンピューター科学者でもあるルーマニア人がこれまでに400
報以上の論文を発表したと主張していたが、その多くが他の研究者が過去に発
表した論文の複製であることがわかった。

11.1　ウォームアップ

(1) 剽窃とはどういう行為か考えてみよう。それはどれほど重大な問題か？

(2) 次の引用文例から2つ選んで、いくつかの言葉を言い換えて（パラフレージン
グ）自分の論文の中で使いたいとしよう。あなたならどのように書き換える
か？

What science cannot tell us, mankind cannot know.
　バートランド・ラッセル（イギリス人哲学者/数学者/歴史家/評論家/政治家）

Science knows only one commandment − contribute to science.
　　　　　　　ベルトルト・ブレヒト（ドイツ人詩人/脚本家/演出家）

Science cannot stop while ethics catches up　− and nobody should expect
scientists to do all the thinking for the country.
　　　　　　　エルビン・スタックマン（アメリカ人植物病理学者）

Science has done more for the development of Western civilization in one
hundred years than Christianity did in 18 hundred.
　　　　　　　ジョン・バローズ（アメリカ人博物学者）

That is the essence of science: ask an impertinent question, and you are on the
way to a pertinent answer.
　　　　　　　ジェイコブ・ブロノフスキー（ポーランド生まれ、イギリス人科学歴史家）

212　第11章　プレイジャリズム（剽窃）とパラフレージング（置き換え）

3) 次の2つ引用の内容を自分の言葉を使ってそれぞれ2~3つのセンテンスに要約
してみよう。

> Plagiarism is unacceptable under any circumstances but, despite this universal
> disapproval, it is one of the more common faults with student papers. In some
> cases, it is a case of downright dishonesty brought upon by laziness, but more
> often it is lack of experience as how to properly use material taken from another
> source.... Plagiarism in professional work may result in dismissal from an
> academic position, being barred from publishing in a particular journal or from
> receiving funds from a particular granting agency, or even a lawsuit and criminal
> prosecution. (Prof. Ronald K. Gratz)

> Conventions with regard to what constitutes plagiarism vary in different countries
> and not infrequently clash with commonly accepted practice in most international
> journals. It is vital that authors ensure that they credit the originator of any ideas
> as well as the words and figures that they use to express these ideas. Copying
> without proper acknowledgment of the origin of text or figures is strictly
> forbidden. Small amounts of text, a line or two, are usually ignored. Plagiarism
> includes self-plagiarism, which is, in effect, publishing the same work twice.
> (Prof. Robert Adams)

　剽窃とは、簡単に言うと、他の研究や論文の一部を抜き出して自分の論文にそのまま使うことだ。他の研究者の業績を自分のものにすることでもある。

　自分の研究を盗用することも剽窃だ。ジャーナルによっては、自分の書いた別の論文から連続する5語以上を引用してはならないと規定しているものもある。

　もし査読者があなたの研究論文の中に他者またはあなたの研究からの剽窃を疑えば、論文がリジェクトされる可能性は高い。もし所属する大学や施設内で剽窃を行えば、除籍されるかもしれない。

　本章では何が剽窃に該当し何が剽窃に該当しないのか、および他の研究からのパラフレージングの方法（参考文献も示す）を解説する。パラフレージングは、原稿中で繰り返しを避けるために、また正確さに自信の持てない語句を使うことを防ぐ方法としても効果的だ。

11.2　剽窃は簡単に発見される

　剽窃は、英語を母国語としない著者が書いた論文の場合、簡単に発見されやすい。特に、インターネット上の製品広告などの科学英語とはかけ離れた文章や第二人称のyouを含む文章などから引用すると一目瞭然だ。また英語にはさまざまな文体（科学英語、広告英語、口語英語など）があるが、それらを混ぜて使ってはならない。問題は、英語が母国語ではないあなたには、引用しようとしている文体の特徴を識別できないかもしれないことだ。

　私は博士課程の生徒が書く多くの研究論文を添削しているが、文章中に多くの文法/語彙/表現上のミスを見つけることがよくある。そうかと思えば極めて完璧なセンテンスもある。しかしそのようなセンテンスを検索にかけてみると、他の研究論文からコピーしたものであることが多い。

　私は検索にGoogleを利用しているが、編集者は特別なソフトウェアを使っている。アイセンティケイト（iThenticate）はその一つだ。アイセンティケイトのウェブサイト（http://www.ithenticate.com/）には剽窃に関する便利な情報が掲載されている。剽窃とは何かといった、研究者を対象に実施された調査も掲載されている。

　アイセンティケイトを使った調査によって、10種類の剽窃のタイプが特定された。例えば、論文が2回以上受理されることを狙って同じ論文を複数のジャーナルに投稿する、自分の論文から剽窃する（自分の論文からの引用であることを明らかにしていない）、他の論文へのレファレンスを正しく記述していない、他の論文中の表現をその帰属を明らかにせず自分の言葉であるかのように使う、などである。最悪の剽窃は、他の研究者の原稿を横取りして自分の名前で投稿してしまうことだ。

　もちろん、このようなソフトウェアの恩恵を受けられるのは編集者だけではない。あなたも知らない間に誰かの論文を剽窃しているかもしれないと心配なら（特に数か月～数年前の下書きを使って原稿を書いているのなら）、ソフトウェアを使ってチェックしてみてはどうだろうか。他にも、クロスチェック（CrossCheck）、ターンイットイン（Turnitin）、イーブラスト（eBlast）などのソフトウェアがある。

11.3　一般的な表現はそのまま引用してもよい

　他の研究者の論文から表現をコピーすること自体はまったく普通のことだ。ただし、コピーできるのは一般的な語句だけに限られている。また、そのような語句を使うことであなたの英語が上達することも期待できる。

　ではどのような内容なら他の論文からコピーしても許されるのだろうか？

　次の例はブルネイ・ダルサラーム大学のアリステア・ウッドが書いた *International scientific English: Some thoughts on science, language and ownership* という非常に興味深い文献レビューからの抜粋だ。ウッドは、世界中にはさまざまな文体のサイエンスライティングがあることと同時に、英語を母国語としない著者は英語を母国語とする著者よりも不利であると考察している。

　あなたとウッドの研究分野が同じだとしよう。下の例文中、あなたの論文にコピーしても何の問題もないと思われる箇所をイタリック体で示した。これらは完全に一般的な内容の語句だ。

In fact there is some cross-linguistic contrastive research *to suggest that* the foreigner is *at a disadvantage*. *Even where* the grammar and vocabulary *may be perfectly adequate*, *it seems to be the case that* a non-native *may tend* to transfer the discourse patterns of her native language to English. *It has been suggested, for example, that* Asian languages such as Chinese, Japanese and Korean have different patterns of argument to English [3]. Thus *one study found that* those Korean academics trained in the United States wrote in an 'English' discourse style, while their colleague who had trained and worked only Korea, with *a paper published in the same anthology*, wrote in a Korean style *with no statement of purpose* of the article and a very loose and unstructured pattern *from the English point of view* [4]. *More generally* Hinds *has put forward a widely discussed position that* Japanese has a different expectation *as to the degree of* involvement of the reader *compared to* English, with Japanese giving more responsibility to the reader, English to the writer [5].

It might be objected though that this is relevant only to languages and cultures which *differ greatly to* English. *However*, research on German *has shown* that

> German academic writing in the social sciences has a ***much less linear structure*** than English, ***to the extent that*** the English translation of a German textbook was criticized as haphazard or even chaotic by American reviewers, ***whereas*** the original had received no such reviews on the European continent [6]. Academic respectability in English ***is evidenced by*** the appropriate discourse structure but in German ***by the appropriate level of abstraction*** [7]. ***Similarly***, academic Finnish texts ***have been shown to*** differ in the way they use connectors and previews and are much less explicit than English in their ***drawing of conclusions***. Spanish also has ***a similar pattern*** [8]. English, ***therefore, would seem to be a more*** 'writerresponsible' language ***than at least some other*** European languages.

イタリック体で示したどの語句にも重要な情報は含まれていないことに注意しよう。これらの語句はさまざまな文脈での応用が可能だ。

上の例文は、文献レビューを書くときの良い参考でもある（→**15.2**節）。

11.4 他の論文から修正を加えずに引用する

前頁のウッドの文章のイタリック体以外の箇所を無断で引用するとそれは剽窃だ。

仮にあなたが次に示すウッドの最後のセンテンスを引用したいとしよう。

> The owners of international scientific English should be international scientists not Englishmen or Americans.

その場合は、語句に変更や修正を加えることなく引用符を使って次のように引用しなければならない。著者情報も忘れてはならない。

> As noted by Wood [1997]: "The owners of international scientific English should be international scientists not Englishmen or Americans."

As noted by Wood [1997]の代わりに、次のような表現もある。

> ● Wood [1997] concludes:

- As Wood [1997] states:
- As Wood states in his 1997 paper:
- In his Conclusions, Wood [1997] writes:

　引用した論文をどのように紹介すべきかについては、投稿するジャーナルの規定に従うこと。

　原文を変えずに引用符（" "）で示し、しかも引用元を明らかにして引用すれば剽窃とはみなされない。しかしそれでは指導教員や査読者に、あなたが本当は引用箇所を理解していないのではないかという印象を与えかねない。それではあなたの研究とは見なされない。

　ロナルド K. グラッツ博士はオンライン上の記事 *Using Another's Words and Ideas* で次のようにコメントしている。

「引用した研究の内容を自分でも理解していることが重要だ。単に他者の研究を引用しただけでは必ずしもそれを理解していることにはならない。それに、引用した論文をパラフレーズするのであれば、そもそも内容を理解していなければ不可能だ。だからといって、引用するときは原文どおりに引用してはならないということではない。原著者の使った言葉をそのまま引用することが重要な場合は、正確に引用しなければならない。しかし引用が論文の大部分を占めることは許されないし、自分の考えをまとめることが妨げられるほどの引用も許されない。」

　他の論文著者による定義を紹介したり、賢者の名言を紹介したりするときに引用符を使って引用することには問題はない。

11.5　他の論文をパラフレージングして引用する方法

　原文をそのまま引用するのではなく、パラフレージングのテクニックを使ってウッドの文章を引用することも可能だ。それでもウッドからの引用であることは断らなければならない。それを怠ると、まるであなたが導き出した結論と誤解される可能性がある。**S1** はウッドの原文で、**S2** と **S3** はパラフレージングの例だ。

> **S1** The owners of international scientific English should be international scientists not Englishmen of Americans.
> **S2** International scientific English belongs to everyone in science [Wood, 1997].
> **S3** International scientific English does not just belong to native English speakers but to the whole scientific community [Wood, 1997].

それぞれを比較してみよう。

ウッドの原文（S1）	パラフレーズ後（S2、S3）
(1) owners	(1′) belongs
(2) International scientific English	(2′) International scientific English
(3) international scientists	(3′) everyone in science
	the whole scientific community
(4) not Englishmen or Americans	(4′) not just ... native English speakers

次に、これら4つの項目について考えてみよう。

（1）ウッドは名詞を使っているが、パラフレーズ後は動詞を使っている。品詞の変換（例：名詞⇒動詞、名詞⇒形容詞）は、原文をパラフレーズして原文から離れるためのよい方法だ。

（2）ウッドの原文でパラフレーズしていない語句はinternational scientific English（ISE）だけだ。その理由は、ISEはウッドが考案した表現ではないからだ。英語教育界の研究者の間で広く認知された表現だからだ。

（3）ウッドはscientistという名詞を使っているが、パラフレーズ後は語根が共通するscienceとscientificが使われている。同根語を使って語順を変えるというテクニックは非常に一般的だ。例えば、photographer、photography、photographicがその例だ。

（4）ウッドは2つのグループ、科学に関わる人（international scientists）とイギリス人とアメリカ人（さらにカナダ人やオーストラリア人も含む）を対照的に描いている。パラフレーズ後は比較の対象をやや変化させて、英語を母国語とする人と母国語としない人（international scientists）を比較している。

　もう一つの例を見てみよう。今度は**11.4**節のグラッツ博士のコメントの最初のセンテンス（**S4**）をパラフレーズしたいとしよう。**S5**から**S8**はパラフレージングの例だ。順に差が大きくなっている。

S4 It is important that you understand the work you are using in your writing.

S5 *It is crucial that you completely understand the works you use in your paper [Gratz 2006].

S6 You must have a clear understanding of the reference papers that you quote from in your own manuscript [Gratz 2006].

S7 If you cite any works by other authors in your own paper, it is vital that you really understand the full meaning of what the other authors have written [Gratz 2006].

S8 Researchers should ensure that they fully grasp the meaning of any of the literature that they cite in their papers [Gratz 2006].

　それぞれのパラフレージング例を詳しく考察してみよう。パラフレージングする際に役立つヒントがたくさんあるはずだ。

S5：crucial は important の同義語だ。completely は必要ではないが、原文のアレンジだ。work を複数形にして works としている。また、現在進行形（are using）を現在形（use）に、動名詞（writing）を名詞（your paper）に変更している。**S5** は、基本的には原文と同じ内容なので、グラッツ博士の定義によれば許されない引用の例だ（→**11.4**節）。これらのテクニック（同義語の使用、時制の変更）はパラフレージングする際に非常に有用だ。

S6：形容詞 important の意味を助動詞 must で表現している。同様に、understand（動詞）を understanding（名詞）に、works you use in your paper を reference papers that you quote from in your own manuscript に変更（3つの単語を同義語で表現）している。**S6** は許されないとみなす専門家もいるかもしれない。

S7：原文の情報の順序がパラフレージング後は逆になっている。**S5** と **S6** でも同じような試みが行われている。**S7** は個人的には許されるパラフレージングだ。

S8：you を researchers に変更して読者像を具体化している。この変更を行うことで、また他の変更も相まって、グラッツ博士の原文から大きく変化している。しかし引用元はグラッツ博士であり、文尾に Gratz と名前を明記している。**S8** は許されるパラフレージングだ。

　パラフレージングは、その主張が特に自分独自の発想ではないことを明示するた

めに行うのであれば、無意味だと思うかもしれない。しかし上記のパラフレージングのテクニックは、国際的コミュニティでは一般的に推奨されていることだ。また、S7 や S8 のようなパラフレージングができるようになるためには、引用元の原文を完全に理解していなくてはならない。またそうすることがあなたにとっても役にたつはずだ。

　また、執筆中の論文の中で自分の考えをパラフレーズしたいとき、例えば要旨で述べた内容を結論で再度述べるとき、同じ表現を繰り返して使わないパラフレージングは効果的だ（→19.5節）。

11.6　パラフレージングが許されない例

　次の例文は、グラッツ博士の書いた論文 *Using Another's Words and Ideas* から引用した。前頁で紹介した例文よりもテクニカルな英文で、許容不可能なパラフレージングの例である。

　S1 は、グラッツ博士の書いた論文から引用した原文だ（1982年発表）。

> S1 Bilateral vagotomy resulted in an increase in tidal volume but a depression in respiratory frequency such that total ventilation did not change.

vagotomy とは迷走神経切離術のことで、tidal volume とは1回換気量を意味する。以下に示す3つの例文は許容不可能な範囲の S1 のパラフレージング例だ。

> S2 *Gratz (1982) showed that bilateral vagotomy resulted in an increase in tidal volume and a depression in respiratory frequency such that total ventilation did not change.
> S3 *Gratz (1982) showed that bilateral vagotomy produced an increase in tidal volume and a depression in respiratory frequency so that total ventilation did not change.
> S4 *Gratz (1982) showed that following vagotomy the snakes' lung volume increased but their respiratory rate was lowered. As a result, their breathing was unchanged.

220　第11章　プレイジャリズム（剽窃）とパラフレージング（置き換え）

S2 は、著者が明記されている以外は S1 とほぼ同じだ。S3 では2〜3の単語が置き換えられているが、それでも S1 と基本的には同じ内容を表している。

S4 は、キーワードを他の言葉で言い換えて問題が生じている。例えば、tidal volume を lung volume で、total ventilation を breathing で置き換えているが、これらはまったく同じ意味の言葉ではない。さらに、形容詞 bilateral を削除したことで実験手法に関する文意にも変化が生じている。

次の S5 は、グラッツ博士が定義する許容可能なパラフレージングだ。文構造と語順が大きく変化してはいるが、同じ内容の情報を維持している。

> S5 Gratz (1982) showed that following bilateral vagotomy the snakes' tidal volume increased but their respiratory frequency was lowered. As a result, their total ventilation was unchanged.

11.7 他の著者の研究からパラフレージングする

他の著者と同じことを言いたいときも、パラフレージングが効果的だ。S1 では、著者ウッドは自分の研究ではなく、第三著者のハインズの研究に言及している。この場合、ウッドは自分独自の考えを解説するのではなく文献を考察しているに過ぎない。

> S1 More generally Hinds has put forward a widely discussed position that Japanese has a different expectation as to the degree of involvement of the reader compared to English, with Japanese giving more responsibility to the reader, English to the writer [Ref 5].

S1 は次のようにパラフレージングが可能だ。

> S2 Many authors, for example Hinds [Ref 5], have proposed that the level of expected reader involvement in Japanese writing is higher than in English.
> S3 It is generally accepted that Japanese writers expect their readers to be more involved than do English writers [Ref 5].

S2 では、ウッドは第三著者の名前（Hinds）を残している。S3 の文意はより明確であり、ハインズの研究が今では広く受け入れられていることを示唆している（It is well known that~ という構文を使ってもよい）。そしてそれは確かなようだ。ウッドの論文は1997年に発表されたが、それ以降、同じテーマを扱った多くの論文や書籍が出版されて、ハインズの研究はいっそう強い支持を得た。

11.8　パラフレージング：シンプルな例

アルバート・アインシュタインはかつてこう言ったという。

> The true sign of intelligence is not knowledge but imagination.

あなたならこのアインシュタインの言葉をどのようにパラフレージングするだろうか？（注：1935年は推定年）

動詞の同義語を使って：

> Einstein proposed / suggested / stated / found / revealed that... (1935).

名詞と動詞に同義語を使って：

> A clear indicator of someone's power of intellect is not how much they know but how well their imagination functions (Einstein, 1935)

能動態を受動態に代えて：

> It has been claimed / proposed / suggested / stated / found / revealed that... (Einstein, 1935).

語順を変えて：

> According to (Einstein, 1935), it is imagination rather than knowledge that is the real sign of intelligence.

または、

> Intelligence should be judged in terms of imagination rather than knowledge (Einstein, 1935).

3つのキーワード intelligence、knowledge、imagination が、例えば smartness、

222　第11章　プレイジャリズム（剽窃）とパラフレージング（置き換え）

knowhow、fantasy などの単語にパラフレージングされていないことに注意。これ
らは語源も異なり完全な同義語ではない。キーワードはパラフレージングしないほ
うがよい。しかし、power of intellect と how much they know は、intelligence や
knowledge とほぼ同じ意味であり、パラフレージングは可能だ。

sign を indicator でパラフレーズしたように、意味の範囲の広い言葉ほどパラフレ
ージングが可能だ。

11.9　パラフレージングして正しい英語を書く

パラフレージングすることで次のことを防ぐことができる。

- 剽窃（少なくともある程度は防げる）
- 論文の中で語句を繰り返して使用すること（例：要旨ですでに述べたセ
  ンテンスを結論で繰り返さない）

パラフレージングは、自分が書いた英文が文法的に正しいかどうか自信がないと
きにも効果的だ。そのようなときは、正しい構文を使ってセンテンスをパラフレー
ズすればよい。英文ライティングの基本は、"正しいとわかっている英文を書く"
ことだ。

次の **S1** はあなたが書いたセンテンスだとしよう。そして、センテンスをこのよ
うに It is several years that... で開始してよいかどうか、また、後半の時制の使い方
が正しいかどうか自信がないとしよう。

> **S1** *It is several years that* this technology *is* available on the market.

他にどのような表現方法があるだろうか。次の3つの例文はどうだろうか。

> **S2** This technology *was introduced* onto the market *in 2015*.
> **S3** This technology *first became* available *several years ago*.
> **S4** This technology *has been* on the market *for several years*.

大切なことは、いくつか候補の表現を考えて最も自信のある表現を選ぶことだ。 S2 と S3 の構造は非常にシンプルだが、 S4 は、英語では現在完了がこのように使われることはあまりなく、やや複雑だ。

このテクニックは、原稿作成だけではなく、編集者とのメール/手紙のやり取りや企画書/報告書の作成などにも使える。

11.10　剽窃について：個人的な考え

剽窃は、ソフトウェアで発見される可能性があるので、神経質になるのも無理はない。しかし、剽窃を用心し過ぎると必要以上に硬いセンテンスになる危険がある。

私の考えでは次の3つの状況における剽窃は許容不可である。

- 他人の研究からそのまま剽窃：自分は貢献していない他人の研究を自分の研究であると偽って編集者や読者をだましている
- 他人の研究から引用符を使って部分的に引用した、著者の意図に反する剽窃：これは、いわゆる"文脈を無視した引用"で、著者の意図が部分的にしか引用されず、本来の意図とはまったく異なる主張になっている
- 自己剽窃：同じ論文を複数のジャーナルに投稿すること

しかし、私が個人的に許容可能と考える自己剽窃は次のような場合だ。

1. 今回発表する研究方法が過去に発表した自分の研究方法と同じであり、それについて言及するとき（**16.6節**でこれを上手に避ける方法について解説した）。
2. 過去に自分が発表した論文から引用して、そのときの読者層とはまったく異なる読者に向けて発表するとき。

自分も含めて周囲の誰かが剽窃を犯してはいないか、そしてその剽窃行為が誰かに悪影響を与えていないかを、常識的に判断していかなければならない。

最後に、私は英語を母国語とする英語の教師であり、その気になればいつでもパラフレージングをすることができる。これは、英語を母国語としない人にとっては、

224　第11章　プレイジャリズム（剽窃）とパラフレージング（置き換え）

語彙不足や文構造の知識不足などにより、難しいスキルだろう。さらに、多くの国の教育システムが、覚えたことを筆記試験や口頭試験で機械的に繰り返すだけの子どもや学生を対象にして構築されている。剽窃はこのような状況の中で社会や文化の中に浸透しており、研究論文で発見されても何の不思議もない。

11.11 まとめ

☑ 剽窃は、国によって状況は異なるかもしれないが、世界中の科学コミュニティで重大な問題となっている。英語のネイティブスピーカーなら、英語を母国語としない著者の研究に剽窃を発見することは簡単だ。剽窃を犯せば自分の信頼や評判を大いに損ねることになる。自分の論文であろうと他者の論文であろうと、剽窃があるかどうかを自分で判断できないときはソフトウェアを使うとよい。

☑ 他の論文から語句を引用することに何の問題もない。自分の論文執筆に役立つ英語表現を学ぶことができて、むしろ勉強にもなる。しかし引用する語句は、具体的なデータをいっさい含まない完全に一般的表現に限るべきだ。

☑ そのまま引用するときは慎重に。問題は、あなたが引用の内容を十分に理解しているかどうかを査読者（またはあなたの指導教員）が判断できないことだ。

☑ 代表的なパラフレージングの方法：
- キーワード以外の語句（特に、動詞、副詞、形容詞）は同義語を使ってパラフレーズする。
- 品詞を変える。例えば名詞を動詞や副詞に、また、名詞を同類の意味を持つ別のカテゴリーの名詞に変換する（例：scienceをscientistに）。
- 単数の名詞や代名詞を複数に変換する。またはその逆を行う。
- 動詞の活用を変化させる。例えば、動名詞を不定詞に、単純形から進行形に、能動態から受動態に。
- 人称代名詞を非人称代名詞に変換する。
- 情報の提示の順番を変える。

☑ 専門用語をパラフレーズしてはならない。

☑ 引用した内容がその著者独自の発想である場合、その発想がその著者の功績であることを明記しなければならない。たとえ原文を留めないほど修正して引用したとしても、そうしなければならない。

☑ 他の研究者の研究を引用したら、その研究者の論文をレファレンスに載せる。

☑ 剽窃を犯したかもしれないと思ったら、指導教員や同僚に相談する。

第2部

論文構成の
テクニック

第 **12** 章

論文タイトルのつけ方

論文ファクトイド：実際にあった論文タイトル

■Describing the Relationship between Cat Bites and Human Depression Using Data from an Electronic Health Record
（電子カルテの情報を使って調査した猫咬傷と鬱の関係について）

■Dogs are sensitive to small variations of the Earth's magnetic field
（犬は地球の磁場の微妙な変化に敏感）

■Aesthetic value of paintings affects pain thresholds
（絵画の美的価値が疼痛の閾値に影響を与える）

■Response Behaviors of Svalbard Reindeer towards Humans and Humans Disguised as Polar Bears on Edgeøya
（エッジ島に生息するスバールバルトナカイが、ヒトおよび北極グマに仮装したヒトに対してとる反応行動）

■Holy balls!
（くそったれ！）

■10 = 6 + 4
（10＝6＋4）

■A minus sign that used to annoy me but now I know why it is there
（マイナス記号にはさんざん悩まされたが、今ではその意味がわかる）

■Can One Hear the Shape of a Drum?
（人は太鼓の音を聞いてその形を聞き分けることができるか？）

■A Midsummer Knot's Dream
（真夏の結節の夢）

■College Admissions and the Stability of Marriage
（大学入学と結婚生活の安定）

■On what I do not understand (and have something to say)
（私が理解できないことについての私的考察）

■A Smaller Sleeping Bag for a Baby Snake
（幼蛇のための小型寝袋）

12.1 ウォームアップ

(1) 次の7つの架空の論文タイトルに対する査読者の評価を (a)、(b)、(c) から選んでみよう（複数選択可）。論文タイトルはこのままで問題がないと思うならd とマークする。

論文タイトル例

1. An in-depth investigation into the overall possibilities of becoming an Olympic medal holder vs getting a well-paid position in academia

2. Inside the right-wing brain: the right hemisphere fails to fulfill abstract reasoning skills and focuses exclusively on self promotion rather than empathy

3. In-car cellular phone usage as a car accident determinant measurement

4. Measuring the sense of humor of various nations as revealed by feedback and comments left on Facebook

5. Observations on the correlation between post office queue length and a country's GDP

6. A novel approach to spam-content determination

7. Should anyone 'own' the world? Is mass emigration a crisis or an opportunity for global integration and understanding?

査読者の評価

(a) 抽象的過ぎる。原稿の内容にもっと言及すべき。

(b) 無駄が多すぎる。重要でない語句は省いて、キーワードを目立たせること。そうすることで論文が検索されやすくなる。

(c) 名詞の単なる羅列になっている。要旨と序論を読まないと論文タイトルの意味がわからない。

(2) これらの論文タイトルのうち、どれが最も刺激的だろうか？どの論文を最も読みたいと思うだろうか？

(3) あなたの研究の主な成果は何か？論文のタイトルをつけるときは、どのような成果が達成されたかよくわかるタイトルにする。研究の独自性を出せるキーワードを使用して、できるだけ具体的なタイトルをつける。具体的であるほど検索システムで検索される可能性が大きくなる。

インターネットを使って論文を検索する人は、1本の要旨に辿り着くまでに数百の論文タイトルを検索している。イギリスのある優秀な編集者によれば、効果的な見出しのつけ方を身につければ論文執筆に必須のスキルの半分を習得したも同然だという。そのため、論文執筆の指導者たちは、本文の書き方よりもタイトルの重要性を力説する傾向がある。

タイトル中の言葉はすべて重要であり、タイトルをつけるときは次のことに注意すること。

1. 査読者がただちに意味を理解できること。
2. 検索エンジンや検索システムに検索されやすいこと。
3. ターゲット層の読者の注意を喚起できること。彼らの読む意欲を削ぐようなタイトルであってはならない。ブラウザー（検索中の研究者）の注目を得やすいこと。注目を得やすいとは、新聞の見出しのような目立ち方ではなく、ターゲット層の読者が検索で使いそうな言葉を含むということだ。
4. 名詞の羅列にならないこと。その分野の読者であれば容易に理解できる内容であること。
5. 適度に簡潔であること。
6. 本文の内容を簡潔に反映していること。過度に具体的であったり、あいまい過ぎたり、抽象的過ぎる表現は避ける。

これらの上手なタイトルのつけ方の基本は、本書のパートⅠで紹介したライティングスキルの基本を反映している。

本章でこれから考察するタイトルのつけ方の基本事項は、見出し、小見出し、図表解説、注釈などのすべてに応用できる。書籍のタイトルや各章のタイトルのつけ方にも効果的だ。

12.2　タイトルの長さ

まず次の問いについて考えてみよう。

➤ 自分の研究成果のどの部分に注目が集まるだろうか

- 自分の研究成果には新規性があるか。従来の研究と異なるか。また興味深いか
- 自分の研究成果のユニークさを3〜5語でどのように表現できるか

　これらの問いに対する答えに従って論文タイトルを組み立てることができるはずだ。もし論文の目的が研究成果を発表することではなく研究方法を提案することであれば、その研究手法の新規性や有用性を強調した論文タイトルをつけるべきだろう。

　短いタイトルの論文を掲載するジャーナルほど多く引用される傾向にあることが調査によってわかっている（巻末付録参照）。しかし、すべての研究者が同じ結論に到達しているわけではない。長過ぎず短過ぎないタイトルをつけることをお勧めする。

　また別の調査で、ユーモアのあるタイトルが近年増えていることがわかっている（巻末付録を参照）。

　ともあれ、意図が明確で内容理解が容易であり、かつ本文内容をよく反映するタイトルであることが肝要だ。

12.3　タイトルには前置詞を上手に使う

　基本的に、タイトルが5ワード以上になったら前置詞を適切に使うべきだ。下の表に、論文タイトル中で使われる主な前置詞の意味を整理した。前置詞を使った例と使っていない例を示している。

前置詞	意味	前置詞を使わない悪い例	前置詞を適切に使った良い例
by	[手段]を表わす	● Fast computing machines equation of state calculations	● Equation of state calculations *by* fast computing machines
for	[目的]を表わす	● Depression measuring inventory	● An inventory *for* measuring depression

232　第12章　論文タイトルのつけ方

from	[起点]を表わす	● Antonio Gramsci prison notebooks selections	● Selections *from* the prison notebooks of Antonino Gramsci
in	[場所]を表わす	● Vertical flux of ocean particles	● Vertical flux of particles *in* the ocean
	[関連]を表わす	● Classical theory of elasticity crack problems	● Crack problems *in* the classical theory of elasticity
of	[所属]を表わす	● Reality social construction ● Model dimension estimation	● The social construction *of* reality ● Estimating the dimension *of* a model
	[関連]を表わす	● Cancer causes: cancer avoidable risks quantitative estimates	● The causes *of* cancer: quantitative estimates *of* avoidance risks *of* cancer

　上の例は、意味が不明瞭な論文タイトルであっても、前置詞を適切に使うことによって語句と語句の関連性が明確になることを示している。また、タイトルを修正することで、下線で示したようにaやanやtheなどの冠詞を加える必要が生じることもある。

　他の前置詞と比較して、前置詞ofの場合はofを使わずに表現すると読者の理解が落ちるので例文を増やした。

　同じ前置詞を複数回使うことになっても心配する必要はない。上の表の最後の例文ではofを3回使った。このようなofの使い方は英語のライティングスタイルの観点からもまったく問題はない。

12.4　冠詞a、an、theの必要性

　論文タイトルは完全なセンテンスではないが、文法的な正確さが必要だ。つまり、たとえ全体が長くなっても必要に応じて冠詞を使うべきだ。

12.4　冠詞a、an、theの必要性　233

> **S1** *Survey of importance of improving design of internal systems
> **S2** *A* survey of *the* importance of improving *the* design of internal systems

S1 の英語は間違っている。英文法的には単数可算名詞には冠詞が必要だ。**S1** では、survey が単数可算名詞であり a か the が必要だ。**S2** では a が用いられているが、読者にとって既知の survey に言及しているのではないので、a の選択は正しい。次の **S3** は文献レビューから引用したものであるが、この文脈では the の使用が望ましい。

> **S3** Two surveys on X have been reported in the literature: *the* survey conducted by Williams is more comprehensive than *the* survey carried out by Evans.

S3 では、著者は具体的な survey に言及しているので、冠詞は the を使っている。

S1 についてだが、英文法的には、<名詞①＋of＋名詞②>の語順で語句を配列している場合、名詞①の前に冠詞 the を置く。なぜなら名詞①は名詞②を具体化したものであるからだ。同じ理由で importance と design の前に the が必要だ。

S1 の最後の名詞は可算名詞であり複数形（systems）になっている。何か具体的なものに言及しているわけではない（システムが internal であるということはわかるが、どの internal systems のことかは不明だ）。このような場合、冠詞は不要だ。

不可算名詞に the はつけない（次の **S4**〜**S6** の lack、feedback、equipment など）。

> **S4** Lack of protective immunity against reinfection with hepatitis C virus
> **S5** Feedback and optimal sensitivity
> **S6** Vibration analysis for electronic equipment

場合によっては、the の有る無しが文意に影響することがある。

> **S7** *The* factors that determine depression
> **S8** Factors that determine depression

S7 は、著者が鬱に関する広範囲な調査を行って鬱のすべての要因を特定したことを意味する。その結果、この論文が鬱について最終的な考察を行なった最新の論

文であるかのような印象を与えている。

　S8 はすべての要因に言及しているわけではない。読者は、要因のいくつかについて考察がなされることを期待するだろう。こちらのほうが穏やかなトーンだ。

　しかしtheの使用が通常の英文法に従わないときもある。例えば、次の S9 から S11 では文頭に単数の可算名詞が使用されているが、普通はtheを伴う。

> S9 Effect of clinical guidelines on medical practice
> S10 Influence of education and occupation on the incidence of Alzheimer's disease
> S11 Association of exogenous estrogen and endometrial carcinoma
> S12 Measurement of protein using bicinchoninic acid

　医学、生物学、化学などの分野ではこのようにtheを使わないことは珍しいことではない。S9 と S10 は、それぞれ、The effect of...、The influence of...で開始しても文意は変わらない。

　冠詞theの使い方は難しいので、自分の論文タイトルと類似したタイトルを持つ論文をGoogle Scholarで検索することをお勧めする。冠詞の使い方については**6.16節**で詳しく解説した。

12.5　冠詞aとanの使い分け方

　タイトル中での冠詞aとanの使い方は通常の英文法に従う。

　冠詞aについて：すべての子音字の前で使う。母音字であっても、euの前やuniversityやunitなどの[u]の音を持つ母音字uの前ではaを使う。

　冠詞anについて：a、i、o、eの母音字の前で使う。hour、honest、honor、heirなどの子音字hの前、unusualやunderstandingなどの[u]の音を持つ母音字の前でも使う。例外的に[eu]の前では使わない。historicalの前にanを使う論文著者もいる。

したがって、次のような冠詞の使い方は間違いだ。

> **S1** *An hybrid approach to X.
> **S2** *An unique approach to Y.

S1 は、A hybrid... とすべき（hybridのhは有声音）。**S2** は、A unique... とすべき（uniqueのuはyouと発音）。

次のイタリック体で示した箇所の発音には注意が必要だ。

> **S3** GNRA tetraloops makes a *U*-tern.
> **S4** The evacuation of the Machault, an *18th*-century French frigate
> **S5** An *N*LP application with a multi-paradigm architecture

S3 のUはyouと発音する。**S4** の18thは[e]の音で始まっている。**S5** のNは[en]と発音する。

12.6　抽象名詞よりも動詞-ingを使う

できるだけ抽象名詞は避けて動詞-ingを使う。2〜3語短くなり、タイトルが読みやすくなる。

❌ 抽象名詞	⭕ 動名詞
The **Specification** and the **Evaluation** of Educational Software in Primary Schools	**Specifying** and **Evaluating** Educational Software in Primary Schools
Methods for the **Comparison** of Indian and British Governmental Systems in the 19th century	Methods for **Comparing** Indian and British Governmental Systems in the 19th century
A Natural Language for Problem **Solution** in Cross Cultural Communication	A Natural Language for **Solving** Problems in Cross Cultural Communication

236　第12章　論文タイトルのつけ方

Silicon Wafer Mechanical Strength ***Measurement*** for Surface Damage ***Quantification***	***Quantifying*** Surface Damage by ***Measuring*** the Mechanical Strength of Silicon Wafers

キーワードには名詞を使うことが多い。上の最初の例では、論文タイトルのキーワードとしてeducational softwareとprimary schoolが使われている。このような名詞の選択には注意が必要だ。

できるだけ研究のユニークスを引き立たせる形容詞を使うこと。例えば、low cost、scalable、robust、powerfulなどだ。reliableなどの形容詞は、自分たちの研究がついに信頼できるシステムを開発したときや、やっと信頼できる結果を得られたときにのみ使う。

12.7 innovativeやnovelなどの形容詞は 読者の注目を引きつけるか

novelやinnovativeなどの形容詞の問題点は、何かnovelであり何がinnovativeであるかの示唆を与えられないことだ。例えば、次は論文タイトルの例だが、この場合のnovelは何を意味しているだろうか？

A ***novel*** method for learning English

あなたの研究に新規性がなければ、誰もあなたの論文を読みたいとは思わないだろう。したがって読者に自分の研究の新規性を説明しなければならない。novelの代わりにcomputerized、guaranteed、high-performance、low-cost、minimal-stress、no-cost、pain-freeなどの形容詞を使ってはどうだろうか。

そもそも、論文を検索するときに、novelやinnovativeなどの語句を使って検索する人はいないだろう。

12.8　名詞だけを並べてタイトルを簡潔に表現できるか

次の **S1** のタイトルの例は読者にとっては意味不明だ。

> **S1** *Cultural heritage audiovisual material multilingual search gathering requirements

著者にとっては **S1** のタイトルの意味は明確だろう。あなたが著者なら、当然その意味を理解できているので、前置詞や動詞を使わずに名詞だけを並べても問題はないだろう。私の教え子の中には、そのほうが英語らしいという者もいる。しかしそれは間違いだ。

次の **S2** は **S1** を修正したものだ。

> **S2** Gathering requirements *for* multilingual searches *for* audiovisual materials *in the* cultural heritage

S2 では前置詞や定冠詞が使われ、読者にとって理解しやすくなっている。

他にもいくつか例を示そう。

✖ 修正前	◎ 修正後
Educational software specification definitions trends	Trends in defining the specifications for educational software
Examining narrative cinema fiction and fact boundaries	Examining the boundaries between fiction and fact in narrative cinema
New archaeological research and teaching technologies	New technologies for research and teaching in archaeology

修正後では名詞の配列の順序に修正が加えられている。修正前では数珠つなぎの名詞群が最後の名詞を修飾している。しかし通常の英文では、文末のこれらの名詞（trends, boundaries, technologies）の前に他の名詞が置かれることはない。

238　第12章　論文タイトルのつけ方

ケンブリッジ大学で英語学を研究しているメラニー・ベルは次のように述べている。

「英語のネイティブスピーカーでも、専門用語を造語するときには複数の名詞を数珠つなぎ的に配列することがある。しかしそれはせいぜい2語か3語だ。むしろ英語では、名詞を前置詞や動詞と組み合わせて、名詞と名詞との関連性を示すほうが論旨は明快になる。」

修正前の例は名詞の連続使用の例であり、修正後の例はその代替的表現の例だ。"造語する"とはまったく新しい言葉を作るという意味で、ここではspecification definitions tendsやfact boundariesなどがそうだ。英語を母国語とする人とそうでない人の差は、母国語とする人は言葉の連結が自然かどうかを直感的に判断できることだ。残念ながら母国語としない人にはわからない。言葉の連結が自然かどうかを確認するためにはGoogle Scholarで検索するとよい。もし一般的な言葉の連結であるにもかかわらずヒット件数が10万件に満たなければ、その名詞の組み合わせは実際には使われていない可能性がある。そのような場合は修正後の例で示したように動詞（→12.6節）と前置詞（→12.3節）を使うことをお勧めする。

しかし、装置や手順の名前には、名詞や形容詞を連続的につないで使用すべきだ。次に、ある論文の方法のセクションから引用した例を示す。

- An Oxford Link SATW ultra-thin window EDX detector
- A Hitachi S3500N environmental scanning electron microscope
- A recently developed reverse Monte Carlo quantification method

さらに詳しくは2.15節と2.16節を参照。

12.9　検索のためのヒント

Google ScholarのAdvanced Scholar Search（詳細検索）を使って、自分の論文タイトルに使った単語の使用頻度を確認することが可能だ。"文献を検索する"の項目にある検索枠に単語や語句を入力し、絞り込みの枠で"文献タイトル"を選択する。特に専門的な単語でもないのにヒット件数が数千に満たなければ、以下を確認

する。

- ➤ ネイティブスピーカーの著者を選択しているか
- ➤ 著者の論文タイトルおよび内容を正確に入力しているか

　それでもヒットしなければ別の単語を入力したほうがよいだろう。例えば、次のような論文タイトルは著者の母国語では意味を成すかもしれないが、英語に翻訳すると奇妙だ。

A study on the use of oils and colorants in Roman cosmetics: a witness of make-up preparation

　witnessという単語だが、ここではエビデンスまたは具体例という意味で使用されている。Google Scholarでwitnessを検索すると、わずか1300件しかヒットしない。研究の世界ではエビデンスや具体例という概念は非常に一般的であるにもかかわらず、この検索件数は極めて少ない。また、witnessを含む論文タイトルを検索してみると、その使用は目撃者を意味する法律用語に限定されているようだ。つまり人に言及している。しかしmake-upは無生物だ。wordnik.comでも文脈に応じた語句検索をすることが可能だ。

12.10　タイトルの表記：大文字と句読点

　論文タイトルを強調する方法には一般的に2つの方法がある。本章の始めの論文ファクトイドのコラムにその例をいくつか紹介した。投稿するジャーナルがどちらのスタイルを採用しているか確認しよう。

　1つの方法は、冠詞、前置詞、接続詞以外のすべての単語の頭文字を大文字にすることだ。例を2つ示す。

- Describing the Relationship between Cat Bites and Human Depression Using Data from an Electronic Health Record
- College Admission and the Stability of Marriage

もう一つの方法は最初の単語の頭文字だけを大文字にすることだ。

- Aesthetic value of paintings affects pain thresholds
- On what I do not understand (and have something to say)

固有名詞の頭文字は大文字で表記する。

> Does the fact that there are three different electric plug sizes in Italy indicate the level of chaos in the Italian government or economy?

上の例では、タイトルの最後に疑問符をつけることもできることを示している。通常、タイトルの最後にそれ以外の句読点は使用しない。

次の例のように全体を2分割してコロンでつなぐ方法もある。

> The cause of cancer: quantitative estimates of avoidable risks of cancer

詳細なルールについては *English for Academic Research: Grammar, Usage and Style* の §24.1 を参照。

12.11　タイトルを短くする方法

　タイトルには語数制限がある場合が多い。投稿するジャーナルに規定されている語数および文字数の制限を確認すること。キーワード以外の単語を同義語に変換したりして、タイトルの内容は変えずに全体を短くすることができる。

✕ 修正前　文字数が多い	◯ 修正後　文字数が少ない
動詞	
achieve	gain
apportion	allot
calculate, evaluate	assess, rate
demonstrate, display, exhibit	show
determine	fix
facilitate	ease
guarantee	ensure
prohibit	block
require	need
support	aid
utilize	use
名詞	
advantages	gains, benefits, pros
examination, investigation	study
improvement	advance
modification	change
形容詞	
accurate	exact
fundamental	basic
important	key, top
innovative	novel, new
necessary	needed
primary	main

タイトルを短くする主なテクニックには次の3つの方法がある。

- ☛ できるだけ短い単語を使う（→5.9節）
- ☛ 冗長な表現を避ける（→5.3節）
- ☛ 名詞の代わりに動詞を使う（→5.13節〜5.14節）

12.12 タイトルに躍動感をつける

タイトルではすべての単語（冠詞と前置詞は除く）が重要な意味を持つ。しかし次の2つの例では重要性が感じられない。

> **S1** *A study of* the factors affecting the trihyroxyindole procedure for the analysis of deoxyribonucleic acid
>
> **S2** *An investigation into* some psychological aspects of English pronunciation

S1 では、最初の7語が読者に何の情報も提供していない。**S1** と **S2** の最初の無駄な表現を削除すれば、それぞれ次の **S3**、**S4** のように簡潔で躍動感あふれるタイトルになるはずだ。

> **S3** Factors affecting the trihyroxyindole procedure for the analysis of deoxyribonucleic acid
>
> **S4** Some psychological aspects of English pronunciation

無駄な表現に陥りがちな言葉は他にも、inquiry、analysis、evaluation、assessment などがある。

一方、study や investigation などは断定的トーンを避けるために効果的な言葉だ。次の **S5** では、著者が顧客満足度について確定研究（最終的判断を下すための研究）を行ったことが伝わってくる。**S6** は、主張が立ち過ぎず客観的なトーンを維持できている。

> **S5** *The determinants of customer satisfaction
>
> **S6** An investigation into the determinants of customer satisfaction

次の **S7** では the を some に代え、**S8** では削除しているが、いずれも断定的なトーンが薄れている。

> **S7** Some determinants of customer satisfaction
>
> **S8** Determinants of customer satisfaction

study や investigation などの言葉は、次の S9 のように、タイトルをコロンで2分割して使うときに効果的だ。

> S9 Old age: A study of diversity among men and women

S9 は次のように修正するとさらにインパクトがある。

> S10 Old age: diversity among men and women

S10 はさらに疑問形にすることも可能だ。

> S11 What factors affect diversity among men and women in old age?

S11 にはまだ余分な表現があり、注意を引きつける力が弱い。次のように修正するとさらに良くなる。

> S12 Will women always live longer than men?

12.13 タイトルで結論を述べても良いか

　査読者やジャーナルの編集者の多くが、論文タイトルで結論が述べられたり研究成果の重要性が誇張されたりすることを快く思っていない。次はその例だ。

> The consumption of one apple per day precludes the necessity of using medical services

　このようなタイトルはいわゆる宣言型タイトルだ。著者の最も重要な研究成果を1つのセンテンスで表現している。自分の研究に自信があるときはこのテクニックが用いられる。もし著者の結論が仮説であれば、このような宣言型タイトルは危険だ。なぜなら、読者が、問題はすでに解決済みで著者がそれを科学的事実として提示している、と誤解する可能性があるからだ。

　このようなタイトルは医学や生物学の論文で散見されるが、その論文が上手に構

244　第12章　論文タイトルのつけ方

築されていれば問題は無いだろう。タイトルに引きつけられた読者は大いに論文に興味を持つことだろう。大切なことは、タイトルの内容に嘘がないこと、そして論文の内容を正しく反映していることだ。

　論文タイトルを宣言型にしたいときは、まず、投稿するジャーナルに掲載されている論文タイトルをいくつか確認してみるとよいだろう。

12.14　疑問形式のタイトルで読者の注目を集める

　does、would、can、will などの助動詞や why、when、what、which、who などの疑問詞を使った疑問文形式の論文タイトルの例を以下に示す。

- Does the ocean-atmosphere system have more than one stable mode of operation?
- If homo economicus could choose his own utility function, would he want one with a conscience?
- Why Do Some Countries Produce So Much More Output Per Worker Than Others?
- When do foreign-language readers look up the meaning of unfamiliar words? The influence of task and learner variables
- What do bosses do? The origins and functions of hierarchy in capitalist production
- Who would have thought it? An operation proves to be the most effective therapy for adult-onset diabetes mellitus.

　疑問文形式のタイトルは学会投稿用の抄録に使っても効果的だ。学会投稿用の抄録は形式張る必要もなく、また疑問形式にすることで読者の興味をかき立て、思考を刺激することができる。最後の例のように、独自性を発揮して楽しいタイトルにすることも可能だ。そうすることで他の論文よりも目立ち、結果的に多くの人々の注意を引きつけることができる。

12.15　タイトルを2つの要素に分ける

タイトルを2つの要素に分けることもある。前半で気軽な口調で疑問を投げかけて読者の注意を喚起し、後半で論文の内容を専門的に説明する。**12.14節**でも解説した。例を示す。

- What do bosses do? The origins and functions of hierarchy in capitalist production
- Who would have thought it? An operation proves to be the most effective therapy for adult-onset diabetes mellitus

後半部分で前半部分の説明をする構造のタイトルもある。

- Consequences of erudite vernacular utilized irrespective of necessity: problems of using long words needlessly
- The role of medicine: dream, mirage or nemesis
- Telling more than we can know: Verbal reports on mental processes

タイトルを2分割する方法はそれほど一般的ではないので、読者の注意は引きつけられる。学会投稿用の抄録なら疑問形式のタイトル同様に効果的だ。

12.16　学会投稿用の抄録のタイトル

学会用抄録は、編集委員の注意を引きつけられるかどうかも重要だが、小冊子への掲載に適しているかどうかも確認しなければならない。タイトルで興味を引きつけることは必要だが、抽象的過ぎたり、口語的過ぎたり、ウィットに富み過ぎていたりしてはならない。また通常のジャーナルのタイトルよりも専門的になり過ぎないように注意することも必要だ。疑問形式（→**12.14節**）や2分割形式（→**12.15節**）であってもよい。そして前半部分で専門的な情報を提示し、後半部分でわかりやすい解説をする。またはその逆に、前半をわかりやすく、後半を専門的にするのもよい。

246　第12章　論文タイトルのつけ方

12.17 ランニングタイトルとは

　ジャーナルへの投稿に際しては、多くの場合、ランニングタイトル（running title：running head、short titleともいう）が必要だ。これはメインタイトルを簡略化したもので、通常はページの欄外に掲示される。紙媒体のジャーナルのページめくりが楽になり、ジャーナル全体の内容を簡単に把握することができる。綴じられていないPDF形式の論文も整理が容易になる。RSSフィードにメインタイトルは扱いにくいので、代わりにランニングヘッドを使うこともある。

　ランニングタイトルの要件はジャーナルによって異なるが、通常はスペースも含めて50〜60文字だ。簡潔さを優先して、メインタイトルには使われていなくても、略語を使うことが多い（ジャーナルによっては不可）。冠詞（a、an、the）は文字数を節約するために省略することが多い。また冗長な表現は最小限に抑えること。もしメインタイトルがすでに簡潔であれば、それをランニングヘッドとして使うことも可能だ。

　論文のタイトルとは異なり、ランニングタイトルは目立つことを優先させてはならない。非常に簡潔に表現されるべきもので、明確さと正確さを最優先すること。メインタイトルから可能な限り多くの要素を維持することが大切だ。このことはあまり知られておらず、多くの著者が最も重要な部分を強調しがちだ。

　次に、効果的なタイトルと短縮形の例を示す。最近発表された論文（Lambertら、2013年）から引用した。

論文タイトル
Dendritic Cell Immunoreceptor Is a New Target for Anti-AIDS Drug Development: Identification of DCIR/HIV-1 Inhibitors
（スペースを含めて117文字、スペースを含めずに103文字）

ランニングタイトル
Inhibitors of DCIR Limit HIV-1 Infection
（スペースを含めて40文字、スペースを含めずに35文字）

著者はいくつかのテクニックを使ってタイトルを3分の2に短縮している。すな

わち、短縮形（DCIR）を使い、冠詞を省略し、最も重要なコンセプト（薬剤の新規さや創薬への応用や同定過程ではなく、阻害剤がHIV-1の感染を制限すること）に絞り込んでいる。この方法は総説論文などのような焦点が限定的な論文では簡単かもしれない。

　本セクションの執筆にあたっては、*American Journal Experts* にマイケル・パンター氏が寄稿した原稿執筆に関する記事と、同じくパンター氏が書いた同誌の秀逸なオンライン情報（https://www.aje.com/en/author-resource）から引用させていただいた。

12.18　スペルチェッカーを過信してはならない

　スペルチェッカーの過信は禁物だ。次の例はスペルチェッカーで検出できなかったスペル間違いや誤植だ。

> **S1** *Incidence of Hearth Attacks and Alzeimer's Disease among Women form East Asia
> **S2** *An atmospheric tape reorder: rainfall analysis trough sequence weighing

　S1 には、スペルチェッカーでは検出されない2つのスペルミスが含まれている。hearthとformだ（正しい綴りはheartとfrom）。これらの単語は実際に存在する単語であり、スペルチェッカーの語彙に含まれている。同様に **S2** では、reorder、trough、weighingは実際に存在する単語であり、スペルチェッカーでは検出されなかった（正しい綴りはrecorder、through、weighting）。

　S1 のAlzeimer'sについては、たとえスペルチェッカーに指摘されたとしても、多くの場合はスペルチェッカーの語彙に無い専門用語であろうと判断されて無視されがちだ。確かにスペルチェッカーの語彙に登録されていない言葉は多い。しかし **S1** の場合スペルチェッカーの指摘は正しかった。正しい綴りはAlzheimer'sだ。

　問題は、あなたが論文の著者であり、論文タイトルの内容についてはあなたが最も熟知していることだ。これがあなたの修士号や博士号論文のタイトルならなおさらだ。つまり、スペルミスがあっても見落とす可能性がある。自分ではスペルミス

に気づかない可能性があるので、他人に見てもらうのがよいだろう。スペルミスを見てもらうと同時に、タイトルが簡潔で意図が明確に表現されているかについても意見をもらおう。むしろこちらのほうが重要だ。

研究論文にスペルミスがあれば、推敲に十分な労力をかけなかったと思われてしまう。結果的に、スペリングをチェックしなかったのであればデータもチェックしていないのではないかと疑われる可能性がある。そうなると査読者はスペルミスのチェックに神経質になるだろう。スペルミスが2つもあれば、査読者は完璧な校正が終了するまでは原稿の受理を見送るべきと判断するかもしれない。

論文タイトルのスペリングをチェックすることを薦めるもう一つの理由は、キーワード（例：Alzheimer's）にスペルミスがあったり、句読法にミスがあったりすれば（Alzheimer'sのアポストロフィーの使い方）、検索エンジンに検出されない可能性があるからだ。

12.19 まとめ：タイトルのチェックポイント

☑ 次のポイントをチェックしてみよう。
- 文法的に正しいか？構文、語彙、スペリング、大文字の使い方にミスはないか？
- 理解しやすいか（名詞の数珠つなぎは避ける）？
- 目立っているか、躍動感があるか（句読法も含め語彙は効果的に使われているか）？
- 適度に具体的か？
- 本文の内容を反映しているか？
- ジャーナルの投稿ルールに従っているか？

☑ 構文とその理解し易さについては、ネイティブスピーカーに確認するのもよい。一般的には、動詞を少なくとも1つ、前置詞を2〜3つ含んでいると理解しやすい。

☑ 語彙とスペリングについては、Google Scholarを使って確認するのもよい。自動スペルチェック機能を過信してはならない。

☑ 目立っているか適度に具体的かなどを確認するためには、2分割型タイトルと疑問形タイトルも含めて、具体性の異なるタイトル候補を複数用意して同僚に見てもらうのもよい。

☑ タイトルが論文内容を上手に反映しているかどうかを判断できるのは、誰かに論文全体を読んでもらわない限り、あなただけだ。さもなければ査読者があなたに代わって判断することになるだろう。

第13章
要旨（Abstract）の書き方

 論文ファクトイド：実際にあった要旨

Can apparent superluminal neutrino speeds be explained as a quantum weak measurement? と題された論文の要旨は、おそらく過去最短だろう。ただ一言、Probably not.

上の例ほど短くはないが、次のような要旨もある。A zipper-entrapped penis is a painful predicament that can be made worse by overzealous intervention. Described is a simple, basic approach to release, that is the least traumatic to both patient and provider. キーワードは、zipper; foreskin/penile skin; bone cutterだった。

2014年に発表されたある論文は、4人の著者の名字が同じGoodmanだった。その要旨はわずか3センテンスで終わっている：We explore the phenomenon of co-authorship by economists who share a surname. Prior research has included at most three economist coauthors who share a surname. Ours is the first paper to have four economist coauthors who share a surname, as well as the first where such coauthors are unrelated by marriage, blood or current campus.

God does not play dice. He flips coins instead. これは、*Quantum weak coin flipping with arbitrarily small bias*と題されたカルロス・モションによる論文の要旨だ。

ノルベルト・バトフィアの論文*The Socceral Force*の書き出しはこうだ。We have an audacious dream, we would like to develop a simulation and virtual reality system to support the decision making in European football (soccer).

*Pressures produced when penguins pooh - Calculations on avian defecation*と題された論文の要旨は次の一文で終わっている。Whether a bird chooses the direction into which it decides to expel its faeces, and what role the wind plays in this, remain unknown.

Fractcal Analysis of Deep Sea Topography と題された論文の要旨の最後は、No attempt has been made to understand this result. で終わっている。

13.1　ウォームアップ

（1）次の例は、*Language and publication in Cardiovascular Research articles* と題された論文の構造化要旨（構造化抄録ともいう： → **13.10 節**）で、*Cardiovascular Research* という国際的ジャーナルに発表されたものだ。著者のロバート・コーツが、論文が受理される理由と却下される理由について語っている。

要旨を読んで次の問題を考えてみよう。

- 4つの各セクションは、それぞれどのような構造を持ち、どのような情報が記述されているか
- コーツ博士の研究は、国際的ジャーナルに投稿する論文を執筆しているあなたにとってどれほど役に立つか
- 英語で論文を執筆するとき、どのような文法上の間違いを犯しがちか。またそれはどのようにして防げるか

背景：英語を母国語としない著者が書いた論文の受理率は、英語を母国語とする著者が書いた論文の受理率よりも非常に低い。受理される最大の理由がその質の高さであることに間違いはない。しかし編集者は本当に内容の質だけで判断しているだろうか？英語を母国語とする著者は英語を母国語としない著者よりも多くの論文を発表しているので、編集者は英語を母国語としているかどうかで差別しているのではないだろうか？そこで我々は、*Cardiovascular Research*（CVR）に投稿された論文の言語上の間違いを調査することにした。

方法：1999年と2000年に発表された120報の医学論文の言語上の間違いを調査し

た。言語上の間違いを、文法間違い、構文間違い、語彙間違いの3群に分類し、さらにいくつかの群に細かく分類した。調査は著者の国籍を伏せて行われた。間違いを指摘された箇所が他の調査委員にはわからないよう配慮した。調査の信頼度を高めるために、1回目の調査後にクロスチェックを行った。

結果：コントロール群（米国と英国の筆者の論文）は受理率も間違い率もほぼ同等であり、言語が論文の受理の可否に影響する客観的な要因であることがわかった。受理率と間違いの多さとの間に直接的な関連性はなかったが、質の低い原稿は受理されない可能性が高いことが明確に示された。米国と英国の著者の論文の受理率は他の言語の著者の論文よりも30%高かった。最も受理率が低かった国はイタリアで9%だった。イタリアは間違い率も最も高かった。

考察：原稿の受理には多くの要因が関与していると考えられる。しかし我々は、間違いの多い原稿は、原稿の受理に関わる直接的な要因または査読者の潜在意識に作用する要因を有していることを発見した。研究結果が同程度である場合、間違いの多い原稿が受理される可能性は低い。原稿の却下に関わった編集者が却下の理由として文法上の間違いを挙げなくても、同じ結果が得られた。言語上の間違いをさらに詳しく調査する必要がある。最後に我々は、標準化されたガイドラインを導入することを提案する。

（2）次の要旨には重要な情報が欠落している。それは何か？

　本研究の目的はリサイクルされたプラスチックを100%の純度の金に変換できるかどうかを調査することであった。背景：本論文では、地元の企業からリサイクル用に提供されたプラスチックをどのように融解して水と空気の革新的混合物と混ぜ合わせたかを解説する。実験は6ヵ月間に渡って行われた。今後同じ実験を行ってプラチナが合成できないかどうかを検証する。

　本章では、最初の14のセクションで要旨とは何かについて考え、時制と文体（→ **13.8節〜13.9節**）および要旨の種類（構造化要旨、拡張要旨、ビデオ要旨）について考察する（→ **13.10節〜13.14節**）。**13.15節**から**13.19節**では要旨の書き出し、内容、インパクトについて、**13.20節**から**13.22節**では下手な要旨によくある典型的なミスについて、**13.23節**から**13.24節**では研究分野によって要旨がどのように異なるかを、**13.25節**から**13.28節**ではレビュー論文や学会論文の要旨について考察する。最後の**13.29節**では編集者や査読者がどのように要旨を評価しているかに

ついて考える。

本章で引用した多くの要旨の引用元を巻末付録に示している。

13.2　要旨（Abstract）とは

要旨（抄録）とは論文の短縮版のようなものだ。論文の各パートを正確に要約しており、本文とは別々に評価される。要旨を要約ということもある。

要旨は通常、ジャーナルに受理された論文の本文の前や、要旨データベースや、学会小冊子などに掲載される。

要旨の構成や長さはジャーナルや学会の規定、あるいは研究分野によって異なる。書き始める前に投稿規定をよく読むこと（→**13.7節**）。

要旨は次に示した質問の少なくとも最初の3つにこの順で答えなければならない。その答えを使って要旨を書くことが可能だ。

- 研究を行った理由。論文を書く理由
- 発見したことは何か。どのようにして発見したか
- 研究結果は何か。従来の研究と比較して新しいことは何か
- 研究の意義は何か。結論は何か。提案したいことがあるか

ほとんどの学者が要旨では研究方法にはあまり触れず結果を中心に報告しているが、新しい実験装置を提案しようとしている科学者（化学者、物理学者、生物学者）の中には、研究結果ではなく実験装置の効果や性能を発表したい学者もいるだろう。

要旨で何を伝えるかを判断するためには、論文を読み直して各セクションで最も重要と思われることをまとめるとよい。ただし、要旨は論文の序論ではなく、論文全体の要約であることを忘れてはならない。

254　第13章　要旨（Abstract）の書き方

13.3　要旨の重要性

　要旨は極めて重要だ。編集者は要旨だけを読んで査読に進むかどうかを判断することもある。

　査読者が最初に読むのが要旨だ。要旨が査読者に肯定的な印象を与えることが何より重要だ。査読者は、要旨が気に入らなければ、時間を浪費しないためにも本文は読まずに原稿を却下するかもしれない。実際、下手な要旨は下手な論文の証左だ。

　研究によって、最初の経験がその後の考え方を決定づけることがわかっている。つまり、人は何かを判断するとき、それ以前と比較する傾向がある。したがって、上手な要旨は読者に肯定的な印象を与えることができる。要旨が理解し易ければきっと本文も理解し易いに違いないと読者は思うはずだ。このようにして、読者を大いに本文を読んでみたい気にさせることが可能になる。

　論文タイトルと要旨はオンラインで無料検索することができる。読者は、検索した論文の全文を読むためにその論文を購入するかどうかを、要旨を読んで判断している。

13.4　要旨の位置

　通常の国際的なジャーナルであれば、研究論文の最初のページに次のような見出しをこの順で載せている。

1. タイトル
2. 要旨
3. ハイライト
4. キーワード

　ハイライトとキーワードについてはすべてのジャーナルが載せているわけではない。

13.5　ハイライトとは

　ジャーナルによっては、3～5つの重要なポイントを箇条書きで示すことを要求している。箇条書きについては、**13.7**節の投稿規定の説明で、ブレットの数と文字数制限について解説する。**13.1**節の論文のハイライトは次のようにまとめるとよいだろう。

- 我々は120報の論文を調査して、文法、構文、語彙の間違いについて調べた
- 間違いの多い原稿は却下される率が高かった
- 同等の質を有している場合、間違いの多い原稿が受理される可能性は低い
- 却下される理由が言語の使い方の間違いにある可能性がある。しかも編集者もそれに気づいていないこともある
- 我々は標準化されたガイドラインを導入することを提案する

ハイライトは、通常、要旨とキーワードの間に置かれることが多い。

13.6　キーワードの選び方

　多くのジャーナルが要旨のすぐ後にキーワードを置いている。キーワードを置いているのは検索目的のためであり、あなたの論文がより検索されやすく、より引用されやすくなる。

　投稿先のジャーナルの投稿規定をよく読んで、キーワードに語数制限はないか、また論文タイトルに使われているワードをキーワードに選んでもよいかなどを確認すること。

1. 論文を読み直して、何度も使った専門用語をリストアップする
2. リストアップした専門用語のあなたの専門分野での重要性を確認する
3. 異綴語（例：colorとcolour）、同義語、頭字語などをどう扱うかを検討する
4. 省略形が一般化していれば省略形を使う（例：HIV）

256　第13章　要旨（Abstract）の書き方

5. 検索サービスや要旨サービス提供側の基準に適合しているかを確認する
   （https://en.wikipedia.org/wiki/Indexing_and_abstracting_service を参照）
6. 選択したキーワードを使って Google Scholar などの検索エンジンで検索してみる。自分の論文テーマが検索されるだろうか？

　Google などの検索エンジンがはたしてウェブサイトと論文をキーワードで紐づけているかどうかは不明だ。しかし要旨やタイトルにキーワードを含めることは理に適っている。読者が論文中のどの言葉が本当に重要であるかを判断できるからだ。読者はまずキーワードを使って論文を検索し、またあなたの要旨を読むときにもキーワードを頼りにしている。一般的には、キーワードは要旨の中で3回までなら繰り返して使ってもよいと考えられている。それ以上使うと、読者は退屈な繰り返しと感じてしまうからだ。もっと重要なことは、キーワードを使い過ぎるとウェブサイトが検索エンジンから拒否されてしまう可能性があることだ。

13.7 投稿規定は必ずダウンロードして、必要な情報をすべて入手する

　投稿するジャーナルに発表された要旨を見ただけでは、編集者が何を望み何を望んでいないかまではわからない。投稿規定をダウンロードして初めてわかるものだ。次のような規定が記載されているはずだ。

- 語数制限について
- 受動態と能動態の使用（→7.4節）、および we の使用について
- レファレンスの必要性の有無について
- 構造化要旨（→13.10節）の中で箇条書きにまとめてもよい項目があるかどうか、また、結果と結論の項目ではフルセンテンスが必要かどうか
- 構造化要旨の中では見出しを変更または削除してもよいかどうか

これらの情報は他の著者の要旨をただ眺めているだけで得られるものではない。

13.8　人称代名詞と非人称代名詞の使い分け

要旨および論文の文体には次の4種類のスタイルがある。

スタイル1：I found that X = Y.
スタイル2：We found that X = Y.
スタイル3：It was found that X = Y.
スタイル4：The authors found that X = Y.

どのようなスタイルを選ぶべきかは、自分の専門分野とジャーナルの要件による。科学分野では著者の意見を第一人称（スタイル1）で書くことが多い。次の例は、*International scientific English: Some thoughts on science, language and ownership* と題された論文の要旨だ。

スタイル1：

> The intention of this paper is to raise some questions about the 'ownership' of scientific English. Its author is a native speaker of English and a teacher of scientific English, but it aims its arguments at the international scientific community communicating in English. The paper is deliberately somewhat provocative in parts in an attempt to raise some questions about 'scientific English' which ***I think*** are important but which have not been faced to date.

スタイル2はあらゆる分野の要旨で使われている。次の例は、*Tumbling toast, Murphy's Law and the fundamental constants* と題された物理学の論文の要旨の冒頭だ。

スタイル2：

> ***We investigate*** the dynamics of toast tumbling from a table to the floor. Popular opinion is that the final state is usually butter-side down, and constitutes prima facie evidence of Murphy's Law ('If it can go wrong, it will'). The orthodox view, in contrast, is that the phenomenon is essentially random, with a 50/50 split of possible outcomes. ***We show*** that toast does indeed have an inherent tendency to land butter-side down for a wide range of conditions.

スタイル3は非常に一般的で、多くのジャーナルがこのスタイルを推奨している。

具体例は**13.23節**の要旨を参照。このスタイルの問題点については**7.4節**を参照。

スタイル4はあまり一般的ではない。次の例は、*Unskilled and unaware of it: How difficulties in recognizing one's own incompetence lead to inflated selfassessments*と題された心理学の論文の要旨の冒頭だ。

スタイル4：

> People tend to hold overly favorable views of their abilities in many social and intellectual domains. ***The authors*** suggest that this overestimation occurs, in part, because people who are unskilled in these domains suffer a dual burden: Not only do these people reach erroneous conclusions and make unfortunate choices, but their incompetence robs them of the metacognitive ability to realize it. Across 4 studies, the authors found that...

これらの論文へのリンクは巻末付録を参照。

各スタイルのそれぞれの効果を理解していただくために、次に人称代名詞を使った要旨の例を示す（非人称代名詞を使った例は**13.16節**を参照）。

> ***We*** have developed an analytical model which predicts the relationship between the number of times a 5G cellular phone battery is recharged, the length of time of each individual recharge, and the duration of the battery. ***We*** validated this model by comparison with both experimental measurements and finite element analyses, and it shows strong agreement for all three parameters. The results for the proposed model are more accurate than results for previous analytical models reported in the literature for 5G cell phones. The new model can be used to design longer lasting batteries. It can also lead towards further models that can predict battery failure.

非人称代名詞を受動態で使うよりもweを使うことのメリットとして次のようなことが考えられる。

- 読者は読みやすい
- より直接的でより具体的である
- 語数が少なく、センテンスが短い
- 著者は書きやすい

13.8　人称代名詞と非人称代名詞の使い分け　259

可能な限り、要旨は we/our スタイルで書くことをお勧めする。

13.9　要旨の時制

要旨で使われる時制は、現在形（例：we show）と過去形（例：we showed）が最も多い。

スタイル2の要旨の著者は、次のような目的達成のために現在形を使っている。

- 論文の内容を述べる（we **investigate**、we **show**）
- 研究対象の一般的概念を説明する（the phenomenon **is** essentially random）
- 実験で実現できたことを述べる（We **show** that toast does indeed have an inherent tendency）
- 結論を述べる（Murphy's Law **appears** to be an ineluctable feature of our universe）（注：結論は本書では割愛している）

実際のところ、研究は終了したにもかかわらず、この著者は現在形しか使っていない。その理由は、要旨に躍動感を出し、かつ説得力ある結論を導くためだ。論文の本文では、どのような実験を行って何を発見したかを述べるために過去形を用いている。

スタイル4の要旨の著者は、次のような目的達成のために現在形を使っている。

- 現状を述べる（People **tend** to hold overly favorable views）
- 現状について意見を述べる（the authors **suggest** that...）

その後に今度は、研究中に行ったこと、達成したこと、結論などを述べるために、過去形を使っている（the authors **found** that...）。これが要旨の時制の基本的な使い方だ。

スタイル1の要旨の著者は、要旨の最後のセンテンスに現在完了形を使っている（which **have** not **been faced** to date）。過去に始まった事が現在でも進行中の場合に、

260　第13章　要旨（Abstract）の書き方

現在完了または現在完了進行形を使う。それまでの文脈や背景に言及するときに効果的だ。

- <u>In the last few years</u> there **has been** considerable interest in...
- <u>Since 2015</u> attention **has focused** on...
- <u>To date</u>, there **has not been** an adequate analytical model...
- <u>For more than a decade</u> data analysts **have been developing** new ways to...

　下線部は過去から現在に至る時間を表していることに注意。例えば、In the last few yearsという表現は、数年前に始まった状況や行動が現在も継続していることを示唆している。一方、To dateという表現は、"この研究分野においては今までのところ"という意味だ。

　論文著者の中には、研究中に達成したことに言及するために（能動態か受動態に関係なく）現在完了を使う学者もいる。

- We **have found** / **devised** / **developed** a new approach to X. We **have demonstrated** / **proved** / **validated** the effectiveness of this approach by...

- A new approach to X **has been devised**. The effectiveness of the approach **has been demonstrated**...

　重要なことは、要旨の最初のセンテンスをIn the last few yearsやRecently there has beenなどの語句を用いて開始すると、読者としては退屈であり、不要であることだ。

13.10　構造化要旨（Structured Abstract）とは

　構造化要旨（Structured Abstract）（構造化抄録ともいう）とは、全体をいくつかのセクションに分けて各セクションに見出しをつけた要旨である。次の例は*Do selfies induce selfish behavior?* と題された架空の論文の要旨だ。

Background The selfie gene (NARC1 *egophilia*) ensures that individuals try to maximize their own success, even if this impacts negatively on other members of society and on the natural environment. For example, smoking, particularly in public places, is considered to be a selfish act as well as polluting the local atmosphere.

Objective We investigated the possible correlation between smoking and four specific acts of selfish behavior: use of selfie sticks in confined public places, litter throwing, spitting chewing gum, and double parking.

Methods Closed-circuit TV (Canon VB S30D Dome CCTV cameras) were strategically located outside bars, in the street, in football stadiums and tourists sites. A total of 10,000 hours of film footage, collected from cameras located in five European cities, were analysed using SeeSeeTV v. 2.1.

Results Smokers were found to be much more likely to indulge in acts of selfish behavior compared to non-smokers: double parking (+80%), litter throwing (+57.33%), and spitting chewing gum onto the pavement (+34%). No correlation was found between male smokers and the use of selfie sticks, whereas female smokers showed a five-fold greater prevalence of selfie stick usage with respect to female non-smokers.

Conclusions Selfish behavior is a clear form of self promotion, benefitting the individual in terms of saving time (double parking, leaving litter and spitting gum) and image with other friends (obsession with selfies). Moreover, it impacts negatively on the environment, ultimately destroying the beauty of the world for the rest of the population. Such behavior should be addressed by educationalists in school curricula. Future work will investigate the link between smoking and the following three factors: tax avoidance, non-collection of owner's dog excrement, and drink driving.

米国国立医学図書館のウェブサイトには次のように解説されている。

「構造化要旨は、医療従事者が文献検索を効果的に行えるように1980年代の後半から1990年代の前半にかけて開発されたもので、著者にとっても読者にとってもメリットは大きい。論文著者は原稿を正確に要約することが可能になり、原稿のピアレビューは実施が容易になり、文献検索のコンピュータ一化が促進される。」

構造化要旨は多くの医療系のジャーナルで使用されている。

「PubMedのMEDLINEに掲載された近年の論文の約30％が構造化要旨だ。構造化された要旨は、構造化されていない要旨と比較すると、MTI（医学用語インデクサー）というソフトウェアを用いてMeSH（Medical Subject Headings；米国国立医学図書館が作成するシソーラス）が定める用語を検索するときに便利だ。」

もしあなたが医療系の研究者なら、BMJ（イギリス医師会誌）のウェブサイトからさらに詳しい情報を入手できる（https://www.bmj.com/about-bmj/resources-authors/article-types）。

次に、医学分野における構造化要旨の典型的な見出しの例をいくつか紹介する。

Background / Context / Purpose → Method → Results / Findings → Conclusions

Context → Aim / Objective → Design → Setting → Patients (Participants)→ Interventions / Treatment → Main Outcome Measure(s) → Results → Conclusions

Context → Objective → Data Sources → Study Selection → Data Extraction → Results → Conclusions

他の専門分野からも例を示そう。

植生学論文の場合：

Question → Location → Methods → Results → Conclusions

経済学論文の場合：

Purpose → Design / Methodology / Approach → Findings → Practical implications → Originality / Value → Keywords / Paper type

構造化要旨の例は他にも**13.1節**に紹介している。

13.11 医療系の研究者ではなくても 構造化要旨を使うべきか

どのタイプの要旨を使うかはジャーナル側の要件であり、あなたが決定することではない。どのようなタイプの要旨が求められているかは、投稿するジャーナルに掲載されている他の論文を参考にするとよい。いずれにせよ投稿規定は常にダウンロードしたほうがよい（→ **7.2節**）。

構造化要旨はどのような研究にも使うことが可能だ。ただし、研究の、(1) 背景、(2) 目的、(3) 方法、(4) 結果、(5) 意義、応用の可能性、将来への展望、などが整理されていることが必要だ。

たとえ投稿するジャーナルが構造化要旨を要求していなくても、効果的な要旨を書くために要旨を構造化するのもよいだろう。その際は、少なくとも構造化要旨と同じ情報を含み、またそれらを同じ順序で提示すること（背景と目的は順序が逆でもよい）。

13.12 拡張要旨（Extended Abstract）とは

拡張要旨とは、メリーランド州立大学でコンピューターサイエンスを教えるウイリアム・ピュー教授によれば、研究の概略と意義を"1時間以内"に理解することが可能な研究論文の縮約版のようなものである。ピュー教授は次のように語っている。

> 「理想的な原稿は、査読者がその論文を読み始めて5分も経たないうちに引き寄せられ、15分で感動し、45分で満足するような論文だ。もし要旨がこれらのいずれも満たすことができなければ、研究がいかに素晴らしくても原稿は受理されないだろう。審査委員があなたの要旨を30〜45分の時間をかけて読むことはあるかもしれないが、それを過信してはならない。」

方法、根拠、将来展望などの詳細を含む拡張要旨は不要とするジャーナルもある。しかし、研究の方法、結果、考察などの要点を他の研究と比較するときは必要なはずだ。

文字数に余裕がなければ別表を設けて説明することも可能だが、多くの査読者が別表を読むほどの時間の余裕はないことを忘れてはならない。

13.13　ビデオ要旨（Video Abstract）とは

　カレン・マッキー（巻末付録を参照）が説明しているように、ビデオ要旨とは、ビデオカメラに向かって実際に研究方法の概要を説明したり、アニメーションや模擬実験で研究コンセプトを可視化したりして、研究成果の意義を考察する手法だ。ビデオや他のメディアを利用してプリント媒体ではできない研究説明が可能となる。この方法を用いると、読者は、より深く、より明確で、より多角的な理解を得ることが可能になる。

　ビデオ要旨を用いる理由は他にもある。

- 研究の説明の幅が広がる
- ビデオ要旨をインターネットに投稿すれば（例：YouTube）、あなた自身もあなたの研究も知名度が大きく上がる
- 印刷媒体の論文の読者が増える
- 検索エンジンでは文字情報よりも動画情報が上位に検索されやすいので、同じテーマで検索した場合、ビデオ要旨のほうが論文検索をしている研究者の目に留まりやすい

　BMJ（イギリス医師会誌）は、受理された原稿に添付するための4分程度のビデオ要旨を製作することを論文著者に推奨している。BMJのウェブサイトには次のようなアドバイスが掲載されている。

　「ビデオ要旨は、世界中のBMJの読者に自分の研究を自分で解説するという従来では不可能だったことを可能にしてくれる。…最もシンプルなビデオ要旨は、著者がカメラに向かってスライドを使いながら話すというものだ。可能であれば、最大の効果を得るために、著者自身の映像素材と音声素材（例：研究方法や介入方法を説明するためのアニメーション、ビデオクリップ、写真素材、図表など）を組み合わせることを推奨する。」

過去に発表された研究の素材を使用するときは、必要な許可を得ること。

13.14 *Nature*に投稿したい： *Nature*の要旨と他のジャーナルの要旨の違い

*Nature*の要旨は"サマリーパラグラフ"と呼ばれている。*Nature*はそのウェブサイト上で要旨の構成について次のように推奨している。これらのアドバイスは他のジャーナルへの投稿に使っても効果的だ。

- 1～2つのセンテンスで専門分野への導入を図る。どの分野の科学者にも理解可能であること
- 2～3つのセンテンスで背景を述べる。関連分野の科学者に理解可能であること
- 1つのセンテンスで自分の研究が解決する問題を説明する
- Here we show... または類似の語句を使い、1つのセンテンスで研究成果をサマリーする
- 得られた研究成果が、これまで正しいと考えられてきた概念とどう異なるのか、また従来の知見にどのような付加価値を与えられるのかを、2～3つのセンテンスで説明する
- さらに一般的な文脈の中で結果を1～2つのセンテンスで説明する
- 2～3つのセンテンスでより包括的な視点を示す。どの分野の科学者にもただちに理解可能であること。論文の検索率に大きく影響を与えると編集者が考えていれば、第一パラグラフで説明するのがよい。以上より、パラグラフの長さは最大300ワードが適切

*Nature*のサマリーパラグラフの例は次のリンクからダウンロードできる。（https://www.nature.com/documents/nature-summary-paragraph.pdf）

13.15 要旨の第一センテンスの書き方

製品広告の書き出しは決して、「本広告の目的は本製品の購買を消費者に説得することである」などではなく、製品の良さを端的に訴えている。要旨も論文の広告

266 第13章 要旨（Abstract）の書き方

のようなものだ。

　論文の著者は、要旨が目立って読者の目に留まる機会が多くなることを願っているはずだ。ありふれた表現、例えばThis papers deals with…、The aim of this paper…、This article explores…、We report…などで始めてしまうと、英語が母国語であろうとなかろうと他の論文との差別化が図られない。実際、これらの表現は使わないようにアドバイスしているジャーナルもある。

　次の例はまったく異なる分野の論文の要旨だ（最初の例と三番目の例は架空の要旨）。最初の例の修正前では、[//]印まで15語も読み進まないと、読者はキーワードを知ることはできず、文脈を掴むことができない。しかもそれは、これまでに何度読んだかわからないほどの陳腐な表現であり、要旨には不要な表現だ。修正後では、読者は、著者がどのようにしてナレッジギャップ（knowledge gap）の短縮に成功したかをただちに知ることができる。

✗ 修正前	○ 修正後
In this paper we present the design and development of a ***highly innovative*** software application //, Transpeach, which allows ***mobile phone users*** to use their own native language when speaking to someone of another native language. The prototype version enables a Japanese mobile phone user …	***Transpeach*** extends automatic translation from written to oral communication. This software allows, for instance, a ***Japanese mobile phone*** user to talk to a Greek counterpart in Greek, likewise the Greek's words are automatically translated into Japanese.

　最初の例の修正後では、著者は背景（すなわち、automatic written translation）と新規の情報（すなわち、automatic oral translation）を統合している。highly innovativeは削除され、代わってもっと具体的な例を示してプロトタイプの機能を説明している。

13.15　要旨の第一センテンスの書き方

✕ 修正前	◯ 修正後 2
We present a procedure for the analysis of the content of // organic materials present in archeological samples. The procedure allows the identification of a *wide variety* of materials within the same micro sample.	*Archeological samples* used for identifying organic materials are by necessity extremely small. We have found a way, which *we believe* is the first of its kind, to accurately identify *glycerolipids, natural waxes, proteinaceous, resinous and polysaccharide* materials within the same micro sample.

　2番目の例の修正後では、archeological samplesという語句で始まっており、読者は論文のテーマをただちに理解することができる。あいまいなa wide variety of materialsという表現が具体的な例に置き換えられている。修正されてやや長くなったが、インパクトは強くなった。

　最初の例では、highly innovativeな達成であったと述べるよりもそのinnovativeな達成を具体的に示すほうが読者は結果を理解しやすい。達成したことは常に控えめに述べよというのではない。実際、二番目の例では、which we believe is the first of its kindという表現を足して、読者の注意を研究の成果に引きつけている。highly innovativeという表現は主観的であるが、first of its kindという表現は具体的な情報を含む表現だ。

✕ 修正前	◯ 修正後 3
In this article we conduct an exploration of the crucial role of the // invention of the steam engine in the Industrial Revolution, and specifically the modified version created by James Watt, the Scottish inventor born in 1736. However, *we contend that the merit* for the success of the steam engine should be ...	James Watt's modified steam engine is widely acknowledged as paving the road to the Industrial Revolution. But was this Scottish inventor really the brains behind the steam engine? We *contend that Henry Wallwork,* a little-known Mancunian foundry entrepreneur, should be given more credit for ...

　3番目の例では、修正前の冗長さが修正されて要点がただちに紹介されている。

268　第13章　要旨（Abstract）の書き方

ジェームズ・ワットの誕生日という詳細過ぎる情報は読者には不要であり、修正後では削除されている。

✗ 修正前	○ 修正後	4
Several authors have highlighted the high yields and low environmental impacts associated with the cultivation of // perennial rhizomatous grasses (PRGs).	Perennial rhizomatous grasses (PRGs) tend to have a high yield combined with a low environmental impact.	

4番目の例では冗長な箇所が削除された。修正後の要旨は本論文のトピックでもあるキーワードPerennial rhizomatous grassesで始まり、その結果、研究背景を明解かつ簡潔に説明するオープニングセンテンスとなった。

✗ 修正前　　　　　　　　　　　　　　　　　　　　　　　　　　5

All of us, you and I, have individual abilities and disabilities in a physical and mental as well as a social and economic sense.

最後の例では、査読者は著者にこれを削除するようアドバイスした。以下はその時の説明だ。

> 「口語的なオープニングであることもさることながら、内容も議論の余地があり、当ジャーナルでの発表は難しい。先に研究目的と研究方法を明らかにしてから、それらをどのように達成したかを述べてはどうか。」

査読者のコメントは、このセクションの最初で私が述べたこと（要旨をThe aim of the paper is to...で始めない）と本質的に同じだ。この査読者は、We investigated the physical and mental disabilities of a sample of... と単刀直入に書き始めることを著者にアドバイスしている。

13.16　背景情報をどの程度詳しく書くべきか

要旨は論文の導入部ではない。また読者にとって既知の情報を含んでいることも

あるので、背景説明が要旨全体の4分の1以上を占めてはならない。次に示す架空の要旨の例では背景情報が要旨全体の5分の4を占めている。

In the last few years 5G cellular batteries have become increasingly popular in the telecommunications and computer industries. Many authors have studied the various features of such batteries and noted that the lifetime of a 5G cellular battery, in particular those used in the most recent generations of mobile phones, may be subject to the number of times the battery is recharged and how long it is charged for. In addition, it has been found that there is no adequate analytical model to predict this lifetime. Such an accurate model is necessary in order for producers and consumers alike to be able to predict how long the batteries will last and also, in some cases, how they can be recycled. In this work, an analytical model is developed which describes the relationship between the number of times a battery is recharged, the length of time of each individual recharge, and the duration of the battery.

　読者が求めているのは新しい知見であり旧知の事実ではない。査読者は学会やジャーナルに採用すべき要旨を何百もの候補の中から選んでいることを忘れてはならない。査読者が最も知りたいのは論文のテーマであり、テーマを理解するまで何行も読まされると、査読者は否定的な印象を持ってしまうだろう。もちろん、イントロダクションでは背景を詳しく説明する必要がある。

　またこの要旨は、研究方法や結果にも、また著者の開発したモデルから導かれる結論にも言及していない。次のように修正するとよいだろう。

(1) The lifetime of a 5G cellular phone battery may be subject to the number of times the battery is recharged and how long it is charged for. To date, there has not been an adequate analytical model to predict this lifetime. (2) In this work an analytical model is developed which describes the relationship between the number of times a battery is recharged, the length of time of each individual recharge, and the duration of the battery. (3) This model has been validated by comparison with both experimental measurements and finite element analyses, and shows strong agreement for all three parameters. (4) The results for the proposed model are more accurate than results for previous analytical models reported in the literature for 5G cell phones. (5) The new model can be used to design longer lasting batteries.

前頁の要旨およびその構造が解決しようとしている問題点を整理してみよう。番号は要旨中の番号を指している。

1. 第5世代の携帯電話電池の抱える問題を現状に即しながら解決しようとしている。研究を実施した理由および論文を書く理由について述べている。
2. 著者は新しい解決策を提案している。自分が考案した革新的な解決策とは何か？どのようにしてそれを達成することができたか？従来の研究と違う点は？
3. 新しいモデルの機能を正当化している。目的は達成することができたか？
4. 結果を述べている。従来の研究と比べて新しい点を述べている。
5. 研究の重要性と将来への展望。最終的成果は？結論は？推奨できることは？将来の計画はあるか？

研究背景を述べる目的は、著者が研究を行った背景を読者が理解できるようにするためであるが、この要旨では研究背景に関する情報は最小限（2行）に留められている。

13.17　研究の限界はいつ開示すべきか

研究の限界については論文中でいつかは説明しなければならない。しかし要旨の目的は自分の研究の良さを売り込むことなので、考察のセクションで初めて明らかにしてもよいだろう（→**18.12**節）。

13.18　インパクトのある要旨の書き方

インパクトのある要旨を書く3つのテクニックを紹介する。まず、要旨の内容を整理して最善の順序で配列すること（→**13.10**節）。次に、研究内容の重要性を強調すること（第8章）。最後に、できるだけ簡潔な文体を心がけることだ（→**13.19**節）。

13.19 簡潔な要旨の書き方

S1 と S2 はそれぞれ異なる要旨の例だ。これらの要旨を読んで査読者がどのように フィードバックしたか想像してみよう。

> S1 Tomato (*Solanum lycopersicum L.*) is a worldwide-cultivated vegetable crop which is affected by many viruses that cause significant economic losses whose detection and identification is of critical importance to plant virologists in general and, in particular, to scientists and others involved in plant protection activities and quarantine and certification programs.

> S2 In this paper a high performance "pattern matching" system is presented. The system is based on the concept of Recalled Association (RA), designed to solve the track-finding problem typical of high energy physics experiments executed in hadron colliders. It is powerful enough to process data produced from 90 overlapping proton-proton collisions.

S1 の論文は却下された。査読者のアドバイスは「全体を書き直すべき」というもので、例を示して（ S3 ）、原稿の4割にあたる冗長な部分をすべて削除することを薦めた。

> S3 Tomato (*Solanum lycopersicum L.*) is affected by many viruses that cause significant economic losses. Their detection and identification is of critical importance in plant protection and quarantine, and in certification programs.

ここがポイント

- ☛ 要旨に冗長な箇所が多ければ、おそらく読者も査読者もその要旨を読むことを止めるだろう
- ☛ 要旨で使われるすべての語句が価値を提供しなければならない

S1 は、冗長であることもさることながら、50語にも及ぶ長いセンテンスだ。 S2 の語数は S1 と同じだが、3つのセンテンスで構成されている。 S2 は査読者の怒りを免れたことだろう。 S2 の問題は、 S1 と同様に冗長であることだ。そのためインパクトに欠け、読者の読む意欲はただちに削がれてしまう。 S2 はさらに次のように修正することが可能だ。

272　第13章　要旨（Abstract）の書き方

S4 A high performance pattern matching system based on Recalled Association is presented. It solves the track-finding problem, which is typical of high energy physics experiments in hadron colliders. It can process data produced from 90 overlapping proton-proton collisions.

S4 は修正前の **S2** よりも20%短縮されているが失われた情報はない。しかも重要な情報を第一センテンスの先頭に置いている。

ここがポイント

- 読者のことを大切に考え、読みやすさを第一に原稿は丁寧に推敲する
- 査読のプロセスを無事に通過することで、原稿が受理される確率は高まる
- 冗長な箇所は徹底的に削除する。どのような分野の論文であれ、冗長さは極めて否定的な印象を与える

冗長さを削減する方法については、第5章でまとめているので何度も参照していただきたい。

13.20　要旨で述べてはならないこと

要旨で述べてはならないことを以下にまとめた。

- 読者にとってはすでに常識となっている研究背景
- エビデンスに支えられていない主張
- 専門的過ぎる用語や一般的過ぎる用語の使用（読者に合わせてバランスを取ること）
- キーワードの定義
- 数式（その数式が極めて重要である場合は例外）
- 数詞（例：many、several、few、a wide variety）と主観的形容詞（例：innovative、interesting、fundamental）の過度または不適切な使用
- 必要以上に詳細な情報（読者が知らないような施設名や地名などはイントロダクションで紹介するべき）
- 他の論文への言及。しかし自分の論文が特定の研究と意見を同じにしていたり、または特定の研究に反論していたりする場合は、その論文の著

者の名前を明らかにする必要がある

13.21　査読者からみた付加価値のない表現

読者にとって付加価値のない次のような語句の使用は慎みたい。

- 具体性に欠ける抽象的な名詞（→5.4節）
- あいまいな表現（→6.7節）

　形容詞（例えば interesting、challenging、vital、fundamental、innovative、cutting-edge）も問題になることがある。これらの形容詞がどのような意味を持っているかはあいまいだ。あなたには、査読者が interesting の理由を理解して、確かに interesting であると納得するという自信があるだろうか？査読者があなたと同等の感動を得ると期待してこのような語句を要旨で使ってはならない。使わずに済むならまったく使わないほうがよい。そのうえで、なぜ対象が interesting なのかその根拠を示し、どのように interesting または challenging なのかを明確に示すことだ。

　例えば、履歴書に自分はコミュニケーション能力に優れていると主張する志願者がいて、そのエビデンスが示されていないとき、あなたはその主張を信じるだろうか？おそらく信じられないだろう。読み手は、きっと「人はコミュニケーション能力があると主張するものだ」と思うにちがいない。要旨の主張であっても同じだ。不用意に fundamental だと主張してはならない。どのように fundamental であるかを読者に納得させなくてはならない。

13.22　下手な要旨に見られる共通の特徴

　次の例は *An innovative methodology for teaching English pronunciation* と題された架空の論文の要旨（データは実際のデータ）だが、重大な問題を抱えている。

The English language is characterized by a high level of irregularity in spelling and pronunciation. A computer analysis of 17,000 English words showed that

84% were spelt in accordance with a regular pattern, and only 3% were completely unpredictable [Hanna et al, 1966]. An example of unpredictability can be found in English numbers, for example, *one, two* and *eight.* Interestingly, English spelling a thousand years ago was much more regular and almost phonetic. Words that today have a similar spelling but radically different pronunciation, such as *enough, though, cough, bough,* and *thorough,* once had different spellings and much more phonetic pronunciations. In this paper, ***a pioneering method,*** developed by the English For Academics Institute in Pisa (Italy), of teaching non-native speakers how to quickly learn English pronunciation is presented and discussed.

この要旨の問題点として次のようなことが考えられる。

- 情報が不足している。読者が論文本文は読まずにこの要旨だけを読んだ場合、この研究で達成されたことは何か、発見されたことは何か、まったく理解できないだろう
- まるでイントロダクションの冒頭のようだ。要旨には見えない。最後のセンテンス以外はすべて背景情報だ。論文のテーマとは関連性を有しているので興味を引きつけられるだろうが、新しい情報ではない。このような要旨から著者の貢献を理解することはできない
- 他の研究（Hannaら）に言及している。通常、要旨で他の研究に言及することはない
- 関連性のない詳細な情報に言及している。読者はどこで調査が実施されたかを知る必要はない。この要旨では具体的な調査実施場所（イタリアのピサ市）が示されているが、まったく不要だ。研究結果とは何の関連性もない
- pioneering methodとは実際にはどのような方法か、またpioneeringである理由も示されていない
- どのような研究結果が得られたかまったく示されていない

この分野の読者すなわち英語の発音の専門家たちは、この論文は読み飛ばして別の論文を読むことだろう。この要旨は次のように修正するとよい。

We have developed a didactic method for addressing the high level of irregularity in spelling and pronunciation in the English language. We combine new words, or words that nonnative speakers regularly have difficult in pronouncing, with words that they are familiar with. For example, most adult learners have few problems in pronouncing *go, two, off* and *stuff* but may have difficulties with *though, cough* and *tough*. Through associations — *go/though, two/through, off/cough stuff/tough* — learners can understand that familiar and unfamiliar words may have a similar pronunciation and can thus practice pronouncing them without the aid of a teacher. Tests were conducted on 2041 adults selected at random from higher education institutes in 22 countries and incorporating five different language families. The results revealed that ***as many as*** 85% of subjects managed to unlearn their erroneous pronunciation, with ***only*** 5% making no progress at all. We believe our findings could have a profound impact on the way English pronunciation is taught around the world.

修正後は次のような修正が行われ、良くなった。

- ☛ 著者の研究成果をただちに紹介した。背景情報は共通の知識であるため省略した
- ☛ 研究方法を具体例とともに説明した
- ☛ 被験者（成人）の選択プロセスを説明した
- ☛ 研究結果を示した
- ☛ 数字に修飾語を加えて、その数字が通常より高いのか低いのかがわかるように示した（例：as many as 85%、only 5%）
- ☛ 研究の意義を示した
- ☛ pioneeringという言葉を削除した。研究方法がpioneeringかどうかは読者の判断に任せた

この分野の読者はこの論文に引きつけられて、さらに先を読み進みたくなることだろう。

13.23 行動社会学分野の要旨：研究背景はどの程度詳しく述べるべきか

次の例は*Is it Time to Leave Him?* と題された社会科学分野の架空の論文の要旨だ。著者は私の教え子の1人で、博士課程のスペイン人留学生エストレラ・ガルシア・ゴンザレスだ。この要旨の例で示したいことは、たとえ専門が自然科学分野でなく

ても、科学分野のほぼすべてのジャーナルの基準を満たす要旨が書けるようになるということだ。ちなみに、sitting-zapping sessionsとは、テレビの前にゾンビのようにしゃがみ込んでチャンネルをずっと回している様子を表している。

> (1) Three red flags were identified that indicate that the time to leave him has come. These red flags are: five burps per day, two sitting-zapping sessions per day, and fives games on the PlayStation with friends per week. (2) A large number of women have doubts about the right moment for leaving their partner. Often women wait in hope for a change in their partner's habits. (3) One hundred couples were analyzed, recording their daily life for six months. Women were provided with a form to mark the moments of annoyance recorded during the day. Burps, sitting-zapping sessions and games on the PlayStation with friends produced the highest index of annoyance. (4) The probability of eliminating these habits was found to be significantly low when the three red flags had been operative for more than three months. (5) Thus, these numbers provide a good indication of when the time to leave him has come. With these red flags, women will no longer have to waste their time waiting for the right moment.

エストレラの要旨を基にして要旨の書き方を以下にまとめた。数字は要旨の数字に対応する。

（1）要旨の冒頭で研究成果および主な結果を1～2つのセンテンスで述べる。すなわち、読者がまだ知らない情報を先に提示する
（2）要旨の冒頭で述べたことに触れながら研究背景について述べる（1）でパートナーと別れることについて述べ、（2）で再び述べている
（3）研究に至った背景（＝読者にとって未知の情報）および研究方法を（必要に応じて材料も）説明する
（4）研究結果に関する情報をさらに加える
（5）研究結果の意義について述べる

13.24 研究の結論や方法を示す必要のない分野の要旨の書き方

歴史学や他の人文科学系の論文の要旨であっても、その構成は科学分野の論文の要旨と共通するところが多い。

まず研究の主要目的を示し（例：理論や主張を共有したい/分析したい/疑問点を指摘したい）、次に研究デザインと研究方法を、最後に自分の理論や主張を裏づける研究結果または研究結果から導き出された結論を述べる。

社会科学や行動科学分野の論文の要旨では、研究に至った背景を詳しく述べる傾向がある。この分野の論文は、読者に質問を投げかけながら考察のポイントを提示することが多い。

どのような論文であれ、要旨は次のように構成されている。

- 研究の背景
- 研究の目的
- 研究の貢献およびその重要性
- 研究結果
- 結論と意義

次の例は、歴史および言語の進化を研究のテーマにしている研究者の架空の要旨だ。

(1) The Quaker movement was founded in the mid-17th century by George Fox. One of the practices used by this rebellious religious group was the use of 'plain speech' and 'simplicity'. This involved addressing all people with the same second person pronoun, in the words of Fox: 'without any respect to rich or poor, great or small'. The modern use of 'you' in the English language (in 10th century England there were 12 forms of 'you') is thus attributed to Fox's egalitarian movement. (2) Was this use of 'you' for addressing all kinds of people, regardless of their social status, specifically initiated by Fox? Or was it simply a part of an organic unplanned process in the English language of ridding itself of unnecessary devices and formalities? Are some languages more dynamic than others? And does this depend on how 'controlled' they are by official prescriptions? (3) By analyzing 50 English texts from 1012 to 2012, I show that English has successfully eliminated all accents on words, simplified punctuation use, virtually made the subjunctive redundant, and reduced the average sentence length by more than half from around 35 in the convoluted style of the 18th century to 14 words today. (4) Our findings show that English has the potential for being democratic, concise yet profound, and simple to understand. (5) I believe that this has implications for those languages, such as French, Italian, Korean and Turkish, that

278　第13章　要旨（Abstract）の書き方

have conservative academies for safeguarding the 'purity' of their language.

この要旨の形式は、典型的な人文科学系の論文によくみられるが、次のような要素で構成されている。数字は要旨の数字に対応する。

(1) 研究の背景：人文科学分野の論文要旨は、科学分野の論文要旨よりも背景説明が多い。要旨の半分を占めることもある
(2) 問題提起：著者はすでに確立されている知見についてその問題点を指摘している。読者に質問を投げかけながら、どのような問題かを明らかにしている。それらの質問が要旨に深みを与えている
(3) 方法と結果：著者は分析に使用したデータについて簡潔に説明している
(4) 結論
(5) 研究の意義：研究の意義を明らかにすることで研究の重要性が理解される。また研究は単なる個人的な興味から行ったのではないこと、多大な貢献があったことなどを説明している

13.25　レビュー論文の要旨の構成

すべての研究分野のすべての要旨と同様に、レビュー論文を書くときは、研究の主要目的を明らかにしなければならない。すべての文献をレビューする余裕はないだろうから、選択した論文についてはなぜその論文を選んだのか理由を説明したほうがよい。この場合の研究結果とは、文献をレビューして得られた知見だ。最後に、レビューの目的をより明確にするために、研究の結論および研究分野の将来に対してどのような意義があるかを述べるべきだろう。

繰り返しになるが、レビュー論文の要旨の構成は、目的、方法（論文選択のプロセス）、結果、結論、意義、とするとよい。

13.26　学会発表用の要旨の注意点

学術集会（学会）の主催者は要旨に何を期待しているだろうか？この問いに答え

るためには、そもそも学会は何のためにあるのかを考えてみる必要がある。学者の立場のあなたは、学会の第一の目的は学会員が一同に会して最先端の知見を共有することだと答えるかもしれない。しかし学会の主催者としては、将来の新しい編集委員を確保するためにも財政的な利益は重要である。主催者たちは得られた利益（宿泊や飲食などからも得ている）を他のイベントや研究の財政支援に充てている。また彼らは学会が成功すればそれは将来の自分のキャリアにもプラスに作用することをよく知っている。

これらの目的の達成のために、主催者たちは次のようなことを望んでいる。

- 多くの人に興味深く受け入れられる発表を行える学者を招待して、特定の分野の学者に偏らないできるだけ多くの人を引きつける学会を主催すること（注：ワークショップの参加者は同じ分野の学者が多い）
- オリジナリティがあり参加者の興味を引きつける研究結果
- 質の高い発表

したがって、学会で発表される要旨には次のようなことが期待されている。

1. 学会テーマに則していること（学会によっては幅広いテーマ設定が行われている）。
2. イノベーションのレベルが高いこと。
3. 興味深い研究結果であること。したがって、すでに多くの学者の注目を得ていない限り、提案や将来的展望だけでは参加者の興味は引きつけないだろう。
4. 査読者が理解しやすく、かつ高く評価する内容であること。
5. その分野の専門家でなくても理解できる内容であること。特に基調演説は誰にでも理解可能な内容であること。参加者がさらに詳しい専門的情報を得たいときはパラレルセッションに参加できること。

5番目のポイントの重要性が高まっている。多くの公的資金が研究の財政支援に費やされており、財政支援をする側としては"投資"に対する"見返り"を期待している。例えば、高エネルギー物理学の研究に資金の提供を受けたとする。資金を提供した側は、物理学専門のジャーナルだけではなくエレクトロニクスなどの関連分野のジャーナルにも、研究結果を発表してほしいと願うだろう。資金提供者は研究者の成果が他の分野でどのように応用できるかを知りたいと思うものだ。学会は自分の研究をより多くの人々にプレゼンテーションできるよい機会だ。あなたの要

旨は次のような要件を満たさなければならない。

- 分野が違えば意味の異なる専門用語もある。すべての読者が研究の重要性や専門用語を理解できるわけではないので、あまり専門的になり過ぎないこと
- 異なる専門分野であっても、できるだけ多くの参加者が理解できるような内容であること
- 研究成果が他の科学分野の問題解決に応用可能であることが強調されていること

有名な学会であれば、要旨はジャーナルに投稿するつもりで書かなければならない。査読のプロセスは厳しいので受理されればこの上もない名誉となる。

参加予定の学会で採用されている要旨のスタイルとトーンについては、学会小冊子に収められている要旨を参照するとよい。しかし要旨の書き方の基本的ルールは、文体がやや柔らかくなる以外はジャーナルの要旨と同じだ。

要旨を書き終えたら、その専門分野以外の研究者に読んでもらおう。内容が理解されないようであれば、ポイントが明快に伝わるように書き直すべきだ。

13.27　現在研究中の要旨を学会で発表するときの注意点

学会は通常は2年前から計画されている。発表の依頼があった時点では研究は終了していないこともあり得る。しかし学会発表は自分の研究にフィードバックをもらう良い機会だ。次の例は、研究テーマをどのように選択すべきかについて博士課程の学生が書いた要旨の第一稿だ。博士課程のイタリア人学生ロッセーラ・ボリが学会発表用に書いた。この要旨を執筆した時点では研究は始まったばかりだった。この要旨は初稿であり、学会発表用としては未完成だ。研究が進行中であると原稿からはわからないことで、誤解を招く恐れがある。

> With its focus on the research cycle, scientific methodology has devoted a great deal of attention to the phase of problem solving. However, the issue of problem choice has been relatively neglected, notwithstanding its relevant epistemological

implications. What are the criteria used by PhD students to set their research agenda? To what extent is the research agenda driven by pure curiosity about social phenomena? How much is it a matter of bargaining with various resource limitations? A survey was carried out among PhD students of European universities to examine the criteria used in the choice of their dissertation topics. The analysis sheds light on the way scientific knowledge is crafted, and about the challenges and limitations researchers face during this process.

研究が終了していれば要旨に問題はないだろう（これが多くの読者の理解だ）。問題は、研究が始まったばかりでありデータの分析はまだ行われていないことに言及していないことだ。結果的に誤解を招く恐れがあり、この発表を聞きに集まった参加者たちは、要旨が約束している結果が具体的に示されていないことに大きく期待を裏切られることになるだろう。ロッセーラは、誤解を避けるために書き直すように指導教員から指導を受けた後、要旨の後半を次のように修正した。

We are *currently* carrying out a survey of 500 PhD students of European universities to examine the criteria employed in the choice of their dissertation topics. Analysis of the data *will explore* the relationship between factors such as the duration of the PhD programme, the availability of a scholarship or background experience in the field and PhD students' criteria for choosing the specific issue that they wish to study. Initial results from the first 20 surveys *seem to indicate* the importance of the availability of funding and the potential job prospects rather than preferences driven by pure interest for its own sake. *We hope* to shed light on the way scientific knowledge is crafted and about challenges and limitations young researchers face during this process.

研究が進行中であることを示唆するために currently、will explore、seem to indicate、we hope などの表現が足されている。初期結果を示すことで、参加者は、すべての分析が終了した後にその結果がどのように確認されるか興味を覚えることだろう。

パラレルセッションよりもあなたの発表を聞きたいと学会参加者に思わせるような要旨を書かなければならない。要旨で示せる結果が出ていないのであれば、今よりも内容が充実しているはずの次回の学会での発表を考えるか、あるいは、結果から期待されることを率直に参加者に述べるべきだろう。

282　第13章　要旨（Abstract）の書き方

13.28 国際会議のセッション、ワークショップ、セミナーで発表する要旨の書き方

　国際会議のワークショップやセミナーなどで発表する要旨は形式にこだわる必要がない。次のような要素を提示できればよい。

- ☛ 研究発表の目標を簡潔に述べる
- ☛ 研究の背景または問題点を明らかにする
- ☛ 達成された研究成果を発表する

　形式にこだわらないので、人称代名詞（we、I）と能動態の動詞が頻繁に使われることになる。次の S1 と S3 は形式にこだわらずに、S2 と S4 は形式に則して書いた（注：すべての例が架空の要旨からの引用）。

> **S1** ***In this talk I provide*** a brief overview of the results of a survey on whether a nation's sense of humour can be revealed by observing posts and feedback on Facebook. ***I will be looking in particular*** at...
>
> **S2** ***This talk will look at*** the process of analysing the principle sources of spam (on a country-by-country basis) and our team's experiences in analysing the various types of spam. ***The main focus will be*** bogus health services (particularly for men), requests for bank details, prize winners, and fictitious journal and editing services.
>
> **S3** ***In our research we are*** trying to understand why so few people ever try to question the opinions that they have held for years - are they blinkered or blonkered?（注：blinkered＝"視野が偏狭な"、blonkered＝"酩酊している"の意）
>
> **S4** ***The LANGRYNX project seeks to understand*** why the position of the larynx does not explain why bilingual people will speak in a lower tone in one language (e.g. Italian) but a higher tone in another language (e.g. English).

　目立つように箇条書き形式の要旨もある。例えば次のような例がある。

> The talk will:
> - explain the method of calculating the relative chances of a 25-year-old male becoming an Olympic athlete or the winner of a national talent show
> - report on experiences of our previous probability studies comparing the chances of publishing one's first work of fiction (approximately 1 in 1,000,000)

and playing a sport for one's nation (from 1 in 1,000 in some countries, to 1 in 500,000 in others)
- demonstrate that most people erroneously associate a higher level of difficulty with becoming a top team athlete than succeeding in the world of music or literature

それぞれの要点の書き出しが同じ形式である（動詞の原形で始まっている）ことに注意。詳しくは *English for Academic Research: Grammar, Usage and Style* の§25.13を参照。

13.29 ジャーナル編集者と学会査読委員会は要旨をどう評価しているか

査読者の仕事は、要旨で紹介された研究の科学的有用性と妥当性を吟味することだけではない。以下はメリーランド大学のビル・ピュー教授の論文から引用したものだが、査読者の仕事はこれらの疑問に答えることでもある。

あなたの専門分野とは必ずしも直接的な関連はないかもしれないが、役立つ情報もあるのではないだろうか。

"自分の研究はその分野では大きな進歩であることを説明しているか？"

すなわち、要旨の中で自分の開発した新しい技術が従来の技術に比べてどう優れているかを明確に記述しなければならない。新しい方法を開発しても、それが従来の技術でも簡単に実行可能な方法であれば、その要旨は受理されないだろう。優れた要旨とは、研究により従来は不可能だったことが可能になること、およびその意義を明快に示している要旨だ。実例と測定値を示すべきだ。

"ある特別な分野での応用を研究している場合でも、他の分野に広く貢献できるか？"

つまり、あなたの研究結果は、あなたの専門分野での応用に興味を持っていない人にも有益だろうか？

"要旨は研究を始めるきっかけとなった問題を解決しているか？"

　例えば、何かを対象にした"効果的で実用的なアルゴリズム"に関する論文の要旨の場合、経験に基づくタイミングまたは漸近解析またはその両方を提示しなければならない。もしその技術がNP完全またはNP困難に関する問題を解くことを必要としていれば、要旨では、その問題を解くことの難しさについて述べなければならない。著者の現場では問題を解くことは簡単かもしれないが、もし要旨で触れなければ、著者がこの潜在的問題を認識しているかどうかを査読委員が知ることはできない。

"要旨の構造に問題はないか？理解しやすいか？要旨は長すぎないか？"

　語数制限は理解し易い要旨を書くためにあるのであって、紙を節約するためにあるのではない。

13.30 まとめ：要旨のチェックポイント

要旨を自己評価するために、次の質問を考えてみよう。

- ✅ ジャーナルの投稿規定に従っているか？指定された構造（構造化要旨または非構造化要旨）とスタイル（第一人称のweまたは受動態）を使っているか？

- ✅ 以下の項目について適切に説明しているか？
  - ☞ 研究背景
  - ☞ 研究目的、すなわち研究を始めるきっかけとなった問題点
  - ☞ 研究方法
  - ☞ 研究結果
  - ☞ 研究の意義と結論

- ✅ 要旨で述べたことは論文の本文でも述べられているか？そしてその内容は一致しているか？

- ✅ 読者に情報を提示するとき、読者はその情報が提示されている理由を100％理解しているか？著者は理解していても読者が理解していないこともある。

- ✅ 要旨の無駄な部分をもっと削減できないか？25％削減したら重要な情報を失うことになるか？

- ✅ 時制を正しく使っているか？確立されている現在の知見は現在形で、過去から現在に至るまでの背景知識は現在完了形で、研究成果は過去形で表わす。

- ✅ スペリングは正しいか？スペル間違いを指摘してもらうために第三者に読んでもらったか？

- ✅ 要旨が検索されやすいように注意深くキーワードを選択したか？

- ✅ 自分の研究分野に詳しくない同僚に要旨を読んでもらって、研究内容とその価値をどの程度理解できるかを確認したか？

第 14 章

序論（Introduction）の書き方

 論文ファクトイド

次の表は製品のコンセプト開発から市場導入に至るまでに経過した年数を示している。*The New York Times* のステファン・ローゼン氏の記事から引用した。

	発想	市場導入	開発年数
テレビ	1884年	1947年	63年
写真技術	1782年	1838年	56年
レーダー	1904年	1939年	35年
心臓ペースメーカー	1928年	1960年	32年
抗生剤	1910年	1940年	30年
ファスナー	1883年	1913年	30年
ラジオ	1890年	1914年	24年
ボールペン	1938年	1946年	16年
ステンレス鋼	1904年	1920年	16年
ナイロン	1927年	1939年	12年
ロール式制汗剤	1948年	1955年	7年

14.1 ウォームアップ

（1）次のレターは、序論がunsatisfactory（不可）であると評価された論文の著者に
宛てられた編集者からのコメントだ。

「序論が、単なる過去の研究の要約になっているだけではなく、他の研究
成果と自分の研究成果の比較を行うことに終始している。
　序論では、これまでの研究に言及しながら、自分の研究の新規性と結果を
提示しなければならない。単に主要な論文を引用するだけでなく、自分の研
究にどのような付加価値があるのかを示さなければ不十分だ。
　（1）同じ研究分野の他の研究の成果と、（2）自分の研究成果の独自性およ
び過去の研究との違いについて、少なくとも1つのセンテンスを使って述べ
ること。」

（2）次の質問に対する答えを考えてみよう。

- 他のセクションと比較して、序論の書き方はどこが、なぜ難しいか
- 序論はなぜ重要か。どのような情報について述べるべきか
- 引用する論文と引用しない論文を、どのような基準で判別しているか

　序論では読者に必要な研究背景を提示する。自分の研究成果がその専門分野の現
在の知見にどのような付加価値を与えるかを読者が理解できるようにするためだ。
重要なことは、これまでにも度々指摘されてきた同じ事実を、今度はこれまでとは
違う角度から、読者の興味を引きつけて離さないように述べることだ。

　本章では序論の書き方について考える。ただし、文献レビューについては次章で
解説する。

- まず、同じテーマで過去に発表された研究について、すべて熟知してい
なければならない。そのうえで、読者に何を伝えるべきかを判断しなけ
ればならない
- 次に、研究を行うに至った理由や動機を読者がスムーズに理解できるよ

うな構成作りに配慮しなければならない
- 最後に、研究テーマの展開プランを読者に示す。読者の理解を助けるための地図を広げ、その上に自分の考えの論理的筋道を示す

14.2　序論の構成と見出し

序論では通常、次のような問いに対する答えを出していく。その答えを使って序論を構成することができる。

- 問題点は特定されているか
- 既存の解決策は文献などに存在しているか
- どの解決策が最善か
- 主な問題は何か。どのような問題か
- 自分が達成したいことは何か
- 達成したいことのうち、すでに達成していることがあるか

序論が2ページを超える場合、読者が読みやすいように見出しをつけよう。

14.3　序論と要旨の違い

序論と要旨にはいくつか共通点がある。したがって、要旨から部分的に抜き出して序論にコピーする論文著者は多い。しかしこれは読者にとっては単なる繰り返しに過ぎない。

次の例は、*Fragmentation of Rods by Cascading Cracks: Why Spaghetti Does Not Break in Half*と題されたバジーレ・オードリーとセバスチャン・ノイキルヒによる論文（この研究が掲載されたジャーナルでは［レター］と呼ばれている）の要旨と序論の最初の2センテンスであり、要旨と序論をいかに書くべきかを上手に説明している。

Abstract

When thin brittle rods such as dry spaghetti pasta are bent beyond their limit curvature, they often break into more than two pieces, typically three or four. With the aim of understanding these multiple breakings, we study the dynamics of a bent rod that is suddenly released at one end.

Introduction

The physical process of fragmentation is relevant to several areas of science and technology. Because different physical phenomena are at work during the fragmentation of a solid body, it has mainly been studied from a statistical viewpoint [1-5].

　要旨は論文の要点および著者の最終目標を端的に伝えている。しかし序論では研究背景の説明が非常に抽象的だ。

　要旨は次のように続いている。

Abstract

We find that the sudden relaxation of the curvature at this end leads to a burst of flexural waves, whose dynamics are described by a self-similar solution with no adjustable parameters. These flexural waves locally increase the curvature in the rod, and we argue that this counterintuitive mechanism is responsible for the fragmentation of brittle rods under bending.

　要旨に詳しい研究背景は述べられておらず、著者の研究結果が強調されている。また語数制限内の最小の語数で書かれてあり、簡潔で力強い。読者は論文全体を読むべきかどうかを判断するために必要な情報だけを得ることができる。文献への言及のない標準的な要旨だ。

　一方、序論は以下のように続いている。前掲の2つのセンテンスで提示された内容が他の研究ではどのように報告されているかを、読者が理解しやすいように解説することに序論の約半分が費やされている。そのために参考文献を紹介している。接続詞Nevertheless（それにもかかわらず）が読者の注意を引きつけている。

Introduction

Nevertheless, a growing number of works have included physical considerations:

290　第14章　序論（Introduction）の書き方

surface energy contributions [6], nucleation and growth properties of the fracture process [7], elastic buckling [8, 9], and stress wave propagation [10]. Usually, in dynamic fragmentation, the abrupt application of fracturing forces (e.g. by an impact) triggers numerous elementary breaking processes, making a statistical study of the fragments sizes possible. This is opposed to quasi-static fragmentation where a solid is crushed or broken at small applied velocities [11].

要旨の最後は次のセンテンスで締めくくられている。

A simple experiment supporting the claim is presented.

この8ワードのセンテンスが意味する内容が序論の中で詳しく展開されている。それがどのような実験であったかが、その結果とともに具体的に示されている。序論の後半は以下のように続いている。

Introduction

Here we consider such a quasi-static experiment whereby a dry spaghetti is bent beyond its limit curvature. This experiment is famous as, most of the time, the pasta does not break in half but typically in three to ten pieces. In this Letter, we explain this multiple failure process and point out a general mechanism of cascading failure in rods: a breaking event induces strong flexural waves which trigger other breakings, leading to an avalanche-like process.

投稿するジャーナルから論文をいくつか選び、以下のポイントを調べながら要旨と序論の関係を分析してみよう。

- 14.5節と14.7節で紹介する要素のうち、序論ではどの要素について考察しているか。例えば、前掲のスパゲティの論文では、要素1から8が8つのセンテンスにまとめられている。要素9と10には言及していない
- 構造はどのように違うか
- 要旨のどの要素を序論で詳しく説明しているか
- 要旨のセンテンスが序論ではどのように言い換えられているか
- 要旨で説明されて序論では説明されていない情報は。またその逆は
- 語数をカウントして要旨と序論の長さを比較する。スパゲティの論文の要旨は116ワード。序論は201ワードで要旨の約2倍。ごく普通の長さだ

14.4　序論の長さ

　序論の長さに正解があるわけではない。自分の専門分野で頻繁に引用されている論文をお手本にして、その論文の序論が本文全体に対してどの程度の割合を占めているかを知り、それに倣うのがよい。

　序論が長い論文ほど研究の革新性は低いことに私は気づいた。内容に乏しい研究ほど序論は長くなりがちだ。査読者もこの事実に気づいている。

　一般的な序論（イントロ）で考えてみよう。例えば、10分間の口頭プレゼンテーションに8分間の序論が必要だろうか？20分間のテレビインタビュー番組で、ゲストの著名人が話す前に10分間の前置きがあったらどうだろうか？もちろんプレゼンテーションやインタビュー番組と研究論文を簡単に比較できるものではないが、査読者も読者も内容のある序論を求めているのは確かだ。

14.5　序論のオープニング

　次に典型的な序論の構造の例を示した。伝えるべき内容を10の要素にまとめている。それぞれが独自の役割を担っている。必ずしもすべての序論がこれら10の要素を含んでいる必要はなく、またこの順番に並んでいる必要もない。

　序論の目的は、研究のテーマは何か、どのような状況で問題が観察されたのか、自分の仮説や予測が正しいと考えるその根拠は何かなどを、読者に理解してもらうために必要なだけの背景情報を示すことである。本文の予告編のようなものだ。なお、星マーク（★）をつけた要素は専門分野に関係なくほとんどの序論で必要だ。

　各要素（特に文献レビューの要素）に割り当てる情報量の割合は、分野によって、また論文によってもまったく異なるだろう。序論の前半では、次の4つの要素のうちいくつかを述べるとよいだろう。

伝えるべき内容	例
要素1: 研究のテーマおよび背景の説明	An XYZ battery is a battery that... The electrodes in an XYZ telephone battery are made of a composite of gold and silver, coated with a layer of platinum. The gold and silver provide structural support, while the platinum provides resilience.
要素2: 最先端の技術の現状および今後の課題	The performance of the battery can be strongly affected by the number of times the battery is recharged and the duration of each individual recharge. The battery is subject to three possible failure modes...
要素3: 研究の目的	A research program has recently been started by the authors in collaboration with a major battery manufacturer, with the goal of developing new design models for XYZ batteries. Analytical techniques are needed that can predict...
要素4: 文献の紹介	Computational techniques have been extensively applied to the study of the lifetime of XYZ batteries, in particular with regard to the number of times a battery is charged. However, little research to date has focused on the length of each individual recharge.

次に、序論の要素1～要素4で伝えるべき内容を解説しよう。括弧の中の数字は必要と思われるセンテンスのおおよその数だ。

要素1:研究のテーマおよび背景の説明（1～3センテンス）

場合によってはこのような説明をする必要のない論文もあるが、例の序論では、XYZバッテリーを定義することで、論文の背景情報（全般的な状況）を示している。通常、製品名称、技術用語の定義、キーワードの説明などを書く。

例の第2センテンスは、読者にとって既知の情報、およびその情報の重要性と新規性を伝えている。また、この分野の研究価値や将来性について、読者の理解を深めることに役立っている。これらが、読者にとっては新規の情報でありうる3文目への流れを作っている。読者は研究テーマを端的に知りたいと思っており、研究の

14.5　序論のオープニング　293

全般的な重要性を詳しく知ることに大きな興味はない。

要素2：最先端の技術の現状および今後の課題（2〜4センテンス）★

　例文で著者は一般的なテーマとしてXYZバッテリーを紹介後、より具体的な考察に入ろうとしている。それは電話機に使用されているXYZバッテリーであり、さらに具体的に言うと、同じバッテリーに固有の問題点だ。これこそ読者が最も興味を持っているはずの問題点であり、著者も埋めたいと願っているギャップだ。この問題点について、なぜこのテーマを選んだのか、なぜ重要と思うのかを、簡潔かつ明快に述べる必要がある。

要素3：研究の目的（1〜2センテンス）★

　この要素で、著者は主要な目的、すなわちギャップを埋めるためのプランについて述べている。後述の要素6と要素7をここに組み入れてもよい。またこの要素は文献レビューへの橋渡し的役割も担っている。

要素4：文献の紹介

　この要素では、自分の研究への興味を引きつけるために、背景情報としての文献を紹介する。このテーマに関する現在の知見が不十分であることを指摘する。

　この要素は見出しを新たに立てて単独のセクションを作る方法、臨床系の論文では「結果」の後で述べる方法、「考察」内で紹介する方法がある（第15章の「文献レビュー」を参照）。

14.6　典型的な科学分野ではない場合の書き方

　もちろん、前述の序論の構造がすべての科学分野の論文で使用されているわけではない。とはいえ、主要ポイントは共通している。他に序論の書き方としては、質問を投げかけて研究背景と研究目的を明らかにする方法があり、よく用いられている。

次の例は*The Effects of Feedback and Attribution Style on Task Persistence*と題された心理学を学ぶ学生クリス・ロゼクが書いた論文だ。Persistenceとはタスクに集中して取り組む能力、すなわちタスクを諦めずに辛抱強く継続する力を意味する。

> ***Persistence*** is an attribute valued by many. What makes some people persist longer than others? Are internal factors, such as personality traits, or external situational factors, such as feedback, responsible for persistence? ***Could the answer include a combination of both?*** These are the questions this experiment attempted to answer.

　全体テーマはわずか7語で構成された最初のセンテンスの冒頭で紹介されているpersistenceだ。読者としてはただちに文脈を理解してそこに集中できる（**14.5節**の序論の構成に関する要素2に該当する）。この流れを受けて、第2センテンスが疑問形で提示され、著者のクリスが論文中で述べようとしている問題に触れている（要素3）。その次のセンテンスで、persistenceの典型的な属性について述べている（要素5と同じ）。さらにCould the answer include a combination of both?という質問が、クリスの研究の成果を示唆している（要素7）。最後のセンテンスは、言及されたすべての点についてクリスが扱うことを示唆している。この後に序論は文献レビューへと続き（要素6）、最後に仮説が提示されている（要素9と同じ）。

　著者のクリスは、通常の序論で提示すべき要点をほぼすべて網羅している。しかもそれに要したセンテンスはわずかだ。また質問を投げかけることで読者の興味を引きつけることに成功している。読者はその問いに対して回答を用意し、結果的に最後まで読み進むことになる。

14.7　序論の後半の構成

　14.5節で示した序論の後半を紹介しよう。

14.7　序論の後半の構成　295

伝えるべき内容	例
要素5： 関連文献の調査	More recent research has occurred in the field of laptop and jPud batteries. Evans [15] studied the lifetime in 5G jPud batteries. Smith [16] and Jones [18] found that... However their findings failed to account for...
要素6： 著者の貢献	To the best of our knowledge there are no results in the literature regarding how the length of each recharge impacts on the silver and gold in the electrodes.
要素7： 研究の目的	The aim of the present work is to construct a model to perform a comprehensive investigation of the effect of recharging on the electrodes, and to find a new proportion in the amount of metals used. The assumptions of Smith [16] and Jones [18] are used as a starting point...
要素8： 主な結果	The results of the model are encouraging and show that...
要素9： 将来的な意義	This new model will be able to...
要素10： 本文構成の紹介	Section 2 introduces the concept of...

　序論の要素5から要素10で伝えるべき内容を、以下に解説する。

要素5：関連文献の調査

　この要素で著者は専門分野の文献をレビューしている。前要素と同様に、未解決の問題点に焦点を当てることが多い。読者は、この研究分野における重要な領域がまだ十分に研究されていないことや、その文献の著者らがすべての問題を報告しているわけではないことを知る。

　研究目的の達成のために何が必要かを記述するだけでよい。これらの関連文献の多くが考察のセクションで比較目的のために再び引用されることになる。

文献レビュー（すなわち要素4と要素5）の長さは1パラグラフから数ページまでさまざまだ。文献レビューの書き方について詳しくは第15章参照。

要素6：著者の貢献（1〜2センテンス）★

　著者は自分たちの発見が現在の知見（要素2、4、5で記載）よりもどのように優れているかを明言する。

要素7：研究の目的（1〜2センテンス）★

　研究の最終目標について述べることは、どのような序論においても非常に重要だ。自分たちの研究目標と期待される結果を査読者や読者が完全に理解できるように、別にパラグラフを設けて解説するのがよい。どのような方法を用いたか、またなぜその方法を用いたかを読者に説明する必要があるだろう。

要素8：主な結果（1〜4センテンス）

　もちろん主な結果については論文の他のセクション（通常は、要旨、結果、考察、結論）で説明することになるのだが、多くの著者が序論においても背景状況に自らの貢献内容が加わることで得られる結果を述べている。

要素9：将来的な意義（1〜2センテンス）

　考察や結論に至るまで言及しない著者もいる。しかし、ここで述べておくことで、研究の重要性を簡単にでも読者に伝達することが可能になり、また読者も論文を読み進めやすくなる。

要素10：本文構成の紹介（短文で3〜4センテンス）

　もしあなたの論文が投稿先のジャーナルの規定に従った標準的な構成であり、読者はあなたの論文がどのような順番で構成されているかをすでに知っているならば、不要な要素かもしれない。本文構成の書き方については**14.12節**参照。

14.8 時制の使い分け

次の S1 、 S3 、 S5 はオードリーとノイキルヒの論文（→14.3節）から、 S2 、 S4 、 S6 はロゼクの論文（→14.6、15.4節）から引用した。

現在形は、序論の前半で研究の背景すなわち既知の情報に言及するときに使われることが多い。

> S1 The physical process of fragmentation *is* relevant to several areas of science and technology.
> S2 Persistence *is* an attribute valued by many.

現在完了形は、過去のある時点から現在まで問題が続いていることを示すときに使われる。

> S3 Because different physical phenomena are at work during the fragmentation of a solid body, it *has mainly been studied* from a statistical viewpoint [1-5].
> S4 Persistence *has most often been studied* in terms of cultural differences.

文献レビューではさまざまな時制が使われる（→15.7節）。

序論の後半で、それ以降の本文中で何を考察する予定かを示すときにも現在形が使われる（we explain、I hypothesize など）。

> S5 In this Letter, *we explain* this multiple failure process and *point out* a general mechanism of cascading failure in rods: a breaking event *induces* strong flexural waves which *trigger* other breakings, leading to an avalanche like process.
> S6 Because of these findings, *I hypothesize* that subjects with internal attribution styles (as measured by the APCSS), higher levels of perfectionism, and any form of feedback *will show* greater task persistence.

S5 で、オードリーとノイキルヒは現在形を用いて研究結果を提示している。すべての著者が同じように現在形を使うわけではない。一般的には（決まりではない）、結果について述べるときに過去形を用いるからだ。つまり、承認されて常識となった事実は現在形で、新しい研究結果は過去形で表現する。

298　第14章　序論（Introduction）の書き方

S6 で、ロゼクは未来形を用いて主張または結論を述べている。このような未来時制の使い方は、確かな結果を提示するときよりも、仮説の証明を試みを行うときに限って使われる傾向がある。

14.9　パラグラフの長さ

序論を書く目的は、研究の基礎となる背景情報を読者にすばやく理解してもらうことだ。

序論は、長い1つのパラグラフになってはいけないし、もちろん複数の長いパラグラフになってもいけない。このパラグラフの長さに関する問題は、序論と考察ではよくみられる典型的な問題であり、パラグラフをいくつかに分割することは極めて重要である（→第3章「パラグラフの構成」）。

パラグラフの長さは75ワードから175ワードが適当であろう。基本的に150ワードは超えないように注意が必要だ。重要なポイントが目立つようなパラグラフにするためであれば、75ワードに満たなくてもよい。

長い1つのパラグラフを書くよりも短いパラグラフを重ねることのメリットは、論理的思考（議論）の流れを説明しやすいことだ。つまりさまざまな議論のお互いの関連性を明確にすることができる。長いパラグラフの中では、理論とエビデンスをゆっくり積み上げていっても、思考の筋道は簡単に失われてしまう。

序論では、次のようなときに改行して新しいパラグラフに書くべきだ。

- トピックの変更、または同じトピックであっても別の視点から考察するとき
- 解説が次のレベルの段階へと進むとき
- 自分とは異なる考えや視点を持つ他の著者に言及するとき
- 解説したことの影響について言及するとき
- 研究の目的について述べるとき
- 論文の構成について述べるとき

序論を印刷して見てみれば、パラグラフが長くなることのマイナス面を容易に感じることができるだろう。長いパラグラフで読者の興味を引きつけることはできない。

14.10　序論における典型的な落とし穴

序論は、論文の中では中心的な役割を果たしているわけではないので、論文執筆においては最も筆が進まないかもしれない。

時間を節約するために、研究者たちは研究に至った論文を一つ一つ紹介するのではなく、参考文献をまとめて「これらは我々の研究の前に行われたすばらしい研究成果だ」といったお決まりの表現を使って紹介していることも多い。

しかし、いずれかの時点で、自分の研究の方法と結果が従来の研究と比較してどの程度の新規性を有しているかを示すことが必要だ。自分の研究の貢献を示さずに、単に主要な研究を引用するだけでは不十分だ。

必ずしも従来の研究よりも優れている必要はないが、少なくとも1センテンスで関連分野における他の研究の成果に触れて、自分の研究の新規性および従来の研究との差別化について述べるべきだ。その具体的な方法を2つ示す。

- 従来の研究の短所を指摘し、自分の研究がそれらを改善できることを論理的に示す。一つ一つの短所に対する改善策を具体的に示す
- 新しい方法、アルゴリズム、手順と準備、実験を示し、その妥当性を示す

もし査読者から、序論に「筆者らは○○○に関する30年以上にも及ぶこの領域での△△△コミュニティの努力を無視している」というコメントがつき、詳細な情報を追加することを求められたら、単に参考文献を増やすだけでは問題は解決しない。

従来の研究について述べることで、自分の研究が多大な貢献をもたらす可能性があることを強調することができる。そうすることで、あなたの研究は十分に認められるだろう。これまでに参照した論文で、あなたの研究が解決できる問題を指摘しているものがあれば、それらを引用することが役立つだろう。他にも同じような研

究をしている研究者はいるだろう。それらの論文も同様に引用する必要がある。

自分の研究の引用か他の研究の引用かを明確にすることは重要なポイントだ（→ 第7章）。

注：上記のアドバイスの多くは、私が実際に編集に携わった論文の査読者から得た 情報である。

14.11　序論で使ってはならない表現

査読者は多くの原稿を読まなければならない。そのこと自体はやりがいのある仕 事だが、要旨と序論がいつも同じようなセンテンスで始まっていれば、退屈に感じ られるに違いない。序論の冒頭でお決まりの表現を避けることを推奨する専門家も いる。例えば、Recent advances in... や The last few years have seen... などがそうだ。 彼らはもっと単刀直入な表現を使うことを推奨している。

14.12　論文の全体の構成を説明する

まず、論文の構成を説明する必要があるかどうか、投稿先のジャーナルの投稿規 定を確認しよう。もしその必要があれば（必要がなくても投稿先ジャーナルのすべ ての論文が説明していれば）、以下に示した修正後の例のように、論文の構成をで きるだけ簡潔にまとめよう。

✕ 修正前	◯ 修正後
The paper is structured as follows: in Section 2 *a survey of the works related to X is provided*. In Section 3 the method that we propose for the analysis of X is shown. In Section 4 the tool that automatizes this methodology is presented and in Section 5 its	Section 2 *surveys* the works related to X. Section 3 *outlines* our method for analyzing X. In Section 4 the tool that automatizes this methodology is presented, and in Section 5 its components are described. Section 6 *discusses some industrial case studies*

components are described. In Section 6 *the experience in the application of the tool to industrial case studies is reported and discussed* and finally, *in Section 7, conclusions are provided and future works described.*

using the tool.

修正後の語数は修正前の84ワードの約半分の45ワードになっている。語数削減のために次のような工夫が行われている。

- 不要なセンテンスを削除した。ジャーナルによっては、また査読者の中にも、序論の最初のセンテンスは必ずしも The paper is structured as follows. でなくてもよいとしている。序論の最後に新しいパラグラフを設けて、論文の全体構造について説明するだけでよい
- 動詞を受動態（a survey...is provided.）から能動態（surveys）に修正した。変化を出すために受動態も使っている。すべて能動態にしてパラグラフをさらに短くすることも可能だ
- 冗長な箇所を削除した。例えば、the experience in the application of the tool to industrial case studies is reported and discussed という表現はあまりにも冗長だ
- 言わずとも明らかな箇所は削除した。多くの論文が結論のセクションで終わっており、それをわざわざ述べる必要はない（修正前の Section 7 を削除）

注：sectionという単語は、その後に数字を伴っていれば最初のsを大文字で表記する。例を示す。

> S1 This is covered in *Section* 4.
> S2 More details will be given later in this *section*.

302　第14章　序論（Introduction）の書き方

14.13　まとめ：序論のチェックポイント

以下の項目を自分に質問し、序論を自己評価してみよう。

- ☑ 序論が論文全体の多くを占めてはいないか。また、あまりにも一般的な事実を多く含んではいないか。

- ☑ 研究の目的は明確に定義されているか。解決しようとしている問題点、および研究の方法を採用した理由は明確か。

- ☑ 背景情報は、すべて研究の目的に関連しているか。

- ☑ 論文の後半（すなわち結果と考察）でどのような論理が展開されるか、読者は明確に予想できるか。

- ☑ 序論は論文全体のロードマップの役割を果たしているか。

- ☑ 要旨の単なるカット＆ペーストではなく（多少の重複は問題ない）、独自性のある内容になっているか。

- ☑ 読者にとって本当に重要なこと、および考察のセクションで詳述することだけを述べているか。

- ☑ 可能な限り簡潔な表現を使っているか。

- ☑ 時制を正しく使っているか。一般的な研究背景や論文で考察する内容への言及には現在形を使っているか。過去のある時点に起きたことの影響が現在に及んでいる場合には現在完了形を使っているか。研究の貢献の記述には過去形を使っているか（注：現在形や現在完了形で表現されることもある）。

第 15 章
文献レビューの書き方

> **論文ファクトイド**
>
> 以下は *Nature* に掲載された The top 100 papers という記事から抜粋した。
>
> 論文の評価の高さは、その論文が他の論文にどれだけ引用されているかで測ることができる。1964 年、SCI（Science Citation Index：科学引用索引）が設けられた。この索引は現在ではトムソン・ロイター社が管理している。改良が加えられ、1900 年から現在に至るまでの 150 分野のトップジャーナル 6,500 誌をカバーしている。
>
> 5,800 万項目以上を網羅するトムソン・ロイター社が運営する学術データベースのウェブ・オブ・サイエンスのトップ 100 に論文がランクインするためには、12,000 回以上引用されなければならない。
>
> 有名な論文であっても上位 100 位内にランクインするとは限らない。上位 100 位内にランクインしている大多数が、今日頻繁に使用されている実験方法やソフトウェアプログラムに関する論文だ。
>
> 引用回数が最も多い論文（30 万 5 千回超）は、生化学者のオリバー・ローリーが 1951 年に発表した論文で、溶液中のタンパク質量を同定する解析に関するものだ。
>
> 引用回数が最も多い分野は生物学の実験技術で、上位 10 位中 6 位を占めている。
>
> 2014 年に発表された Google Scholar の上位 100 位の論文のうち、上位 10 位はすべて 1993 年以前に発表されたものだった（書籍：6 冊；論文 4 報）。2000 年以降に発表された論文はわずか 3 報であった。
>
> Google Scholar で引用回数が最も多かった論文（約 22 万 5 千回）は、*Nature* に発表された *Cleavage of structural proteins during the assembly of the head of bacteriophage T4* という論文だった。

15.1 ウォームアップ

　以下はある論文の文献レビューのセクションからの引用だ。Alopecia areataは男性の円形脱毛症を意味する医学用語だ。架空の引用だが、すべての原因と治療法が（バナナは除く）、脱毛症に関連する有名なウェブサイト上で確認することができる。

　3つのパラグラフの構造を分析してみよう。パラグラフ内の各センテンスはどのような役割を担っているだろうか。

1. Smith et al. (2016) reported that *alopecia areata* may be cured by massaging the scalp with substances such as honey, lemon juice, black pepper and egg yolk. *However*, the application of mango pulp with mustard seeds had only an 18% success rate. We prove that the placement of frozen banana skins for 3-minute periods over the bald patch has a success rate of more than 30%, in fact...

2. In 2017, Jones et al carried out tests using coconut milk, *but* only with a relatively small sample (75 subjects). In our experiments, we used a much larger sample (600 males, average age 44.6), using a blend of almond oil and castor oil.

3. In a previous paper [23] we found that emotional anxiety and intake of fast food were the primary causes of *alopecia areata*. *In this paper, we make a further contribution* by showing that although the consumption of vitamins is considered to be a possible cure, in reality that avoiding certain vitamins not only cures *alopecia areata but also alopecia capitis totalis*.

　文献レビューを行うときに重要なことは、単に過去の論文をリストアップすることではない。真の目的を以下に示す。

1. 他の研究者の研究成果や自分がこれまでの研究で達成したことを述べる。
2. 自分の研究の弱点や限界、あるいは自分の過去の研究をさらに一歩深めることを目的にした理由を述べる（上の例文では、however、but、we make a further contributionなどで示した）。
3. 自分はどのように問題を解決したか。またどのような改善が見られたか。

文献の引用方法については**11.3節**を参照。

次に、自分の研究を振り返って、下記の空所を埋めてみよう。

> Smith et al. (2016) approached the problem of ＿＿＿＿＿ by doing＿＿＿＿.
> Our approach is to ＿＿＿＿. In fact, the advantage of our solution is ＿＿＿＿.
> It is a novel approach because ＿＿＿＿.

*

　文献レビューを書くときに重要なことは、現状に至った経緯を示すための情報量が読者にとって適切であることだ。多過ぎて冗長になってはならないし、また少な過ぎて研究の意義を伝えられないのも困る。研究の背景情報は次の2つの観点から必要だ。

- 他の研究の業績や限界について系統的で詳しい説明が可能になる
- 自分が新しく発見した事実やデータをレビュー文献と関連づけられる

　文献レビューの情報量は専門分野によって千差万別だ。研究分野によっては完璧な理論的裏づけが必要で、それに2ページ以上を要することもある。

　研究分野によっては1パラグラフで十分なこともある。そのような場合、すでにあなたの研究分野の知識を十分に有している読者もいるので、新しい研究結果の紹介まで待たせないように配慮しよう。

15.2　文献レビューの構成

　通常、文献レビューとは、次のような問いにこのような順序で答えることである。文献レビューを書くとき、これらの問いが役立つはずだ。

1. 自分と同じテーマを扱っている研究で、影響力の大きい研究があるか？その研究に言及する必要性があるか？
2. それらの影響力の大きい研究が発表されて以降、どのような進展があった

か？

3. 最近の最も重要な研究はどのような研究か？それらの研究をどの順序で紹介すべきか？

4. その最近の研究の結果と限界は何か？

5. その限界からどのような問題点が明らかになったか？

6. その問題点を自分の研究はどのように解決できるか？

15.3 すべての関連文献及び自分の意見とは異なる文献のレビュー

総説でなければ、すべての文献を紹介する必要はない。また自分の研究の正しさを、肯定的及び否定的の両面から証明してくれる文献をレビューすればよい。

［否定的］とは、あなたの専門分野の文献で、あなたの研究とは仮説、研究方法、結果が異なる研究のことだ。あなたの目的は、査読者から次のようなコメントをもらうことではない。

「筆者の文献レビューは自分たちの仮説を支持する文献に限られており、関連する文献をすべてレビューしているわけではない。」

研究者としてのあなたの使命は、目標を達成して仮説の正しさを証明するための道を盲目的に進むことではない。その他の可能性も率直に受け入れて、他の研究方法や結論があり得ることを読者に示さなければならない。

15.4 文献レビューのオープニング：これまでの進展を効果的に伝える

次の例は心理学を専攻する学生クリス・ロゼクが書いた *The Effects of Feedback and Attribution Style on Task Persistence* と題された論文の序論からの引用だ（序論のオープニング→**14.5節**）。

Persistence **has most often been studied** in terms of **cultural differences**. Blinco (1992) **found** that Japanese elementary school children showed greater task persistence than their American counterparts. School type and gender were not factors in moderating task persistence. This *left culture as the remaining variable*.

Heine et al. (2001) *furthered* this idea by testing older American and Japanese subjects on responses after success or failure on task persistence. Japanese subjects were once again found to persist longer (in post-failure conditions), and this was *speculated* to be because they were more likely to view themselves as the cause of the problem. *If* they were the cause of the problem, they could also solve the problem themselves; although this could only be accomplished through work and persistence. Americans were more likely to believe that outside factors were the cause of failure.

These cultural studies hinted that task persistence may be predictable based on attribution style. A later experiment *showed* that attribution style and perfectionism level can be correlated with final grades in college-level classes (Blankstein & Winkworth, 2004).

第一パラグラフでは、最初のセンテンスがトピック（cultural differences）を紹介し、それ以降で、このトピックを研究している主な研究を簡潔にレビューしている。この研究の意義（culture as the remaining variable）が後半で要約されている。

第二パラグラフでは、最初のセンテンスがその次に重要な研究を時系列順に紹介している。クリスはヘインの研究を上手に要約して読者の注意を引きつけている。まずspeculated（推測した）という動詞を使い、次のセンテンスではifを使ってその推測の例を示している。

第三パラグラフでは、さらに新しい発見を紹介するために、第一パラグラフと第二パラグラフで述べた発見を最初のセンテンスで要約している。

時制の使い方にも注意しよう。最初のセンテンスでは現在完了形を用いて概論を述べている。他の研究者の論文に時系列に言及するときは過去形を使っている。

クリスは文献レビューを次のように構成している。

1. テーマの導入

308　第15章　文献レビューの書き方

2. 文献の紹介

3. 簡潔に要約

4. 次のテーマの紹介

　このテクニックはとても良く機能している。それはストーリーを語っているからである。読者がクリスの研究を無理なく理解できるようにロジカルに構成されている。実際、序論の最後のセンテンスはBecause of these findings, I hypothesized that...というセンテンスで始まり、クリスは徐々に読者の注意を自分の研究に引きつけることに成功している。

15.5　他の研究の研究者または成果に焦点を当てる

　他の研究に言及する方法はさまざまである。次の4つのスタイルは同じ情報を含んでいるが、着目している点はそれぞれ異なる。

スタイル1：*Blinco* [1992] *found* that Japanese elementary school children showed...
スタイル2：*In* [5] *Blinco found* that Japanese elementary school children showed...
スタイル3：A *study* of the level of persistence in school children *is presented by Blinco* [1992].
スタイル4：A greater level of persistence has been noticed in Japan [5].

　スタイル1では著者のブリンコが彼の研究成果と同程度に強調されている。このスタイルが好まれる3つの理由がある。(1) 最も一般的なスタイルであり、読者としては読みやすい。(2) 研究成果よりも研究者を強調できる。(3) その研究者をさらに別の研究者と比較することが可能（例：While Blinco says X, Heine says Y.）。

　スタイル2はスタイル1とほぼ同じだが、ブリンコの著した複数の論文に言及しようとしている。研究成果がセンテンス内で最も重要な要素となる。

　スタイル3は、ブリンコの研究成果は著者自身より重要であることを伝えている。典型的なスタイルであるが、必然的に受動態を使うことになり、長く重いセンテンスになってしまう。

スタイル4では、ブリンコの名前には言及せず、ブリンコの論文を参照論文として紹介するにとどめている。

どのスタイルを用いるかはジャーナルの投稿規定次第だが、フレキシブルに考えてよいだろう。実際、**15.4節**のクリス・ロゼクの序論は2つのスタイルを採用している。

> ● Heine et al. (2001) furthered this idea by testing...
> ● ...can be correlated with final grades in college-level classes (Blankstein & Winkworth, 2004).

2つのスタイルを使っている理由は次の2点である。

- ➡ 焦点を研究者から研究成果に移したい
- ➡ 読者のことを第一に考え、単調な文体にせず、変化を持たせたい

15.6 既存の研究の限界と自分の研究の新規性を効果的に述べる

文献レビューの中で自分の研究成果と既存の研究の限界について読者に訴えたいときもある。自分の研究にこれまでにない新規性があれば、次の例文のような表現を用いて示すことが可能だ。

> ● *As far as we know*, there are no studies on...
> ● *To [the best of] our knowledge*, the literature has not discussed...
> ● *We believe that this is the first time* that principal agent theory has been applied to...

もし既存の研究の限界について述べたいのであれば、次のような表現を使うとよいだろう。

> ● *Generally speaking* patients' perceptions are *seldom* considered.
> ● Results often appear to *conflict* with each other...
> ● So far X *has never been applied* to Y.

310 第15章 文献レビューの書き方

- ***Moreover***, no attention has been paid to...
- These studies have ***only*** dealt with the situation in X, ***whereas*** our study focuses on the situation in Y.

自分の研究の貢献度を強調する方法は第8章に、既存の研究の限界について述べる方法については第9章にまとめた。

15.7　時制の使い分け

文献レビューには現在形（**S1**）または現在完了形（**S2**）が使われることが一般的だ。

> **S1** In the literature there ***are*** several examples of new strategies to perform these tests, which all ***entail*** setting new parameters [Peters 2001, Grace 2014, Gatto 2018].
> **S2** Many different approaches ***have been proposed*** to solve this issue.

現在も進行中の研究に言及するときには現在完了形を用いる。次の **S3** や **S4** では過去の年が具体的に示されているが、それらの年は将来的にも継続される現在進行中の研究の一部である。

ということは、過去形は次のような状況では使用<u>できない</u>ということだ。

> **S3** <u>Since 2016</u> there ***have been*** many attempts to establish an index [Mithran 2017, Smithson 2018], but <u>until now</u> no one has managed to solve the issue of...
> **S4** <u>As yet</u>, a solution to Y ***has not been found***, although three attempts have been made [Peters 2001, Grace 2014, Gatto 2018].
> **S5** <u>So far</u>, researchers ***have only found*** innovative ways to solve X, but not Y [5, 6, 10].

S3 ～ **S5** の下線部に注目していただきたい。通常、これらの時を表わす副詞句は現在完了形とともに用いられる。その理由は、研究の開始などの過去に起因することが現在でも継続していることをこれらのセンテンスが示しているからだ。

また現在完了形は、特定できない過去のある時点で実施された研究について述べ

るときや、研究が過去のいつの時点で実施されたかは論文中において重要ではないときにも使用される。

> **S6** In ***has been shown*** that there is an inverse relation between the level of bureaucracy in a country and its GDP.
> **S7** Other research [Green, 2018] ***has proved*** that bureaucracy can have a negative impact on incentivizing companies to adopt environmental measures.

S6 では、参考文献は示されていないが、inverse relation は著者が発見したものではなく他の研究者が発見したものであることが示唆される。しかし、どのような場合であっても、参考文献は常に提示したほうがよい。もしここで現在時制を使えば（It is shown...）、読者は、この論文の著者が自分の研究について述べていると誤解する可能性がある。

S7 では研究発表の年が2018年であると具体的に示されているが、この論文の筆者としては、研究による発見（官僚制度の悪影響）を重要なポイントとして示したいのであって、この発見がいつの時点で文献として報告されたかが重要であるわけではない。

過去形を使うのは次のような場合だ。

- 発表の年が括弧の中ではなくセンテンスの中で示されるとき
- 特定の研究に具体的に言及するとき（例：その後おそらく使われなくなった初期の研究方法に言及するとき）
- 特定の研究が発表された年や、ある事実が実証された年に具体的に言及するとき

次の **S8** から **S10** では、すでに終了した行為について述べているので、現在完了形は<u>使えない</u>。

> **S8** The first approaches ***used*** a manual registration of cardiac images, using anatomical markers defined by an expert operator along all images in the temporal sequence. Then ***in 1987***, a new method ***was*** introduced which...
> **S9** This problem ***was*** first analyzed ***in 2014*** [Peters].
> **S10** Various solutions ***were*** found ***in the late 1990s*** [Bernstein 1997, Schmidt

1998].

その他の場合は次の例文に示したスタイルに従うのがよい。

> **S11** Lindley [10] *investigated* the use of the genitive in French and English and his results *agree* with other authors' findings in this area [12,13,18]. He *proved* that...
> **S12** Smith and Jones [11,12] *developed* a new system of comparison. In their system two languages *are* / *were* compared from the point of view of.... They *found* that....
> **S13** Evans [5] *studied* the differences between Italian and English. He *provides* / *provided* an index of.... He *highlighted* that....

S11 ～ **S13** では、最初の動詞の主語はその論文の筆者である。通常、このような動詞には過去形が使われる。似たような動詞にexamine、analyze、verify、propose、design、suggest、outlineなどがある。

S11 ～ **S13** のこれらの動詞は現在形にして使うことも可能だ。しかし現在形を使うときは、その構文がやや異なる（**S14**）。まずレファレンスを、その次に論文筆者名を示す。

> **S14** In [5] Evans *studies* the differences....

S14 に過去形（studied）を使っても問題はない。

S11 ～ **S13** の2つ目の動詞は、論文筆者の発見を説明している。**S11** のagreeの使い方は正しい。なぜならリンドレイの発見はセンテンスの後半で紹介されている論文と現在でも一致するからだ。**S12** と **S13** では、過去形と現在形の両方の使用が可能だ。しかし、研究のシステムや方法などを説明するときは現在形を使うのが一般的だ。**S12** で現在形を使うと、スミスとジョーンズが現在でも自分のシステムを使用していること、そしてそれは現在も有効であることを強調している。**S12** で過去形（were compared）を使うと、スミスとジョーンズのシステムは現在ではもう使用されていないこと、そしてすでに新しいシステムに取って代わられたことを意味するだろう。

S11 ～ S13 の３つ目の動詞（prove、find、highlight）は筆者が達成したことを示す働きがある。通常このような動詞は過去形にして（proved、found、highlighted）使用される。しかしこのような場合にも現在形を使う著者もいる。

すでに発表された法則や、理論、定義、根拠、定理などには現在形を使う。これらはすでに確立された知見と理解されているので、現在形の使用が適切だ。

S15 The theorem *states* that the highest degree of separation is achieved when....
S16 The lemma *asserts* that, for any given strategy of Player 1, there is a corresponding....

15.8 文献レビューの語数を減らす

文献レビューは次の修正前の例のように冗長になりがちだ。

✕ 修正前	◯ 修正後
1 Long sentences *are known to be* characteristic of poor readability [Ref].	1 Long sentences *are* a characteristic of poor readability [Ref].
2 *In the literature* the use of long sentences *has also been reported* in languages other than English [Ref].	2 Long sentences *are* not exclusive to English [Ref].
3 The use of long sentences *has been ascertained* in various regions of Europe during the Roman period [Ref].	3 Long sentences *were used* during the Roman period in various regions of Europe [Ref].
4 The concept of author-centeredness *has been suggested as playing* a role in the construction of long sentences [Ref].	4 Author-centeredness *may play* a role in the construction of long sentences [Ref].

5 *Several authors have proposed* that in scientific writing the occurrence of a high abundance of long sentences *is* correlated to ... [Ref].

5 In scientific writing the occurrence of a high abundance of long sentences *may* be correlated to ... [Ref].

修正前の英語も悪くはない。頻繁に使用しなければこのような表現もまったく問題はない。しかしこのような表現を使っていつも文献をレビューしていると、無駄に長いだけの冗長なセンテンスになってしまう。読者としては文献のポイントをただちに理解することは難しいだろう。

修正前のイタリック体で示した言葉のほとんどすべてが削除可能だ。なぜなら読者は、センテンスの最後にある参照番号から、他の研究者またはあなたの論文について述べられていることを知ることができるからだ。あなたの現在の研究、あなたの過去の研究、他者の研究を明確に区別する方法については第7章参照。

しかし、もしイタリック体で示した言葉を削除しても、それが既知の真実であるか（修正前1～3）、それとも単なる提案か（修正前4、5）は示す必要がある。現在の時点で既知の真実と確立されていることについては現在形が使える（修正後1、2）。過去のある時点で既知の真実と確立されたことについては過去形が使える（修正後4、5）。何かを提案するときはmayを使うことができる（修正後4、5）。文献を明記しているので、mayを使用することで自分の個人的な意見ではなく所属コミュニティ全体の考えであることを示すことができる。

15.9　まとめ：文献レビューのチェックポイント

以下のような項目を自分に質問し、文献レビューを自己評価してみよう。

- ☑ 自分は最新の知見に精通している研究者であることを示せているか。

- ☑ 読者にとって本当に重要なこと、および考察のセクションで詳述することだけを述べているか。

- ☑ 自分の仮説に肯定的な文献のレビューだけに偏っていないか。

- ☑ 論文をレビューする順番は論理的か。また、その論文を選んだ理由は明確か。

- ☑ 自国の筆者による論文を多く選んでいないか。

- ☑ 参考文献一覧に載せた論文はすべて本文で紹介しているか。

- ☑ 文献レビューの方法はジャーナルの投稿規定に従っているか。可能な範囲で変化を持たせてレビューしているか。

- ☑ 冗長にならないよう不要な表現は削除したか。

- ☑ 時制を正しく使っているか。現在形は確立された科学的事実について述べるとき、現在完了形は文献レビューの始めに一般的な意見を述べるときや過去から現在に至るまで進行中の研究について述べるとき、過去形は、具体的なデータを述べるときや著者の発見を紹介するときに使う。

第16章
方法（Methods）の書き方

> **論文ファクトイド：古代〜中世の医療**
>
> **軽症の治療**：エジプト人はさまざまな動物や昆虫（ロバ、犬、ガゼル、ハエ）の糞を利用していた。今日では、ある種の動物の糞中の細菌叢には抗生物質が含まれていることが知られている。
>
> ❋
>
> **腺ペスト（14世紀）**：死を免れるために病人は司祭の前で自分の罪を告白することを求められた。
>
> ❋
>
> **重症の治療**：患部に吸血虫を置く（浸出療法）、大量の血液を抜くために静脈を切る（瀉血療法）、頭蓋骨に穴を開ける（尖頭術）などが行われていた。
>
> ❋
>
> **痔核の治療**：痔核は焼いて（焼灼）摘出していた。患部を塞いで大量出血を防ぐ目的にも焼灼が利用されていた。
>
> ❋
>
> **手術時の鎮痛**：レタスの絞り汁を去勢雄豚の胆嚢の内容物を混ぜたものと、アヘン、ヒヨス（精神活性作用のある植物）、アメリカツガ（猛毒植物）の絞り汁、酢、ワインを併用して麻酔薬として使用していた。
>
> ❋
>
> **超人的パワー**：水銀、硫黄、ヒ素の混合物を飲むと、患者は水面を歩くことができるようになり、さらに不死身にさえもなれると考えられていた。

16.1　ウォームアップ

（1） 次の8つの研究プロジェクトのうち、方法のセクションを書くことが難しいのはどの研究か？どのような困難が予想されるか？あなたならどの研究を行いたいか？

- サンタクロースが世界中のすべての子どもたちの家を訪問するために要する速度の計算
- 火渡り師が足に火傷を負わない理由の解明
- ノアの箱舟の最小サイズを、世に知られているすべての動物が2匹ずつ乗り、6週間分の食糧があると仮定して算出する
- 魅力的な人がメガネをかけるとさらに魅力的に見える理由
- ホメオパシー医療が効果的であることを証明する
- 恐竜が絶滅していなければ人類は現在とは異なる進化を遂げていたという仮説を検証する
- 7ヵ月の幼児の知的レベルは7歳の猫とほぼ同等かどうかの考察
- 自分の頭の重さを測る装置の考案

（2） 次のパラグラフはある論文の方法のセクションから引用したものである。重大な問題があるがそれは何か？他に問題はないか？この引用は、箱の中に入っている爆弾の信管の外し方について述べたものである。

> First, the lid at the top of the box should be carefully removed, provided that it has been ascertained that there is no trigger device. Second, the three wires at the side of the explosive device should be identified before proceeding with step three: the cutting of the green wire. Finally, the red wire should also be subjected to a cutting process after the blue wire has been disconnected.

※

　このセクションは方法（Methods）、方法と材料（Methods and Materials）、実験（Experimental）、実験と検証（Method Description and Validation）などいくつかの名称がある。本書ではこれ以降 ［方法］ と呼ぶことにする。

318　第16章　方法（Methods）の書き方

多くのジャーナルで方法のセクションは文献レビューの後に続いている。結論の後に述べられることもある。

方法を書くコツは、同じ分野の研究者が難なく理解できるように、また必要なら再現できるように、実験で使った材料および研究の方法を詳しく説明することだ。そのための鍵となるスキルは、自分の論文も含めて同じ方法を用いている他の文献に広く言及しながら、説明が完璧かつ可能な限り簡潔であることだ。

もう一つの鍵となるスキルは、明解かつ論理的に書くこと。読者にとっての読みやすさを重視して、一般的には1つのセンテンスに2つ以上の情報を入れてはならない。

研究の方法は自分が最もよく知っているので、方法が最も書きやすいセクションであることに多くの科学者が同意している。論文の原稿は方法から書き始めるのがよいだろう。

16.2　方法の構成

方法は、もちろん専門分野によって差はあるが、次の問いに答えられなければならない。

- 研究の対象は何/誰か。どのような仮説を検証したか
- どこで研究を実施したか。研究に選んだその場所にはどのような特徴があったか
- 実験/サンプリングをどのようにデザインしたか。どのような仮説が得られたか
- どのような変数を測定したか。その理由は何か
- 材料/対象をどのように治療/飼育または扱ったか。どのような注意が必要だったか
- どのような装置を使用したか。装置にどのような修正を加えたか。装置はどのようにして入手したか
- どのようなプロトコールにしたがってデータを収集したか
- データはどのように分析したか。どのような統計解析手法、数式、ソフ

16.2　方法の構成　319

トウェアを用いたか
- 有意差を判断するためにP値をどう設定したか
- どのような文献を紹介して方法のセクションの説明を簡潔にしたか。
- どのような困難に遭遇したか
- 自分の研究方法は従来の研究方法と比較してどのように違うか。またどのような優位性があるか

　他の研究者が再現できるように、十分な情報を開示すること（濃度、温度、重さ、大きさ、長さ、時刻、時間など）。

　読者があなたの研究の手順を容易に理解できるように、すべての情報を論理的な順序で開示すること。通常、実際に実験を実施した順序にしたがって示す（→16.7節）。実験ごとに見出しをつけて解説すれば読者としては理解しやすいし、結果のセクションで別の角度から再び言及したいときにも役立つだろう。

　実験やサンプリング手順、選考基準などには複数のステップがあるだろう。各ステップを統一性のある論理的な順序で説明すると読者の理解はさらに高まる。

　必要なステップはすべて解説すること。自分の研究方法については自分が最も良く理解しているので、わざわざ説明しなくてもよい（つまり説明する価値がない）と考えたり、単に忘れたりして重要な情報を省略しないように確認すること。

16.3　能動態と受動態、時制の使い分け

　方法では受動態を使うほうがよい。動作者よりも動作そのものが強調されるからだ。受動態はいかなる場合も避けるべきであるという専門家のアドバイスには従わなくてよい。確かに受動態は避けたほうがよい（→7.4節）。しかしそれは使う必要がない場合にのみ（→7.3節）であって、方法のセクションでは受動態は必要であり、また受動態が相応しい。

　方法の多くが過去形または現在形で書かれている。どちらの時制を使うかは、あなたの専門分野（及び応用か理論か）、投稿するジャーナル、記述する内容などによって異なる。

過去形は、研究室やフィールドでの調査やアンケート調査などの実施前及び実施中の内容を記述するときに使う。方法のセクションで過去形が頻繁に使われるのはこのためだ。

　次のパラグラフは予備研究を説明するために使われた過去形の例だ。

> An explorative research approach **was adopted** using a seven-page survey on opinions and religious background. The findings **were collected** using an internet questionnaire survey. Six hundred religious institutions **were selected** from AMADEUS database, which **were then classified** into three groups based on....

　次は農学者が書いた方法の例だ。同様に過去形を使用している。

> A test bench (Fig. 1) **was used** in order to evaluate the effectiveness of the flame burner. Steel plates **were treated** with an open-flame burner (Fig. 2).

　現在形は標準的な方法を記述するときに使われる。あなたが論文中で報告する調査の目的を達成するためにあなた自身が考案した方法には現在形を使わない。

　例えば、仮に再生紙に関する論文を書いているとしよう。すでに文献に報告されている方法を紹介するときには現在時制を用い、自分の実験の各段階を紹介するときは過去時制を用いる。

　現在形は、実験手順、実験方法、使用したソフトウェアや機器などを紹介するときにも頻繁に使用される。このような場合、能動態が使われることが多い。

> ● Firstly, we **define** X as an exogenous measure of the natural rate of longevity of people.
> ● As in Chakraborty (2017), we **assume** that.... The rule is thus given by the following formula:
> ● Our machine **uses** diesel.... It **has** a 1,000 hp engine....
> ● The application **requires** 10 TB of space....

　どちらの時制を使っていいか迷うときは、投稿するジャーナルの方法のセクションで使われている時制を確認することをお勧めする。

16.4 方法のオープニング

　方法のセクションの書き始め方は研究の分野によって大いに異なる。まず、投稿するジャーナルに掲載されている論文の方法を確認し、他の研究者がどのようにこのセクションを書き始めているかを研究することをお勧めする。一般的には次のような方法がある。

（a）自分の採用した方法について概論を述べる。

　The **method described here is** simple, rapid, sensitive and....

（b）他の論文に言及する。

- The materials used for isolation and culture **are described elsewhere** [20].
- Materials were obtained **in accordance with** Burgess et al.'s method [55].

（c）材料の入手先を記述する。

- Bacterial strains...**were isolated** and kindly supplied by....
- Agorose for gel electrophoresis **was purchased** from Brogdon plc (Altrincham, UK).

（d）被験者の募集方法を説明する。

- **Subjects were chosen** from a randomly selected sample of....
- **Participants were selected** from patients at the Gynecology Faculty of the University of....

（e）調査の実施場所（地域）を記述する。

- Our empirical **investigation focused on** Tuscany, a central region of Italy....
- The **study was carried out** in four boulevards in Athens (Greece) and ....

（f）実験の実施内容を示した図に読者の注意を向ける。

　To highlight the advantages of the system, **Fig. 1 shows** the....

（g）実験の第一段階についてただちに述べる。

- Frontal cerebral cortices **were dissected from**....
- Core-cell composite materials **were prepared by** colloidal assembly of....

322　第16章　方法（Methods）の書き方

16.5 標準的な方法でも詳細に記述すべきか

その必要はないが、自分の方法が標準的であること、他の論文に記載されていること、製造元の指示にしたがっていることなどを読者に説明しなければならない（関連する論文や指示書を明確に示す）。

もし、based on methods previously describedという表現を用いたら、それが誰の方法であるか（自分たちの方法か、それとも他の研究者の方法か）を明記しなければならない。もし自分たちの考案した方法を用いたのであれば、次の **S1** ではそれがあいまいだ。

> **S1** based on methods described in *our* previous paper [56].

たとえ標準的な方法を用いたとしても、どこかに修正を加えたはずだし、それを記述すべきだ。

> **S2** Our methods followed the procedures outlined in [Wallwork, 2017] *with the two minor modifications*:
> **S3** Our procedure is as according to [Wallwork, 2017] *with the following exceptions*:

なお、もしまったく新しい研究方法を考案したのであれば、そしてその方法を前提として研究全体が成立しているのであれば、その新しい研究方法に着目した論文を別に執筆してもよいかもしれない。

16.6 過去に発表した自分の論文の方法と同じ場合、同じ説明をしてもよいか

過去に発表した自分の論文と内容がまったく重複する場合、編集者がそれを剽窃と判断する可能性がある（→ **11.1節**、**11.2節**）。

研究方法の引用元の論文を参照文献として紹介することだけでは不十分だ。その理由は、（1）方法のセクションが短くなりすぎる、また（2）読者の役に立たない

からだ。この問題は次のような文を用いることで解決することができる。

> **S1** Full details of the methods used can be found in ***our previous paper*** [*45*]. ***In brief***,.....

S1 が強調していることは次の3点だ。

- ➤ 自分たちが過去に発表した研究方法の全体を確認できる論文のレファレンス番号を示している
- ➤ レファレンスが自分たちの研究グループの執筆した論文であることを、our previous paper と表現して明確に示している
- ➤ In briefという表現を用いて最初に研究方法を要約している。この表現があることで、読者は現在読んでいる論文に解説されている研究方法が完全版ではないことを知ることができる

また、これらの表現を加えることで、過去に発表した研究方法に加えた修正箇所を明記する機会も得られる。現在執筆中の論文に解説した研究方法と過去に発表した研究方法とでは、そもそも研究テーマが異なっているはずだ。

16.7　すべて時系列に説明すべきか

基本的な考え方は、読者の理解を最大限に優先して、自分が実施した実験、試験、手順のすべてを開示することだ。場合によっては実験の順序が読者にとってあまり重要ではないこともある。そのような場合、時系列の説明にこだわる必要はない。

しかし読者は、センテンスやパラグラフを読んでいるとき、時系列に説明を受けていると感じているはずだ。

> **S1** *The sample, ***which*** was filtered and acidified at pH 2, was mixed with X.
> **S2** *The sample was filtered ***and*** acidified at pH 2 ***and*** then mixed with X.
> **S3** The sample was filtered and acidified at pH 2, ***and*** then mixed with X.
> **S4** The sample was filtered and acidified at pH 2. ***It*** was mixed with X, which enabled the resulting solution to stabilize at....

S1 の主旨はサンプルを X と混合したということだが、このまま読むと、最初に濾過と酸化を終えてから混合のプロセスに進んだとも理解される。S2 では、which 節を使わずに実験の手順を順番に紹介している。しかし S2 では and が 2 回使用されており、2 つのプロセスがどの順番で組み合わされたのか（濾過⇒酸化か、酸化⇒濾過か）が読者には明確ではない。S3 では、pH 2 の後にカンマを置いてこの問題を解決している。主旨が最も明快なセンテンスは S4 だ。いったん途中でセンテンスを切って、新しいセンテンスを後続させている。

S1 は非常に短かったが、修正して明確にできるセンテンスの良い例だ。通常このようなセンテンスは長いことが多く、S4 に示した解決策がベストだろう。

16.8　1 つのセンテンス内で紹介する手順の数

方法のセクションを書くときに頻繁に起きる問題は、1 つのセンテンスで 1 つの方法や手順を説明すると記述がマニュアル的になってしまうことだ。複雑な分析の解説ではなく単に実験方法の説明であることを考えると、1 つのセンテンスに 2 つの方法や手順を記述することに何の問題もない。

次の例は医学論文からの引用だ。筆者は、鬱の研究を実施するにあたり被験者をどのように募集したか記述している。文中の practice とは一般に医療を提供する医師の組合を意味する。list size とはその医師組合が抱える患者数だ。

✗ 修正前	○ 修正後
A first postal invitation to participate in the survey was sent to 26 practices in South Yorkshire. A total of five practices indicated their willingness to participate. Multidisciplinary focus groups in four diverse practices were purposively identified. The identification entailed using a maximum variation approach. This approach was based on socio-economic	Following a first postal invitation to participate sent to 26 practices in South Yorkshire, five responded positively. Multidisciplinary focus groups in four diverse practices were purposively identified using a maximum variation approach, based on socio-economic population characteristics and ethnic diversity (by reference to census data).

population characteristics and ethnic diversity. These characteristics were taken with reference to census data.

修正前の英語の使い方は正しい。何の問題もない。ただし、このスタイルの英文を方法のセクションで何度も繰り返して使用してはならない。同じスタイルを何度も使用すると、どのセンテンスも同じように（例えば名詞で）始まってしまい読者としては退屈だ。

修正後の例では、2つの手順をまとめて1つのセンテンスの中で説明している。そうすることで読者側は負担を感じることなく理解することができる。

一方、1つのセンテンスの中にあまりにも多くの情報を詰め込みたくはないはずだ。次の例の修正前は、たとえ修正後と情報量は同じであっても、読者はその内容を理解することが難しいと感じるだろう。

❌ 修正前	⭕ 修正後
The four practices, which had been previously identified as having list sizes between 4,750 and 8,200, comprised firstly an inner city practice (hereafter Type 1) with an ethnically diverse population for which the team frequently required translators for primary care consultations, secondly, two urban practices with average levels of socioeconomic deprivation (Type 2), and thirdly, a mixed urban/rural practice (Type 3).	The four practices had a list size ranging between 4,750 and 8,200. They comprised: ・an inner city practice with an ethnically diverse population, where the team frequently required translators for primary care consultations ・two urban practices with average levels of socio-economic deprivation ・a mixed urban/rural practice

修正前の最初の3行には、2つの情報の間にカンマを使ってもう一つの情報が挿入されている（下のイタリック体）。

The four practices, *which had previously been identified as having list sizes between 4,750 and 8,200*, comprised firstly an....

このような構造は、主語（practices）と動詞（comprised）を分断することになるので、頻繁に使用してはならない（→2.6節）。修正後に示したように、主語と述語の位置が近いほうが可読性は全般的に高まる。修正前の次のセンテンスでは3つの情報が紹介されているが、これらは3つの独立したセンテンスにまとめると読みやすくなる。

16.9　箇条書きの使用

16.8節の2番目の例の修正後の例文は、黒丸を使って3つのタイプの医師組合を列記している。そうすることで可読性が高まり、またページのレイアウトに変化を与えている。しかし、このような工夫を行うことが許されているかどうか、投稿先のジャーナルの投稿規定で確認すること。

手順を時系列に説明するのであれば、黒丸の代わりに番号を使うとよい。

16.10　語数を減らす

16.8節の最初の例の修正後の例文では、1つのセンテンスの中で複数の行動が記載されている。そうすることで語数を削減できる。修正前と比較すると、修正後の語数は2割短縮されている。語数を削減する方法としては他にも次のような方策がある。

- 読者はすでにその専門分野の基本的知識があると仮定して、余分な情報はすべて削除する
- すでに発表された（自分または他の研究者の）研究方法を使用しているのであれば、その詳細を記述するよりも、引用元を示す
- 図表を使って情報を要約する
- 簡潔に表現する（→第5章）

16.11　単なる情報の羅列に見せない工夫

　方法では簡潔に表現することが重要だ。だからと言って、S1 のように単なる情報の列記になってはならない。プレゼンテーションであればこのようなスタイルでも問題はないが、論文であればこのようなスタイルは避けなければならない。また、声に出して読んだとき、自然な英語に聞こえなければならない。しかし、S1 は自然には聞こえない。

> S1 Processes which often occur in lipids *include:* oxidation, hydration, dehydration, decarboxylation, esterification, aromatization, hydrolysis, hydrogenation and polymerization. Factors that affect the chemistry of these materials *include:* heat (anthropogenic transformations), humidity, pH, and microbial attacks.

　次の S2 は S1 と同じプロセスと要因を含んでいる。語数は増えたが、こちらのほうがより自然に聞こえる。

> S2 Several processes often occur in lipids, *including* oxidation, hydration, dehydration, decarboxylation, esterification, aromatization, hydrolysis, hydrogenation, and polymerization. *In addition,* the chemistry of these materials can be affected, *for example,* by heat (anthropogenic transformations), humidity, pH, and microbial attacks.

16.12　あいまいさを払拭する

　ロバート・デイが執筆した *How to Write and Publish a Scientific Paper* は情報量が豊かで、その上面白い。あいまいなセンテンスの実例を方法のセクションからいくつも引用している。そのうち2例を以下に示す。

> S1 *Employing a straight platinum wire rabbit, sheep and human blood agar plates were inoculated....
> S2 *Having completed the study, the bacteria were of no further interest.

S1 では、白金線でできたウサギがいるように読める。S2 では、研究を終了させたのはバクテリアが原因であったように読める。正しい解釈を読み誤るはずはないと思うかもしれない。しかしロバート・デイがこれらの例を引用しているのは、査読者や読者の中にはこれらの例を面白い/腹立たしいと感じる者がいるかもしれないからだ。解決策の一つは、S3 のように句読点の使い方を改善することだ。wireの後にコンマを打ったが、まだ読みにくい。

> S3 Employing a straight platinum wire, rabbit, sheep and human blood agar plates were inoculated....

S3 ではwireの後にコンマを打った。しかしコンマが多用されているため、実験に使った材料を列記しているように見え、センテンスの意味をただちには理解することができない。次の S4 〜 S6 は文意が明快だ。

> S4 Rabbit, sheep and human blood agar plates were inoculated with...by employing a straight platinum wire.
> S5 Employing a straight platinum wire, we inoculated rabbit, sheep and human blood agar plates with....
> S6 Rabbit, sheep and human blood agar plates were inoculated with.... This was carried out using a straight platinum wire.

S2 は次のように修正可能だ。

> S7 Once the study had been completed, the bacteria were of no further interest.

あいまいさの問題については第6章参照。

16.13 読者が読み返さなくてもすむように書く

16.8節の2番目の例の修正前の例文では、筆者は3種類の医師組合をタイプ1、タイプ2、タイプ3に分類した。そうすることで、時間をかけずにこれらの医師組合を説明することができる。しかし節約できるのは筆者自身の時間であり読者の時間ではない。すなわち、方法のセクションの後半で（結果や考察のセクションにおいて

も同様に）、［タイプ1］とあるたびに読者は後戻りして［タイプ1］の意味を探さなければならない。

　私は簡潔であることを常に推奨しているが、この場合のような簡潔さは読者にとっては迷惑だ。読者としては［タイプ1］と表現するよりも［市街地での開業］と表現してもらうほうが読みやすい。

　もう一例紹介しよう。頭文字を使って筆者の時間を節約することもできる。前述の例でいえば、筆者はinner city practiceを*ICP*と表現することもできたはずだ。しかし同じ問題が生じる。読者は*ICP*の意味を記憶しなければならないからだ。

　解決策は、同じパラグラフ中か少なくとも次のパラグラフで、これらの略語（Type IやICPなど）を元の専門用語の直後で説明することだ。もし数パラグラフ以上もこれらの言葉に言及することがない場合、改めて元の用語を括弧の中に入れて示すとよい。以下にその例を示す。

> ...used with Type 1 (*i.e. inner city practice*)

　それ以降は、同じパラグラフ中や次のパラグラフではその略語を使用しても問題はない。

16.14　目的と方法の正しさを表現するための文法構造

　研究方法については、それを採用した根拠と得られた結果を説明できなければならない。次のような表現を用いて、研究方法を選択した根拠を説明することが可能だ。

- *In order to validate* the results, we first had to....
- *In an attempt to identify* the components, it was decided to....
- *To provide a way of characterizing* the samples, an adaptation of Smith's method [2011] was used.
- *For the purpose of investigating* the patient's previous medical history, we....
- *Our aim was to get* a general picture of....

- *This choice was <u>aimed</u> at getting* a general picture of....

これらの例は目的や意図を表わす表現には多くの方法が存在することを示している（上記の例以外にも多くの方法がある）。重要なことは、下線で示したように、不定詞（例：to validate）、動詞-ing形（例：of characterizing）など、動詞を適切に活用させて使うことだ。

しかし、どの表現も、不定詞だけを使った表現でさらに簡素化することが可能だ（例：To validate the results...、To identify the components...、To characterize the samples...など）。

研究方法を選択した理由を述べるもう一つの方法は、動詞chooseを使うことだ。次に例を示す（文構造が異なっていることに注意）。

This equipment was *chosen for* its low cost.
This equipment was *chosen (in order) to* save money.

16.15 allow、enable、permitなどの動詞に伴う文法構造

英語には［可能性を与える］という意味の動詞がいくつか存在する。それらの動詞を使って、研究の目的を達成することができたことを示すことができる。

allowとenableは科学論文の特に方法のセクションで非常によく使用される動詞だ。コンピューターサイエンス以外の分野ではallowとenableはほぼ区別なく使われている。permitは権限を与えるときの動詞であり、allowやenableと比較すると使用頻度は低い。これら3つの動詞が要求する文構造は同じだ。以下はallowを使った例文だが、allowの代わりにenableやpermitを使っても文法的な問題はなく成立する。

文法構造	例文
allow ＋ 目的語 ＋ to不定詞	This equipment *allowed us to identify* X.

16.15　allow、enable、permitなどの動詞に伴う文法構造　331

allow ＋ 目的語 ＋ to be 過去分詞	This equipment *allowed X to be identified*.
allow ＋ 名詞	This equipment allowed *the identification of X*.

　これら3つの例文はまったく同じ状況を表している。最初の例文で示した使い方が最もシンプルで一般的な使い方だ。しかし誤用も最も多い。これは、allow もenable も permit も不定詞の前に目的語を必要とするからだ。最初の例文では us が必要だ。

　allow、enable、permit を使ったセンテンスは長くなりがちだが、意味を損なわずに短縮することは可能だ。もし allow や enable の使用が目だってきたら、次の例のように別の表現が使えないか考えてみよう。しかし修正して少しでも意味が変化したと感じるときは、修正前の表現に戻そう。

✕ 修正前	◯ 修正後
Limiting the Xs *allows* the complexity of Y *to be reduced* and permits *the user to control* the deduction process.	Limiting the Xs *reduces* the complexity of Y, and *facilitates control* of the deduction process.
The analysis *allowed the characterization of pine resin* as the main organic constituents in the sample to be achieved.	The analysis *showed that pine resin* was the main organic constituent in the sample.
This model *permits the analysis* of X.	This model *can analyze* X. With this model *we can analyze* X. With this model, X can be determined
The use of these substrates *enabled us to highlight* the presence of several nucleases.	The use of these substrates: *highlighted* the presence of ... *meant that we were able to highlight* the presence of ... offered a means *to highlight* the presence of ...

注意：allow や enable や permit と同じ意味を持つ動詞に let もあるが、口語的過ぎる

332　第16章　方法（Methods）の書き方

と判断するジャーナルは多く、修正後の例文には使っていない。

16.16　ステップの移行や流れの示し方

　16.14節では（1）研究方法を採用した根拠の示し方について、**16.15節**では（2）その研究方法を採用して得られた結果の示し方について学んだ。次に、（1）＋（2）、すなわち、得られた研究結果から導き出される次に取るべきステップの示し方について解説する。

　2つの例は、thusやthereby、consequentlyやnextを使ってセンテンス後半部へとスムーズに移行し、研究結果と次に取るべきステップを上手に示している。

> **S1** An evaluation of this initial data demonstrated that X=Y, ***thus** giv**ing*** an insight into the function of Z.

または、

> An evaluation of...X=Y, ***thereby** provid**ing*** a basis for investigating the function of Z.

> **S2** An evaluation of this initial data demonstrated that X=Y. ***Consequently***, the next step was to investigate the function of Z.

または、

> An evaluation of...X=Y. The ***next*** step was ***thus/therefore/consequently*** to investigate the function of Z.

　S1 はYの後のカンマで2つの部分にわかれている。thusとthereby の後の動詞がing形になっていることに注意。もしthusやthereby がなければ、この動詞−ing形の意味はあいまいだ（→**6.14節**）。

　S2 の最初のセンテンスはYの後で終了し、2番目のセンテンスはConsequently で始まっている。thus や therefore をセンテンスの先頭に置くことも可能だが（therebyは不可）、むしろbe動詞の後に置くのが最も自然だ（→**2.14節**）。hence と so の使用も可能だ。henceは数学で一般的に使用されている。一方、soは口語的で研究論文ではあまり使用されない。

16.17　小見出しをつけるとき

　多くの場合、方法のセクションは論文の中で最も短いパートだ。しかし研究によっては最も大きな貢献を果たしていることもある。そのような場合、小見出しをつけ（サンプリング手順、実験準備、実験方法など）、サブセクションを作ると、どのようなステップを経たか、またその内容について読者の理解は促進される。

　最初のサブセクションは、採用した研究方法についての概論、文献との関連性、その研究方法を採用した理由などの説明がよいだろう。その後、以下のポイントをサブセクションごとにまとめる。

1. 研究の手順/方法の概略を述べる
2. 実験を詳細に記述し、採用した研究方法が正しかったことを述べる
3. 事前に対策したことがあれば述べる。正確かつ完璧に実験を行うことで研究者としての信頼を得られる
4. 研究の限界や問題について考察する
5. 採用した研究方法のメリットを強調する（他の研究者と比較するのもよい）

　もし方法のセクションが短くて小見出しを設けることができないときは、上記のポイント3〜5から1〜2項目を考察してエンディングにすることができる。逆に長くするときは、方法の限界とメリットについて結論を述べ、終わらせてもよい（ポイント4と5）。

16.18　まとめ：方法のチェックポイント

以下の項目を自分に質問し、方法を自己評価してみよう。

- ☑ 詳細な情報を十分に提示したか。読者が再現できるようにわかりやすく方法を説明したか。すべてのプロセスを説明しているか確認したか。ロジックは明快かつ完璧か。

- ☑ 採用した研究方法の妥当性を証明したか（特に、研究方法の採用理由が明確でない場合）。

- ☑ 適度に短いセンテンスを用いて説明したか。不要なセミコロンを使っていないか。可能な限り簡潔に説明しているか。

- ☑ 文献の参照元を明示したか。他から記載を借用してきても読者は直ぐに見抜いてしまう。

- ☑ それぞれのセンテンスに含まれている研究プロセスの数は、多過ぎず少な過ぎず、適度な数か。センテンスが単なるリストになっていないか。

- ☑ 読者はどのような情報を望んでいるかを考慮したか（あいまいさが無い、読み返しが不要、説明が時系列順である）。

- ☑ 研究の概略の説明や研究方法を選択した理由について、正しい英文法を使って説明しているか（不定詞、動名詞、allowやthusなどの使い方）。

- ☑ 時制の使い方は正しいか。過去形（自分が行った研究を説明するときは受動態を用いる）や現在形（確立された科学的事実や研究プロセス、ソフトウェアのアプリケーション、標準的デバイスなどの説明に用いる）などを適切に使用しているか。

第 17 章

結果（Results）の書き方

> **論文ファクトイド：誤解を招いた研究結果**
>
> 1796年、ドイツ人医師サミュエル・ハーネマンは、代替医療としてホメオパシーを体系化した。ホメオパシーがプラセボとして以外にも効果的であるという決定的な科学的エビデンスはない。
>
> 1945年、科学者たちが飲料水中のフッ化物には毒性があると警告し、世界中の多くの地方自治体がその使用を禁止した。しかしフッ化物は低濃度（1PPM）であれば虫歯を防ぐ。
>
> 1962年、アメリカ海洋生物学者のレイチェル・カーソンは、将来的に鳥類は絶滅し、人類は殺虫剤に使用されるDDTへの暴露が原因で癌を発症すると予測した。しかし説得力のある生物学的メカニズムは示されず、調査も行われたが主張を裏づける結果は得られなかった。それでもDDTの使用は禁止され、マラリアが原因で数百万人もの人々が死亡したと推定された。
>
> 1968年、アメリカ環境学者であり人口統計学者でもあるポール・エールリッヒは *The Population Bomb* を出版した。その中でエールリッヒは、「人類を養う闘いは終わった。1970年代の世界は飢餓に襲われるだろう。数百万人もの人々が餓死することになるだろう」と述べていた。
>
> 1979年、小規模な疫学調査が実施され、電磁場への仮説的な曝露と小児白血病との間に関連性があることが報告された。その後、数千例もの研究が実施されたが、実際の曝露と健康への悪影響との関連性は明らかになっていない。
>
> 1996年、科学者たちは、狂牛病（BSE：牛海綿状脳症）の肉がクロイツフェルト・ヤコブ病（CJD）変異型発症の原因かもしれないと推測し、2010年までに1千万人の人々が死亡するかもしれないと予測した。この予測を受けて、イギリスでは8百万頭の畜牛を殺処分にした。

2005年、国連インフルエンザ対策上級調整官のデビッド・ナバロは、鳥インフルエンザが発生すると5百万人から1億5千万人の人々が死亡すると警告した。

2015年、極氷消失は加速する地球温暖化現象が原因ではないことをデータは示していた。

17.1　ウォームアップ

これはサッカーのワールドカップの試合結果だ。

バチカン市国（0点）　vs.　バヌアツ（1点）	ドイツ（7点）　vs.　ブラジル（1点）
マルタ（2点）　vs.　リヒテンシュタイン（1点）	イタリア（4点）　vs.　セネガル（4点）
モナコ（0点）　vs.　モルジブ（2点）	韓国（2点）　vs.　イギリス（1点）

次の問いの答えを考えてみよう。

1. 読者の興味を最も引きつける結果はどれか？それはなぜか？
2. 表にしたい結果はどれか？表にして本文でも解説したい結果はどれか？
3. もしあなたがブラジル人なら、自国の試合結果に言及することは避けるか？

ここがポイント

すべての結果を読者に提示する必要はない。最も関連性のある、または最も意外性のある結果を示せばよい。左側の試合結果については、これらの国に生まれた人でない限り、興味を持つ人はほとんどいないだろう。表に載せてもよいが、本文で解説する必要はないだろう。

表の右側が最も興味深い3試合の結果だ。このような結果こそ表にまとめ、本文でも解説すべきだ。たとえドイツ対ブラジル戦のように予想に反した結果が得られても同様だ。

すべてのジャーナルが結果のセクションを独立させることを要求しているわけではない。「結果と考察」という見出しをつけて考察と一緒に解説することも多い。

結果のセクションを独立させるのであれば、解釈や考察は加えずにそのまま事実を提示するのが標準的だ。

重要なことは、どの結果を代表値として扱うかを最初に判断して、それらを論文の冒頭で定義した目的、仮説、課題に対する回答が強調される順序に並べることだ。そのため、多くのジャーナルが図と表を掲載して本文でも解説することを求めている。もちろん、結果を本文中で報告するだけでよいジャーナルもある。否定的な結果であっても、重要であれば報告すべきだ。

結果を簡潔かつ明確に報告できるような英文を構成することが重要だ。もし査読者があなたの研究の結果を理解することができなければ、その時点でその専門分野におけるあなたの貢献は失われることになる。

次は私の教え子の論文を読んだ査読者からのコメントで、とても重要な点を指摘している。

「原稿は論文らしく書いてあるところもある。しかし筆者はすべての結論を提示しているようだ。その結果、どの結果が重要でどの結果が重要でないかが不明瞭になっている。また、矛盾した結果については開示していないのではないかと疑われる。私はいつも簡潔であることを推奨しているが、だからと言ってそれは筆者のロジックと矛盾する結果は開示しなくてよいという意味ではない。」

本章ではこのような問題を避けるための対処法について考える。

17.2　結果の構成

結果は、次のような問いに対する答えを示すことに他ならない。

1. どのような結果が得られたか？
2. どのような結果が得られなかったか？

3. 得られた結果で、想定外の発見があったか（例：仮説に反するもの）？

　基本的には、方法のセクションで説明したプロトコールや研究手順に従って解説する。図表の解説も上記の問いの順番に行う。

　もう一つの方法は、書き始める前に、読者が最もロジカルに理解できる図表の順序を考えてみることだ。その順序が、序論で述べた目的や仮説の証明に役立つはずだ。次に、重要な発見と図表との関連性を考えてみる。その際、仮説の証明に役立たない結果は除外する。「役立たない結果」と前述の「矛盾する結果」とは別の概念なので、混同しないように要注意。

　次に、これらの図表に一つずつ解説を加える。メーブ・オコーナーは著書*Writing Successfully in Science*の中で次のような構造を推奨している。

1. 研究課題を解決に導いた重要な結果を強調する（対照群の結果も含める）
2. 2番目に重要な結果を述べる
3. 裏付ける情報を述べる
4. 仮説と矛盾するすべての結果を述べ、なぜそのような結果が得られたのか理由を説明する

　結果のセクションがどのような構造になろうとも、自分の研究結果と他の研究者の結果を明確に区別して述べなければならない。これは極めて重要なことである。その重要性については第7章で解説した。

17.3　結果のオープニング

　結果のセクションの書き出し方には2つの方法がある。最初の方法は、まず調査や実験の概略を説明することだ。その際、方法のセクションで行った詳細な説明は繰り返さないこと。以下に3例を示す。

- Overall, the results presented below show that....
- The three key results of this empirical study are....
- The following emergent themes were identified from the analysis:....

最も一般的な方法は、最初のセンテンスで、またはできるだけ早いタイミングで、読者に図表を示して単刀直入に結果を述べることだ。以下に3例を示す。

- Figure 1 shows the mass spectra obtained from an analysis of the two residues. The first residue reveals a...(Fig. 1a).
- A total of 34 wheat genotypes (Table 1) were screened for.... Responses to increased sunlight varied significantly (Figure 1)....
- An analysis was made to look for.... To do this, the average times of X and Y were compared.... Figure 1-3 show the differences between....

17.4 時制の使い分け

結果は論文を書き始める時点ですでに明らかになっている。すなわち過去の事実であり、能動態と受動態を適度に使い分けて過去形で表現する。

現在形を使いたいと思うことがあるかもしれない。しかしそれは読者を説得しようと試みているときで、あなたが黒板の前に立つ教授で読者が授業を聞いている生徒のような関係にある。もしこのスタイルを選ぶなら（私なら選ばない）、説明している結果が他の研究者の研究結果ではなく自分の研究結果であることを明確にする必要がある（→**第7章**）。

17.5 結果の文体

結果を報告するときは、非人称の文体を選択していることが多い。非人称の文体には客観性があるという編集者もいる。例えば、次の **S1** よりも **S2** が好まれるのではないだろうか。

S1 *We found* that doctors viewed the NHS as having failed to provide adequate services.

これは次のようにも表現できる。

> **S2** *There was* a perceived failure of NHS to provide adequate services.

S1 も **S2** も確立された文体だ。次の **S3** も非人称の文体である。

> **S3** *Three levels of feedback* <u>were looked at</u> for differences on task persistence. *Differences between* positive, negative, and no feedback conditions, were minimal and showed no significant findings.... *There were* larger differences both between genders and in the interaction between gender and feedback conditions. *Table 1* and Table 2 show the averages for these gender differences. *Figure 6 shows*....

S3 では、筆者は能動態（I/we looked at）ではなく受動態（were looked at）を使っている。それは、自分の存在を抑えて研究結果に注目を集めたいという筆者の意図の表れであろう。あるいはジャーナルの規定に従っているだけかもしれない。一方、図表に言及するときには能動態を使用している（Figure 6 shows...）。

17.6　カジュアルな文体を使うとき

次の例は、イタリアのオンライン新聞と紙媒体の新聞の内容の相違を調査した経済学者アンドレア・マンガニの論文の結果のセクションからの引用だ。この引用は、結果の報告にカジュアルな文体が使われていることを示している。

> Collecting the data was quite difficult... On the other hand, the statistical analysis is rather simple. Table 2 shows... *Notice that* the difference between online and print variety increases during the daytime; this means that the diversity in *online content tends to decrease* from 09.30 to 17.30. *We wondered whether* the smaller degree of online variety depends on...

このような文体にフォーマルさは感じられず、読者は研究内容に集中することができる。アンドレアが読者に伝えたいことは、データ収集の難しさではなく、データ分析の容易さだ。アンドレアはNotice that... という表現を使って、読者の注意をデータの重要性に引き寄せている。さらに、We wondered whether... という表現を使って、アンドレアの思考プロセスと判断プロセスにも読者を引き寄せている。調査結果は物語のように楽しく読めて理解しやすい。

17.6　カジュアルな文体を使うとき　341

さらにもう2点注意すべきことがある。

（1）アンドレアはデータを解釈するときに現在形を使っている（online content tends to decrease~）。何らかの明らかな事実を示すデータに言及するときは、現在単純形を使うことが非常に一般的だ。

（2）この論文の筆者はアンドレア1人であり、調査もアンドレアが1人で実施しているが、自分自身に言及するときにweを使っている。第一人称単数のIを使うとあまりにもくだけた感じがあるため、ジャーナルによってはweの使用が普通になっている。

　読者のことを第一に考えたアンドレアの文体は、考察のセクションにおいても適切だと思われる。

17.7　否定的な結果を報告すべきか

　もちろん、報告すべきだ。医学論文において否定的データを隠匿することに反対の立場のベン・ゴールドエーカー博士は次のように述べている。

　「否定的なデータが得られたとき、時間を無駄に使ってしまったと思うかもしれない。何も発見できなかったと納得することは簡単だ。しかし実際は、とても有益な情報を発見しているのだ。それは、自分の実験方法では検証できなかったという事実だ。」

　ノーベル賞受賞作家リチャード・ファインマンは、1988年に出版された *What do you care what other people think?* という著書の中で次のように述べている。

　「実験を行うのであれば、実験結果の正当性を証明できる肯定的な結果だけではなく、その正当性の証明は難しいと思われる結果も含めて、すべてを報告すべきである。」

　否定的な結果が得られたときの対処方法は第9章を参照。

17.8　データの価値を効果的に提示する

　サイモンフレイザー大学で環境学を教えるケン・レルツマン教授は、データの示し方について次のようにアドバイスしている。ダウンロードも可能だ。

「単に結果が興味深いとか有意であると言うよりも、どのように興味深いのか、どのように有意なのかを示さないといけない。そしてその結果から読者が自分なりの結論に達するために必要な情報を提示しなければならない。」

　レルツマン教授は2つの例を挙げてこの差をわかりやすく説明している。

> **S1** *The large difference in mean size between population C and population D is particularly **interesting**.
> **S2** While the mean size generally varies among populations by only a few cm, the mean size in populations C and D **differed by 25 cm**. Two hypotheses could account for this,...

　S1 では形容詞interestingが使われている。著者にとっては興味深い理由は非常に明快だが、判断基準を与えられていない読者にはその平均サイズがなぜ興味深いのかを理解できない。形容詞（interesting、intriguing、remarkableなど）をこのように使ってもほとんど役に立たない。

　読者に十分な情報を与えて、読者から「素晴らしい！非常に面白い！」という反応が得られなければならない。**S2** は具体的な値を強調して（differed by 25 cm）、読者の興味を引いている。

　interestingly、intriguingly、remarkablyなどの副詞にも同様の問題があるが、文頭に使って重要な発見に注意を引きつけることができれば効果的だ。**S2** は次の **S3** のように修正できる。

> **S3** **Interestingly**, while the mean size generally varies among populations by only a few cm, the mean size in populations C and D **differed by 25 cm**. Two hypotheses could account for this, ...

このテクニックが使えるのも論文中に1回か2回だろう。それ以上使うと効果を失う。

考察のセクションを設けていれば、わざわざ結果のセクションでデータ解釈を行う必要はない。次の S1 と S2 は、ベイツ大学生物学部（メイン州、アメリカ）のウェブサイトから引用したものだ。

> S1 The duration of exposure to running water had a pronounced effect on cumulative seed germination percentages (Fig. 2). Seeds exposed to the 2-day treatment had the highest cumulative germination (84%), 1.25 times that of the 12-h or 5-day groups and four times that of controls.
> S2 The results of the germination experiment (Fig. 2) suggest that the optimal time for running-water treatment is 2 days. This group showed the highest cumulative germination (84%), with longer (5 d) or shorter (12 h) exposures producing smaller gains in germination when compared to the control group.

S1 では、読者に注目してほしい傾向や差が強調されており、主観的な解釈は与えられていない。したがって S1 の文体は結果のセクションで効果的だ。一方、S2 では、まず概念モデルの最適性についての言及が行われ、それらに対して観察された結果が関連づけられている。したがって S2 の文体は考察のセクションで効果的だ。

17.9　図表を説明する

レルツマン博士（→17.8節）は、図と表の提示の仕方について、showing not telling（伝えずに示す）に近いアイデアを持っている。

「結果のセクションでは、図表を活用して本文の要点を可視化するのであって、単に図表を文章化するのではない。」

レルツマン博士のアドバイスに従うと、次の S1 は S2 のように修正すべきだ。

> S1 *Figure 4 shows the relationship between the numbers of species A and

species B.

S2 The abundances of species A and B were inversely related (Figure 4).

S1 では、筆者は図示されていることを読者に伝えているだけである。したがって読者に解釈することを強いることになる。その解釈が必ずしも自分の望む解釈ではないこともある。

S2 は効果的だ。図の解釈から導き出される意義に着目しているからだ。**S2** は読者に余計な負担をかけることなく、自分の望む解釈へと読者を導いている。

次の **S3** と **S4** および **S5** と **S6** を比べてみよう。**S4** と **S6** では、わざわざ書かなくても伝わることは、読者がそれを読まなくても済むように削除されている。

S3 *We can see* from Table 2 that in the control group, values for early adolescence (13-15) were 6.5. On the other hand, values for mid adolescence (16-17) were 6.7.

S4 Values for early adolescence were lower than for mid adolescence: 6.5 versus 6.7 (***Table 2***).

S5 *Figure 1 shows that levels of intolerance are 9, 15 and 20 during early, mid and late adolescence, respectively.

S6 Levels of intolerance are highest during late adolescence (Figure 1).

図表のデータの説明では、簡潔さの欠如が問題になることが多い（→ **5.16節**）。can be seen や we can see などの表現の使用は避けること。図表の参照番号を括弧に入れてセンテンスの最後で示すだけでよい。**S5** は、図に示された情報（青年期を3段階にわける年齢幅）を単に繰り返しているだけだ。

17.10　図表解説のその他の注意点

次の表は Wikipedia から引用した。ワールドカップでブラジルがドイツに負けた有名な準決勝の統計分析を示している。

17.10　図表解説のその他の注意点　345

表1：試合の統計分析

統計量	ブラジル	ドイツ
ゴール数	1	7
シュート数	18	14
枠内シュート数	8	10
ボール支配率	52%	48%
コーナーキック数	7	5
反則数	11	14
オフサイド数	3	0
イエローカード数	1	0
レッドカード数	0	0

表に示された情報を繰り返すことは典型的なミスの一つだ。次にその例を示す。

S1 *As shown in the table, the total number of goals scored was one on the part of the Brazilian team and seven by the German team. The Brazilians achieved 18 shots, whereas the Germans accounted for a lower number of shots, namely 14.

S1 のような解説は読者にとって何の付加価値もない。これでは、筆者の独自の視点に基づく発見が何もなかったと言っているに過ぎない。表の解説においては、次のような点に注意することが必要だ。

- 得られた結果を解釈/考察する
- 重要な事実や有意なデータのすべてに読者の注意を向ける
- 結果の説明に役立つまたはこれまでの結果との比較が可能な詳細情報を加える

次はこれらを踏まえた例だ。

S2 Although a close match was expected - both teams had reached the semi-final undefeated - the result was a shocking loss for Brazil (see Table 1). For what was the first time in football history, Germany scored four goals in the space of six minutes. Despite achieving a greater number of shots, having 4% more possession and committing less fouls, and having only two shots less on target, the Brazilians were humiliated. This result recalls the 1952 final when Brazil was defeated by Uruguay.

結果のセクションでの解説であることを考えると、詳細な解釈は考察のセクションで行うべきだろう。

17.11　レジェンドやキャプション

　図表のレジェンド（キャプション）を本文中でついそのまま繰り返してしまうことがある。典型的なミスの一つだ。レジェンドには番号をつけ、できるだけ簡潔、かつ読者が本文を読まなくても図表を理解できる程度に詳細に記述しなければならない。本文は読まずに図表だけを見る読者もいるので、レジェンドの作成には注意が必要だ。

　注意：本文中で図表に言及するとき、Figureは Fig. と省略されるが Table は省略しない。また、通常、レジェンドでは Figure も Table も省略しない（*English for Academic Research: Grammar, Usage, and Style* の §27.1 と §27.2 を参照）。

　以下はベイツ大学の生物学部のウェブサイトから引用した。引用を承諾してくださったグレッグ・アンダーセン氏に特別な謝意を表したい。グレッグのアドバイスは生物学に関するものであるが、その多くが他の自然科学についてもいえることである。

　論文に掲載した図表はすべて本文中で解説しなければならない。該当する図表番号を括弧に入れて、強調したい関連性や傾向に読者の注意を引きつけられる表現を使って示さなければならない。

Germination rates were significantly higher after 24 h in running water than in controls *(Fig. 4)*.

DNA sequence homologies for the purple gene from the four congeners *(Table 1)* show high similarity, differing by at most 4 base pairs.

読者の意識を単に図表に向けるだけのセンテンスは使わない。例えば次のようなセンテンスだ。

Table 1 shows the summary results for male and female heights at Bates College.

読者が図表の内容をただちに理解できるように、レジェンドには論文タイトルのような内容の濃い情報を載せなければならない。例えば以下のような内容がただちに理解されなければならない。

- プロット図を使った統計分析の要約など、どのような結果がグラフに示されているか
- 実験ではどのような微生物を研究したか（該当する場合）
- 行った処理や明らかになった関連性など結果の背景
- フィールド調査を行ったのであれば、その調査場所
- 示されている結果を解釈するために必要な具体的説明情報（表の場合、通常は脚注で示すことが多い）
- 培養を行ったのであれば、そのパラメータや条件（温度、培地など）
- サンプルサイズと統計検定結果

レジェンドにどの程度まで詳しい方法と結果の情報を載せるべきかは、投稿先のジャーナルの方針次第だ。*Science* や *Nature* などのジャーナルでは、ほぼすべての方法を図表のレジェンドや脚注で解説できるように、本文の語数を制限している。結果についても、多くがレジェンドの中で記載されている。

17.12 インタビューを行った場合、回答者のコメントの引用ガイドライン

一般的には次のように考えられている。

- 回答者のコメントを逐語的に翻訳/報告する必要はない
- 回答者の意図を読者が簡単に理解できる書き起こし文章でなければならない
- 回答者が発話したセンテンスが不完全な場合、本人の意図に変更を加えない範囲で不足している情報を補ってもよい
- 本筋に関係のない語句は削除する
- 繋ぎの言葉（I mean、in other words、that is to say、you know、um、er など）は削除する

　しかし、言語学調査などのように、インタビューの目的が回答者の発話を一語一語厳密に報告することであれば、これらはすべて無視してもよい。

　引用した回答者の発言内容はその後に考察を加える必要がある。さもなければ、読者は引用を自分流に解釈して何らかの意味を引き出そうと試みるだろう。

17.13　データを開示する際のその他の注意点

Postdocs and the science of being expendable と題された次のパラグラフを見ていただきたい。博士課程修了者が仕事を探すときに直面する困難について報告している。

> Postdoc status is highly inflated: its supposedly "academic and cultural value" is not mirrored by the real price "investors" are willing to pay for it. The current system is designed to get cheap AND specialized labour. The average *annual salary* for *neo postdoctoral researchers* is about \$44,000 in the US, while *stipends* vary greatly in European countries with an average of 1,500 *euros/month* for Italian *scientists* vs. 4,560 *euros/month* pay for their Dutch counterparts.

　問題は、筆者はアメリカでの年収をドルで示し、次に2ヵ国（イタリアとドイツ）の月収をユーロで示していることだ。これでは読者は比較しにくい。ヨーロッパのポスドクについても同じく年収で示せば比較しやすかったかもしれない。その場合、アメリカよりも随分低く、本原稿執筆時点で3万ユーロである。

また、筆者が比較している2つの状況はまったく同じだろうか？ neo postdoctoral researchers と scientists は比較可能か？ salary（給料）と stipend（固定給）はどうだろうか？読者はどのように理解するだろうか？

さらに、几帳面な編集者なら、ドルには通貨記号（＄）がついているが、ユーロにはついていないとコメントするかもしれない。

17.14　まとめ：結果のチェックポイント

以下の項目を自分に質問し、結果を自己評価してみよう。

- ☑ 査読者や読者の注意を研究成果に引きつけられるよう、自分の考えを明確に表現できたか。

- ☑ すべての結果ではなく、図や表で解説した主な結果や傾向だけを報告しているか。

- ☑ 結論を述べていないか（しかし、結論のセクションがない場合はここで結論を述べてもよい）。

- ☑ データの提示に最も適した図や表を使っているか。それぞれの図表の情報に重複はないか。

- ☑ 図表を使った研究結果の解説は包括的であり、自分の主張に都合のよい結果だけを報告しないように配慮したか。

- ☑ 読者が知る必要のある結果と、この後に続く考察のセクションで取り上げる予定の結果はもれなく述べたか。

- ☑ 研究結果に影響を与えた可能性のある方法（選考方法やサンプリング）はすべて開示しているか。

- ☑ 時制の使い方は正しいか。自分が発見したことの説明には過去形を受動態で使う。すでに確立されている科学的事実の説明には現在形を使う。

第18章
考察（Discussion）の書き方

 アルバート・アインシュタインの名言

簡単に説明することができないのであれば、それは十分に理解していないということだ。

＊

従来の問題に新しい角度から疑問を投げかけて新しい可能性を探るためには、独創的な想像力が必要である。そしてそれこそ本当の意味での科学の進歩というものだ。

＊

自然を深く観察しなさい。そうすればすべてのことをより良く理解することができるはずだ。

＊

きのうから学び、今日を生き、明日に希望をもつ。大切なことは疑問を持つ姿勢を失わないことだ。

＊

愚者と天才の違いは、天才には限界があるということだ。

＊

教育とは、学校で学んだことをすべて忘れてしまった後に自分の中に残っているものだ。

＊

時間が存在する唯一の理由は、物事が同時に起きないようにするためだ。
優れた科学者になるためには知性が必要だと人は言う。それは違う。必要なのは人格だ。

＊

生き方には二通りしかない。奇跡は起きないとして生きるか、すべてが奇跡だとして生きるかだ。

18.1　ウォームアップ

（1）博士課程の学生の知的水準を調査した架空の論文の2種類の考察（同じ結果を考察している）を比較してみよう。どちらの考察がより効果的に重要な発見を強調しているだろうか？

考察A：

An in-depth study (Smith et al, 2016) of the intelligence quotas of doctoral students researching in the fields of engineering, robotics, biosciences, agriculture and veterinary sciences revealed that such students had a level of intelligence, which on average, was equal to a value of 8.115% above the norm. **In the present work, with a larger sample (i.e. 5,000 students as opposed to the 500 students analysed in the study by Smith et al) it was found that students in the same disciplines (i.e. engineering, robotics, biosciences, agriculture and veterinary sciences) had an intelligence quota of 9.996% below the norm.**

考察B：

Smith et al (2016) found that PhD students in engineering, robotics, biosciences, agriculture and veterinary sciences had above average intelligence (just over 8%). **Our study totally contradicts Smith's finding. Using a sample that was ten times larger, our experiments proved that such PhD students have very limited intelligence** (a surprising 10% below the norm), and would in fact be more suited to cleaning toilets than carrying out research. This **radical** finding may help governments reduce the amount of funding given to post-graduate university education.

　考察Bは本書のために意図的にユーモアを交えて書いたものだが、いくつか重要なポイントが示唆される。

- 長いセンテンスの中では重要な発見が見過ごされやすい（考察Aでは In the present work...below the norm. で約50ワード、考察BではUsing a sample ... very limited intelligenceで約20ワード）
- 短いセンテンスは注意を引きつける（例：考察Bの6ワードのセンテンス）
- 文献データとの比較、対照は明確に行わなければならない
- 重要なことを発表するときは、それとわかるような表現で読者の注意を

352　第18章　考察（Discussion）の書き方

喚起する（例：Our study totally contradicts Smith's finding）

- 無駄のない明解なセンテンスほど読者は読みやすく、重要なポイントを理解しやすく、忘れにくい
- 感情を表す言葉（surprisingly、radical）を適宜使用することで、読者にインパクトを与えることができる
- 能動態と人称代名詞（ourなど）を使うとセンテンスに躍動感が生まれる（例：Our experiments provedとit was found thatを比べてみよう）

　考察の第一の目的は研究の革新性を強調することだ。基本的には論文にした根拠を説明する。したがって、考察は抄録と同様に論文中で最も重要なセクションだ。

考察・結論で注意すべきこと

- 自分の研究と他の研究者の研究を明確に区別する
- 自分の研究ならではの貢献を強調する
- 自分の研究の限界を書く
- 自分の研究の応用範囲と意義を書く

（2）次の問いの答えを考えてみよう。

1. 自分の研究の最大の発見は何か？
2. なぜそれは素晴らしい発見か？
3. 他の科学者の同様の発見と比べて、どのような長所や短所があるか？

　自分の研究成果を1つのパラグラフにまとめてみよう。そうすることで、自分の研究の重要性が見えてくるはずだ。

　論文の読み方は人によって異なる。時間のない読者はタイトルと図表だけしか読まないかもしれない。多くの読者が最も興味をもったセクションから読む。それは多くの場合、「考察」だ。

　多くの著者が論文執筆の中で研究結果の考察が最も難しいと感じている。査読者が原稿をリジェクトするときの最大の理由は考察が上手に書けていないことにある。私の教え子の博士課程の1人は次のように言っている。

「考察には決まった書き方がない。決められた論理的な枠組みがない。それでも自分の考えを示さなければならない。過去に読んだ論文を参考にできる序論のほうが考察よりも書きやすい。」

自分の言葉を挿入して完成させる、考察を書くためのテンプレートのようなものはない。しかし、一般的によく使用される構造は存在する。本章では研究結果を効果的に考察するさまざまな戦略について解説する。そして考察の構成の方法、および査読者の典型的な要求事項を確実に満たす方法を学んでいただきたい。

重要なことは説得力があると同時に信頼感を与えることだ。そのためには、自分の研究の限界を肯定的に受け入れると同時に、他者の研究の限界を建設的に考察すること。さらに、「結果」を写すのではなく、解釈を示すことが重要だ。

18.2　能動態と受動態のどちらを使うか

考察では、自分の研究と他の研究を常に比較することになる。自分の頭の中では自分の研究結果と他者の研究結果の区別は明快だ。しかし読者は違う。この2つを明確に区別し、言及しているのは誰の研究なのかをすべてのセンテンスで読者に極めて明瞭に示す必要がある（→第7章）。

センテンスを受動態にすると動作が明らかにならないため、記述している研究結果が自分のものか他者のものか読者には理解できない。あいまいさを避けるため、可能であれば能動態でセンテンスを作る。

5つの例を表にまとめた。最初の2つの例は、誰の研究について述べているか読者が完全に理解できる書き方だ。続く3つの例は明瞭さが低下する順に並べている。最後の例では、誰の研究について述べられているのか読者にはまったく見当がつかない。これは非常に典型的な欠陥で、文献を参照するときの非常に危険な方法だ。

例　文	解　説
In 2018, *we confirmed* that complex sentences reduce readability [25].	Weを使っているため、あなたの研究について述べていることは明らか。
In 2018, *Carter suggested* that complex sentences could also lead to high levels of stress for the reader [36].	別の著者Carterが動詞に対応する主語である。したがって、これがあなたの研究についてではないことが読者に明らかである。
In 2018, *it was suggested* that complex sentences could also lead to high levels of stress for the reader [Carter, 36].	受動態を使うと、文の終わりまで読まなければ動作主があなたか別の著者か読者にはわからない。このような文体の文が長い文献レビューや考察に多く使われていると、文章が重くなり、読者はうんざりすることになる。
In 2018, *it was suggested* that complex sentences could also lead to high levels of stress for the reader [25].	読者は参考文献25を調べない限り、提案したのがあなたか他の研究者かわからない。
In 2018, *it was suggested* that complex sentences could also lead to high levels of stress for the reader.	参考文献番号がない。読者は、提案したのがあなたか他の研究者かを知ることができない。

18.3　考察の構成

　以下の質問に対する答えを用意しよう。その答えを（できれば以下の番号順に）並べると、考察ができあがる。質問に答えることで、考察の構成を固めることができる。比較的実践しやすい簡単なテンプレートである。

1. 最も重要な研究結果は何か？
2. その結果は、論文の最初で実証すると約束した内容を裏づけるものか？
3. 自分の結果は先行・類似研究と比較して、どの程度一貫性があるか？
4. 自分の結果はどう解釈できるか？

5. 上記以外に可能性のある解釈は？

6. 自分の研究の限界は？研究結果に影響を与えた可能性のある要因が他にあるか？自分の結果が無効となりうる要因をすべて報告したか？

7. 提示した解釈のいずれかから、自分の実験に不備（欠陥、誤り）があった可能性が示唆されるか？

8. 自分の研究は、自分が取り組んだ問題の解釈に何か新しい視点を与えたか？他者の研究の欠点を指摘した場合、それはどのような視点からか？また、他者の研究よりも進歩している場合、それはどのような視点からか？

9. 自分の研究結果には外部妥当性があるか？どのようにすれば他の研究分野に一般化できるか？

10. 自分の研究にはどのような意義や応用の可能性があるか？その意義をどのように証明できるか？

11. 自分の研究によって明らかになった課題を説明するため、さらに必要となる研究は？その研究は自分が行うのか、それとも所属する科学コミュニティーに開放したいのか？

どのような分野であれ、上記の質問にすべて回答する必要があるだろう（8番はあなたの研究成果が初期段階にある場合は例外となる可能性がある）。8〜11番に回答するかどうかは「結論」のセクションがあるかどうかに左右される。「結論」を設けているなら、そこで論じたほうが良いだろう。

「結果」で提示した研究結果と同じ順序で「考察」を構成するとわかりやすいかもしれない。その場合、問題の大筋を把握したうえで、各調査、試験、実験を考察し解釈を行うとよいだろう。

医学分野の場合、対象となるガイドライン（例：CONSORT、PRISMA、MOOSE、STROKE）に忠実に従う必要がある。医学以外の研究者にとってもこれらのガイドラインは非常に有用だ。bmj.com にリンクされている。

18.4 構造化考察（Structured Discussion）

主に医学分野だが、他の分野でも Structured Abstract（構造化抄録）（→**13.10**節）だけではなく Structured Discussion（構造化考察）を設定しているジャーナル

が存在する。British Medical Journal（BMJ）は以下の構造をウェブサイトで提示している。

論文の考察では、パラグラフの数を5つ以内とし、おおよそ次のような構成にまとめるとよい（小見出しを作って明記する必要はない）。

- 要な研究成果の提示
- 研究の強みと弱点
- 他の研究と比較したときの強みと弱点、および結果の重要な違いの考察
- 研究の意義：臨床医や政策立案者に対して行う説明や意義
- 未解決の問題と将来の研究に寄せる期待

ここでもまた、構造を明確にさせることで、著者の表現もいっそう明確にならざるを得ない。読者にとってのメリットは大きい。

上記の構造は、「臨床医」を「同じ分野の他の研究者」に置き換えれば他の多くの分野にも応用可能である。いずれにしても、自分が選んだジャーナルのウェブサイトをチェックし、考察の構造について同様の規定があるかどうかを調べよう。

18.5　考察のオープニング

14.6節で使用した論文の考察は以下の4つの方法で書き始められる。

1. 研究の目的をできれば一文で読者に思い出させる

   One of the main goals of this experiment was to attempt to find a way to predict who shows more task persistence.

2. 序論で提示した問い（仮説、予測など）を再提示する

   These results both negate and support some of the hypotheses. It was predicted that greater perfectionism scores would result in greater task persistence, but this turned out not to be the case.

3. 文献レビューで引用した論文を再び挙げる

> Previous studies conflict with the data presented in the Results: it was more common for any type of feedback to impact participants than no feedback (Shanab et al., 1981; Elawar & Corno, 1985).

4. 結果のセクションで述べた最も重要な点を再び簡潔に述べる

> While not all of the results were significant, the overall direction of results showed trends that could be helpful to learning about who is more likely to persist and what could influence persistence.

　上記1〜4のいずれかを選んで書き始めることも、すべてを組み合わせて書き始めることもできる。次に、研究結果から結論として言えることを簡潔に読者に伝える。そしてその結論は、自分の研究結果を解釈し、文献からすでにわかっていることと比較するための出発点として使うことができる。

　自分の理論を構築するために、変数、データ、結果を一冊の本の中に出てくる登場人物のように扱って、物語を紡ぎ出すことを勧める専門家もいる。著者としてのあなたの役割は、「登場人物」がお互いにどう関係しているのか、そして各自がどのような論理的立場にあるのか（またはないのか）を説明することである。

18.6　他の研究とどのように比較するか

　ベイツ大学（メイン州、アメリカ）のグレッグ・アンダーソン博士とドナルド・ディアボーン博士は、学生に次のようなアドバイスをしている。

> 「皆さんは、自分のデータの解釈に役立つ非常に重要な情報を他の研究の中に見つけることができるかもしれないし、他の研究を自分の研究と照らしあわせて解釈し直すことができるかもしれない。いずれにしろ、自分の研究と他の研究との類似点や相違点を考察すべきである。他の研究結果と自分の研究結果をどのように組み合わせれば、問題に対する新たな理解、よりよい重要な理解を引き出すことができるか考えよう。」

これを実行するためのステップ
1. 自分の研究結果を一言で表現する

2. 自分の研究結果と直接関連する研究をピックアップする

3. 他の研究と自分の研究との関連性を述べる

4. 他の研究と自分の研究との明確な違いは何か

5. 以上を踏まえたうえで、自分の結果から導き出せる結論を提示する

　ここからは考察で他の研究と自分の研究を比較した例を解説する（出典：キャサリン・バーテンショウ、ピーター・ロウリンソン著 *Exploring Stock Managers' Perceptions of the Human Animal Relationship on Dairy Farms and an Association with Milk Production*）。

　著者らは、人間が雌牛および未経産牛（出産前の若い雌牛）の生産性、行動、健康状態に与える影響について、イギリスの乳牛飼育者516名を対象に郵送アンケート調査を実施した。半数近くが牛を名前で呼ぶと答え、名前で呼ばれている牛はそうでない牛より乳量が258リットル多かった。回答者の約10%は、牛が人間に対して感じる恐怖が搾乳時の機嫌の悪さの原因であると答えた。

　この研究の考察は次のように始まる。

(1) Our data suggests that UK dairy farmers largely regard their cows as intelligent beings, capable of experiencing a range of emotions. Placing importance on knowing the individual animal and calling them by name was associated with higher milk yields.

(2) Fraser and Broom [1997] define the predominant relationship between farm animals and their stock managers as fear.

(3) Seventy-two percent of our commercial respondents thought that cows were not fearful of humans, *although their reports of response to an approaching human suggest some level of fear, particularly for the heifers*. With both cows and heifers this would appear to be greater in response to an unfamiliar human. Respondents also acknowledged that negative experiences of humans can result in poor behavior in the parlor.

(4) Hemsworth et al. [1995] found that 30-50% of the variation in farm milk yield could be explained by the cow's fear of the stockperson, therefore recognizing that fear is important for animal welfare, safety, and production.

18.6 他の研究とどのように比較するか　359

（1）で著者は、重要な発見とその意義について簡単に要約することから始めている。（2）で同じ課題を取り上げた先行研究（フレイザー著）を挙げ、自分の発見を文献と関連づけた。

フレイザーの研究結果は、（3）で示しているように著者の研究結果とは対照的である。しかし、著者はフレイザーの研究結果を尊重し、although ...... heifers と示しているだけでなく、さらに（4）で別の研究例を挙げ、その中でフレイザーの発見について再確認している。

このようにして著者は先行研究の発見に建設的に疑問を呈するという巧みなアプローチを採用している。著者が先行研究の結果を用いているのは、自分の研究結果を証明するため、または自分の研究結果と先行研究の結果に新たな視点を与えるためだ。

著者のもう一つの優れたスキルは、述べている内容が自分の発見か、他者によるものか（→ 7.5節〜7.9節）、単に一般的な考えなのかを常に明確にしていることだ。

(5) The elaborated responses reported *in our postal survey* contribute some examples of the capacities of cattle, and this contextual human insight may be useful for developing hypotheses for further study.

(6) Most **respondents** (78%) thought that cows were intelligent. (7) **However**, a study by **Davis and Cheek** (1998) found cattle were rated fairly low in intelligence. **They** suggested that the ratings reflected the respondents' familiarity with the animals. (8) The stock managers **in our survey** were very familiar with their cattle and had a great understanding of the species' capabilities, through working with them daily. (9) Stockpersons' opinions **offer** valuable insight into this subject, which could enable more accurate intelligence tests to be devised; for example, to test whether cows can count in order to stand at the feed hopper that delivers the most feed.

(10) Hemsworth and Gonyou (1997) doubt the reliability of an inexperienced stockperson's attitudes towards farm animals. Our survey found an experienced workforce (89.5% >15 years).

（5）で著者は今後の研究の方向性について提案し、段落を終えている。（6）は次

360　第18章　考察（Discussion）の書き方

の段落の第一文であるため、respondents（回答者）が他の研究ではなく著者の研究の回答者を意味することは明らかとなっている。

（7）でHowever（しかし）を使用し、対照的な情報をこれから提示することを示唆している。They（彼ら）が前の文のDavisとCheekを指すことは明らかである。

（8）でour（我々）を再び使用し、著者は自分の研究を論じ始めることを明確にしている。in our survey（我々の調査）が挿入されていなければ、どの畜産経営者について書いているのか読者にはわからない。考察によくある間違いは、このような区別がされていないことで、査読者と読者を混乱させてしまう。論文では、他の部分に非人称（受動態を使う、weを使わない）のスタイルを使いつつも、our（我々）という単語はよく使用する。他者の研究と自分の研究を区別するために、ourの使用は極めて重要である。

（9）では（5）と同様に、パラグラフの後半で述べられる内容を簡単に要約している。現在形（offer）を使用することで自らの研究やDavisとCheekの研究だけではなく畜産経営者全体について書いていることが伝わる。今後の行動についても提言している。

（10）で著者は新しいパラグラフに入り、別のサブトピックについて書き始めることを示している。新しい論点に移行しようとしていることを読者に伝えるためにも、パラグラフを上手に活用することが重要だ。著者は新たなサブトピックを設定するために参考文献を示し、その後すぐに著者の研究結果に移り、経験が少ない労働者と経験が多い労働者を対比している。

考察の後半は同様に構成されており、牛の人間に対する恐怖の問題よりも牛を名前で呼ぶことのほうが乳量に大きく影響することを最終的なエビデンスとして示している。いずれの場合でも、読者に対して他の研究を挙げた理由、および自分の研究との関連性を100％明確に示している。

重要な点について詳しくは本書7章、および*English for Academic Research: Grammar, Usage and Style*の§10.3と§10.4参照。

18.7 同意できない他の解釈の可能性も考慮しつつ 自分の解釈を提示する

イグノーベル賞の受賞につながったマグナス・エンクイストの論文では、ニワトリが人間の整った顔と不細工な顔を見分ける事実が主張されている。以下は *Chickens prefer beautiful humans* の考察からの抜粋で、数字は解説と対応している。

(1) We cannot of course be sure that chickens and humans processed the face images in exactly the same way. (2) This leaves open the possibility that, while chickens use some general mechanism, humans possess instead a specially evolved mechanism for processing faces. (3) We cannot reject this hypothesis based on our data. (4) However, there are at least two reasons why we do not endorse this argument. First, it is not needed to account for the data. We believe that the existence of a task-specific adaptation can be supported only with proofs for it, rather than with absence of proofs against. Second, the evolutionary logic of the argument is weak. (5) From observed chicken behaviour and knowledge of general behaviour mechanisms we must in fact conclude that humans would behave the same way with or without the hypothesised adaptation. There would thus be no selection pressure for developing one.

予想される反対意見に対して著者は以下のように議論を構成している。

(1) 自分の考えが間違いの可能性を認める
(2) 他の解釈を紹介する
(3) 自分のデータを用いて他の解釈を確認できる可能性を重ねて強調する
(4) 他の解釈に同意しない理由を述べる
(5) 自らの結論を提示する

18.8 考察に小さな興奮を盛り込む

論文の考察を、口頭で議論をするように生き生きとさせることは可能である。考察では他のセクションよりも強めの言葉を使ったり、強めに断定したりして構わない。あなたがやるべきことは得られたデータを「売り込む」ことだが、問題の両面をよく観察することでもあることも忘れてはならない。

頻繁に査読を依頼されている私の同僚は次のように言っている。

「自分の研究成果と功績について率直であること。査読者として仕事をしていると、著者が研究をどの程度重要だと考えているのか、そしてその成果になぜ価値があると考えるのかがわかりにくいことがよくある。要するに、歯切れが悪い。著者は、これから述べようとしていることや今述べていることがいかに重要であるかを、私（や読者）に積極的に示そうとしない。その結果、著者の功績は、誰にも気づかれることなく凡庸な記述の中に埋もれてしまうことだろう。」

「率直である」とは、自分の発見に対して謙虚になりすぎないこと、そして「凡庸な記述」とは論文全体の中で特別に目立たない表現のことを意味している。自分の貢献が注目され、正当に評価されたい気持ちが本当にあるならば、材料や手法を説明するときに使うような単調な表現を使うべきではない。

生き生きとした英文を書く1つの方法は、性質を表わす形容詞（convincing、exciting、indisputable、undeniableなど）や数量を表わす形容詞（huge、massiveなど）を使うことだ。大きな前進を示唆する力強い名詞としてはbreakthrough、advance、leapがよく使われる。このような形容詞や名詞を組み合わせて使用することもできる（a substantial insight、a massive advanceなど）。

ただし、このような形容詞や名詞は**限定的に**使用すること。使い過ぎると効果を失う。実例を挙げよう。

S1 These observations provide *compelling evidence* that a *massive* black hole exists at the centre of NGC4258.

S2 *It can be stated that* these experiments have provided *undeniable evidence* of an autonomic link-up of the limbic area.

S3 The latter finding is *particularly important* in the sense that it cannot readily be explained socioculturally, thus presenting a *new and convincing argument* for brain-based etiology of this disorder.

S4 Major changes in the business processes and the organizational models are, *of course, indisputable reasons* for *drastic* decisions regarding the information systems used by the organization.

S5 *To date no work has been published* on the role of circulating miRNAs in breast cancer-an area where, if feasible, their use as *novel* minimally invasive biomarkers would be an ***incredible breakthrough*** in our management of this disease.

S6 The possibility of contributing to change the way we communicate with machines is a ***very exciting proposition***.

　以下の私のコメントは、論文著者が自分たちの研究結果を記述したり、主張の根拠について議論したりしているところを想像しながら書いたものだ。しかし、想像内容は著者が上記の文を使用した理由を反映ししていないかもしれない。

　S1 の語調は非常に強いため、間違いなく注目される。**S2** ではその前に先行する語句（～と述べることができる［It can be stated that］）を置くことによってやわらかく（弱く）している。

　S3 では、発見が「特に重要（particularly important）」であると述べて、その直後でどのように重要かをわかりやすく解説することによって、主張をさらに強固なものにしている。ただやみ雲に、重要だと主張するのではなく、その理由を述べなければ意味はない。

　S4 では、「議論の余地のない（indisputable）」という形容詞を強調するために、「もちろん（of course）」を前に置いている。これにより、すでに科学コミュニティーで認められている主張であることを明確にできる。「思い切った（drastic）」という形容詞がセンテンスにさらに力強さを与えている。

　S5 は考察の最後、または結論で効果的に使える文だ。基本的にある分野における著者の研究が別の分野（その時点で著者の研究がまだ使用されていない分野）でどのように貢献できるかを示すことができる。

　S6 は論文の最後のセンテンスとして申し分がないだろう。読者の気持ちを上げ調子に、すなわち楽観的で意欲的にする。査読者に対してもポジティブな印象を論文の最後に与えるため、論文受理を勧めるかどうかの気持ちにさえ影響するかもしれない。

　以上のような感情を表す表現を上手に、しかしまれに使うことが非常に重要だ（さもなければ効果がなくなる）。ただし、こうした表現が自分の専門分野や選んだジャーナルによっては不適切と見なされる場合もあるため、投稿するジャーナルの

364　第18章　考察（Discussion）の書き方

他の論文をチェックすること。

自分の貢献の強調方法については第8章、強い主張の和らげ方については第10章参照。

18.9 seemやappearを使い、すべての可能性を調査したわけではないことを認める

研究結果の現状について、誠実に、正直に、誤解を招かないように書くことは極めて重要である。

数学の証明に例えてみよう。証明できない問題があるとして、それを経験的な直感や推測に基づいて解こうとすることがあるだろう。

このような場合、「思われる（it appears to be または it seems）」を使うことができる。この表現は、自分が確認した事例に関しては真実という意味である。直感的にそれ以外の場合でも真実だろうと思っているし、そうだろうと予測しているが、断言はしていないと読者に伝える表現。それがseem/appearの意味である。ここではその確率について断定していない。確率について計算も評価もしていないからだ。

- *It appears that* stochastic processes for which x = y can produce finite dimension values.
- This completes the proof of Theorem 1. Note how this enables us to determine all the Xs and Ys at the same time. Thus *it seems that* some natural hypotheses can be formulated as...

しかし、すべての問題を調べたわけではないこと、サンプル数が少ないこと、他の外部因子が自分の結果に影響を及ぼした可能性があることなどは、読者に明確に説明しなければならない。

18.10　自分の研究結果と矛盾する文献に言及するべきか

　言及するべきだ。その目的は透明性である。また、自分の研究を裏づける既存研究だけを言及しても、査読者は簡単に見破る。それが査読者の主な仕事の一つなのだから。

18.11　先行・類似研究の落とし穴をどのように指摘するか

　先行・類似研究に関する異議は次の3つに大別される。

- ➤ 仮説の段階であり、実際はまだ試験はされていない研究。自分は試験をすべきだと考える
- ➤ あまりにも一般的な、または特定の一分野でしか実施されていない研究。自分はその研究を新たな領域に応用したいと考えている
- ➤ 限界がある先行・類似研究。自分はこの限界を乗り越えようとしている

　他の研究者の論文の信用を傷つけずに批評することが重要である。自分が敬意を持って対応すれば、相手からも敬意を持って対応してもらえるのだ。

18.12　研究の限界を考察すべきか

　限界は考察するべきだ。研究の限界や何らかの失敗、矛盾するデータについて、これらを読者に伝えることは必須だ。これらが研究において非常にネガティブなことだと考える必要はない。上手くいかなかったことがわかれば読者自身の研究に役立つこともあるため、読者は知りたいと思っている。ただし、考察や結論の最後を限界の考察で締めくくってはならない。論文はポジティブな記述で終えるべきであり、最終段落では研究の利点や幅広い応用について述べること。

　限界の書き方や考察方法については第9章参照。

366　第18章　考察（Discussion）の書き方

18.13　人文科学系の研究者が考察で陥りがちな問題

　以下は社会科学の論文に対する査読者からのコメントの抜粋である（イタリック体はエイドリアンによる装飾）。

> The authors **overstate the findings**, making large **leaps** to what the implications of the study are which really only show that knowledge influences attitudes and behaviour influences willingness to behave. ... In fact, most of what is included in the discussion is an **overstatement** of the results **with no support from the literature**, and thus should be deleted with a new discussion written that focuses on the actual findings and what they mean. Another issue I have with this paper is that there is **no presentation in the results** of what was actually found. ... If this had been explored in this paper, I believe the paper would have been strengthened and then the authors would have had more ability to draw conclusions about what programs or policies would be useful for...

　化学、物理、生物学など自然科学系の研究者は、通常、発表・説明できる比較的明白な研究成果があり、それに基づいて仮説を立てることができる。

　人文科学系の研究成果はそれほど明確ではなく、主観的なアンケートに基づくことやアンケートに関連した研究者の印象に基づくことが多い。妥当な結論よりも大げさな結論を描いてしまう落とし穴に陥りやすいので注意すること。

　前述の査読者は次のようなアプローチを提案している。

- 述べるべきは自分が実際に発見した研究成果であり、実際には発見できなかったあなたの理想ではない
- その研究成果が、政策立案者、経営者、同種の分野の研究者たちに及ぼす影響を考察する
- 序論で紹介した文献と比較して考察を裏づける。しかし、自分の考えを支持する文献以外とも比較する

18.14　考察の長さ

　自分の研究分野で最も引用されている論文を探し、その論文の考察の長さを他の
セクションと比較して、考察が全体の中でどれくらいの割合を占めているかを調べ
る。その割合に合った長さの考察を書く。

18.15　さらに簡潔にしたい場合

　論文の中で考察は一般的に要旨に次いで最も重要なセクションである。ここは自
分が達成したことや、それが最先端の研究の流れの中でどのような意味を持つかを
読者に強く伝えるセクションである。したがってこの情報をできる限り簡潔に提示
することは非常に重要である。以下の2つの例文では、同じ内容を書き比べている。

> **S1** Furthermore, PCB 180 **has been reported** to share several toxicological
> targets with dioxin-like compounds [Ref. 1]. Hence, **it appears reasonable to
> assume that** PCB 180 may affect the AhR pathway in pituitary apoptosis. In fact,
> the involvement of the AhR pathway in the regulation of apoptosis **has been
> recently reported** [Ref. 2]. The contents of the PCB were in agreement with **the
> results of** Chad et al [Ref. 3] and similar to **those reported by** Jones [Ref. 4].

> **S2** Furthermore, PCB 180 **shares** several toxicological targets with dioxin-like
> compounds [Ref. 1]. Hence, PCB 180 **may** affect the AhR pathway in pituitary
> apoptosis. In fact, the AhR pathway **may be** involved in the regulation of
> apoptosis [Ref. 2]. The PCB contents **were in agreement with** Chad et al [Ref. 3]
> and similar to Jones [Ref. 4].

　S2 は **S1** より3分の1短いが、伝えるべき内容は減っていない。理論的には、重
複部分を取り除くことで、例えば3ページ分の考察であれば1ページ分を節約でき
るはずである（第5章参照）。

　S1 の問題は、同じ表現（has been reported）やほぼ同等の表現（reported by、
the results of）が何度も使用されていることである。他にも、"it has been suggested
that ..." "it has been proposed that ..." "it is well known that ..." などの表現がよく

368　第18章　考察（Discussion）の書き方

使われるが、これらも同様に削除できることがある。

　このような冗長表現は読者の集中力をそぐ原因となり、重要な伝えたいポイント
が見逃される可能性がある。

　it appears reasonable to assume that ...は S2 で示したように助動詞may で同じ意
味を伝えているため、これは冗長表現といえるだろう。ただし、あえて慎重にした
い場合は、we believe that PCB 180 may ...と書くことができる。

　考察を書くときには、自分の分野の他の研究者がどのように考察を書いているか
を分析することで、構造と使用する言葉を大幅に改善することができる。ただし、
参考にする論文は影響力のあるジャーナルから選択すること。

18.16　パラグラフの長さ

　あなたの目的は、あなたの研究結果が最先端の研究領域にどのような貢献を果た
せそうかを読者に素早く理解させることである。

　序論と同様に（→**14.9節**）、考察も段落のない1つの長いパラグラフで構成した
り、長いパラグラフをいくつも重ねたりしてはならない。考察で段落を変えて新し
いパラグラフを始めるきっかけは次のとおり。

- トピックの変更、または同じトピックの別の側面に触れるとき
- 1つの結果から別の結果へとテーマを移すとき
- 同様または別の結果を出している別の論文著者に言及するとき
- 自分の研究と文献の研究の結果が違う理由を説明するとき
- それまで述べてきたことが結局どう帰結するのかをまとめるとき
- 研究の限界について述べるとき
- 研究の意義および将来の研究方針について述べるとき
- 結論を導き出すとき

　ただし、上記のポイントの中には明らかに2つ以上のパラグラフを要するものも
あるだろう。「考察」の中に小見出しをいくつか設けて、その小見出しごとに複数

のパラグラフを置くスタイルも可能だ。

　考察を印刷してみよう。長いパラグラフは望ましくないことがすぐに見て取れるはずだ。読者はとても読む気にならないだろう。

18.17　「結論」があるときの「考察」の締めくくり

結論のセクションがあるときの考察は次のように締めくくることができる。

（1）自分の研究結果がどのように他の分野に応用可能かを述べる。ただし、そのエビデンスは必須。異なる状況で実験を繰り返した場合、同じ結果が得られるかどうかを伝える。

- We only used a limited number of samples. A greater number of samples could lead to a higher generalization of our results ...
- Although this is a small study, the results can be generalized to ...
- Our results may hold true for other countries in Asia.

（2）自分の仮説（モデル、機器など）がさらに改善する可能性のある方法を提案する。

- We have not been able to explain whether x = y. A larger sample would be able to make more accurate predictions.
- A greater understanding of our findings could lead to a theoretical improvement in ...

（3）特定の分野について除外したかどうか、した場合はその理由を述べる。

- Our research only focuses on x, whereas it might be important to include y as well. In fact, the inclusion of y would enable us to ...
- We did not pay much attention to... The reason for this was ...

（4）実施できなかったこと、その結果、導けなかった結論について認める。

- Unfortunately, our database cannot tell the exact scale of Chinese overseas R&D investment. Consequently we cannot conclude that ...

（5）考察で述べてきたことの正当性を読者に納得してもらうため、研究課題を選ん

だ理由を繰り返す。

> As mentioned in the Introduction, so far no one appears to have applied current knowledge of neural networks to the field of mass marketing fraud. The importance of our results on using such networks thus lies both in their generality and their relative ease of application to new areas, such as counterfeit products.

18.18 「結論」がないときの「考察」の締めくくり

結論のセクションの有無にかかわらず、考察は読者に最も強く印象づけたい重要なポイントの要約で終えるべきである。

前述のキャサリン・バーテンショウ（→**18.6**節）は、考察を次のような古典的な方法で締めくくっている。

☛ 研究成果から示唆されることを述べる

> The attitudinal information from our survey shows that farmers hold cows in very high regard.

☛ 提言したいことを述べる

> These results create a positive profile of the caring and respectful attitudes of UK farmers to their stock, and this image should be promoted to the public.

☛ 将来の研究に期待したいことを述べる

> A 56% response rate suggests the respondents are a good representation of UK stock managers. Further on-farm interviews, observations, and animal-centered tests are needed to confirm the inferences made from the data collected in this postal survey.

多くの考察は上記と同様の方法で締めくくられているが、とりわけ結論のセクションがない場合はそれが顕著である。実は上記の論文には結論のセクションがあるのだが、わずか70ワードで、データを要約し結果から示唆される意義を筆者独自の視点から考察している。

18.19　まとめ：考察のチェックポイント

　考察を書き終えたら、以下の質問にすべて「はい」と正直に答えられることを確認する。そうすることで、あなたの研究方法と分析方法の強みと弱みについて、同僚の研究者から建設的意見を受けることができる。あなたは研究者として高く評価されることだろう。

- ☑ ナレッジギャップ（knowledge gap）に対する貢献は明確になっているか。研究結果の重要性を強調しているか。自分の発見や観察と他の類似研究との関連を示したか。

- ☑ 新しく、重要であると考えたことを非常に明快に、ただし誇張することなく説明しているか。結果を拡大解釈していないことを確認しているか（実際は裏づけられない解釈をしていないか）。

- ☑ 単に結果の記述を繰り返したのではなく、結果を適切に解釈しているか。結果と当初の仮説との関連（確認または否定）を示しているか。単純に説明するだけではなく新たな理論を生み出しているか。

- ☑ 偏らずによいバランスを取っているか。代替的な説明を確かに提供しているか。

- ☑ 事実と推測を明確に区別しているか。決定的なエビデンスを提供せず、単に可能性のある解釈を示唆しているだけのとき、読者はそれを簡単に見分けられるか。

- ☑ 研究にバイアスがないことを確認しているか（すなわち、自分が求める結果が得られなかったというだけの理由で、データや予期せぬ結果を隠していない）。

- ☑ 自分の発見の正しさを裏づけることができない文献も取り上げたか。選択した文献のデータについて、重要性や方向性を歪曲していないか（すなわち、出版バイアスに陥っていないことを確認した）。

- ☑ 「序論」で述べた内容に即して研究成果を考察したか。文献レビューを活用しているか。

- ☑ 自分の結果と先行・類似研究（自分の研究を含む）を統合し、観察または発見したことを説明しているか。

- ☑ 文献に対する批評は正当で建設的か。

- [x] 「結果」で言及していない研究成果については考察していないことを確認したか。

- [x] 本文で述べた内容はすべて図表に記載されているデータによって裏づけられているか。

- [x] あまりにも些末な情報は削除しているか。可能な限り簡潔になっているか。

第19章
結論（Conclusions）の書き方

> **論文ファクトイド**
>
> ハドソン研究所の研究員が1967年にまとめた「西暦2000年 —今後33年間の推測フレームワーク」に「20世紀後半の30年間に起こる可能性の高い技術的革新100選」が挙げられている。その一部を紹介しよう。
>
> - 水上輸送の新しい方法（例：大型潜水艦、特殊目的コンテナ船）
>
> - 遺伝性・先天性疾患の大幅な減少
>
> - サイボーグ技術の幅広い活用（人間の臓器、感覚器、四肢の機械的補助または代替物）
>
> - 役に立つ新種の動植物
>
> - 個人および組織を対象にした調査、監視、管理の技術が広く普及
>
> - 天候・気象のコントロール
>
> - 人間の長期冬眠（月〜年単位）
>
> - 寿命の大幅な延長、老齢化しにくい体、（限界があるが）若返り
>
> - 恒久的海中居住施設、およびコロニー形成の可能性
>
> - 個人用「呼び出し機」（双方向ポケット電話機の可能性あり）や、コミュニケーション、計算、データ処理のための個人用電子機器

19.1　ウォームアップ

　以下はデジタル人文学の論文の「結論」である。この論文は、原稿と通信文書に研究者が簡単にアクセスできるように、これらをデジタル化して整理する方法を提案している。匿名化するため原文の内容を一部変更した。

　例として、査読者の心のつぶやきを括弧の中に示してある。以下の結論を読み、査読者がこの論文を読みながら他にどのような疑問を抱くかを考えてみよう。

> In this paper we have illustrated the Confucius Linked Dataset, which enriches（どのような方法で?）the cultural heritage already present on the Web. Our dataset contains previously unpublished information about the world around Confucius, so it will surely constitute an interesting starting point of investigation both for researchers and inquiring people.

　経験の浅い研究者の場合、結論を書く頃にはすぐにでも最後まで書き終えて、編集者に送りたい気持ちでいっぱいになっている。しかし、あわてて書いた結論はたいてい要点が定まっていない。そのような結論に査読者が抱きそうな疑問の例をいくつか括弧の中に示した。

> In this paper we have illustrated the Confucius Linked Dataset, which enriches（どのような方法で?）the cultural heritage already present on the Web. Our dataset contains previously unpublished information（であれば現段階で出版するメリットは何?）about the world around Confucius, so it will surely（なぜそれほど確信があるのか?）constitute an interesting starting point of investigation（その理由は?）both for researchers and inquiring people（"inquiring people" とは具体的にどんな人? この研究の意義は? この研究方法はデジタル人文学の他の分野でも応用可能?）

　また、この結論は50ワードにも満たないため短すぎるだろう。以下のバージョンのほうが適切だといえる（125ワード）。なぜ以下の例のほうがよいのか、構成はどうなっているか考えよう。

> We have illustrated a new approach to digitization, based on multilayered annotation and visualization of a selection of letters written by Confucius. Our methodology radically improves on the current data model (a graph composed of

XML nodes), by presenting the knowledge base as a Linked Open Data node accessible via SPARQL. Since the corpus is written entirely in Chinese, future work will aim at enhancing the accuracy of the Chinese lemmatizer. Given that the system architecture is based on: (i) platform independence (ii) componentbased design, and (iii) open source software, the technologies and resources developed can be easily tailored to processing any kind of textual resource. In fact, we are currently designing an analogous system for the online presentation of the letters of Chen Tuan.

博士課程で学ぶ私の生徒から「私は母国語でさえ結論を書くことが非常に難しいと感じます。論文にはすべてのことを書いてきたのに、これ以上何を最後に加えるべきなのでしょうか」と言われたことがある。彼女の質問には結論に対して他の研究者も抱くジレンマが集約されている。

結論は書きにくいものではなく、ただ研究者が［何を］書けばよいのか知らないだけである。実際、結論のセクションがないジャーナルもあり、研究者は結論となる段落を考察で書けばよいこともある。

結論は読者が最後に読むセクションではないかもしれないが、査読者が結論を最後に読む可能性は非常に高い。したがって、結論を明快で簡潔に書き、査読者によい印象を残さなければならない。構成や英語に問題があれば、査読者にネガティブな印象を与え、論文が受理されるかどうかの最終的な判断に影響を及ぼしかねない。

査読者と読者が結論に何を期待しながら読んでいるのかを知り、要旨や序論で用いた表現や情報を丸写ししたりせず、明確で強いインパクトを与えられる重要なメッセージを読者に提供できなければならない。

19.2　結論のセクションは必要か

*Nature Physics*の編集後記にはっきり記載されている。

　「結論のセクションは必須ではない。また、これまでの結果や考察を単にまとめただけのものなら不要である（*Nature Physics*では編集段階で削除され

る）。むしろ結論のパラグラフでは、読者に何らかの新規の内容を提供することが大切だ。」

　しかし、多くの読者が「結論」セクションはあるものと期待しており、投稿先のジャーナルでは必要とされていることもある。バークレーでコンピューターサイエンス学を教えるジョナサン・シェチャック教授の名言を心に留めておいてほしい。

　「結論のセクションは、研究結果を統合し、重要なものとそうでないものを分けるための場である。理想的には新しい情報と所見を加えたい。そうすることで、研究結果を大局的な視点で理解することができる。これを簡単に調べられる質問がある。『あなたの論文は最初に結論を読んだだけでその結論の内容を完全に理解することができますか？』である。もしこの答えが『はい』であれば、おそらく何かが間違っている。よい結論は、論文を最初から順に読んできたからこそ価値が生まれる内容が書かれており、序論では具体的には見えていなかった視点に形を与える。結論とは、読者が論文から学んだことが彼らの未来に及ぼす影響についてまとめたものだ。もちろん結論は、推論、将来への希望、未解決の問題を語る上でも最適の場である。」

19.3　結論の時制

　結論では未来形、仮定法、助動詞などさまざまな時制や構造が使用される。これら文法事項の詳細は *English for Academic Research: Grammar, Usage and Style* の第8章を参照。

　多くの著者は、研究（過去形）と原稿執筆（現在完了形）を時制で区別している。

> We ***have described*** a method to extract gold from plastic. We ***used*** this method to extract 5 kg of gold from 50 kg of plastic. We ***found*** that the optimal conditions for this process were ...

　最初の動詞（have described）は、論文執筆時の行為を、2番目（used）と3番目（found）の動詞は実験時の行為（終了した動作）を表現している。

次の2つの例文は、現在完了形を使わず現在形を使用しているため誤りである。

> **S1** *In this paper we **consider** the robust design of an extractor for removing gold from plastic.
> **S2** *In this study, it **is demonstrated** that by using an ad hoc extractor gold can be easily removed from plastic.

要旨や序論では **S1** も **S2** も正しい時制といえる。

19.4　結論の構成

　結論は単なる要約ではない。要旨や序論で書いたことを単に繰り返さないこと。多くても2〜3パラグラフまでの長さが一般的だ。典型的な結論は、以下の6つのポイントのうち最低1つをカバーしている。

① 最も重要な研究成果を簡潔に繰り返し、当該分野の知見を今後どのように発展させられるかを述べる
② 上記研究成果の将来に及ぼす影響という観点から、研究の重要性を最終的に判断。他分野への応用の可能性にも言及する
③ 研究の限界について述べる（「考察」で述べるほうがよいこともある）
④ 改善のための提案（研究の限界と関連させて述べてもよい）
⑤ 将来の研究への提言（著者自身やコミュニティーに向けて）
⑥ 政策転換への提言

この数字順に上記ポイントを記述するとよい。

　結論が要旨や序論と異なる点は、結論は、読者が論文の他のセクションも読んでおり研究のコンセプトについてすでによく理解しているはずだという前提で要約を示していることだ。

「要旨」や「序論」との違い
・背景の詳細内容は書かない（ポイント①）
・研究成果をさらに強く主張する（ポイント②）

- 研究の限界を述べる（通常は考察と結論以外では書かない）（ポイント③）
- その他の3つの側面に触れる（ポイント④〜⑥）

トロント大学応用科学工学部のアラン・チョン博士は、卓越した学部ウェブサイト（巻末付録参照）で次のようなコメントを出している。

「冗長になることや論文の最後に新しい考えを紹介することへの懸念から、結論を書くことに困難を感じている学生は多い。いずれももっともな懸念だが、考えを要約して将来への展望（論文で扱った研究の将来の方向性）を示すことは、実のところ結論が果たすべき機能である。結局、問題は、（1）まったくの冗長文にすることなくいかに要約するか、（2）論文が示す方向にいかに正しく読者を導くかの2点に絞られる。」

本章の後半では、チョン博士の最初の問題を解決することに焦点を当てる。2番目の問題は言語の問題ではない。新たな方向性を深く掘り下げることを避け、これらの将来への道筋が論文中で発表した研究内容と明確に関連づけられていることを確認するだけでよい。

19.5　要旨と結論の違い

これら2つのセクションにはまったく異なる目的がある。要旨は論文の広告のようなもので、読者の注目を集めなければならない。一方、結論の目的は、論文で最も重要な点を読者と再確認することである。その上「結論」は、付加価値も与えられなければならない。ここでいう付加価値とは、推奨したいこと、研究の意義、研究の将来の可能性などである。

いずれにせよ、要旨と結論を同時に見直すのはよいことだ。セクション間で情報を入れ替えてもよい。

2つのセクションにある程度の重複が生じるかもしれないが、これは許容されており、また避けられるものでもない。

以下に要旨からカット＆ペーストしなくてもすむ方法を示す。*Six key strategies*

*to a meaningful life: the non-believer's worldview*と題された架空の論文からの抜粋である。構成および情報を比較しながら読んでみよう。

要旨	結論
With no hope of an afterlife, atheists may have difficulty rationalizing their purpose on earth. With the aim of understanding the coping mechanisms of non-believers, we interviewed 150 UK-born couples (125 mixed, 25 same sex; average age 46) who had happily cohabited for more than 15 years. Interviewees were asked ten simple questions regarding their attitudes to the meaning of life. Our results revealed that there are six key strategies in an atheist's pursuit of a happy and meaningful existence: (1) keep everything simple, (2) have fun, (3) cultivate a sense of community, (4) delight in the wonder of nature, (5) find time for creativity, (6) help other people through frequent acts of kindness. Atheists that implement a combination of these six strategies were found to be more equipped than other non-believers to deal with the death of close ones, health problems, financial difficulties, and bad luck.	例文内の番号は以下に続く解説の番号に対応している。 ① We found that six strategies are key to atheists having a satisfying life: simplicity, fun, community, a love of nature, and the importance of creativity and of helping others. ② An additional but not unexpected finding, not considered in the original research aim, was that an unbridled respect for one's partner is fundamental for a long-lasting relationship. ③ In the light of the vacuous and aimless nature of Western society, our findings suggest that the six strategies should be taught in schools as part of children's philosophy or religious education lessons. ④ Comparisons with traditional religions revealed no substantial differences in approach, apart from a believer's blind faith in a benevolent omniscient overlord and the promise of an afterlife (or reincarnation). These commonalities indicate that traditional religions should attempt to be more sympathetic to atheists, and vice versa. ⑤ Future work will investigate how the promise of an afterlife may undermine the fulfillment of one's true potential on earth.

ここがポイント

① 主要な研究成果を要旨で使った表現とは別の表現で繰り返して述べている
   （要旨と結論の唯一の重複がみられる）
② 関連する研究結果を追加している
③ 政策立案者への提言を行っている
④ 研究の意義を述べている
⑤ 将来の研究領域について述べている

ただしこれらすべてを結論に含めなければならないわけではない。

19.6　考察の最終段落や序論との違い

19.5節で要旨と結論との違いを解説したが、序論と結論にもほぼ同じことがいえる。ここで繰り返す必要はないだろう。

投稿するジャーナルに結論がある（結論が考察に含まれない）場合、もし考察に全体をまとめる結論を書いていたら、それはすべて結論のセクションに移すべきだ。つまり考察の最後のパラグラフは論文全体を要約するパラグラフではなく、特定の一考察にすぎないということだ（→**18.17**節、→**18.18**節）。

19.7　結論の第一センテンスのインパクトを強くする

結論で典型的な最初のセンテンスを挙げる。

- *We have here described a model for understanding* the power of brainwashing in certain 'life-changing' courses ... We have found significant evidence of ...
- *In this paper we have presented* a statistical study of the nature of ... We have shown that it is possible to reason about ...
- *In this paper it has been shown how* critical thinking should become a core subject even in elementary schools ... A novel approach has been introduced to ...
- *In this work it has been attempted to analyze* loop bending in hip hop ... It has

been shown that for...

● *The present study is an attempt to understand whether* homeopathic medicines can cure neuroses in dogs.

上の例文でイタリック体にした語句は、査読者に対しても読者に対しても強い印象をまったく与えない。時々、退屈なセンテンスで始まる要旨を見かけるが、それと同じだ（→**13.15節**）。

最後の例（The present study is...）はまるで要旨の始まりのような文だ。シンプルに We estimated と書き換えよう（過去形を使う）。

プロのコピーエディターは、論文を This paper describes で書き始めないように、また論文の最後を This paper has described で終わらないようにと助言している。なぜなら、このような表現には次のような欠点があるからだ。

- ワード数の無駄遣いになる（5～7ワードが読者にとって何の意味も持たない）
- メイントピックがすぐに始まらない
- 読者にとって記憶に残らないしインパクトもない

直接的で簡潔に書くことは難しくない。以下に例を挙げる。

❌ 修正前	⭕ 修正後
S1 *In this study it is concluded that* compression plays an important part in ... It was found that ...	Compression plays an important part in ... In fact, it was found that ...
S2 *This work has demonstrated that* a number of compounds present in X are responsible for delaying the onset of ...	A number of compounds present in X *are responsible* for delaying the onset of ...
S3 *We have shown that* the crystal structure of X reveals that ...	The crystal structure of X *reveals* that ...

382　第19章　結論（Conclusions）の書き方

S4 *It has been suggested in this paper that* the localization of X in neurons *is* a good marker for neuronal viability.

The localization of X in neurons *suggests that it is* a good marker for neuronal viability.

　修正後の例文は、修正前から最初の5～8ワードを削除しただけである。これにより論文のメイントピックが「結論」の最初の2～4ワードで表現された。その結果、結論がさらに簡潔になり、インパクトが増している。

　修正後の例文のほうが端的で、医学、生物、その他多くの分野で同様の表現が使われている。直接的すぎるのではないかと心配ならば、「ヘッジング表現」（→ 10.2節～10.7節）を使って柔らかくすることができる。その場合、**S2** は are responsibleを could be responsibleに、**S3** は revealsを seems to revealにすればよい。**S4** は優れたヘッジング表現（suggest）をすでに含んでいる。

　S4 の受動態（has been suggested）は能動態（suggests）に書き換えたが、非人称構造は保たれている（weを許容しないジャーナルに投稿する場合にこの方法を使える（→ 7.2節）。メイントピックでセンテンスを開始できるため、結論に受動態を使うことはまったく問題ない。

- A simple method of extracting gold from plastic *has been described*.
- The gold found in waste materials *has been demonstrated to* produce more than 100 kg of gold per day from a typical recycling plant.

　上の2つの例文は序論で使用されればあいまいかもしれない。受動態を使っているため、動作主が示されず、読者は、著者自身の研究について述べられているのか他の研究について述べられているのか100%の確信を持つことができない。しかし、結論では、このようなあいまいさの問題が生じることは稀だ。なぜなら、読者はすでに論文の他の部分も少しは読んでいると想定されるため、これらの表現が著者自身の研究の結論を述べていることがわかるからである。

19.8 明確な結論を導き出せない場合： 限界に言及すべきか

　ときには研究の貢献内容について明確な結論を読者に示すことができない場合もある。研究方法が不適切で、期待していたほど素晴らしい結果が得られなかった場合などである。このようなときは問題から学んだことを簡潔に述べてから、将来の研究の展望について述べる。そのような最終セクションはConcluding Remarksとの見出しがつくことが多い。

　明確な結論を導けない場合に重要なことは、研究結果を誇張したり、逆に興味深いことや関連性の高いことは何も発見されなかったと書いたりしないことだ。それでも読者は、あなたが発見したこと（または発見しなかったこと：これも同等に重要）から何かを学び取る可能性があるからだ（→第9章）。あいまいな結論を提示せざるを得ないとき、ヘッジング表現が役に立つことがある（→第10章）。

　以下は、期待していたことの一部が達成できなかったことを著者が認めている例である。イタリック体で強調した語句の使用により、著者が失敗したことにすぐ気づく読者もいるだろう。

> - *Unfortunately*, we could not assess how much of the difference in outcome was due to ...
> - When results are compared across different components, the confidence intervals overlap, and we have no conclusive evidence of differences in ...
> - *Although* some progress has been made using our model, this incremental approach provides only a partial answer ...
> - *Unfortunately* this trial had too few subjects to achieve sufficient power and had a low ...
> - It is also unclear what conclusion should be drawn ...
> - *Regrettably*, we did not have the means to ...

将来に向けた期待を付け加えれば、結論がネガティブになりすぎることはない。

> - *Although* it is too early to draw statistically significant conclusions, two patterns seem to be emerging ...
> - *However*, more definite conclusions will be possible when ...
> - *Nevertheless*, our study confirms recent anecdotal reports of ...

- *Despite* this, our work provides support for ...
- *In any case*, we believe that these preliminary results indicate that ...

センテンスの最初の数ワードで、楽観的な文脈をイメージさせてこれからネガティブな内容を和らげようとしていることを読者に伝えることができる。また、仮定法を使い、別の状況ではどのような可能性があったか、または将来的にどのような可能性があるかを示すこともできる。

- If we had managed to ... then we might have been able to ...
- If we manage to ... then we might be able to.

19.9　研究の限界と将来の研究の可能性をつなげる

研究の限界については、将来の研究によって限界は解決できると単に主張してネガティブな印象を払拭しようとしないこと（→第9章）。そのような小細工は査読者と編集者に簡単に見抜かれ、何の根拠もなくあいまいだとして却下されることだろう。それよりも、どのようにして解決できるかを詳しく示さなければならない。

研究の限界と将来の研究についての説明が非常にお粗末なパラグラフを以下に3例紹介する（イタリック体はエイドリアンによる装飾）。

S1

Although we obtained meaningful results, the present study is not without limitations, which *must* be addressed in future research. First, the causal relationships in our test model could be reversed by cross-sectional research. Future studies *may* employ experimental and longitudinal designs to evaluate the causality implied in our model. Second, the samples used in the study are only from Mainland China. *We* should *take care* when *generalizing* these findings to other cultures.

S1 を読んだ査読者は次のような疑問を持つだろう。

1. 研究の限界は誰が解決するのか？（著者か所属科学コミュニティーか）

19.9　研究の限界と将来の研究の可能性をつなげる　385

2. 解決しなければならない（must be addressed）理由は何か？（mustには強い強制力を感じる）

3. 将来の研究の可能性をなぜmay（50～60％の確率を示唆する）で表現したのか？

4. Weとは誰のことか？（著者か所属科学コミュニティーか）

5. なぜ注意をする（take care）必要があるのか？研究結果を一般化（generalize）する理由は？

6. どのような注意が必要か？

7. どのように研究結果を一般化するのか？それによって何を得られる可能性があるのか。

次の S2 では、非常に急いで書いたように、また、読み直しされていないように見えることが大きな問題である。

S2

Although the *research* setting of the present *research* may be considered of *little interest* from an economic perspective, *given the economic performance* of the firms in the sample, the relation between the unit of analysis (i.e. learning dynamics) and economic performance is not in the scope of the present *research*. However, this limitation constitutes a trajectory for further *research*.

研究（research）という言葉が4度も繰り返されている。キーワードであれば繰り返しは良い方法（→6.4節～6.5節）だが、ここでのresearchはキーワードといえないだろう。また、given the economic performanceで始まる句が前の句と後の句のどちらと関連しているかが明確でない。句読点を上手に使えばこの点は解決されるだろう。また、自分の研究を「面白みがほとんどない（little interest）」と判断するのは良くない。書いた本人が面白くないと考えているならば、査読者も面白くないと考えるのは当然であり、論文受理の推薦は受けられないだろう。

他にも S2 の問題点として、S3 の最後の文でも同様だが、非常にあいまいで横柄とさえも受け取れる書き方がある。あいまいな文章を読んで多くの査読者が疑いそうなことは次の2点だ。（1）著者は研究の限界に対して本当はどう対処してよいのかわかっていない。（2）著者は研究における自信や信念のなさをごまかそうとしている。

S3

> The sample is not representative of social finance institutions currently operating in Europe and, therefore, the results ***may not*** be extended to the entire field of social finance. Nevertheless, it includes innovative SFIs providing ***social finance in Italy and Ireland*** which have never been included in previous studies. ***This enhanced our research to analyze*** alternative financing models and operating structures that may enrich the current debate on social finance.

S3 の最後の文（This enhanced our research to analyze）は文法的に意味が通らない。これが査読者の読む最後の文章であることを考えると、悪い印象を最後に与えることになるだろう。また、最初の文ではmay notをcannotとすべきだろう。このような文法ミスがあると、たとえ論文の他の部分の英語がうまく書けていたとしても、英語校正サービスに論文を提出すべきだと査読者から勧められる可能性がある。

さらに **S3** の主要な研究結果に関する問題として、イタリアおよびアイルランド初のソーシャルファイナンスの件が段落中央に紛れてしまっていることがある。重要なことがあれば、本文全体から目立たせるべきである。

では、上記のような問題を未然に防ぐために何をすべきだろうか。

研究の限界は将来の研究で解決できると伝えたいのであれば、将来どのようにしてその限界を克服できるのかを示す必要がある。

- 自分の結果を国外で一般化したい場合、具体的にその国名に言及する
- サンプル数が少な過ぎたため将来の研究ではサンプル数の増加を検討すべきだと述べたいときは、サンプル数増加のための方法を提案する
- 今回の論文では研究の対象外になっているものの、将来の研究では対象となる可能性のあるものについては、具体的にどのような対応が考えられるか数種類の方法を提案する

まとめ
- 結論の重要性を過小評価しない
- 可能な限り具体的に書く。将来の研究のために現実的かつ具体的な可能性と戦略の概要を示すことで、査読者や読者に対する説得力が増す

19.9 研究の限界と将来の研究の可能性をつなげる　387

➡ 正しい英語を書いているかチェックするため読み返す（→ **20.3**節）

　細かいことに注意を払い、あいまいで根拠のない主張を許せない非常に几帳面な査読者がいるとしよう。仮にそのような査読者があなたの結論を読んだとしよう。何を疑問視するだろうか。

19.10　結論の締めくくり

　研究の結果を要約し、研究の限界にも言及できれば、結論を終わらせよう。典型的な方法は3種類。その中から1つ以上を選べばよい。

　典型的な締めくくり方の1番目は、あなたの研究結果が他の分野にも応用可能であることを示すことである。

> ● Our findings *could be applied* quite reliably in other engineering contexts without a significant degradation in performance.
> ● These findings *could be exploited* in any situation where predictions of outcomes are needed.
> ● Our results *could be applied* with caution to other devices that ...

　上の例ではヘッジング表現のcouldを利用していることにも注目してほしい（→ **10.7**節）。

　一方で、現時点で応用できない領域を述べたいと考えるかもしれない。

> ● However, *it remains to be further clarified* whether our findings could be applied to ...
> ● *Further studies are needed to* determine whether these findings could be applied to components other than those used for ...

　典型的な締めくくり方の2番目は、将来の研究について提言することである。willは自分自身が計画している研究を、shouldは科学コミュニティー全体として取り組むべきだと考えている研究を指すときに使用するという一般的な合意が得られ

388　第19章　結論（Conclusions）の書き方

ている。したがって、著者が計画していることを表現するときの例は次のようにな
る。

- One area of future work *will* be to represent these relationships explicitly ...
- Future work *will* mainly cover the development of additional features for the software, such as ...
- Future work *will* involve the application of the proposed algorithm to data from ...

同じ分野の誰が行ってもよい研究について述べるときは次のように表現できる。

- Future work *should* give priority to (1) the formation of X; (2) the interaction of Y; and (3) the processes connected with Z.
- Future work *should* benefit greatly by using data on ...

締めくくり方の3番目は、推奨をすることである。提言や推奨するときに唯一、
課題となるのは、文法的構造である。

以下に挙げた文法構造は、おそらくあなたの母国語には存在しないだろう。

S1 We suggest that policy makers *should give* stakeholders a greater role in ...
S2 We suggest that policy makers *give* stakeholders a greater role in ...
S3 We suggest that the manager *give* stakeholders a greater role in ...
S4 We recommend that stakeholders *should be given* a great role in ...
S5 We recommend that stakeholders *be given* a greater role in ...

提案を表す動詞を使った文法構造：

suggest recommend propose	+ that + 目的語 + should（省略可）+ 原形不定詞 + もの

S1 と **S2**、そして **S4** と **S5** の唯一の違いはshouldが省略されているかどうかで
あり、意味はまったく同じである。**S3** は2番目の動詞が語尾変化しないことに注
意（that節は原形）。つまり、三人称の "-s" は不要であり、we suggest that the
manager gives は非常によくある間違いである。**S4** と **S5** ではbe動詞＋過去分詞
（given）が使われている。

19.10 結論の締めくくり **389**

また、あいまいな主張をしないように気をつけること。

> This effort *can therefore be regarded as the first step* towards the development of a marine management tool to study present dynamics and carry out scenario studies.

もし上記の文が論文に含まれていれば、査読者から次のようなコメントがつくだろう。

「簡潔だが、研究が他の分野で応用可能かどうか、また管理ツールとしても使用可能かどうかを明確に述べる必要がある。これが最初のステップだと単に述べるだけでは不十分。」

19.11　謝辞（Acknowledgements）の書き方

一般的に謝辞では以下の4つのポイントのうち最低1つをカバーしている。

1. 研究資金支援者への謝辞
2. 多大な専門的サポートを提供してくれた人への謝辞（例：実験デザインや材料の支援）
3. アイデア、提案、解釈などを提供した人への謝辞
4. 査読者への謝辞（匿名で）

謝辞に入れる前に、記載予定の文言を正確に本人に知らせることが望ましい。大げさすぎる（まれに不十分）と思われる可能性があるからである。

謝辞の文体は、論文の他の部分の文体とはかなり異なるかもしれない。例えば、ここでは一人称（I、we）を使用できる。

謝辞はできるだけ簡潔に表現すること。実際、本人以外に興味のある人はほとんどいない。

19.12　まとめ：結論のチェックポイント

以下の項目を自分に質問し、結論を自己評価してみよう。

- ☑ 自分が書いた結論は「結論」のセクションとして本当にふさわしい内容になっているか（200〜250ワード以上ならば、おそらく答えはNoだ。大幅に短縮する必要がある）。

- ☑ 考察の中に結論を書く場合、読者にこれから結論を述べると明確に示しているか（例：In conclusion ... で始める）。

- ☑ 研究の手順や方法、インタビューなどを記述するときの説明は、長くても1行にまとめたか（論文のテーマが研究方法そのものでない限り、通常、こうした説明はまったく不要だ）。

- ☑ 結論より前のセクションからカット＆ペーストしていないか。結論の内容と、要旨、序論、考察の最終段落の内容には適切な差が生じているか。

- ☑ 結論は興味深いか。またテーマとの関連性は高いか。

- ☑ できる限り強い印象を与えられる結論になっているか。冗長表現は避けたか。

- ☑ 完全には裏づけを得られていない無責任な説明や結論は避けたか。

- ☑ 自分の研究は自分の主張するとおりに完璧か（本当は現時点では導けない推測を主張して他の著者に対する優位性を示そうとしていない）。

- ☑ 今後の研究への新しい道筋を示したか。結論に内在する潜在的な影響力を説明したか。詳細を述べて読者が混乱しないように、将来への道筋の説明は簡単に示すにとどめたか。

- ☑ 提案した応用の可能性は本当に実現可能なものか。推奨は妥当か。

- ☑ 正しい時制を使用したか（現在完了は論文執筆時の行為を、過去形は実験室やフィールド、調査などでの行為を表現する）。

最後に、考察のまとめに示したチェックポイント（→**18.19節**）も参照すること。読者に影響を及ぼすために必要な結論が書けたかどうかを判断する助けとなるだろう。

第20章
投稿前の最終チェック

 専門家の視点

　ケンタッキー大学チャールズ・フォックス教授が、これまで提出してきた論文に対して編集者と査読者から受け取ってきた数々のコメント：
- フォックス教授は自分の研究の重要性を過大に解釈しているようだ。
- 説明は興味深く、提示されるだけの価値はあるが、本論文を読まなくてもポイントは理解できた。
- 本論文はまったく平凡だが、人が直感的に知っていることを実験で確認した点において価値があるかもしれない。
- 論文の数という点ではフォックス氏の生産性はすばらしいが、研究に新規性はない。
- 視点は非常に初歩的であり、理論を構築させるためにこれだけの長さの論文は必要ない。
- 遺憾であるが、あなたの投稿を……「要修正」の条件付きで受理する。文献中のあなたのプロフィールは度を超えているため、なおさら遺憾である。本論文を却下することより喜ばしいことはないのだが、査読結果はすばらしく、私の意見もあり、却下には至らなかった。
- 私は論文全体を読み、原稿に何か不備がないか見つけようとした。それが編集者の仕事だからだ。……次に、どこか修正すべき箇所はないか探してみた。修正を要求することで出版の工程を遅らせることも編集者のもう一つの仕事だからだ。しかし、どちらもできなかった。私は編集者としての伝統的責任を果たすことなく、つまりあなたの原稿に修正を加えることなく、このまま発表することを推薦する。
- 研究結果は大地を揺るがすほどのものではないが、論文は美しく書かれている。実際、論文は非常に秀逸で、後世まで読み継がれることだろう。……すばらしい研究を実施されたあなたの論文を初期のものからすべて読んでみたいと思うようになった。

20.1　ウォームアップ

　研究者は、論文の査読者から返ってきたネガティブなコメントをShit My Reviewers Say（http://shitmyreviewerssay.tumblr.com/）に残すことができる。中にはきつくけなす査読者もいる（→ *English for Academic Correspondence*の11章の*Writing a Peer Review*のファクトイドと同§11.10）。例を示そう。

> 「本稿が美人コンテストでは優勝できないことは明らかだ。ぎこちなさの残る文が多く散見され、ガラス板を鉄の爪でひっかく音を聞かされているような気持ちになる。」

> 「本稿の最大の問題は恐ろしく稚拙な文体だ。私は生きる気力をすっかり吸い取られてしまった。」

これらの多くは紛れもない真実だろう。

(1) 次の引用は上記ウェブサイトからのレビュー例だ。最後まで読み、種類別に分類してみよう（研究の目的が不明確、語彙が貧弱など）。将来の自分の研究のために、これらのコメントは覚えておいて損はない。自分の論文にも当てはまるかもしれない。

1. 申し訳ないが、本稿を読みながら頭の中にあったのは、「これは以前にも聞いたことがあるぞ。また言うのか。しかも次の章でもう一度繰り返すというのか」、ということである。

2. 論文を最後まで読んでも何を言いたかったのか理解できなかった。議論の進め方に成功しているとは言いがたい。実際のところ、単に類義語を使用しながら同じことを何度も繰り返し言っているだけのように感じた。

3. 何が新しい発想、提案、議論、仮説なのか、その説明を論文中に見つけられなかった。

4. evaluateとvalidateの意味を区別せずに使用している点が気になる。著者はこの2つの動詞の違いをわかっているのだろうか。

5. 見出しの数が不十分である。

6. 数えてみると、「明らかな（clear）」または「明らかに（clearly）」が15回使用されていた。1ページに1回使われていることになる。これでは、「明らかに」著者らが期待するほど「明らか」な結果ではない。

7. 著者は統計量の突然の変動について述べているが、それがなぜ研究と関係があるのか、またどのように関連しているのか、説明していない。

8. 著者が何を成し遂げたいのか不明である。

9. 本研究では、現行の方法よりも稚拙な技術を使用し、すでにはっきりと確立していることをわざわざ成し遂げるために多大な手間をかけている。本論文は発表されるべきでない。

10. 本論文は、マーク・トウェインの、「私には短い手紙を書いている時間がなかった。だから長い手紙を書いたのだ。」という言葉を思い起こさせる。

11. 参考文献が多過ぎる。これではまるで学生が指導教員にたくさんの文献を読んだことを印象づけようとしているとしか見えない。熟考し、引用を最小限に抑えた大人の判断とは思えない。結論は世界を驚かすには程遠い。

12. 研究方法の概説のために9ページも読まされることは、査読者にとって苦行でしかなかった。

13. たとえ簡単に修正できるとしても、こちらが心配になるほどの誤りがあれば、いい加減な原稿と言わざるを得ず、修正を勧める気にもならない。

14. 10年前なら高い関心が得られた疑問だろう。

15. 苦言を呈するほどの重大な問題があるわけではない。しかし一つ付け加えておきたいことは、あなたの研究は非常に単刀直入に書かれているが、特に創造性に富むわけでも読み手の想像力が刺激されるわけでもないことだ。いわゆるビッグアイデアに欠けている。極めて真面目で堅苦しく、魅力に欠けている。

16. 分析と結果の説明があまりにも多い。読者は圧倒され、すべてを消化することは不可能だ。余分な箇所を取り除く必要がある。

17. それで、この要点は何か？

18. 言葉の使い方が不適切。例えばuniqueが13回使われているが、正しく使用されているのは1回だけだ。

19. どのように言えば角が立たないのかわからないが、本稿は非常に退屈だ。

20. まったく内容のない要旨だ。文字通りに受け取ってほしい。

(2) 次の文を読み、間違いを探そう。各文には一ヵ所以上の、(a) 文法、(b) 言葉の選択、(c) パンクチュエーション（句読点の用法）、(d) スペリング・誤記、などの間違いがある。

1. In this contest the underling problem is that form an economic point the process is too costly which would thus make it prohibitive to purchase.

2. This is the first time that such result is found in the filed of Nuclear Physics.

3. The samples were weighted (av. 5 g) and then subjected to Smith's method (Smiht et al, 2017) and each sample was associated to one of three categories.

4. In addiction in the final phase the micro-thin stripes of tissue have been examined under the microsope.

5. The influence of the color of the structure was found to have a greater influence then the type of behaviour.

　文法、語彙、英文ライティングの実力アップに、以下に紹介する *English for Academic Research* シリーズを併用して学習することをお勧めする。

- *English for Academic Research: Grammar Exercises*
- *English for Academic Research: Vocabulary Exercises*

20.1　ウォームアップ　395

● *English for Academic Research: Writing Exercises*

コーネル大学のデイビッド・ダニング教授（心理学）は次のように述べている。

「大学教授の94％が自分の研究は平均より上と評価しているが、ほぼ全員が平均より上ということは統計学的にあり得ない。」

　あなたも自分の研究のでき栄えは平均より上だと考えているかもしれない。しかし、もう一度、第12〜19章の各最終ページにある「まとめ」を参照しながら、各セクションの内容（すなわち査読者の期待）と質を再確認することをお勧めする。

　時間があれば、同僚とお互いの原稿（タイトル含む）をレビューし合うこと。自分の論文よりも他人の論文のほうが文法、スタイル、構造などの間違いを見つけやすい。他人の論文を批判的に評価することに慣れてくれば、自分の研究を批判的に評価するスキルも上達するだろう。

　査読者は、論文を受理する前に修正を要求することで有名だ。その修正は、誤記やスペルミスなど著者にとっては些細な内容であることも多い。修正による遅れによって余計な時間とお金が費やされるだけでなく、同じトピックを選んだ他の研究者の論文のほうが先に発表されることもあり得る。

　本章では、投稿前の最終チェック中に何を確認すべきかを説明する。正しくチェックすることで論文がアクセプトされる可能性は高まるだろう。

20.2　PC上の修正で終わらず、印刷して確認する

　論文はプリントアウトするほうがよい。文法、語順、構造の問題が見つけやすくなる。Arialなど自分が読みやすいフォントに変換し、行間は2行に設定する。

　PCモニターでは、論文が実際にどう見えるのかあまりよくわからない。1つのパラグラフが1ページを超えていることにすら気づかないかもしれない。印刷するとこのような長いパラグラフは一目瞭然で、紙を使ったチェックは、長いパラグラフを読みやすい短いパラグラフに分割できるよい機会だ。パラグラフ分割は素早く簡

単にできる（→3.13節）。

　同僚にも印刷した論文を読んでもらおう。自分が見逃した間違いをすぐに指摘してくれることだろう。自分の研究のことは自分が最も良く理解していることが、返って間違いを見つけることを難しくしている。

　最後に原稿を声に出して読んでみる。特にセンテンスの流れや語句の抜けなど、黙読では見つからなかったミスに気づくだろう。

20.3　最高の状態に仕上げてから投稿する

　多くの研究者が、締め切り直前に論文を完成させている（時には締め切り後のこともある）。この時間のプレッシャーから、多くの研究者が最終チェックをせずに編集者に論文を送っている。論文の執筆には複数の研究者が関わっているため、いくつもの原稿が何度もやりとりされ、間違いが増える可能性は高くなる。最終段階では多くの変更が入るにもかかわらず、英語の正確さは誰もチェックしない。著者の一人が最終チェックを責任もって担当する必要がある。

　残念なことに、論文が1回目の投稿でリジェクトされる理由の多くは、英文の質が低いことと明確さに欠けていることだ。論文の再提出が必要になれば数ヵ月が無駄になり、その間にまったく同じトピックで他の誰かが論文を発表するかもしれない。

　以下に役立つヒントをまとめた。ぜひ活用してほしい。

- 母国語で書いた論文を評価する基準と同じ基準で評価する
- ジャーナルの著者向けの指針（投稿規定）に沿ってダブルチェックする
- データ、日付、参考文献、文献目録などすべてが正確なことを確認する
- スペリング（アメリカ英語かイギリス英語か）、パンクチュエーション、大文字の使用などがすべて統一されていることを確認する（→20.9節、20.11節）
- 論理構成がうまい論文よりも、書き方に問題のある論文の方が読むのに時間がかかるため、編集者や査読者からの反応はよくないことがある

- リライト（削除含む）を行うことで非常に満足のいく論文に仕上がる。リライトは必須のプロセスだ
- 数週間から数か月をかけて論文を仕上げた後では、自分の誤りに自分では気づきにくいものだ。同僚に手伝ってほしいと頼もう
- 有料の校正業者に論文の編集と校正・校閲を依頼することを検討する。校正業者はピアレビューとしての役割も担ってくれる（再作業が必要かどうか明らかになる）。しかし、急いで発表しなくてもよいなら、有料の業者に論文校正を依頼するのは、査読者のコメントをもらった後でも良いかもしれない。校正業者には最終稿で依頼することも可能だからだ

20.4　無駄な表現を徹底的に省く

イギリスの随筆家であり詩人、政治家のジョセフ・アディソン（1672〜1719年）は次のように述べている。

> 「外国人が私たちを見て感じる印象が真実であれば、イギリス人は他のヨーロッパ人より沈黙を喜びとする。（中略）無口が自然と身についているため、考えを口に出して表現するときはできる限り短くすます。」

査読者から25％短くするよう要求されたとしよう。論文を読み直しながら、重要な内容を削除することなく、できる限り短くしよう。削除したところで論文の質が低下することはほとんどなく、大幅に改善することのほうが多い。

内容が同じであれば、15ページの論文より20ページの論文を好む査読者はいないだろう（→5.20節）。

センテンスやパラグラフが、その響きの良さや個人的な満足感のためだけに含まれていないかどうかを確認すること。

パラグラフ全体やサブセクション全体の削除も検討する。

数ヵ月たてば何を削除したか自分でさえ覚えていないだろう。今のあなたには、とにかく極めて重要だと思えるかもしれない。しかし、改めて自分に問いかけてみ

よう。読者は本当にこれを読む必要があるのか。これを削ったところで読者は気づくだろうか、と。

20.5　論文の読みやすさを確認する

　Webデザイナーは「ユーザーに考えさせない」という原則に従っている。この原則により、ウェブサイト全体が訪問者にとってわかりやすく、必要な情報をどこから見つければよいのか直感的にわかるようになっている。訪問者は思考する必要がない。

　同様に、マニュアルを書くテクニカルライターは、読者側の知的努力を最小限に抑えるために、整然かつ明快に情報提示することに注力している。ライターが願うのは、読者がリラックスして情報を吸収できること、そして疲れやストレスを感じないことである。

　カリフォルニア大学リチャード・ウィディック教授（法学）の言葉：

　　「我々弁護士が文章を書くとき、平易な英語を使うことはない。2語で書けることを8語使って書く。難解な語句を使って平凡な考えを表現する。正確性を追い求めて冗長になる。用心深さを求めてくどくなる。文章はねじれ、語句は節の入れ子構造になり、読者の目をかすませ、頭をボーッとさせる。その結果、ある評論家によれば、4つの特徴を持ったライティングスタイルができあがる。それは（1）冗長、（2）不明瞭、（3）尊大、（4）退屈である。」

　あなたは査読者や読者に論文が冗長または不明瞭、尊大、退屈だと判断されたくないはずだ。

＊論文提出前のチェックポイント
- 文章は適度に短いか（1文が30ワードを超える場合、通常は読み直さないと理解できない）。
- パラグラフは適度に短いか。
- 付加価値を与えられることだけを書いており、冗長表現はないと確認したか。

- 査読者が自分の研究と既存研究との関係を理解できるよう、自分の研究と他の研究とを明確に区別できているか。
- 貢献内容とその貢献がもたらす付加価値が明確に示され、その結果、査読者は、この論文が投稿ジャーナルに適していると判断できるか。

＊読みやすさのチェックポイント（第1部で説明済み）
- 上手にレイアウトされているか：長すぎるパラグラフは読みにくいが、前後に余白がある短いパラグラフは読みやすい
- あいまいさや不明瞭さを残していないか：読者の理解度が下がる
- センテンス、パラグラフ、セクション内の構造は論理的か
- 抽象的すぎないか：読者に具体的な説明や例を示す
- 一貫性が欠如していないか

20.6　常に査読者の存在を意識する

　論文の修正時に重要なことは、常に査読者の存在を念頭に置くことである。以下はいずれもライティングのスキル不足に関連する非常に典型的なコメントである。

　「文を最後まで読まなければ意味を解釈できないことがよくあった。従属節が連続して理解できなくなることもよくあった。この論文は言語的な視点から大幅に修正することが望ましい。」

　「著者が読者の存在をもっと意識すれば、かなり改善する可能性がある。著者のロジックを追うことが難しいこともあり、何度か途中で読むのをやめてしまいたくなった。」

　情報の提示に要した時間・努力と、研究に要した時間・努力とは直接関連があると考える査読者は多い。情報の提示が下手であれば、研究方法も下手かもしれないと想像されてしまう。さらに、査読者は金銭的な報酬を受け取ることなく空き時間を利用して論文の査読報告書を作成していることを忘れてはならない。あなたが査読者に与えるメリットよりも、査読者があなたに与えるメリットのほうがはるかに大きい。査読者がどのような報告書を書いているのかを知りたいときは、*English for Academic Correspondence* の第11章を参照。

400　第20章　投稿前の最終チェック

20.7 明確で順序正しい論理展開か

　英語で論文を書くときは、何を議論したいのかを最初に述べることが良いと考えられている。原稿を読み返して議論が論理的に進んでいることを確認しよう。母国語での論文の書き方に影響されないこと。カテリーナ・ピシュチコバ博士（言語学）は以下のように述べている。

> 「ロシア人は長く複雑な文章を書き、探偵小説風ロジックを使うことが多い。読者は物語の進展を追いながら出来事や議論を解明しなければならず、最後まで読んでやっと筆者の意図が理解できる。ロシア人にとって、複雑であること、すなわち明瞭さに欠けることは、科学的または専門的ライティングと同義語なのだ。」

　重要な研究結果が段落や文章の途中に埋もれて隠れていないことをよく確認すること。

20.8 カット＆ペーストに気をつける

　複数の著者と協力して論文を書く場合、誤りやあいまいな表現の可能性は著者の数だけ倍増する。it、that、this、one、former、latter、which などは、他の著者があとで何を指しているのか変えてしまう危険性のある単語だ。例えば著者①が以下のように書いたとしよう。

> ... Russia, Canada and the United States. In the former ...

その後、著者②が以下の通りアルファベット順に順序を変えたとしよう。

> ... Canada, Russia and the United States. In the former ...

　問題は著者①の文章でformerはロシアを指しているのに対し、著者②の文章ではカナダを指してしまっていることだ。このような間違いを回避するためには、it、that、this、one、former、latter、which といった単語を使用せず、キーワードを繰

り返すのが一番である。いずれにせよ原稿の最終稿を点検する担当者は、このような問題が起こりうることも考慮して見直す必要がある。

あいまいさの原因についての詳細は第6章を参照。

20.9　論文全体の一貫性を確認

論文の一貫性が欠如していると、査読者は発表を見送るように提案するだろう。次の例は実際にあった査読報告書からの抜粋だ。キーワード（X、Y）だけは私が変更した。

(1) 4ページではFigure 1となっているが、8ページではfig 5aとなっている。
(2) 4ページでは「図1はXの例をグラフにしたものである」と説明されているが、5ページの図1の説明文は「Yの例」となっている。このグラフはXなのかYなのか。
(3) 例えば10ページには数式の後にコンマがあるが、以降にはない。
(4) 図4のキャプションには「初期サイズ分布」とある。確かにグラフが図示されているが、サイズを表わしたものではない。
(5) i.e. やe.g. のあとのコンマの有無がバラバラ。

以下も別の査読者による報告からの抜粋である。非常に些細な問題だと考えがちだが、実は重要なことを示唆している。

「本研究は新規性があり、発表するに値する。しかし、率直に言って研究の提示がまるで素人だ。スペルミスや参考文献の誤りに加え、用語の使用に一貫性がなく、キャプションと本文中の解説が一致しないといった不注意による誤りが散見される。」

20.10 適切で正式な英語を使っていることを確認する

多くのジャーナルがインフォーマル過ぎると判断する言葉や表現が存在する。自分の論文にこれらが使用されていないことを確認する（以下はごく一例であり、これらがすべてではない）。

- 短縮形：doesn't、can't、we'll など
- インフォーマルな名詞：kids（⇒ children）など
- インフォーマルな形容詞：trendy（⇒ topical）など
- インフォーマルな量・大きさ・外観の表現：a lot、big、tiny、nice など
- インフォーマルな接続詞・副詞：so、till、like（⇒ thus、until、such as）など
- インフォーマルな句動詞：check out、get around、work out（⇒ examine、avoid、resolve）など
- will または一般動詞の現在形が使えるときの going to の使用
- you の使用

詳しくは *English for Academic Research: Grammar, Usage and Style* の §15.9 を参照。

20.11 スペルミスの重大性を軽視しない

論文提出の直前の最後のスペルチェックの重要性は、どんなに強調しても強調し過ぎることはない。まさに最後の確認だ。

マーフィーの法則のバリエーションでは、土壇場の修正は必ずタイポ（誤記）を招くと予想されている。査読者はスペルミスがあるだけでただちに論文をリジェクトすることで知られている（ただし、これには戦略的な理由があると私は感じている）。

いずれにせよ査読者はスペルミスが好きではない。人によっては、スペルを確認する時間がなかったのならデータを確認する時間もなかったかもしれない、とこれ

ら2つの要因を結びつける可能性がある。投稿するジャーナルに応じてアメリカ英語かイギリス英語かどちらのスペリングを使用すべきか確認すること。どちらを使用するかは投稿規定に明記されているはずである。

スペルチェッカーは、内蔵する辞書に含まれていない単語だけを抽出する。著者が意図した単語ではなかったとしても、以下の単語は内蔵辞書に含まれているため、誤記にもかかわらず通常は検出されない。

- The company was *funded* in 2010.（正しくは founded）
- The samples were *weighted* and *founded* to be 100 g.（正しくは weighed と found）
- It was different *form* what was expected.（正しくは from）
- We *asses* the values as being ...（正しくは assess）

要注意：スペルチェッカーで検出できない可能性のある単語例：choose / chose / choice、filed / field / filled、from / form、there / their、then / than、through / trough、use / sue、were / where、with / whit

また、大文字の単語はスペルチェッカーの対象外となることがあるため注意する。論文のタイトルや見出しはすべて大文字に統一していることがある。その場合は特に念入りに確認する必要がある。

さらに、共著時に、それぞれの著者のスペルチェッカーの言語設定が異なる場合は問題だ。編集者に論文を送る担当者が、論文が適切な英語（アメリカ英語またはイギリス英語）でチェックを経ていることを提出前に必ず確認すること。

語尾の–izeと–iseの使い分けについてはアメリカ英語かイギリス英語かに関係しない（–izeはアメリカ英語だとWordが判断しているのは単にマイクロソフト社の方針である）。しかし、color（米）と colour（英）、modeled（米）と modelled（英）などは区別する必要がある。

Wordなどのソフトウェアが赤の波線を表示しても、それが専門用語であれば、ソフトウェア内蔵辞書に専門用語が登録されていないこともあり、無視しがちだ。しかし、入力したスペルが必ずしも正しいとは限らない。

404　第20章　投稿前の最終チェック

スペルチェック機能は完璧ではないかもしれない。しかし非常に有効だ。また、文法チェック機能を使うと、見過ごしていた間違いが検出される可能性がある。主語と動詞の呼応、語順、パンクチュエーション（whichやandの前のコンマ、単語と単語を結ぶハイフン）、不要な受動態などの誤用を検出するのに役立つだろう。文法チェック機能は間違いの可能性を知らせてくれるだけだが、Wordの文章校正チェック機能は、本書の原稿執筆中にも数点の間違いを指摘してくれた。

スペリングについて詳しくは *English for Academic Research: Grammar, Usage and Style* の第28章参照。

20.12 カバーレター（メール）を正しく書く

論文提出時のメールの英語が低レベルであれば、編集者は論文の英語も低レベルに違いないと疑うかもしれない。これでは肝心な最初の第一歩でつまずいてしまう。

効果的なメールの書き方については *English for Academic Correspondence* の第13章参照。

20.13 リジェクトに対応する

多くのジャーナルが大量の論文をリジェクトしている。一般的に、インパクトファクターの高いジャーナルほどリジェクト率が高い。それでも自信を失わないこと。リジェクトされるのはあなたの論文が初めてではないのだ。詳しくは *English for Academic Correspondence* の §12.2参照。

トップランクのジャーナルは、論文を受けつけてから結果を出すまでが迅速だ。したがって、リジェクトと決まればすぐに返却されるだろう。メリットは一流のピアレビューを受けられる可能性があることだ。別のジャーナルに再投稿するときの修正に役立つ。リジェクトは論文の質を高めるための機会と考えよう。

トップランクのジャーナルに論文を発表することがどれほど困難なことかを理解

するため、BMJ（*British Medical Journal*：世界トップクラスのジャーナルの一つ）のウェブサイト内著者向けページからいくつかの数字を紹介する。

- 1年間に受け取る原稿は7,000〜8,000本で、そのうち掲載できる論文は約7％である
- 外部査読にまわすことなくリジェクトする論文が全体の約3分の2を占める

リジェクトされる可能性が高いとはいえ、このようなジャーナルに投稿するメリットは存在する。BMJは非常に迅速に決定を下すため（2〜3週間）、他のジャーナルに発表するチャンスが大幅に遅れることはない。もし外部査読すら受けられなければ、それは自分の論文がジャーナルの対象分野外であったか、科学的または構成や言語の面で深刻な欠陥があったのだろう。このようにすると、論文を本格的に修正する必要があるかどうか明確に判断できる。BMJからピアレビューに送られれば、後日送られてくる査読報告書から論文の改善点に関する極めて有益なアドバイスを得られる。

編集者へのレターの書き方については *English for Academic Correspondence* の第12章参照。

20.14　編集者や査読者のコメントを真剣に受けとめる

編集者や査読者からコメントがあっても、自分が納得する内容だけを受け入れ、それ以外は無視する研究者がいる。しかし、例えば何を書いてあるのか意味がわからないとコメントされれば、読者も同じ感想を抱く可能性は高い。

編集者や査読者からの「言語的修正」要求を軽視してはならない。例えば以下は、著者に修正が必要であると伝えたにもかかわらず、専門的内容の修正だけが行われ、英語の言語面の修正が行われなかったときに、編集者が著者に伝えた内容である。

「今回の修正版では、以前の原稿にあった専門的内容の問題には対処されています。しかし、残念ながら英文ライティングに関しては引き続き問題があり

ます（担当査読者から指摘があり、査読のサマリーで要求項目2番に明記済み）。なお、新たな修正部分はほとんど言語的な問題（論文全体にわたる語順や、コンマ、冠詞の欠落または誤用、単語の重複または欠如、論理的矛盾、全体に散見される文法面での問題）です。」

「そのためもう一度、軽微な修正が必要です。次の修正稿が受理可能な状態となっているよう期待しています。」

「はっきり申し上げますが、英文の質の改善は『任意』ではなく『必須』です。原稿に言語的な問題が多く残っているまま返送された場合、残念ながらリジェクトされることになるでしょう。」

編集者とのコミュニケーションについては、*English for Academic Correspondence* の第13章参照。

20.15　有料編集・校正サービスを利用する場合のポイント

編集・校正業者が提供する有料サービスを利用する場合は、英語のネイティブスピーカーが原稿を校正したことを示す証明書の発行を必ず要求すること。その証明書を原稿と一緒に編集者に送る。

この証明書は、査読者の英語力があなたの論文の英語の質を判断できるほど高くないにもかかわらず、あなたの名前が英語圏の名前でないことを理由に、「ネイティブスピーカーによる英語面の修正が必要である」とコメントされたときに役立つはずだ。

もちろん、そのためには質の高い校正をする英語のネイティブスピーカーを起用する必要がある。さもなければ、査読者のコメントのほうが正しいと判断されるかもしれない。

編集・校正サービスの利用について詳しくは*English for Academic Correspondence* の§13.5参照。

20.16 エイドリアン・ウォールワークから最後のメッセージ：科学英語をおもしろく！

　学術研究の世界では、研究者自身やその研究分野が非常に真面目にとらえられる傾向がある。この真面目さゆえに、学術会議では退屈で長たらしいプレゼンテーションが行われることもある。発表者は形式に従わなければならないという気持ちに陥ってしまう。ことを重大に考え過ぎてしまい、研究者は研究に対してあるはずの情熱を論文で表現できなくなってしまうこともある。

　*British Medical Journal*は医学界だけでなく一般的な科学分野においても世界中で高く評価されている学術誌である。しかし、そのようなBMJでさえ、下記に示す論文を掲載することにまったく問題を感じていない。タイトルは「整形外科医：その強さは雄ウシと同程度、賢さは2倍？」。

　研究の目的は、整形外科医と麻酔科医の知能および握力を比較することである。結果は（構造化抄録によると）「男性整形外科医は同僚の男性麻酔科医よりも知性および握力が優っていた。麻酔科医は整形外科医の同僚をからかう新しい方法を見つけるべきである。」

　論文の「序論」は以下の通りである。論文の掲載を許可してくださったロンドンの整形外科レジストラー（中級専門医）で論文の筆頭著者であるパディ（パドマナブハン・スブラマニアン医師）に感謝の意を表したい。

　最近、ユーモアのある麻酔科の同僚が、手術台を木槌で修理しながら次のような有名な決まり文句を繰り返していた。「典型的な整形外科医は、雄ウシと強さは同程度、賢さは半分」と。整形外科医をからかうことは、イギリス中の手術室で行われている人気の気晴らしだ。この気晴らしは、最近インターネットで有名になったorthopedia vs. anesthesiaと題されたユーモアたっぷりのアニメ動画でさらに広がった（本論文執筆時点で50万回以上の再生回数を記録している）[1]。整形外科医と霊長類を比較した研究はいくつか発表されており、それらの医学論文からは、整形外科医には野獣並みの腕力と無知が必要であるとの提案がなされている [2–4]。

　このような強いが愚かな整形外科医というステレオタイプなイメージは、科

学的な検証の対象となってこなかった。過去の研究では、整形外科医の手の大きさが、一般外科医の手よりも大きいことが示されている [2, 3]。しかし、世界中の文献検索をしたところ、整形外科医の強さまたは知性を評価した研究は見つからなかった。対照群に入る意志のある雄ウシが不在だったため、また、麻酔科医に関する有名なフレーズがあったため、本研究では整形外科医と麻酔科医を比較し、利き手の握力平均値と知能検査のスコアを比較した。

パディのようなユーモアのある書き方をするようすべての人に勧めているわけではないが、時には英文ライティングやプレゼンテーションに我々はもう少し面白味を加えてもよいのではないかと提案したい。

人は楽しみながら読んだり学んだことは覚え、実行する。しかし、死ぬほど退屈な内容はさっさと忘れるものだ。

20.17　まとめ：投稿前のチェックポイント

☑ 査読者に敬意を払うこと。手抜きの原稿を提出して査読者の時間を奪わない。

☑ 同僚か有料の編集・校正サービスに原稿を最後まで読んでもらう。

☑ 原稿はコンピューター画面上で確認するのではなく、紙に印刷して確認する。

☑ 文法、語彙、スペルなど、英語面の間違いをあらゆる角度から確認する。

☑ 母国語で書いた論文を評価する基準と同じ基準で評価する。

☑ 冗長な箇所は可能な限り削除する。

☑ 可読性（読みやすさ）とロジックを確認する。

☑ 複数の著者で書いたことが原因で起きる問題に気をつける（カット＆ペーストなど）。

☑ 投稿するジャーナルの規定に従っていることを確認する（文献の引用方法など）。

☑ 正確さと一貫性を確認する。

☑ 編集者のコメントを真剣に受けとめる。

☑ ジャーナルに原稿を送る直前にもう一度スペルチェックを行う。ただし、自動スペルチェックに絶対的な信頼を置くことはできない。例えばwitchとwhich、assesとassets、tanksとthanksの違いをスペルチェッカーは区別できない。

20.18　本書の総まとめ：10の基本ルール

1. **準備が最重要**。投稿予定のジャーナルから類似したトピックの論文をできるだけ多く読み、各セクションに求められているスタイルや長さなどを学ぶ。

2. **査読者と読者を常に意識**する。論文は自分のためではなく査読者や読者のために書くものだ。

3. 論文の長さと重要性は別問題。単語、センテンス、パラグラフ、セクションに**冗長な箇所があれば可能な限り削除する**。

4. シンプルさを貫く。自分がよく理解している文法構造と語彙を使用し、適度に**短い文を書く**。論文の目的は自分の専門分野の最先端の知見に付加価値を与えること、できるだけ明確で理解しやすい方法で研究の結果を伝えることである。高度な英文ライティングのスキルを読者に披露する場ではない。

5. 読者が論文を目にしたときの視覚的なインパクトを軽視しない。大きな段落や**長すぎる文章は避ける**。見出しを使って読者を適切に案内する。図表を効果的に使って、段落間を分断する。

6. **代名詞の使用は要注意**（できれば指し示す名詞そのものに置き換える）。また、キーワードを類義語で言い換えない。読者は代名詞や類義語が示している対象を理解できないかもしれない。

7. **重要な結果が読者の注意を目にとまるように書く**。長いパラグラフの途中に埋もれさせない。研究によってもたらされる付加価値や革新性のレベルが伝わる

ように書く。また、研究結果が自分のものか、他の研究グループのものか明確に理解できるように示す。

8. **限界はすべて言及**する。

9. 可能なら、研究結果が**他の分野でどのように応用可能か**を示す。研究は公的な資金援助を得て実施されることが多いため、資金が有益な対象に投資されていることを公に示す必要がある。

10. **全体を3回見直す**。

　最後にもう一つ付け加えるなら、楽しみながら論文を執筆しよう。書いている本人が楽しむことができなければ、読者に論文を楽しんでほしい、あるいはせめて正当に評価してほしいと期待することは難しいだろう。

第21章
ネイティブが教える論文英語表現

 この章で学ぶこと

　英語を母国語としない多くの研究者が、英語で論文を書き始めるにあたり、まず同じテーマの文献を広範囲に読みあさることから始め、自分の論文に使えそうな表現があればそれを書き留めている（→第1章）。そのような表現を雛形として使い、データなどを挿入して自分の論文に応用することができる。当然これらの既成の表現は正しい英語である。また一般的な表現なので剽窃を犯す危険はない（→第11章）。

　本章では、どのような分野の研究論文にも応用可能で、もちろんあなたの論文の各セクションにも応用可能な、頻繁に使用されている表現を紹介する。査読者も読者も普段からよく目にしている表現であり、このような論文頻出表現を使って研究の成果を書くことができるようになっていただきたい。これは、査読者も読者も奇妙な表現に悩まされずに済むという点において重要な意味を持つ。これから紹介する標準的な表現を応用すれば、そのような奇妙な表現を使う必要はない。

　もちろんこの他にも役に立つ多くの表現が存在する。自分の研究分野で頻繁に使用されている表現を加えてリストを増やしていくことをお勧めする。

言語学者の名言
　「言語の表現型には多くの型がある。アカデミック・ライティングもその1つで、非常に多くの既成の型、あるいはそれに準じる型が存在する。これらの型のほとんどが、いったん学習した後に記憶の中からそのまま引き出される。英語を母国語としない人にとっては、これらの型をその役割別に整理することが英文ライティング上達の一助となるだろう。」

　　　　　ジョン・モーリー博士（マンチェスター大学言語プログラムディレクター、
　　　　　　　　　　　　　　　　　　　　　　　　　　　　　Phrase Bank 著者）

「あなたの言語スキルが完璧ではないときは、最も一般的な方法で情報を整理すること、および最も一般的な表現を使って書くことが重要だ。」

ヒラリー・グラスマンディール

（インペリアル・カレッジ・ロンドン、科学英文ライティングコーチ
Science Research Writing For Non-Native Speakers of English 著者）

「私の技術英語ライティングの学習法は、英文を読みながら役立つと思った表現を集めることだ。そうして収集した表現をずっと活用してきた。それが私にとっても、また私の教え子たちにとっても役立ったと信じている。」

アントニオ・ストロッツィ教授

（*How to Write a Technical Paper in English - A Repertoire of Useful Expressions* 著者）

21.1　目次

1. 研究のテーマ（X）の重要性を説得する
2. 過去から現在に至るまでのXの研究を概説する（文献に言及せずに）
3. Xの将来性を概説する
4. ナレッジギャップおよび考えられる研究の限界を指摘する
5. 研究の目的と貢献について述べる
6. 重要な専門用語を説明する
7. 論文で使う用語と記号を解説する
8. 何を議論し何を議論しないのか、論文の構成を示す
9. 過去から現在に至るまでの文献の概観を示す
10. 過去の文献をレビューする
11. 最近の文献をレビューする
12. 研究者の発表・報告に言及する
13. 他の研究の肯定的側面に言及する
14. 従来の研究の限界を（研究者は匿名で）指摘する

15. 従来の研究の限界を（研究者の名前を明らかにして）指摘する

16. 別の研究者の意見を利用して他の研究を批評し、自分の意見を正当化する

17. 検査の目的や実験方法を記述する

18. 他の研究のモデルやシステムとの類似点の概略を説明する

19. 使用した装置や材料およびその入手経路を説明する

20. 使用したソフトウェアを報告する

21. 実行したカスタマイズ（特注・改造）を報告する

22. 方程式、理論、定理を導く

23. 使用した方法、モデル、装置、標本の選択理由を説明する

24. 標本や溶液などの準備を説明する

25. 標本や調査などの選択手順の概要を説明する

26. 特定の時間枠を説明する（過去時制を用いる）

27. 全般的なプロセスの時間枠を説明する（現在時制を用いる）

28. 注意を喚起する

29. 方法や装置などのメリットを説明する

30. 代替の方法について述べる

31. 結果を得るために使った方法を説明する

32. アンケートやインタビューから得られた結果を報告する

33. 発見したことを述べる

34. 発見できなかったことを述べる

35. 特筆すべき結果と達成できたことを強調する

36. 研究結果が従来のエビデンスと一致することを述べる

37. 研究結果が従来のエビデンスとは一致しないことを述べる

38. 研究結果の受容性を正当化する

39. 研究結果の解釈について注意すべき点を述べる

40. 望んでいなかったまたは予想外の結果を説明する

41. 限界を認める

42. 望んでいなかったまたは予想外の結果を説明し正当化する

43. 望んでいなかったまたは予想外の結果を小さく見せる

44. 意見や可能性を示す

45. 結論や要約を述べる

46. 結果を再び述べる（結論セクション）

47. 達成内容を強調する（結論セクション）

48. 限界を強調する（結論セクション）

49. 研究の応用の可能性と意義を説明する

50. 著者が実施中または計画中の研究について述べる

51. 今後の研究を第三者に託す

52. 謝意を表する

53. 図表を参照し、説明する

54. 新しいトピックに話題を転換する

55. 前述したことや後述することに言及する

56. 研究の目的を再確認する

57. 参考文献に言及する

21.2　論文英語表現の使い方

　本章で紹介する論文英語表現は、できるだけ論文で使用される順番に、またできるだけ各セクションで使用される順番に紹介している。したがってこれらの表現が論文の各セクションを構成する際に大いに役立つことだろう。

　同じ表現をいくつかのセクションで使うことがあるかもしれない。下の表に、どの表現がどのセクションで役立つかを示した。

セクション	例文分類番号
要旨	1、5（2〜4も可能性あり）
序論	1〜8、9〜16
文献レビュー	4、9〜16
方法	17〜30
結果	29〜40
考察	35〜45
結論	45〜51
謝辞	52

左記の他にも5項目を加えた（53〜57）。論文の他の箇所や論文には記載しなかった文書などに言及する方法だ。

センテンス中のスラッシュ（/）で区切られた語句や表現は、適宜それらの選択肢から選んでセンテンスを作成することが可能であることを示している。例文はあらゆる状況をすべて網羅しているわけではない。またスラッシュは必ずしも同義の表現であることを意味しているわけではなく、語句と表現が同じような文脈で使用されることを意味している。語句や表現の意味の差が分かりにくいときは、辞書で意味を調べることをお勧めしたい。

場合によっては同じ意味の語句や表現がある。例えば、図表に言及するとき、たとえ本来はわずかな意味の差があっても、ほとんど同じように使われる動詞がある。shows、reports、highlightsなどがそうだ。しかし、同義語であっても、あなたの研究分野では微妙に意味の異なる語句もあるだろう。例えば、次の各グループの語句はそれぞれ異なる意味を持つ。

  （1）argue、assert、claim、state
  （2）assume、hypothesize、suggest
  （3）find、discover
  （4）demonstrate、prove、test

まったく同じ意味を持つ語句があれば、より短い表現を使うべきだろう。以下に例を示す。

- Given the fact that x = y...
- Despite the fact that x = y...
- Notwithstanding the fact that x = y...

などの表現を使うよりも、

- Since x = y...
- Although x = y...

を使うべきだ。

もちろん、同じような意味の表現を何度か使用しなければならない場合は、長い表現を使ってもよい。

416　第21章　ネイティブが教える論文英語表現

どのような表現を選択するかは、どのようなタイプの英文を書いているかによって決まる。例えば、受動態（例：it was found）や人称形（例：weやI）を使う必要があるかといった要因だ。この選択は、投稿するジャーナルの規定に従う（→ 7.2節）。いずれにせよ、人称形で書くスタイルを選択したら何回か受動態を用いて文章に変化をつけたほうがよい。

　役立つ表現を包括的に収集し、有益なアドバイスを加えて掲載しているサイトがあるので紹介する。このサイト（http://www.phrasebank.manchester.ac.uk/）は、マンチェスター大学言語プログラムディレクターのジョン・モーリー博士が編集したもので、本章で紹介する表現のいくつかはモーリー博士の表現集から拝借している。

訳注 なお、日本語は英文を理解するための補助として記載した。同義語が複数続く場合、まとめて訳出している文例もある。

1. 研究のテーマ（X）の重要性を説得する

☐ *X is the* main / leading / primary / major *cause of*...

参考和訳：（Xは〜の主な/第一の/主要な/主な原因である）

☐ *Xs are* a common / useful / critical *part of*...

（Xは〜の一般的/有用な/重要な一部である）

☐ *Xs are among the most* widely used / commonly discussed / well-known / well-documented / widespread / commonly investigated *types of*...

（Xは最も広く使われて/広く議論されて/よく知られて/十分に裏づけられて/広く受け入れられて/広く調査されているタイプの〜だ）

☐ *X is* recognized as being / believed to be / widely considered to be *the most important*...

（Xは最も重要な〜であると認められて/考えられて/広く受け入れられている）

☐ *It is* well-known / generally accepted / common knowledge *that X is*...

（Xは〜であると、広く知られて/広く受け入れられて/一般的に知られている。

☐ *X is* increasingly becoming / set to become *a vital factor in*...

（Xは〜においてますます重要な要因になりつつある/なるだろう）

☐ *Xs are* undergoing a revolution / generating considerable interest *in terms of*...

（Xは〜に大革新をもたらしつつ/大きな関心を集めつつある）

☐ *Xs are attracting* considerable / increasing / widespread *interest due to*...

（Xは〜が原因で大きな関心を集めて/関心が高まって/大きな注目を集めている）

☐ *X has many* uses / roles / applications *in the field of*...

（Xは〜の分野で広く使用されて/多くの役割を得て/広く応用されている）

☐ *A* striking / useful / remarkable *feature of*...

（〜の顕著な/有用な/注目に値する特徴は〜）

☐ *The* main / principal / fundamental *characteristics of X are*:

（Xの主な/主要な/基本的な特徴は〜）

☐ *X* accounts / is responsible *for*...

（Xは〜の原因である）

418　第21章　ネイティブが教える論文英語表現

2. 過去から現在に至るまでのXの研究を概説する（文献に言及せずに）

☐ *Last century X* was considered to be / viewed as / seen as *the most*...

（前世紀では、Xは最も〜であると考えられていた）

☐ Initial / Preliminary / The first *studies of X considered it to be*...

（Xの初期研究/予備研究/最初の研究では、それは〜であると考えられていた）

☐ Traditionally X / In the history of X, *the focus has always been*...

（Xは伝統的に/歴史的に常に〜に着目してきた）

☐ Scientists / Researchers / Experts *have always seen X as*...

（科学者/研究者/専門家は、Xは〜であると常に考えてきた）

☐ Until now / For many years / Since 1993 *Xs have been considered as*...

（最近まで/何年もの間/1993年以降、Xは〜と考えられてきた）

☐ *X has received much attention* in the last two years / in the past decade / over the last two decades...

（Xはこの2年間で/10年間で/20年間で大きく注目されている）

☐ For the past five years / Since 2011 *there has been a rapid rise in the use of Xs*.

（この5年間で/2011年以降、Xは急速に使用されるようになった）

☐ *The last two years have* witnessed / seen *a huge growth in X*...

（この2年間でXは大きな成長を遂げた）

☐ *The past decade* / *Last year* has seen a renewed importance in X...

（この10年間で/昨年は、Xの重要性が見直された）

☐ *Recent* developments in / findings regarding *X have led to*...

（Xの近年の発展/研究が〜へとつながった）

☐ *X has become* a central / an important / a critical *issue in*...

（Xは〜の中心的/重要な/重大な問題となった）

3. Xの将来性を概説する

☐ *The next decade is likely to* see / witness *a considerable rise in X*.

（次の10年間でXは急増するだろう）

☐ ***In the next few years X*** will become / is likely to have become...

(今後数年間で、Xは〜となるだろう/なる可能性がある)

☐ ***Within the next few years***, ***X is*** set / destined / likely ***to become an important component in***...

(今後数年間で、Xは〜の重要な要素に必ずなる/きっとなる/なる可能性がある)

☐ By 2025 / Within the next ten years, ***X will have become***...

(2025年までに/今後10年間で、Xは〜となっているだろう)

☐ ***X will*** soon / shortly / rapidly / inevitably ***be an issue that***...

(Xは間もなく/すぐに/あっという間に/否応なく〜という問題になるだろう)

---

4. ナレッジギャップおよび考えられる研究の限界を指摘する

☐ ***Few researchers have addressed the*** problem / issue / question ***of***...

(Xの問題/課題/疑問点を解決しようとした研究者はほとんどいない)

☐ ***Previous work has*** only focused on / been limited to / failed to address...

(従来の研究は〜にのみに着目していた/に限定されていた/を解決できなかった)

☐ ***A*** basic / common / fundamental / crucial / major ***issue of***...

(〜の基本的な/一般的な/基礎的な/重大な/大きな問題は〜)

☐ ***The*** central / core ***problem of***...

(〜の中心的/核心的問題は〜)

☐ A challenging / An intriguing / An important / A neglected ***area in the field of***...

(〜の分野において、困難な/興味深い/重要な/疎かにされていた領域は〜)

☐ ***Current solutions to X are*** inconsistent / inadequate / incorrect / ineffective / inefficient / over-simplistic / unsatisfactory.

(Xに対する現在の解決策は、一貫性に欠ける/不十分だ/間違っている/効果がない/効率が悪い/単純すぎる/満足できるものではない)

☐ ***Many hypotheses regarding X appear to be*** ill-defined / unfounded / not well grounded / unsupported / questionable / disputable / debatable.

(Xに関する多くの仮説が、明確に定義されていない/根拠がない/十分な根拠がない/立証されていない/疑問の余地がある/疑わしい/議論の余地がある)

☐ ***The characteristics of X*** are not well understood / are misunderstood / have not been dealt with in depth.

(Xの特徴はあまりよく理解されていない/誤解されている/深く研究されていない)

☐ ***It*** is not yet known / has not yet been established ***whether X can do Y.***

(XがYをできるかどうか、まだ分かっていない/解明されていない)

☐ ***X is still*** poorly / not widely ***understood.***

(Xはまだよく理解されていない/広く知られていない)

☐ ***X is often*** impractical / not feasible / costly...

(Xは実行不可能な/実現不可能な/費用が高いときがよくある)

☐ ***Techniques to solve X*** are computationally demanding / subject to high overheads / time consuming / impractical / frequently unfeasible.

(Xの問題を解決する技術は、計算が煩雑だ/経費が高い/時間を要する/実行不可能だ/往々にして実現不可能だ)

☐ ***A major*** defect / difficulty / drawback / disadvantage / flaw ***of X is...***

(Xの主な欠陥/困難/欠点/短所/不具合は〜)

☐ ***One of the main issues*** in our knowledge of /what we know about ***X is a lack of...***

(我々の知る限り/我々の知っているXの主な問題の1つは〜が無いことだ)

☐ ***This*** particular / specific ***area of X*** has been overlooked / has been neglected / remains unclear...

(特に/具体的にXのこの領域が、軽視されてきた/無視されてきた/解明されていない)

☐ ***Despite this interest, no one*** to the best of our knowledge / as far as we know ***has studied...***

(これほど興味深いにもかかわらず、我々の知る限りまだ誰も〜を研究していない)

☐ ***Although this approach is interesting, it*** suffers from / fails to take into account / does not allow for...

(このアプローチは興味深いが、〜という問題がある/を考慮していない/〜することができない)

☐ In spite of / Despite ***its shortcomings, this method has been widely applied to...***

(欠点があるにもかかわらず、この方法は〜に広く応用されている)

☐ ***However, there*** is still a need for / has been little discussion on...

(しかし、まだ〜の必要性がある/〜についてはほとんど議論されていない)

☐ *Moreover, other* solutions / research programs / approaches *have failed to provide*...

（そのうえ、他の解決策/研究プログラム/アプローチは〜に失敗している）

☐ *Most studies have* only focused / tended to focus *on*...

（多くの研究が〜だけに着目してきた/〜に着目する傾向がある）

☐ To date / Until now *this methodology has only been applied to*...

（これまで/今まで、この方法は〜だけに応用されてきた）

☐ *There is still* some / much / considerable *controversy surrounding*...

（〜に関しては、依然としてある程度の/多くの/相当な反対意見がある）

☐ *There has been some disagreement* concerning / regarding / with regard to *whether*...

（〜かどうかについては、ある程度の反対意見がある）

☐ *There is* little / no general agreement *on*...

（〜については、意見はほとんど/まったく一致していない）

☐ *The community has raised some* issues / concerns *about*...

（〜について、コミュニティは問題点/懸念点を挙げた）

☐ *Concerns have* arisen / been raised *which* question / call into question *the validity of*...

（〜の正当性を疑う/疑問視している懸念が、生じている/提示されている）

☐ *In the light of recent events in X, there is now* some / much / considerable *concern about*...

（最近のXの発症を考慮すると、現在〜についてはある程度の/多くの/相当の懸念がある）

5. 研究の目的と貢献について述べる

☐ *In this* report / paper / review / study, *we*...

（本報告/論文/レビュー/研究で、我々は〜）

☐ *This paper* outlines / proposes / describes / presents *a new approach to*...

（本論文は〜への新しいアプローチを概説/提案/説明/提案する）

- ☐ *This paper* examines / seeks to address / focuses on / discusses / investigates *how to solve*...

  （本論文では、〜をどのように解決すべきかを調査し/取り組んで/着目して/考察して/調査している）

- ☐ *This paper is* an overview of / a review of / a report on / a preliminary attempt to...

  （本論文は〜の概説/レビュー/報告/予備調査である）

- ☐ *The present paper aims to* validate / call into question / refute *Peng's findings regarding*...

  （本論文の目的は、ペンの研究を正当化する/疑問視する/に反論することだ）

- ☐ *X is* presented / described / analyzed / computed / investigated / examined / introduced / discussed *in order to*...

  （〜の目的のために、Xを提示/説明/分析/計算/検査/調査/導入/考察した）

- ☐ *The aim of our* work / research / study / analysis *was to* further / extend / widen / broaden *current knowledge of*...

  （我々の取り組み/調査/研究/分析の目的は、〜に関する現在の知見を拡張する/拡大する/広げることであった）

- ☐ *Our knowledge of X is largely based on very limited data. The aim of the research was* thus / therefore / consequently *to*...

  （我々のXに関する知識はおおむね極めて限られたデータに基づいている。ゆえに/したがって/その結果、本研究の目的は〜することであった）

- ☐ *The aim of this study is* to study / evaluate / validate / determine / examine / analyze / calculate / estimate / formulate...

  （本研究の目的は〜を研究/評価/正当化/特定/検査/分析/計算/推定/公式化することである）

- ☐ *This paper* calls into question / takes a new look at / re-examines / revisits / sheds new light on...

  （本論文は〜を疑問視して/新しい視点を当てて/再検査して/再検討して/新たな観点から見直している）

- ☐ With this in mind / Within the framework of these criteria / In this context *we tried to*...

  （これに留意して/これらの基準をフレームワークとして/この文脈の中で、我々は〜を試みた）

- ☐ *We* undertook this study / initiated this research / developed this methodology *to*...

  （我々は〜するために、本研究を実施した/本調査を開始した/この方法を開発した）

- [ ] *We believe that we have* found / developed / discovered / designed *an innovative solution to*...

  （我々は〜の革新的解決策を発見/開発/発見/設計した）

- [ ] *We* describe / present / consider / analyze *a* novel / simple / radical / interesting *solution for*...

  （我々は〜の新しい/簡単な/根本的/興味深い/解決策を、記述/提示/検討/分析している）

6. 重要な専門用語を説明する

- [ ] *The term 'X'* is generally understood to mean / has come to be used to refer to / has been applied to ...

  （用語Xは〜を意味すると理解されている/〜に言及するときに使われるようになった/〜に応用されてきた）

- [ ] *In the literature*, *X* usually refers / often refers / tends to be used to refer *to* ...

  （文献では、Xは通常〜に言及する/〜に言及することが多い/〜に言及するときに使われる傾向がある）

- [ ] *In the field of X*, several / various / many *definitions of Y can be found*.

  （Xの分野では、Yについてはいくつかの/さまざまな/多くの定義がある）

- [ ] *The term X* is / was / has been *used by Molotov [2011] to refer to* ...

  （用語Xは〜に言及するためにモロトフ［2011年］が使っている/使った/使ってきた）

- [ ] *Molotov uses the term X [2011] to* refer to / denominate ...

  （用語Xはモロトフ［2011年］が〜に言及するために/〜の呼称として使っている）

- [ ] *X is defined by Peng [1990]* to refer to / to mean ...

  （Xは〜に言及するために/〜を意味するために、ペン［1990年］によって定義された）

- [ ] *Vitous [2015] has* provided / put forward / proposed *a new definition of X, in which* ...

  （ビトウス［2015年］は〜というXの新しい定義を考案/発表/提案している）

- [ ] *X is* defined / identified / described *as* ... *[Njimi 2004]*.

  （Xは、〜と定義/特定/記述された［ニジミ、2004年］）

- [ ] *In the literature* there seems to be no general definition of X / a general definition of X is lacking / there is no clear definition of X.

  （文献では、Xの一般的定義は無い/欠落している/明確な定義は無いようだ）

☐ *Several authors have attempted to define X*, *but* as yet / currently / at the time of writing *there is still no accepted definition*.
（多くの科学者がXを定義しようと試みている。しかし、まだ/現在のところ/本稿執筆時点では、まだ一般に受け入れられた定義はない）

☐ *In* broad / general *terms*, *X* is / can be defined as *a way to* ...
（広い/一般的な意味では、Xは〜をする方法として定義されている/定義可能だ）

☐ *The* broad / general / generally accepted *use of the term X refers to* ...
（用語Xの使用は、広く/一般に/一般的に受け入れられており〜に言及する）

☐ X is sometimes *equated with* / *embodies* a series of ...
（Xは一連の〜と同一視される/〜を具体化することがある）

☐ *X, Y and Z are three* kinds / types / categories / classes *of languages*.
（言語を3つの/種類/タイプ/カテゴリー/クラスに分類するとX、Y、Zである）

☐ There are three kinds of languages: / The three kinds of languages are: / Languages can be divided into three kinds: *X, Y and Z*.
（言語にはX、Y、Zの3種類がある/3種類の言語とはX、Y、Zである/言語はX、Y、Zの3種類に分類できる）

7. 論文で使う用語と記号を解説する

☐ *The acronym PC* stands for / denotes ...
（頭字語PCは〜を意味する/表す）

☐ The subjects (*henceforth named* / *hereafter* 'X') are...
（これらのテーマ（これ以降Xと称する）は〜）

☐ *The subject, which we shall* call / refer to *as 'X', is* ...
（我々がXと呼んでいるテーマは〜）

☐ *Throughout this* paper / section *we use the terms 'mafia' and 'the mob' inter-changeably*, following / in accordance with *the practice of this department where this study was conducted*.
（本論文/セクションでは、本研究を実施した部門の習慣にしたがってmafiaとmobを同じ意味の言葉として用いた）

☐ *The fonts*, i.e. / that is to say *the form of the characters, are of various types*.
（フォントすなわち/いわゆる文字の形は無数に存在する）

425

☐ *There are three different types*, namely / specifically: *X, Y and Z.*

（3つの異なるタイプがある。すなわち/具体的には、X、Y、Zである）

☐ Throughout the / In this *paper we* use / will use *the term X to refer to* ...

（本論文では〜に言及するためにXという用語を使っている/使うことにする）

☐ *In this chapter X is* used / will be used to *refer to* ...

（本章では〜に言及するためにXを使っている/使うことにする）

☐ *In this paper the standard meaning of X is* / will be *used* ...

（本論文ではXの標準的な意味を使っている/使うことにする）

☐ *This aspect is* / will be dealt *with in more detail in Sect. 2.*

（本件に関してはセクション2でさらに詳しく解説している/解説する）

☐ *We will* see / learn / appreciate *how relevant this is in the next subsection.*

（次のサブセクションでその意義をさらに詳しく見ていく/学習する/理解する）

8. 何を議論し何を議論しないのか、論文の構成を示す

☐ *This paper is* organized as follows / divided into five sections.

（本論文は次のように構成されている/5つのセクションに分かれている）

☐ The first section / Section 1 *gives a brief overview of* ...

（最初のセクション/セクション1で〜について概説した）

☐ *The second section* examines / analyses ...

（セクション2で〜について詳しく述べる/分析する）

☐ *In the third section a case study is* presented / analyzed ...

（セクション3で、実施したケーススタディを紹介する/の分析結果を示す）

☐ *A new methodology is* described / outlined *in the fourth section* ...

（セクション4で新しい手法について説明した/概説した）

☐ We / I *propose a new procedure in Section 4.*

（我々/私は、セクション4で新しい方法を提案している）

☐ Some / Our *conclusions are drawn in the final section.*

（いくつかの結論を/我々の結論は、最終セクションで解説している）

☐ *This* paper / chapter / section / subsection *begins by examining* ...
（本論文/章/セクション/サブセクションは、〜を詳しく調べることから始める）

☐ *The next chapter* looks at / examines / investigates *the question of* ...
（次の章では〜の問題に注目/検討/調査している）

☐ Problems / Questions / Issues *regarding X are discussed in later sections*.
（Xに関する問題/疑問/課題は後のセクションで考察する）

☐ *A discussion of Y* is / falls outside *the scope of this paper*.
（Yに関する考察は本研究の目的の範囲外である）

☐ *For reasons of space, Y is not* addressed / dealt with / considered *in this paper*.
（本論文では、Yについては紙面の都合により割愛した/対処していない/検討していない）

---

9. 過去から現在に至るまでの文献の概観を示す

☐ *There is a* considerable / vast *amount of literature on* ...
（〜については多くの/膨大な量の文献がある）

☐ *In the literature there are* many / several / a surprising number of / few *examples of* ...
（文献には〜について、多くの/いくつかの/驚くほど多くの/ごく僅かの例がある）

☐ *What* we know / is known *about X is largely based on* ...
（Xについて知っていることは/知られていることは、主に〜に基づいている）

☐ Much / Not much / Very little *is known about* ...
（〜については、多くのことが知られている/あまり/ほとんど知られていない）

☐ Many / Few *studies have been published on* ... [Ref]
（〜に関しては、多くの研究が発表されている/ほとんど発表されていない［参考文献］）

☐ *Various approaches have been* proposed / put forward / suggested / hypothesized *to solve this issue [Ref]*.
（この問題を解決するために、さまざまな方法が提案された/提示された/提案された/仮説が示された［参考文献］）

☐ *X has been* identified / indicated *as being ... [Ref]*
（Xは〜であると特定されている/判明している［参考文献］）

☐ *X has been* shown / demonstrated / proved / found *to be* ... *[Ref]*

(Xは〜であることが示された/実証された/証明された/わかった ［参考文献］)

☐ *X has been widely* investigated / studied / addressed ... *[Ref]*

(Xは広範囲に/調査/研究/検討されてきた ［参考文献］)

☐ *Xs have been* receiving / gaining *much attention due to* ...

(Xは〜のために多くの注目を集めている)

☐ *In the* traditional / classical *approach, X is used to* ...

(従来の/これまでの方法においては、Xは〜のために使用されている)

☐ *In recent years there has been* considerable / growing *interest in* ... *[Ref]*

(近年、〜に大きな/次第に多くの関心が集まっている ［参考文献］)

☐ *A growing body of literature has* examined / investigated / studied / analyzed / evaluated ...*[Ref]*

(多くの文献が〜を調査/詳しく調査/研究/分析/評価している ［参考文献］)

☐ *Much work on the potential of X has been carried out [Ref]*, yet / however *there are still some critical issues* ... *[Ref]*

(Xの可能性については多くの研究が実施された ［参考文献］。それでも/しかし、重大な問題が残っている)

10. 過去の文献をレビューする

☐ *In their* seminal / groundbreaking / cutting edge *paper of 2001, Peters and Jones* ...

(ピーターとジョーンズは、2001年に発表した独創的/画期的/最先端の論文の中で〜)

☐ Initial / Preliminary *work in this field focused primarily on* ...

(この分野における初期/予備研究は主に〜に着目した)

☐ *Some preliminary work was carried out* in the early 1990s / several years ago ...

(いくつかの予備研究が1990年代前半/数年前に実施された)

☐ *Doyle in 2000 was* among / one of *the first to* ...

(2000年、ドイルは最初に〜をした一人だった)

☐ *The first* investigations into / studies on *X found that* ...

(Xに関する最初の調査/研究が行われ、〜が発見された)

☐ *The first systematic* study / report *on X was* carried out / conducted / performed *in 1995 by* ...

(1995年、Xについての最初の系統的研究/報告が~によって実行/実施された)

☐ *An increase in X was first* noted / reported / found *by* ...

(Xの増加は最初に~によって指摘/報告/発見された)

11. 最近の文献をレビューする

☐ *Experiments on X were* conducted / carried out / performed on *in 2009 by a group of researchers from* ...

(2009年、Xを調査する実験が~研究グループによって実施/実行された)

☐ *In a major advance in 2010, Berlusconi et al.* surveyed / interviewed ...

(2010年の大きな躍進を受けて、ベルルスコーニらは~の調査/聞き取り調査を行った)

☐ *Jeffries and co-workers [2011]* measured / calculated / estimated ...

(ジェフリーズら [2011年] は、~を測定/計算/推定した)

☐ *In [67] the authors* investigated / studied / analyzed ...

(文献 [67] で、著者らは~の調査/研究/分析を行った)

☐ *A recent review of the literature on this* topic / subject / matter / area *[2012] found that* ...

(このトピック/テーマ/分野に関する近年 (2012年) の文献レビューで、
~であることがわかった)

☐ A number / An increasing number *of studies have found that* ...

(多くの/ますます多くの研究が実施され、~であることがわかってきた)

☐ Since 2011 / In the last few years, *much more information on X has become available* ...

(2011年以降/ここ数年、Xに関する多くの情報が利用可能になっている)

☐ *Several studies, for* example / instance *[1], [2], and [6],* have been carried out / conducted / performed *on X.*

([1] や [2] や [6] などのXに関するいくつかの研究が実行/実施された)

☐ ***More recent evidence [Obama, 2013]*** shows / suggests / highlights / reveals / proposes ***that*** ...

（直近のエビデンス［オバマ、2013年］により、〜が示されて/示唆されて/
強調されて/明らかになって/提案されて）

☐ ***It has now been*** suggested / hypothesized / proposed / shown / demonstrated ***that*** ... ***[Cosimo, 2010]***

（今では〜であることが示唆/仮定/提案/証明/実証されている［コシモ、2010年］）

☐ ***Many attempts have been made [Kim 2009, Li 2010, Hai 2011]*** in order to / with the purpose of / aimed at ...

（〜をするために/〜を目的として/〜を対象として、多くの試みがなされてきた
［キム、2009年；リー、2010年；ハイ、2011年］）

---

12. 研究者の発表・報告に言及する

☐ ***In her*** analysis / review / overview / critique ***of X, Bertram [2] questions the need for*** ...

（バートラム［2］は、自らの分析/レビュー/概説/評論の中で〜の必要性に疑問を投げかけている）

☐ ***In his*** introduction to / seminal article on / investigation into ***X, Schneider [3] shows that*** ...

（シュナイダー［3］は、Xの紹介記事の中で/画期的記事の中で/
調査の中で〜であることを示している）

☐ ***Dee [4]*** developed / reported ***on a new method for X and concluded that*** ...

（ディー［4］は、Xのための新しい方法を開発/報告し、〜であると結論づけている）

☐ ***Southern's group [5] calls into question some past*** assumptions / hypotheses / theories ***about X.***

（サザンの研究グループ［5］は、過去の仮定/仮説/理論のいくつかに疑問を投げかけている）

☐ ***Burgess [6], an authority on X,*** notes / mentions / highlights / states / affirms ***that*** ...

（Xの権威バージェス［6］は、〜であると記して/言って/強調して/述べて/確認している）

☐ ***She*** questions / wonders / considers / investigates ***whether [or not] X can*** ...

（彼女は、Xが〜できるかどうか疑問視して/疑って/検討して/調査している）

☐ ***He traces the*** advances in / development of / history of / evolution of ***X***

（彼はXの進歩/発展/歴史/進化を追跡している）

☐ ***They*** draw our attention to / focus on ***X.***

（彼らは我々の注意/注目をＸに引きつける）

☐ ***They*** make / draw ***a distinction between*** ...

（彼らは～と～の違いを明らかに/～と～を区別している）

☐ ***He*** claims / argues / maintains / suggests / points out / underlines ***that*** ...

（彼は～であると主張/意義を唱えて/主張/示唆/指摘/強調している）

☐ ***She*** concludes / comes to the conclusion / reaches the conclusion ***that*** ...

（彼女は～であると結論づけている/という結論に達している）

☐ ***She*** lists / outlines / describes / provides ***several reasons for*** ...

（彼女は～に対してさまざまな理由を列挙/概説/記述/提供している）

☐ ***Her*** theory / solution / proposal / method / approach ***is based on*** ...

（彼女の理論/解決策/提案/方法/アプローチは～に基づいている）

13. 他の研究の肯定的側面に言及する

☐ ***Smith's [22] use of X is*** fully justified / very plausible / endorsed by experience.

（スミス［22］はＸを使用しているが、その正当性は十分に証明されている/極めて妥当だ/経験
によって裏づけられている）

☐ ***Kamos's [23] assumptions seem to be*** realistic / well-founded / well-grounded / plausible / reasonable / acceptable.

（カモス［23］の仮説は、現実的/根拠が十分/根拠が確か/説得力がある/合理的/
許容可能なようだ）

☐ ***The equations given in [24]*** are accurate / comprehensive ...

（［24］の方程式は正確/包括的であり～）

☐ ***It has been suggested [25] that*** ... ***and this seems to be a*** reliable / useful / innovative ***approach*** ...

（～が示唆されるが［25］、これは信頼できる/有用な/革新的なアプローチのようだ）

14. 従来の研究の限界を（研究者は匿名で）指摘する

☐ ***Research has tended to focus on X rather than Y.*** An additional problem is that / Moreover ***X is*** ...

（ＸよりもＹに焦点を当てた研究が行われる傾向にある。もう一つの問題は～/さらにＸは～）

☐ ***The main*** limitation / downside / disadvantage / pitfall / shortfall ***of X is*** ...

(Xの主な限界/欠点/デメリット/落とし穴/不足は〜である)

☐ ***One of the major drawbacks to*** adopting / using / exploiting ***this system is*** ...

(このシステムを採用/利用/活用することの主な欠点の1つは〜である)

☐ ***This is something of a*** pitfall / disadvantage ...

(これはある意味では〜の落とし穴/デメリットだ)

☐ ***A*** well-known / major / serious ***criticism of X is*** ...

(Xに対する周知の/主な/深刻な批判の1つは〜)

☐ ***A key problem with much of the literature*** on / regarding / in relation to ***X is that*** ...

(Xについて/関して/関連して、多くの文献に見られる主な問題は〜だ)

☐ This raises many questions ***about / as to / regarding*** whether X should be used for ...

(Xを〜に使用すべきかどうかについて/関して/の点について、多くの疑問点が生じている)

☐ ***One*** question / issue ***that needs to be*** asked / raised ***is*** ...

(問うべき/指摘すべき1つの疑問点/課題は〜である)

☐ ***Unfortunately***, ***it*** does not / fails to / neglects to ***explain why*** ...

(残念ながら、なぜ〜なのか説明していない/説明できていない/説明を怠っている)

☐ ***This method suffers from a*** number / series / plethora ***of pitfalls***.

(この方法は多くの/数多くの/非常に多くの危険を抱えている)

☐ ***There is still considerable*** ambiguity / disagreement / uncertainty ***with regard to*** ...

(〜に関しては、依然として大きなあいまいさ/反対意見/不確かさがある)

☐ ***Many experts contend***, however / instead / on the other hand, ***that this evidence is not conclusive***.

(しかし/それどころか/一方、多くの専門家がこのエビデンスは決定的なものではないと主張している)

☐ ***A related hypothesis*** holds / maintains ***that X is equal to Y***, suggesting / indicating ***that*** ...

(関連する仮説がX＝Yであることを支持/主張しており、これは〜であることを示唆して/示している)

432　第21章　ネイティブが教える論文英語表現

- [ ] *Other observations* indicate / would seem to suggest *that this explanation is insufficient ...*

(他の観察結果からこの説明が不十分であることが分かる/示唆される)

15. 従来の研究の限界を（研究者の名前を明らかにして）指摘する

- [ ] *Peng [31]* claimed / contended *that X is ... but she failed to provide adequate proof of this finding.*

(ペン［31］は、Xは〜であると主張/強く主張したが、十分な証明を提示できなかった)

- [ ] *Peng's findings do not* seem / appear *to support his conclusions.*

(ペンの研究結果は結論を証明しているようには見えない)

- [ ] *This has led authors* such as / for example / for instance *Mithran [32], Yasmin [34] and Hai [35] to investigate ...*

(このことにより、例えばミスラン［32］、ヤスミン［34］、ハイ［35］などの著者が〜を調査するきっかけになった)

- [ ] *The* shortcomings / pitfalls / flaws *of their method have been clearly recognized.*

(彼らの方法の欠点/落とし穴/欠陥は明解に認識されている)

- [ ] *A serious* weakness / limitation / drawback *with this argument, however, is that ...*

(しかし、この議論の深刻な弱点/限界/欠点は〜である)

- [ ] *Their approach is not* well suited to / appropriate for / suitable for ...

(彼らの採用した方法は、〜にはあまり適していない/適切ではない/相応しくない)

- [ ] *The main weakness in their study is that they* make no attempt to ... / offer no explanation for ... / they overlook ...

(彼らの研究の主な弱点は、〜を試みていない/説明していない/見過ごしていることだ)

- [ ] *Their experiments* were marred / flawed / undermined *by X.*

(彼らの実験はXによって損なわれた/欠陥が生じた/失敗した)

- [ ] *X is the* major flaw in / drawback to / disadvantage of *their experiments.*

(Xは彼らの実験の重大な欠陥/欠点/デメリットである)

☐ *The major defect in their experiments is that they entail* tedious / repetitive / time-consuming / laborious / labor-intensive *calculations with regard to* ...

(彼らの実験の重大な欠点は、～に関して、長すぎる/反復の多い/時間を要する/手間のかかる/複雑な計算があることだ)

☐ *Such an* unreasonable / unjustified / inappropriate / unsuitable / misleading assumption *can lead to* serious / grave *consequences with regard to* ...

(そのような理屈に合わない/正当な理由のない/不適切な/相応しくない/誤解を招く推測は、～に関して深刻な/憂慮すべき結果を招く可能性がある)

☐ *Their claims seem to be somewhat* exaggerated / inaccurate / unreliable / speculative / superficial ...

(彼らの主張は、やや誇張されている/正確さに欠ける/信頼できない/情報が不確かだ/表面的だ)

☐ *In our view, their findings are only* conjectures / speculations *based on* unjustified / implausible / unsatisfactory / ambivalent / unsubstantiated *assumptions*.

(我々の考えでは、彼らの研究結果は、正当な理由のない/信じ難い/不十分な/どちらとも言い難い/根拠のない仮説に基づいた、単なる憶測/推論である)

☐ *Their* paper / work / study / research / approach / findings / results *might have been more* interesting / innovative / useful / convincing / persuasive if ...

(彼らの論文/取り組み/研究/調査/アプローチ/発見/結果は、もし～であったら、もっと興味深い/革新的/有用な/納得できる/説得力のある～であっただろう)

☐ *Their attempts to do X are* cumbersome / unnecessarily complicated / financially unfeasible ...

(Xを行うという彼らの試みは、煩雑な/必要以上に複雑な/財政的に実行不可能な～だ)

☐ *Their explanations are* superficial / impenetrable / doubtful / confusing / misleading / irrelevant ...

(彼らの説明は、表面的だ/不可解だ/信じ難い/混乱を招く/誤解を招く/関連性がない)

☐ Another / An additional *weakness is* ...

(もう一つの/さらにもう一つの弱点は～だ)

☐ *An even greater source of* concern / issue / problem *is* ...

(もっと大きい懸念/課題/問題の原因は～である)

16. 別の研究者の意見を利用して他の研究を批評し、
　　自分の意見を正当化する

☐ *As mentioned by Burgess [2011]*, *Henri's* argument / approach / reasoning *relies too heavily on* ...
（バージェス［2011年］が述べたように、ヘンリーの議論/方法/推論は〜に過度に依存している）

☐ *As others have highlighted [34, 45, 60]*, *Ozil's approach* raises many doubts / is questionable ...
（他の科学者が強調しているように［34、45、60］、エジルの方法には多くの疑念がある/
疑問視されている）

☐ *Several* authors / experts / researchers / analysts *have* expressed doubts about / called into question / challenged *Guyot on the grounds that* .....
（複数の著者/専門家/研究者/分析家が、〜であることを根拠にギーヨに対して疑念を表明して/
疑問を呈して/批判的立場をとっている）

☐ *Marchesi [2010] has already noted an inconsistency with Hahn's* claim / methodology / method / results / approach ...
（マーケイシ［2010年］は、ハーンの主張/方法論/方法/結果/
アプローチには矛盾があることを既に指摘している）

☐ *Friedrich's approach [2013]* has not escaped criticism / been subjected to much criticism *and has been* strongly / vigorously *challenged* ...
（フリードリヒのアプローチ［2013年］は、批判を免れることができず/
多くの批判にさらされて、大きな/厳しい批判を受けてきた）

☐ *Many experts now* contend / believe / argue *that rather than using Pappov's approach it might be more useful to* ...
（今では多くの専門家が、パポヴのアプローチを採用するよりも〜が有用であると強く
主張して/信じて/異議を唱えている）

☐ *Their analysis has not* found / met with / received *general acceptance* ...
（彼らの分析は一般には受け入れられていない）

☐ *Some recent* criticisms of / critical comments on *Kim's work are summarized in* [25].
（キムの研究に対する近年の批判/批判的コメントは［25］に要約されている）

☐ **The most well-known critic of Sadie's findings is ... who** argued / proposed / suggested **that an alternative explanation** might be that / could be found in ...
（セディの研究を批判した最も有名な評論家は〜で、代替の説明は〜であると/
代替の説明が可能であると、主張/提案/示唆した）

17. 検査の目的や実験方法を記述する

☐ **In order to** identify / understand / investigate / study / analyze **X** ...
（Xを同定/理解/調査/研究/分析するために〜）

☐ **To** enable / allow **us to ... , we** ...
（〜を可能にするために、我々は〜）

☐ **To** see / determine / check / verify / determine **whether** ...
（〜かどうかを理解/測定/確認/検証するために〜）

☐ **To** control / test **for X, Y was done**.
（Xを管理/検査するために、Yを行った）

☐ **So that we** could / would be able to **do X, we** ...
（Xを行うことができるように、我々は〜）

☐ **In an** attempt / effort **to do X, we** ...
（Xを行おうとして/行うために、我々は〜）

☐ X was done / We did X **in order to** ...
（〜をするために、Xが行われた/我々はXを行った）

18. 他の研究のモデルやシステムとの類似点の概略を説明する

☐ **The set-up we used** can be found / is reported / is detailed **in [Ref 2]**.
（我々が用いた装置は［参考文献2］に解説/報告/詳述した）

☐ **Our experimental set-up** bears a close resemblance to / is reminiscent of / is based on / is a variation on / was inspired by / owes a lot to / is more or less identical to / is practically the same as **the one proposed by Smith [2014]**.
（我々が実験で使用した装置は、スミス［2014年］が提案した装置に非常に類似して/
似て/基づいて/を変化させた/に刺激を受けたもの/に負うところが多い/ほぼ同一/
実質的に同じである）

436　第21章　ネイティブが教える論文英語表現

☐ *We used a variation of Smith's procedure.* In fact / Specifically, *in our procedure we* ...

（我々の採用した方法はスミスの用いた方法を変化させたものである。
実際/特に、我々の方法では〜）

☐ *Our steps* proceed very much in the same way as / follow what *is indicated in [Ref. 2]. First,* ...

（我々の手順は［参考文献2］に示されている手順とほぼ同じである/にしたがっている。まず〜）

☐ *The procedure used is as* described / explained / reported / proposed *by Sakamoto [2013].*

（我々の手順は、坂本［2013年］の発表/説明/報告/提案と同じだ）

☐ *The method is* in line with a variation of / essentially the same as *that used by Kirk [2009] with some* changes / modifications / alterations / adjustments.

（この方法は、カーク［2009年］が用いた方法を変化させたもの/と本質的に同じであり、
少しの変化/修正/変更/調整を加えている）

☐ *We* refined / altered / adapted / modified / revised *the method* used / reported / suggested / explained / proposed / put forward *by Bing [2012].*

（我々はビング［2012年］が使用/報告/示唆/提案/説明/提案/提示した方法を精緻化/変更/
採用/修正/改正した）

☐ *Our technique was* loosely / partially / partly / to some extent *based on* ...

（我々の手法は、おおまかに/部分的に/一部分は/ある程度、〜に基づいている）

☐ *More details* can be found / are given *in our previous paper [35].*

（さらに詳しいことは、我々が以前発表した論文［35］で読むことができる/に書いている）

☐ *This component is fully compliant with international* norms / regulations / standards.

（この部品は国際的な基準/規制/標準に十分に適合している）

---

19. 使用した装置や材料およびその入手経路を説明する

☐ *The instrument* used / utilized / adopted / employed *was* ...

（我々が使用/活用/採用/利用した道具は〜であった）

☐ *The apparatus* consists of / is made up of / is composed of / is based on ...

（その器具は〜から成って/でできて/構成されて/に基づいている）

☐ *The device was* designed / developed / set up *in order to* ...

(その装置は〜するために設計された/開発された/組み立てられた)

☐ *X* incorporates / exploits / makes use of *the latest technological advances*.

(Xは最新の技術革新を採用/活用/利用している)

☐ *The system* comes complete / is equipped / is fully integrated / is fitted *with a* ...

(このシステムは〜を完備して/を装備して/と統合されて/搭載している)

☐ *It is* mounted on / connected to / attached to / fastened to / fixed to / surrounded by / covered with / integrated into / embedded onto / encased in / housed in / aligned with ...

(それは〜に搭載されて/接続されて/取りつけられて/留められて/固定されて/囲まれて/覆われて/組み込まれて/嵌め込まれて/包み込まれて/内蔵されて/つながっている)

☐ *It is* located in / situated in / positioned on ....

(それは〜に位置している/ある/置かれている)

☐ *X was* obtained from / supplied by *Big Company Inc*.

(Xはビッグカンパニー社から入手した/提供された)

☐ *X was kindly* provided / supplied *by Prof Big*.

(Xはビッグ教授から提供/供給していただいた)

---

20. 使用したソフトウェアを報告する

☐ *The software* application / program / package *used to analyze the data was SoftGather (Softsift plc, London)*.

(データの分析に使用されたソフトウェアのアプリケーション/プログラム/パッケージはソフトギャザー［ソフトシフト株式会社、ロンドン］だった)

☐ *The data were* obtained / collected *using SoftGather*.

(データはソフトギャザーを使用して入手した/収集した)

☐ *Data* management / analysis *was performed* by / using *SoftGather*.

(データ管理/分析は、ソフトギャザーを用いて/使って行われた)

☐ *X was* carried out / performed / analyzed / calculated / determined *using SoftGather*.

(Xは、ソフトギャザーを使って実行/実施/分析/計算/測定された)

438　第21章　ネイティブが教える論文英語表現

☐ *Statistical significance was analyzed* by using / through the use of *SoftGather*.

（統計学的有意性はソフトギャザーを使って/利用して分析した）

☐ *We used* commercially available software / a commercially available software package.

（我々は市販のソフトウェア/市販のソフトウェアパッケージを使った）

☐ *Free software, downloaded from www.free.edu, was* used / adopted **to** ...

（www.free.eduからダウンロードした無料ソフトウェアを〜するために使った/採用した）

21. 実行したカスタマイズ（特注・改造）を報告する

☐ *X was* tailored / customized *for use with* ...

（Xを〜とともに使用するために調整/改造した）

☐ *X can easily be* customized / adapted / modified *to suit all requirements*.

（Xは、すべての要件に適合するように簡単に改造/調節/修正することが可能だ）

☐ *Measurements were taken using* purpose-built / custom-built / customized *equipment*.

（測定は、専用の/特製の/特注の装置を用いて行った）

☐ *The apparatus was adapted* as in [Ref] / in accordance with [Ref] / as follows:

（その装置は、［参考文献］にあるように/に[参考文献]に従って、次のように改造した）

☐ *The following* changes / modifications *were made*:

（次のような変更/修正を行った）

☐ *The resulting ad hoc device* can / is able to / has the capacity to ...

（結果的に得られた臨時の装置は〜できる/する能力がある/する能力を有している）

21

22. 方程式、理論、定理を導く

☐ *This problem can* be outlined / phrased / posed *in terms of* ...

（この問題は〜の観点から概略を示すことができ/言い換えられる/提起できる）

☐ *The problem is* ruled by / governed by / related to / correlated to ...

（この問題は〜が判定する/の影響を受ける/に関連している/と相関関係がある）

☐ *This theorem* asserts / states *that* ...

（この定理は〜であると断定している/述べている）

439

☐ ***The*** resulting integrals / solution to X ***can be expressed as*** ...

（最終的な積分/Xの解は〜と表すことができる）

☐ ... ***where T*** stands for / denotes / identifies / is an abbreviation for ***time***.

（Tは時間を意味する/を示す/と同一である/の略語である）

☐ By substituting / Substituting / Substitution ***into*** ...

（〜に代入することで）

☐ Combining / Integrating / Eliminating ... ***we have that***: ...

（〜を組み合わせる/積分する/消去することで、我々は〜を得られる）

☐ Taking advantage of / Exploiting / Making use of ***X, we*** ...

（Xを利用する/最大限に活用する/使用することで、我々は〜）

☐ ***On combining this result with X, we*** deduce / conclude ***that*** ...

（この結果とXを組み合わせて、我々は〜であると推測した/結論づけた）

☐ ***Subtracting X from Y, we*** have that / obtain / get ...

（YからXを引くと、〜が得られる）

☐ ***Equation 1*** shows / reveals ***that***...

（数式1は〜であることを示している/明らかにしている）

☐ ***This*** gives the formal solution / allows a formal solution to be found ...

（これにより、形式解が得られる/〜で形式解が見つかる）

☐ ***It may be*** easily / simply ***verified that*** ...

（〜であることが容易に/簡単に立証できるだろう）

☐ ***It is*** straightforward / easy / trivial ***to verify that*** ...

（〜であることを立証することは簡単/容易/単純なことだ）

☐ ***For*** the sake of simplicity / reasons of space, ***we*** ...

（分かり易くするために/紙面の都合上、我々は〜）

23. 使用した方法、モデル、装置、標本の選択理由を説明する

☐ The aim / purpose ***of X is to do Y***. Consequently we / As a result we / Therefore we / We thus ...

（Xの目標/目的はYを行うことだ。それゆえに/その結果/したがって/そこで、我々は〜）

☐ ***This*** method / model / system ***was chosen because it is one of the most*** practical / feasible / economic / rapid ***ways to*** ...
（この方法/モデル/システムを採用した理由は、〜を行うために最も実用的/適した/経済的/迅速な方法だったからだ）

☐ ***We chose this particular apparatus*** because / on account of the fact that / due to / since ...
（この装置を採用したのは、〜という理由/という事実により/のために/だからである）

☐ ***It was decided that the best*** procedure / method / equipment ***for this*** investigation / study ***was to*** ...
（この調査/研究のための最善の手順/方法/装置は〜することだと判断した）

☐ ***An X approach was*** chosen / selected ***in order to*** ...
（Xのアプローチが選ばれたのは〜をするためであった）

☐ ***The design of the X*** was based on / is geared towards ...
（Xのデザインは〜に基づいて/を対象にしている）

☐ ***We*** opted for / chose ***a small sample size*** because / due to / on the basis of ...
（我々は、〜だから/のために/を踏まえて、小規模の標本サイズを選択した/選んだ）

☐ By having / By exploiting / Through the use of ***X, we were able to*** ...
（Xがあることで/を活用することで/を利用して、我々は〜をすることができた）

☐ ***Having an X*** enabled us to / allowed us to / meant that we could ***do Y.***
（Xがあることで、我々は〜Yをすることが可能になった/できるようになった/できることを意味した）

21

24. 標本や溶液などの準備を説明する

☐ ***We used*** reliable / innovative / classic / traditional ***techniques based on the recommendations of*** ...
（我々は〜の推奨に基づいて、信頼できる/革新的/典型的/従来の技術を利用した）

☐ ***Xs were prepared*** as described by / according to / following ***Jude [2010].***
（ジュード［2010年］の説明どおりに/示すところに従って/に従って、Xを準備した）

☐ ***Xs were prepared*** in accordance with / in compliance with / as required by....
（Xを、〜に従って/を順守して/の要件に従って準備した）

441

☐ *Y was prepared using* the same / a similar *procedure as for X.*

(Yは、Xと同じ/同様の手順を用いて準備した)

☐ *All samples were* carefully / thoroughly *checked for* ...

(すべての標本の〜を注意深く/徹底的に確認した)

☐ *X was* gradually / slowly / rapidly / gently *heated.*

(Xを徐々に/ゆっくり/急速に/おだやかに熱した)

☐ *The* final / resulting *solutions contained* ...

(最後の/結果として得られた溶液は〜を含んでいた)

☐ *This was done* by means of / using / with *a calculator.*

(これは計算機を利用して/使って/用いて行った)

25. 標本や調査などの選択手順の概要を説明する

☐ *The* traditional / classical / normal / usual *approach to sample collection is to* ...

(標本収集の従来の/これまでの/平均的な/通常のアプローチは〜である)

☐ *The* criteria / reasons *for selecting Xs were*:

(Xを選択した基準/理由は〜だ)

☐ *The sample was* selected / subdivided *on the basis of X and Y.*

(標本は、XとYに基づいて選択した/さらに細かく分類された)

☐ *The initial sample* consisted of / was made up / was composed of ...

(最初の標本は、〜から成って/でできて/で構成されていた)

☐ Approximately / Just over / Slightly under a half / third / quarter *of the sample were* ...

(標本の半分/3分の1/4分の1とほぼ同じ/やや上回る/少し下回る分量を〜)

☐ *A total of 1234 Xs were recruited for* this study / this survey / for interviews.

(本研究/調査/インタビューでは、計1,234人のXを募集した)

☐ *At the beginning of the study, all of the* participants / subjects / patients *were aged* ...

(本研究の開始時、すべての参加者/被験者/患者が〜歳であった)

☐ *In all cases* patients' / subjects' / participants' *consent was obtained.*

(すべての場合において、患者/被験者/参加者の同意が得られた)

442　第21章　ネイティブが教える論文英語表現

☐ *Interviews were* performed / conducted / carried out *informally*

(インタビューは非公式に実施され/行われ/実行された)

☐ *The interviewees were* divided / split / broken down *into two groups* based on / on the basis of ...

(聞き取り調査対象者を、〜に基づいて/を基準にして2群に分けた/分割した/分類した)

26. 特定の時間枠を説明する（過去時制を用いる）

☐ *Initial studies were* made / performed / done / carried out / executed *using the conditions described above* over / for *a period of* ...

(初期研究は、前述の条件に従い〜以上の期間/の期間にわたって行われ/実施され/行われ/実行され/遂行された)

☐ *X was* collected / used / tested / characterized / assessed *during the* first / initial *step*.

(Xは最初/初期の段階で収集/使用/検査/特徴づけ/評価された)

☐ Prior to / Before doing *X, we did Y*.

(Xを行う以前に/前に、我々はYを行った)

☐ *First we* estimated / determined *the value of X*, then / subsequently *we* studied / analyzed / evaluated *Y*.

(まず我々はXの値を推定/測定し、次に/引き続きYを調査/分析/評価した)

☐ Once / As soon as / After X *had been done, we then did Y*.

(Xが終わると/が終わるとすぐに/の後に、我々はYを行った)

☐ *The levels were* thus / consequently / therefore *set at* ...

(こうして/その結果/したがって、基準は〜に設定された)

☐ After / Afterwards / Following this, *X was subjected to Y*.

(この後/これ以降/その後、XをYにさらした)

☐ *The* resulting / remaining *Xs were then* ...

(結果的に得られた/残りのXはその後〜)

☐ *The experiment was then* repeated / replicated *under conditions in which* ...

(その後〜の条件下で実験を繰り返した/再現した)

21

☐ *Finally*, independent / separate / further / additional *tests were performed on the ...*

　　　　　　　　　　　（最後に、独立した/別々の/さらなる/追加の検査を〜について行った）

27．全般的なプロセスの時間枠を説明する（現在時制を用いる）

☐ In the first step / During the first phase / In the initial stage *of the process* ...

　　　　　　　　　　　（プロセスの最初の第一歩で/第一段階で/初期段階で〜）

☐ Once / As soon as / After *X has been done*, *we can then do Y*.

　　　　　　　　　　　（Xが終わると/が終わるとすぐに/の後に、我々はYを行うことができる）

☐ This sets the stage / We are now ready *for the next step*.

　　　　　　　　　　　（これが次のステップのきっかけになる/我々は次のステップの準備ができている）

☐ At this point / Now *X can be* ...

　　　　　　　　　　　（この時点で/現時点で、Xは〜である可能性がある）

☐ After / When / As soon as *these steps have been carried out*, *X* ...

　　　　　　　　　　　（これらの段階を経た後に/経たら/経たらすぐに、Xを〜）

☐ With the completion of these steps / When these steps have been completed, *we are now ready to* ...

　　　　　　　　　　　（これらの段階が終了したら/完了したら〜する用意ができている）

☐ *This condition cannot be reached* until / unless *X has been* ...

　　　　　　　　　　　（この条件は、Xが〜するまでは/〜しなければ、到達できない）

☐ When / As soon as *X is ready*, *the final adjustments can be made*.

　　　　　　　　　　　（Xの準備ができたら/でき次第、最後の調整を行うことが可能だ）

☐ *The completed X can* now / then / subsequently *be used to* ...

　　　　　　　　　　　（完成したXは、今度は/次に/引き続き〜のために使用することが可能だ）

☐ By reducing the amount of X / If the amount of X is reduced, *Y can then be done*.

　　　　　　　　　　　（Xの量を減少することで/量が減少すれば、Yを行うことが可能だ）

☐ To reduce the risk of Y, place / The risk of X can be reduced by placing *all the Xs in a container*.

　　　　　　　　　　　（すべてのXを1つの容器に入れることで、Yのリスクが減少する/Xのリスクを減少できる）

444　第21章　ネイティブが教える論文英語表現

☐ ***The experiment*** proceeds / continues ***following the steps outlined below.***

　　　　　　　　　　　（実験は以下に示した順序に従って実施する/続ける）

28. 注意を喚起する

☐ ***To do this*** entails / involves / requires ***doing X.***

　　　　　　　　　（これを行うためには、Xを伴う/を必要とする/が必要だ）

☐ ***It is*** seldom / rarely / usually / generally / often / always ***practical to*** ...

　（〜することは滅多に（ない）/稀にしか（ない）/通常は/一般的には/しばしば/常に実用的だ）

☐ Considerable / Great ***care must be*** taken / exercised ***when*** ...

　　　　　（〜のときは、相当な/細心の注意を向けなければならない/払わなければならない）

☐ A great deal of / Considerable ***attention must be paid when*** ...

　　　　　　　　　（〜のときは、大きな/相当な注意を払わなければならない）

☐ ***Extreme caution must be*** taken / used ***when*** ...

　　　　　　（〜のときは、最大の注意を向けなければ/払わなければならない）

29. 方法や装置などのメリットを説明する

☐ ***This method represents a*** viable / valuable / useful / groundbreaking / innovative ***alternative to*** ...

　　　　　（この方法は〜の代替となる、実行可能な/貴重な/有用な/画期的な/革新的な方法だ）

☐ ***This equipment has the*** ability / capacity / potential ***to outperform all previous Xs.***

　（この装置には従来のXのすべての点を上回る、能力がある/力を有している/潜在能力がある）

☐ ***This apparatus has*** several / many ***interesting*** features / characteristics.

　　　　　　　　（この器具には、いくつかの/多くの興味深い特徴/特色がある）

☐ ***Our method has many*** interesting / attractive / beneficial / useful / practical / effective / valuable ***applications.***

（我々の方法には、多くの興味深い/魅力的/有益な/有用な/実用的/効果的/貴重な応用例がある）

☐ ***Of*** particular / major / fundamental ***interest is*** ...

　　　　　　　　　（特に/主に/基本的に興味深いのは〜である）

21

445

☐ **The** key / basic / chief / crucial / decisive / essential / fundamental / important / main / major / principal **advantages are**:

（重要な/基本的/主たる/重要な/決定的/本質的/根本的/重要な/主な/主要な/最も重要な長所は〜である）

☐ **Our procedure is a clear** improvement / advance **on current methods**.

（我々の手順には、現在の方法と比べて、明らかな改善/進展がみられる）

☐ **We believe this solution will** aid / assist **researchers to** ...

（我々はこの解決方法が科学者たちを助ける/支援すると考えている）

☐ **This solution** improves on / enhances / furthers / advances **previous methods by** ...

（この解決策は〜によって従来の方法よりも改善されて/強化されて/さらに良くなって/進化している）

☐ **The** benefits / advantages **in terms of X far outweigh the disadvantages with regard to Y.**

（Xの利点/強みはYの弱点をはるかに勝っている）

30. 代替の方法について述べる

☐ **A less** lengthy / time-consuming / cumbersome / costly **approach is** ...

（より簡潔な/時間のかからない/シンプルな/費用のかからないアプローチは〜である）

☐ **A** neater / more elegant / simplified / more practical **solution for this problem** ...

（この問題を解決するためのより簡潔/明解/簡単/現実的な方法は〜である）

☐ **An alternative solution**, **though** with high overheads / slightly more complicated / less exhaustive **is** ...

（経費は高くなるが/もう少し複雑だが/完璧ではないが、代替の解決策として〜がある）

☐ One / One possible / A good way **to avoid the use of X is to use Y instead**.

（Xを使わない1つの/1つの可能性のある/1つの良い方法は、代わりにYを使うことだ）

31. 結果を得るために使った方法を説明する

☐ **To** assess X / evaluate X / distinguish between X and Y, Z **was used**.

（Xを査定する/評価する/XとYを区別するために、Zを用いた）

- [ ] *X analysis was used to* test / predict / confirm *Y.*

（X分析を用いてYを検査/予測/確認した）

- [ ] *Changes in X were* identified / calculated / compared *using* ...

（Xの変化は〜を用いて特定/計算/比較された）

- [ ] *The* correlation / difference *between X and Y was tested*.

（XとYの間の相関関係/差を検査した）

- [ ] *The first set of analyses* investigated / examined / confirmed / highlighted *the impact of* ...

（分析の第一段階で〜の影響を調査/検査/確認/明らかにした）

32. アンケートやインタビューから得られた結果を報告する

- [ ] *Of the* study population / initial sample / initial cohort, *90 subjects completed and returned the questionnaire*.

（調査母集団/初期標本/初期コホートの被験者90名がアンケートを記入し返送した）

- [ ] *The response rate was 70%* at / after / for the first *six months and* ...

（最初の6ヵ月目の/後の/間の回答率は70%であった）

- [ ] *The majority of* respondents / those who responded *felt that* ....

（回答者の/回答した人の大多数が〜と感じていた）

- [ ] Over half / Sixty per cent *of those* surveyed / questioned *reported that* ...

（調査した/アンケートに答えた人のうち過半数/6割が〜と回答した）

- [ ] Almost / Just under / Approximately *two-thirds of the participants (64%)* said / felt / commented *that* ...

（参加者のほぼ/〜弱/約/3分の2（64%）が〜と答えた/感じていた/コメントした）

- [ ] Only / Just a small number / Fifteen per cent *of those interviewed* reported / suggested / indicated *that* ...

（面接した人のうち、ほんの数人/わずか数人/15%が〜と述べた/示唆した/表明した）

- [ ] *Of the 82 subjects who* completed the questionnaire / took part in the survey / agreed to participate, *just* under / over *half replied that* ....

（アンケートに答えた/調査に参加した/参加に同意した被験者82名のうち、
半分弱/過半数が〜であると答えた）

☐ A small minority of / Hardly any / Very few participants *(4%) indicated* ...
（〜と答えた参加者は、ごく少数だった/ほとんどいなかった/少ししかいなかった（4%））

☐ *In response to Question 1*, most / nearly all / the majority *of those surveyed indicated that* ...
（質問1への回答として、調査参加者のほとんどが/ほとんどすべてが/大多数が〜と答えた）

☐ *When the subjects* were asked about / questioned on *X the majority commented that* ....
（Xについて尋ねられると/質問されると、被験者の大多数が〜と答えた）

☐ *The overall response to this question was* surprisingly / unexpectedly / very / quite *negative*.
（この質問に対する全体的反応は、驚くほど/予想外に/非常に/否定的だった）

33. 発見したことを述べる

☐ *These tests* revealed / showed / highlighted *that* ...
（これらの検査から〜であることが判明した/分かった/明るみになった）

☐ Strong / Some / No evidence *of X was found* ...
（有力な/いくつかのXのエビデンスが見つかった/見つからなかった）

☐ Interestingly / Surprisingly / Unexpectedly, *for high values of X, Y was found* ...
（興味深いことに/驚いたことに/予想外にもXの値が高かったので、
Yは〜であることが分かった）

☐ *There was* a significant positive / no *correlation between* ...
（〜の間には、有意な正の相関関係があった/何の相関関係もなかった）

☐ On average / Generally speaking / Broadly speaking, *we found values for X of* ...
（概して/一般的に言えば/大まかに言えば、我々は〜のXに対する価値を発見できた）

☐ *The* average / mean *score for X was* ...
（Xの平均スコアは〜であった）

☐ *This result is significant* only / exclusively *at an X level*.
（この結果はXレベルにおいてのみ/だけで有意である）

☐ *Further* analysis / analyses / tests / examinations / replications *showed that* ...
（さらに分析/複数の分析/検査/調査/複製を行って、〜であることが分かった）

448　第21章　ネイティブが教える論文英語表現

34. 発見できなかったことを述べる

☐ *No significant* difference / correlation *was* found / identified / revealed / detected / observed / highlighted between ....

（有意な差/相関関係を、発見/特定/解明/検出/観察/浮き彫りにすることはできなかった）

☐ *There were no significant differences between X and Y* in terms of Z / with regard to Z / as far as Z is concerned.

（Zに関して/Zに関する限り、XとYの間に有意な差は無かった）

☐ *The analysis did not* show / reveal / identify / confirm *any significant differences between* ...

（分析の結果、〜の間に有意な差は無かった/見つからなかった/発見されなかった/
確認されなかった）

☐ None of these differences were / Not one of these differences was *statistically significant*.

（これらの差のいずれも/これらの差のどれも、統計学的に有意ではなかった）

☐ Overall / Taken as a whole / Generally speaking / With a few exceptions, *our results show X did not affect Y*.

（全体的に/全体として見ると/一般的に言えば/若干の例外を除き、
我々の結果はXがYに影響を与えなかったことを示している）

35. 特筆すべき結果と達成できたことを強調する

☐ *The most* striking / remarkable *result to emerge from the data is that* ...

（データから得られた最も驚くべき/注目すべき結果は〜ということだ）

☐ Interestingly / Curiously / Remarkably / Inexplicably, *this correlation is related to* ....

（興味深いことに/不思議なことに/驚くことに/どういうわけか、
この相関関係は〜に関連している）

☐ Significantly / Importantly / Crucially / Critically, *X is* ...

（意義深いことは/重要なことは/とりわけ重要なことは/極めて深刻なことは、Xが〜）

☐ *The correlation between X and Y is* interesting / of interest / worth noting / noteworthy / worth mentioning *because* ...

（XとYの相関関係は、興味を引きつけられる/興味深い/注目に値する/注目すべき/
言及に値する。なぜなら〜）

☐ *The most* surprising / remarkable / intriguing *correlation is with the* ...
　　　　　　　　　　　（最も驚くべき/注目すべき/興味深い相関関係は〜である）

☐ *The single most* striking / conspicuous / marked *observation to emerge from the data comparison was* ...
　　　　　　　　　　　（データを比較して観察された最も著しい/明解な/顕著な結果は〜であった）

☐ *It is* interesting / critical / crucial / important / fundamental *to note that* ...
　　　　　　　　　　　（〜であることは、興味深い/とりわけ重要だ/極めて重要だ/重要だ/根本的に重要だ）

☐ We believe that / As far as we know / As far as we aware *this is the first time that X* ...
　　　　　　　　　　　（我々は考えている/我々の知る限り/我々の理解している限り、Xが〜であると判明したのは今回が初めてだ）

☐ We believe that / We are of the opinion that / In our view *the result emphasizes the validity of our model.*
　　　　　　　　　　　（我々は考えている/我々の意見では/我々の考えでは、得られた結果は我々のモデルが正しいことを強調している）

☐ *This result has further strengthened our* confidence in X / conviction that X is / hypothesis that X is ...
　　　　　　　　　　　（この結果から、我々のXに対する自信/Xが〜であるという確信/仮説は一層強化された）

☐ *Our technique* shows a clear / clearly has an *advantage over* ...
　　　　　　　　　　　（我々の技術は〜に対して明らかな/明らかに優位性を有している）

☐ *The importance of X cannot be* stressed / emphasized *too much.*
　　　　　　　　　　　（Xの重要性はいくら強調/重視してもし過ぎることはない）

☐ *This* underlines / highlights / stresses / proves / demonstrates *just how important X is.*
　　　　　　　　　　　（これはXがどれほど重要かを明確に示して/強調して/証明して/実証している）

☐ *The utility of X is thus* underlined / highlighted / stressed / proved / demonstrated.
　　　　　　　　　　　（このように、Xの有用性が明示された/浮き彫りになった/強調された/証明された）

☐ *This finding* confirms / points to / highlights / reinforces / validates *the usefulness of X as a* ...
　　　　　　　　　　　（研究結果から、Xの〜としての有用性が確認/指摘/強化/強調/立証される）

450　第21章　ネイティブが教える論文英語表現

☐ *Our study provides* additional support for / further evidence for / considerable insight into *X*.
（我々の研究から、Xがさらに裏づけられる/さらなるエビデンスが得られる/大いに解明される）

☐ *These results* extend / further / widen *our knowledge of X*.
（これらの結果から、Xに対する我々の知見が拡大する/進歩する/広がる）

☐ *These results offer* compelling / indisputable / crucial / overwhelming / powerful / invaluable / unprecedented / unique / vital *evidence for* ...
（これらの結果から、説得力のある/議論の余地のない/極めて重要な/確かな/強力な/貴重な/前例のない/他に例のない/極めて重要なエビデンスが得られる）

36. 研究結果が従来のエビデンスと一致することを述べる

☐ *Our experiments* confirm / corroborate / are in line with / are consistent with *previous results [Wiley 2009]*.
（我々の実験は、これまでの結果［ウィリー、2009年］と合致している/一致している）

☐ *The values are* barely / scarcely / hardly *distinguishable from [Li 2010] who* ...
（これらの価値は、リー［2010年］の研究と比較して、かろうじて区別できる/ほとんど区別できない）

☐ *This value* has been found to be / is *typical of X*.
（この値はXに特有であることが分かった/Xに特有である）

☐ *This is* in good agreement / in complete agreement / consistent *with* ...
（この結果は、～と十分に一致している/完全に一致している/一致している）

☐ *This* fits / matches / concurs well with *[65] and also confirms our* earlier / previous *findings [39, 40, 41]*.
（この結果は［65］と一致/十分に一致し、我々の以前の/これまでの結果［39, 40, 41］も確認することができる）

☐ *This* confirms / supports / lends support to / substantiates *previous findings in the literature* ...
（この結果により、これまでの文献の結果が確認/裏づけ/支持/実証された）

☐ *These values correlate* favorably / satisfactorily / fairly well *with Svenson [2009] and further support the* idea / role / concept *of* ...
（我々の研究とスヴェンソン［2009年］の研究との相関性は、良好だ/申し分ない/非常に良い。また～という着想/役割/概念がいっそう裏づけている）

☐ *Further tests carried out with X* confirmed / corroborated / concurred with *our initial findings*.

（Xについてさらに試験が実施され、我々の最初の研究結果が確認され/実証され/と一致した）

☐ *As* proposed / suggested / reported / indicated / put forward *by Dong [2011], the evidence we found points to* ...

（ドン［2011年］が提案/示唆/報告/表明/提示したように、我々が発見したエビデンスから
～であることが指摘される）

☐ *Our results* share / have *a number of similarities with Claire et al.'s [2012] findings* ...

（我々の研究結果とクレアら［2012年］の研究結果との間には多くの共通点がある）

37. 研究結果が従来のエビデンスとは一致しないことを述べる

☐ *It was found that X* = 2, whereas / on the other hand *Kamatchi [2011] found that* ...

（X=2であることが発見された。それに対し/一方、カマチ［2011年］は～であることを発見した）

☐ *We found much higher values for X* than / with respect to *those reported by Pandey [2000]*.

（我々はパンドレイ［2000年］の報告よりも/に関して、はるかに高い値をXに発見した）

☐ Although / Despite the fact that *Li and Mithran [2014] found that X = 2 we found that X = 3*.

（リーとミスラン［2014年］はX=2であることを発見したが/発見したという事実にも
かかわらず、我々はX=3であることを発見した）

☐ In contrast to / contradiction with *earlier findings [Castenas, 2009], we* ...

（以前の発見［カスターニャス、2009年］とは対照的に/逆に、我々は～）

☐ *This study has not confirmed previous research on X*. However / Nevertheless / Despite this, *it serves to* ...

（本研究ではXに関するこれまでの研究結果を確認することができていない。しかし/それでも/
それにもかかわらず、本研究結果は～のために役立つ）

☐ *Even though these results differ from* some published / previous / earlier *studies (Cossu, 2001; Triana, 2002), they are consistent with those of* ...

（これらの結果は、既に発表されている/これまでの/以前の研究（コッス［2001年］；
トリアーナ［2002年］）とは異なっているが、～の研究とは一致している）

452　第21章　ネイティブが教える論文英語表現

☐ ***Kosov et al. noted that x = y. Our results do not*** support / appear to corroborate / seem to confirm ***their observation, in fact ...***

> （コソフらはx=yであると記述している。我々の結果は彼らの研究結果を支持しない/
> 裏づけられない/確認できないようだ。実際〜）

☐ ***Georgiev is correct*** to argue / propose / claim ***that x = y. However, his calculation only referred to the limited case of .... and our conclusion of x = z, would thus seem to be*** justified / justifiable / defensible / correct / acceptable / warranted.

> （ゲオルギエフのx=yという議論/提案/主張は正しい。しかし、彼の計算は限られた数の
> 症例しか考慮しておらず（中略）、したがって我々の結論であるx=zは正しい/
> 正当化できる/正当性がある/正しい/受け入れられる/認められるだろう）

☐ ***Although our results differ*** slightly / to some extent / considerably ***from those of Minhaz [2001], Erturk [2007], and Hayk [2014], it*** can / could ***nevertheless be argued that ...***

> （我々の結果は、ミナズ［2001年］、エルテュルク［2007年］、ハイク［2014年］たちの
> 研究結果とは少し/ある程度/大きく異なっているが、
> それでも〜であると主張することが可能だ/可能かもしれない）

☐ Our findings do / The current study does ***not support previous research in this area. In fact***, contrary to / unlike / in contrast with ***what was previously thought, we found that ...***

（我々の発見は/本研究は、この分野のこれまでの研究を立証することはできない。それどころか、
これまで考えられてきたこととは逆に/違い/反対に、我々は〜を発見した）

☐ ***These findings*** refute / disprove / are in contradiction with / contrast with / significantly differ from ***previous results reported in the literature***.

> （これらの発見は、文献に発表されているこれまでの研究結果に、異議を唱える/反証する/
> 矛盾する/対照的だ/大きく異なる）

38. 研究結果の受容性を正当化する

☐ ***As*** expected / anticipated / predicted / forecast / hypothesized, ***our experiments*** show / demonstrate / prove ***that ...***

> （予想/期待/予測/予測/仮説どおりに、我々の実験は〜であることを示している/
> 実証する/証明する）

☐ ***Our formula*** captures / reproduces ***the response of ...***

> （我々の製法は〜の反応をよくとらえて/再現している）

☐ ***Apart from this slight*** discordance / discrepancy / disagreement / non-alignment, ***the result is confirmation of ...***

（この僅かな不一致/食い違い/意見の不一致/不一致は別にして、
得られた結果から～であることが確認された）

☐ Despite / Notwithstanding ***the lack of agreement***, ***we believe our findings compare well with ...***

（一致しなかったにもかかわらず/しなかったものの、我々の発見は～と比較しても劣っていない）

☐ Although / Even though / Despite the fact that ***there was some inconsistency ...***

（ある程度の矛盾はあるが/あるにもかかわらず/あるという事実にもかかわらず～だ）

☐ ***There is*** satisfactory / good / exceptional / perfect ***agreement between ...***

（～の間には、満足のゆく/良好な/素晴らしい/完全な一致が見られる）

☐ ***No*** significant / substantial / appreciable / noteworthy ***differences were found ...***

（有意な/相当量の/かなりの/注目に値する差は発見されなかった）

☐ ***Our findings appear to be well*** substantiated / supported ***by ...***

（我々の研究結果には十分な実証/裏づけがあると思われる）

☐ ***The number of Xs that confirmed our findings was*** appreciable / significant / substantial.

（我々の研究結果は、かなりの/多くの/相当量の数のXにより確認された）

39. 研究結果の解釈について注意すべき点を述べる

☐ ***Initially we thought that x was equal to y. However***, a more careful analysis / closer inspection ***revealed that ...***

（最初、我々はx=yであると考えていた。しかし、さらに注意深く分析して/
精密に検査してみると～であることが判明した）

☐ ***These*** results / data / findings ***thus need to be interpreted with*** caution / care / attention.

（したがって、これらの結果/データ/発見は、気をつけて/慎重に/注意深く解釈する必要がある）

☐ ***The conclusions of the review should be*** treated / interpreted / analyzed / read ***with caution***.

（レビューの結論は、注意深く扱う/解釈する/分析する/読むべきだ）

454 　第21章　ネイティブが教える論文英語表現

☐ *However*, due care / careful attention / extreme caution *must be* exercised / paid *in* ...

（しかし、〜に対して然るべき注意/細心の配慮/細心の注意を働かせ/払わなければならない）

☐ *Given that our findings are based on a limited number of Xs, the results from such analyses should* thus / consequently / therefore *be treated with* considerable / the utmost *caution*.

（我々の発見は限られた数のXに基づいて得られている。したがって/その結果/ゆえに、これらの分析から得られた結果は、相当の/最大の注意を持って扱うべきである）

☐ Other researchers have sounded / We should sound *a note of caution with regard to such findings*.

（これらの発見に関して、他の研究者たちは警鐘を鳴らしている/我々は警鐘を鳴らすべきだ）

---

40. 望んでいなかったまたは予想外の結果を説明する

☐ As was / might have been *expected, our findings were often contradictory* ...

（予想どおり/そうなるかもしれないと思っていたが、
我々の結果は〜と矛盾している点が多かった）

☐ Contrary to expectations / Unlike other research carried out in this area, *we did not find a significant difference between* ...

（予想に反して/当分野で実施された既存研究とは異なり、〜との間に有意差を認めなかった）

☐ *Our results were* disappointing / poor / inadequate / unsatisfactory / below expectations. *However*, ...

（我々の結果は、期待外れ/お粗末/不十分/満足できない/期待以下であった。しかしながら、〜）

☐ *Our study* was unsuccessful / not successful *in proving that* ...

（我々の研究は〜を証明できなかった）

☐ *Our research* failed to account for / justify / explain / give an explanation for / give a reason for *the low values of* ...

（我々の研究は〜の価値の低さの説明/正当化/解釈/理由の説明をすることができなかった）

☐ Surprisingly / Unfortunately / Disappointingly / Regrettably, *no* signs of X were / evidence for X was *found*.

（驚くべきことに/不運にも/残念ながら/遺憾ながら、Xの徴候/
Xのエビデンスは見つからなかった）

☐ ***What* is surprising** / we were surprised to find / we are unable to account for ***is the fact that*** ...

　　　　　（驚くべきは〜という事実だ/発見して驚いたのは/説明ができなかったのは〜という事実だ）

☐ ***A*** substantial / appreciable / noticeable ***disagreement is evident***.

　　　　　　　　　　　　　　　（相当な/かなりの/顕著な不一致があることは明白だ）

☐ ***The Xs appear to be*** over-predicted / overestimated / overstated ...

　　　　　　　　　　　　　　　（Xは誇張して予測され/評価され/述べられている）

☐ ***This number is slightly lower than the value we*** expected / anticipated / predicted ***and there is certainly room for improvement***.

　　　　　（この数字は我々の期待/予想/予測よりもわずかに低い。間違いなく改善の余地がある）

▌41. 限界を認める

☐ ***We aware that our research may have two limitations. The first is ... The second is ... These limitations*** highlight / reveal / underline / are evidence of ***the difficulty of collecting data on*** ....

（我々の研究には2点の限界がありうることを認める。1点目は〜。2点目は〜。これらの限界は〜のデータ収集の困難を浮き彫りにしている/明白にしている/強調している/の証拠となるものである）

☐ ***It is plausible that a number of limitations*** may / might / could have ***influenced the results obtained***. First / To begin with ... An additional / Another ***possible source of error is*** ...

　　　　（いくつかの限界が、得られた結果に影響を及ぼしたかもしれない/もしかしたら及ぼしたかもしれない/ひょっとすると及ぼしていたかもしれない。最初に/まず〜。
　　　　　　　　　　　　　　　　　　　　　　さらに/もう一つのエラーの原因は〜）

☐ Since / Given that / As ***the focus of the study was on X*** ... there is a possibility / there is some likelihood / it is not inconceivable ***that dissimilar evaluations would have arisen if the focus had been on Y***.

（研究で焦点を当てたのがXであったので/あったことから/あったため、もしYに焦点が当たっていたとすれば、異なる評価が生まれた可能性がある/かもしれない/ことも考えられなくはない）

☐ ***The restricted use of X*** could account for / be the reason for / explain why ...

　　　　　　　　（Xを限定的に使用したことが〜の説明となる/の理由となる/を説明するかもしれない）

☐ ***There are several*** sources for / causes of / reasons for ***possible error***.

　　　　　　　　　　　　　（エラーが起きる可能性の源/原因/理由はいくつか存在する）

☐ *A major source of* unreliability / uncertainty / contamination *is in the method used to* ...

（信頼性の欠如/不確実性/異物混入の主な原因は、～のために使用した手法にある）

☐ *Unfortunately*, it was not possible / we were unable *to investigate the significant relationships of X and Y further* because / due to the fact that *Z is* ...

（残念ながら、Zが～という事実のため/のせいで、これ以上XとYの有意な関連を調べることは
不可能であった/できなかった）

☐ Inevitably / Not surprisingly / As expected / As anticipated, *there were some* discrepancies / inaccuracies / problems *due to* ...

（必然的に/驚くには当たらないが/期待どおり/予想どおり、～のためいくつかの矛盾/
不正確な点/問題があった）

☐ *The performance was* rather / slightly / a little *disappointing. This was probably as a result of* ...

（成績はむしろ/少しばかり/わずかに期待外れであった。
それはおそらく～の結果によるものであった）

☐ *One* downside / disadvantage / negative factor *regarding our methodology is that* ...

（手法に関して、マイナス面/デメリット/負の要素を1つあげるとすると～）

☐ *Further data collection* is required / would be needed *to determine exactly how X affects Y*.

（XがどのようにYに影響を及ぼしたか正確に判断するためには、
さらにデータ収集が必要である/必要だろう）

42. 望んでいなかったまたは予想外の結果を説明し正当化する `21`

☐ *It is* very likely / probable / possible *that participants may have erroneously* ... *and this may have* led to / brought about *changes in* ...

（参加者が誤って～した可能性が高く/多分～した可能性があり/～したかもしれないため、
～に至った/を変化させた可能性がある）

☐ *The* prime / primary / foremost *cause of the discrepancy is* due to / a result of / a consequence of *X*.

（矛盾の主な/主要な/最大の原因は、Xにある/の結果である/の必然的結果である）

457

☐ **This apparent lack of correlation can be** attributed to / explained by / justified by
...
　　（相関関係の明らかな欠如は、〜に帰せられる/〜により説明できる/〜により正当化できる）

☐ **The reason for this rather contradictory result is still not** entirely / completely
clear, but ...
　　（矛盾したともいえるこの結果の理由は、まだすべて/完全に解明されたわけではないが、〜）

☐ **There are several possible explanations for this** result / finding / outcome.
　　　　　　　　　　　　　　　　　（この結果/成果/成績については複数の説明が考えられる）

☐ **These differences can be** explained / justified / accounted for **in part by** ...
　　　　　　　　　　　（これらの差は〜も一つの原因であると説明できる/正当化できる/考えられる）

☐ **It can thus be** suggested / conceivably hypothesized / reasonably assumed **that** ...
　　（したがって、〜であると示唆される/おそらく仮定される/合理的に想定される可能性がある）

☐ **The unexpectedly** high / low **level of X** is undoubtedly / certainly / without any
doubt **due to** ...
　　（予想外に高い/低いレベルのXは、疑いを挟む余地なく/もちろん/疑いなく〜によるものである）

☐ **A** possible / reasonable / satisfactory **explanation for X may be that**....
　　　　　　　　　　　　　　（Xの説明として可能な/妥当な/納得のゆくものとしては〜がある）

☐ **Another possible** explanation / rationalization / reason **for this is that**...
　　　　　　　　　　　（これに関して、もう一つの考えられる説明/合理的説明/理由としては〜）

☐ Clearly / Evidently / Naturally **there may be other possible explanations**.
　　　　　　　　　　　　　　　　（明らかに/確かに/もちろん、その他の説明も可能性はある）

☐ **This** happened / occurred / may have happened / may have occurred **because we
had not examined X** sufficiently / in enough depth **due to** ...
　　（〜のためしっかりと/十分にXを調査できなかったために、これが発生した/起きた/発生した可
能性がある/起きた可能性がある）

☐ **The reasons for this result are not yet** wholly / completely / entirely **understood**.
　　　　　　　　　（この結果の理由については、まだ全体が/完全に/すべてが理解されているわけではない）

☐ **It cannot be** ruled out / ignored **that there was some unintended bias in** ...
　　　　　　　　　　　　　　　（〜に対する意図せぬバイアスの存在は除外/無視できない）

458　第21章　ネイティブが教える論文英語表現

☐ *An unintended bias* cannot be ruled out / should be taken into consideration.
（意図せぬバイアスの存在は除外できない/考慮すべきである）

☐ *We cannot rule out that X might / may have influenced Y.*
（我々は、XがYに影響した/もしかしたら影響した可能性を除外できない）

☐ *The observed increase in* X *could* be attributed to / might be explained by it / could be interpreted as *being a result of* ...
（Xで観察された増加は〜の結果であると考えられる/説明できる/解釈できるかもしれない）

☐ Despite the fact that / Although *X was expected to do Y, it was not predicted that X would also do Z. However, this is not particularly surprising* given the fact / in light of the fact / if we consider *that* ...
（XはYをすると予測されていた事実に反して/されていたが、XがZもするとは予想されていなかった。しかしながら、〜という事実からして/という事実から見ると/を考慮するならば、特に驚くべきことではない）

43. 望んでいなかったまたは予想外の結果を小さく見せる

☐ *Although performance was not* ideal / perfect / optimal, *we* still / nevertheless *believe that*...
（成績は理想的/完璧/最適ではなかったが、それでも/それにもかかわらず我々は〜と考えている）

☐ *This poor performance was not* unexpected / surprising / very significant. *In fact*...
（このような不良な成績は予想外/驚くべきこと/特に重大ではなかった。実際〜）

☐ This result was not *expected / predicted / anticipated.* However, *the reason for this is probably / it is likely that the reason for this is / it is probable that the reason for this is* that ...
（この結果は期待/予想/予期していなかった。しかしながら、この理由はおそらく〜/この理由の可能性は〜/おそらくこの理由は〜と考えられる）

☐ *Our investigations so far have only been* on a small scale / applied to ...
（我々の調査はこれまでのところ、小規模でしか実施していない/〜にのみ適用される）

☐ *These discrepancies* are negligible / can be neglected / considered as insignificant / are of no real consequence *due to the fact that*...
（これらの不一致は、〜である事実により、無視しても構わない程度である/無視可能である/重要ではないと考えられる/実質的な重要性はない）

☐ ***Despite the limitations of this method, and consequently the poor results in Test 2, our findings do*** nevertheless / in any case / however ***suggest that...***

（この手法の限界およびそれゆえの試験2の不良な結果にもかかわらず、我々の結果は、それでもなお/いずれにしても/しかしながら〜を示唆している）

☐ Given that / Since / On account of the fact that ***this was only a preliminary attempt to do X it is hardly surprising that...***

（これがXを実施するための予備的な試行でしかないことを踏まえると/ため/事実をふまえると、〜はそれほど驚くべきことではない）

☐ ***As is well known, Xs are extremely*** hard / difficult / problematic / time-consuming / cumbersome ***to control,*** so / thus / consequently ....

（よく知られているように、Xの管理は、非常に困難であり/難しく/問題であり/時間のかかるもので/煩雑であり、そこで/したがって/結果として〜）

☐ ***In fact, X was*** beyond the scope of this study / not a primary goal in this research / not the focus of this study / not attempted in this study.

（実際のところ、Xは本研究の対象範囲外であった/本研究の第1のゴールではなかった/本研究の焦点ではなかった/本研究では試行されなかった）

☐ ***Consequently, it is*** inevitable / understandable / not hard to appreciate / not surprising that ...

（その結果として、〜は避けられない/もっともだ/理解するのは難しくない/驚きではない）

☐ Note / It should be noted / It is worthwhile noting ***that*** ...

（〜に注意すること/〜に注意すべきだ/〜は留意するだけの価値がある）

☐ A / One ***limitation of our research is that the surveys were not conducted in the same period.***

（我々の研究の限界は/の1つは、複数の調査を同時期に実施していないことである）

☐ However / Nevertheless / Despite this, ***we can still state that...***

（しかしながら/それでもなお/それにもかかわらず、我々は今でも〜であると主張できる）

☐ ***We*** failed / were not able / were unable ***to find a link between x and y, but this*** may / might ***depend on the methodology chosen for our research.***

（XとYの関連を見つけることには失敗したが/ができなかったが/は不可能だったが、それは我々の研究のために選択した手法に原因があるかもしれない/ある可能性がある）

44. 意見や可能性を示す

☐ To the best of our knowledge / As far as we know / We believe that *no other authors have found that x = y*.
（我々の知り得る限り/我々の知る限り/我々の考えでは、他にx=yと発見した研究者はいない）

☐ *It would* seem / appear *that ...*
（〜と考えられる/と思われる）

☐ *Our findings would seem to* show / demonstrate / suggest / imply *that x = y*.
（我々の研究結果はx=yであることを示している/実証している/示唆している/暗示していると考えられる）

☐ *This factor* may be responsible / is probably responsible / could well be responsible *for this result*.
（この要素は、この結果の原因かもしれない/おそらく原因である/原因であり得る）

☐ Presumably / We hypothesize / I argue *that this factor is ...*
（この要素は、おそらく〜だ/〜であると我々は仮定する/〜であると私は主張する）

☐ *We believe that our method could* be used / probably be usefully employed *in...*
（我々の方法は〜に使用できる/おそらく〜に効果的に使用できると考える）

☐ Our approach *would lend itself well for use by / may be useful for ...*
（我々の方法は〜に大いに役立つだろう/〜に役立つかもしれない）

☐ *In our* opinion / view, *this method could be used in ...*
（我々の意見では/見解では、本手法は〜で使用可能である）

☐ *We* believe / feel strongly *that ...*
（〜と信じている/と強く感じている）

☐ *There is evidence to* suggest / support *the hypothesis that ...*
（〜という仮説を示唆する/裏づけるエビデンスが存在する）

☐ It is proposed / This may mean / It seems likely / It may be assumed *that ...*
（〜と提唱されている/〜を意味する可能性がある/〜のようだ/〜と推測される）

☐ *This* implies / suggests / would appear to indicate *that ...*
（これは〜であることを暗示する/示唆する/指し示すようだ）

☐ **The results point to the** likelihood / probability **that ...**

(結果は〜である見込み/可能性を指し示している)

☐ **There is a** strong / definite / clear / good **probability that...**

(〜の可能性は強く/明確に/明白に/十分に存在する)

45. 結論や要約を述べる

☐ In conclusion / In summary / In sum / To sum up, *our work* ...

(結論として/要約すると/まとめると/つまり、我々の研究は〜)

☐ **Our work has led us to** conclude / the conclusion **that ...**

(我々の研究により、〜と結論づけられる/〜という結論が導かれる)

☐ We have *presented / outlined / described* ...

(我々は〜を提示/概説/説明してきた)

☐ In this *paper / study / review* we have ...

(本論文/研究/レビューで、我々は〜)

☐ This paper has *investigated/explained/given an account of*...

(本論文では〜を調査/説明/の理由を説明してきた)

46. 結果を再び述べる（結論セクション）

☐ **The evidence from this study** suggests / implies / points towards the idea / intimates *that* ...

(本研究から得られたエビデンスは、〜を示唆している/を暗示している/
という考えを指摘している/をほのめかしている)

☐ **The** results / findings *of this study* indicate / support the idea / suggest *that* ...

(本研究の結果/知見は、〜であることを示している/という考えを裏づけている/示唆している)

☐ In general, / Taken together, *these results* suggest / would seem to suggest *that*...

(全般的に/まとめて考えるならば、これらの結果は〜を示唆している/示唆しているようだ)

☐ An implication / A consequence / The upshot *of this is the possibility that* ...

(これは〜の可能性を暗示している。この結果/結論から〜という可能性が導かれる)

462 第21章 ネイティブが教える論文英語表現

47. 達成内容を強調する（結論セクション）

☐ Our research / This paper **has** highlighted / stressed / underlined **the importance of**...

（本研究/論文で我々は〜の重要性に光を当てた/を強調した/を浮き彫りにした）

☐ **We have** managed to do / succeeded in doing / been able to do / found a way to do **X**.

（Xをどうにかして実施することができた/の実施に成功した/を実施できた/を実施する方法を発見した）

☐ **We have found** an innovative / a new / a novel / a cutting-edge **solution for** ...

（〜について革新的な/新しい/新規の/最先端の解決方法を見つけた）

☐ **We have obtained** accurate / satisfactory / comprehensive **results** proving / demonstrating / showing **that** ...

（我々は、〜を証明する/説明する/示す、正確な/満足のいく/包括的な結果を得ている）

☐ **We have devised a** methodology / procedure / strategy **which** ...

（我々は〜という方法/手順/戦略を考案した）

☐ **We have** confirmed / provided further evidence / demonstrated **that** ...

（我々は〜であると確認している/であることを示すエビデンスをさらに示している/であることを実証している）

☐ **Considerable** progress has been made / insight has been gained **with regard to** ...

（〜に関してかなりの進歩が認められた/見通しが得られた）

☐ **Taken together, these findings** suggest / implicate / highlight **a role for X**.

（以上をまとめると、これらの結果はXの役割を示唆/暗示/強調している）

☐ **Our study provides** the framework / a springboard / the backbone / the basis / a blueprint / an agenda / a stimulus / encouragement **for a new way to do X**.

（我々の研究は、Xを実施するための新しい方法について枠組み/踏み台/骨組み/基礎/青写真/課題/刺激/激励を提供している）

☐ **The** strength / strong point / value / impact / benefit / usefulness / significance / importance **of our** work / study / contribution **lies in** ...

（我々の取り組み/研究/貢献の、強み/長所/価値/影響/メリット/有用性/意義/重要性は〜にある）

☐ **X provides a powerful** tool / methodology **for** ...

（Xは〜のために強力な手段/手法を提供している）

☐ *X* ensures / guarantees *that X will do Y, and it can be generalized to* ...

(XがYをすることをXは保証/約束し、さらにこれは～と一般化することができる)

☐ *Our investigations into this area are* still ongoing / in progress *and seem likely to confirm our hypothesis*.

(本分野における我々の調査はいまだ継続中/進行中であるが、我々の仮説を確認することになると思われる)

☐ *These findings add* to a growing body of literature on / substantially to our understanding of *X*.

(これらの発見は、Xに関して増加傾向の文献に/我々の理解に相当な深みを与えている)

48. 限界を強調する（結論セクション）

☐ *Our work clearly has some limitations.* Nevertheless / Despite this *we believe our work could be* the basis / a framework / a starting point / a springboard for ...

(我々の研究には明らかに限界がある。それでもなお/それにもかかわらず、我々の研究は～の基礎/枠組み/出発点/踏み台になり得ると考える)

☐ Despite the fact that there are / In spite of the fact that / Although *there are limitations due to Y, we* ...

(Yに起因する限界が存在するという事実にもかかわらず/するという事実に反して/するが、我々は～)

☐ *The most important limitation* lies in / is due to / is a result of *the fact that* ...

(最も重要な限界は、～という事実にある/が原因だ/の結果にある)

☐ *The current study was* limited by / unable to / not specifically designed to...

(現在の研究は～に限定されていた/～できなかった/特に～のために設計されたわけではなかった)

☐ *The present study has only* investigated / examined *X.* Therefore / Consequently ...

(本研究はXを調査/試験しただけである。したがって/結果として～)

☐ *The* project / analysis / testing / sampling *was limited in several ways. First,* ...

(プロジェクト/分析/試験/標本採取は、複数の側面において限界があった。まず、～)

☐ *Finally, a number of potential* limitations / weaknesses / shortfalls / shortcomings / weak points *need to be considered. First,* ...

(最後に、潜在的な限界/短所/不足/欠陥/弱点が多くあったことを考慮に入れる必要がある。まず、～)

464　第21章　ネイティブが教える論文英語表現

☐ *However, given the small sample size, caution must be* exercised / taken / used / applied.

   （しかしながら、標本サイズが小さかったことを踏まえると、慎重にならなければならない）

☐ The findings might not be *transferable to / generalized to / representative of*...

   （結果は〜に移行できない/に一般化できない/を代表するものではないかもしれない）

☐ *The* picture / situation *is thus still incomplete*.

   （現状/状況はしたがっていまだ未完成である）

---

49. 研究の応用の可能性と意義を説明する

☐ *This study* is the first step / has gone some way *towards enhancing our understanding of*...

   （本研究は〜の理解を拡大するための第一歩である/いくらか役立っている）

☐ *These observations have* several / three main / many implications *for research into* ...

   （〜を調査したこれらの観察には、複数の/主に3点の/多くの意義がある）

☐ *This work has* revealed / shown / highlighted / demonstrated / proved *that* ...

   （本研究は〜を明らかにし/示し/強調し/実証し/証明している）

☐ *The present findings* might help to solve / have important implications for solving / suggest several courses of action in order to solve *this problem*.

   （現在の結果は、この問題を解決するために役立つ可能性がある/解決するための重要な暗示を
   有しているかもしれない/解決するための複数の行動を示唆するかもしれない）

☐ *X* is suitable for / has the potential to ...

   （Xは〜に適している/〜の可能性がある）

☐ *Our* method / technique / approach / procedure *could be applied to* ...

   （我々の方法/テクニック/アプローチ/手順は〜に応用できる可能性がある）

☐ *One* possible / potential / promising *application of our technique would be* ...

   （我々の技術の中で、可能性のある/潜在力のある/期待の持てそうな応用は〜だろう）

☐ *Results so far have been very* promising / encouraging *and* ...

   （これまでのところ、結果は非常に期待の持てるものであり/元気づけられるものであり、〜）

☐ *This approach has the* potential / requirements / characteristics / features *to* ...

   （この方法は〜をするための潜在力がある/要件を満たしている/特性（特徴）がある）

☐ ***This could*** eventually / conceivably / potentially / hypothetically ***lead to*** ...

（これは、結局のところ/考えられるところでは/ひょっとすると/仮説上は～に至る可能性がある）

☐ ***Our data suggest that X could be*** used / exploited / taken advantage of / made use of ***in order to*** ...

（我々のデータは、～のためにXを使用/採用/利用/活用できる可能性を示唆している）

☐ ***In our view these results*** are / constitute / represent ***an excellent initial step toward*** ...

（我々の見解では、これらの結果は～に向けて非常によい第一歩を踏み出している）

☐ ***We*** believe / are confident ***that our results may improve knowledge about*** ...

（我々の結果には～に関する知見を進歩させる可能性があると考えている/自信を持っている）

☐ ***These early successes may hope to*** resolve / tackle / solve / deal with ...

（早期に成功したことで～を解消する/に取り組む/を解決する/に対処できることが期待される）

☐ Another / An additional / A further important ***implication is*** ...

（もう一つの/さらにもう一つの/さらに重要な意味は～）

☐ ***Our research could*** help / be a useful aid for / possibly support ***decision makers because*** ...

（～であるため、我々の研究は意志決定者にとって、助け/役立つ一助/場合によっては裏づけとなる可能性がある）

☐ ***We think that our findings*** could / might ***be useful for*** ...

（我々の結果は～にとって役立つ可能性がある/かもしれないと考える）

☐ ***We hope that our research will be*** helpful / useful / beneficial / constructive / valuable ***in solving the difficulty of...*** At the same time / In addition / Further / Furthermore ***we believe that***...

（～の困難を解決するために我々の研究が、一助となる/役立つ/有益である/建設的である/価値があることを願う。同時に/また/さらに/そのうえ、～と信じている）

☐ ***Our research suggests that*** the policy makers should encourage / it is important for policy makers to encourage ***stakeholders to*** ...

（我々の研究は、利害関係者に～をすることを推奨するよう政策決定者が促すべき/政策決定者が促すことが重要であると示唆している）

☐ ***The findings of my research have*** serious / considerable / important ***managerial implications***.

（本研究の結果には、経営上の重大な/考慮すべき/重要な示唆が含まれている）

466　第21章　ネイティブが教える論文英語表現

50. 著者が実施中または計画中の研究について述べる

☐ ***We are*** currently / now in the process ***of investigating*** ...

(我々は現在/今〜を調査中である)

☐ ***Research into solving this problem is*** already underway / in progress.

(本課題の解決に向けた研究は、既に開始している/実施中である)

☐ ***To further our research*** we plan / are planning / intend ***to*** ...

(研究をさらに推し進めるため、我々は〜を計画している/計画中である/するつもりだ)

☐ ***Future work will*** concentrate on / focus on / explore / investigate / look into ...

(将来の研究では、〜に集中する/焦点を当てる/考察する/調査する/調べる予定だ)

☐ ***Further studies, which take X into account, will need to be*** undertaken / performed.

(Xを考慮に入れた将来的な研究が行われ/実施される必要があるだろう)

☐ ***We hope that further tests will*** prove our theory / confirm our findings.

(さらに追試することにより、我々の理論が証明される/結論が確認されることを願っている)

☐ ***These topics are*** reserved for / deferred to ***future work***.

(これらのトピックは将来の研究のために留保/延期されている)

51. 今後の研究を第三者に託す

☐ ***Further work needs to be*** done / carried out / performed ***to establish whether*** ...

(〜かどうかをはっきりさせるために、将来的に研究を行う/実施する/遂行する必要がある)

☐ ***Further*** experimental investigations / tests / studies ***are needed to estimate*** ...

(〜を推定するため、さらに実験を兼ねた調査/試験/研究が必要である)

☐ More / Additional / Further ***work on X, would help us to do Y***.

(Xについてさらなる/追加的/一層の研究を実施することが、Yをするために役立つであろう)

☐ ***We*** hope / believe / are confident ***that our research will serve as a base for future studies on*** ...

(我々の調査が、将来における〜に関する研究の基礎となることを願う/なると信じている/なると固く信じている)

21

☐ It is recommended / We recommend / We suggest / We propose *that further research should be undertaken in the following areas*:

(今後の調査については、以下の分野において行われるべきであることを、推奨する/薦める/提言する/提案する)

☐ More broadly / On a wider level, *research is also needed to determine* ....

(さらに広範囲で/幅広いレベルで、〜を究明するためにも調査は必要である)

☐ *This research has* raised / given rise to / thrown up *many questions in need of further* investigation / study / examination.

(さらなる調査/研究/試験が必要であり、本調査では多くの疑問を提起した/挙げた/投げかけた)

☐ *This is* an important / a fundamental / a vital issue *for future research*.

(将来的な研究に向けて、これは重要な/基本的な/極めて重要な課題である)

☐ *The design and development of Xs will* challenge / be a challenge for *us for years*.

(Xの設計・開発は何年にもわたって我々の挑戦/難題となるであろう)

☐ *Future work should* concentrate / focus *on enhancing the quality of X*.

(今後の研究ではXの品質改良に集中する/焦点を当てるべきである)

☐ *Future studies should* target / aim at / examine / deal with / address *X*.

(今後の研究ではXに目標を絞る/を目標とする/を調査する/を扱う/を対応すべきである)

☐ *Future studies on the current topic are therefore* required / needed / recommended / suggested *in order to* establish / verify / validate / elucidate ...

(〜を確立するため/を検証するため/の妥当性を確認するため/を解明するため、現在の課題をさらに研究することが欠かせない/必要とされる/推奨される/提案される)

☐ *Our results are* encouraging / promising *and should be validated by a larger sample size*.

(我々の結果は励みになる/将来性があるものであり、さらに大きな標本サイズによって妥当性を確認すべきである)

☐ *These findings suggest the following* directions / opportunities *for future research:* ....

(これらの結果から将来の研究について以下の方向性/可能性が示唆される：〜)

☐ *An important* issue / matter / question / problem *to resolve for future studies is* ...

(将来の研究のために解決すべき重要な課題/事柄/疑問/問題は〜)

468　第21章　ネイティブが教える論文英語表現

☐ *The prospect of being able to do X, serves as a continuous* incentive for / stimulus for / impulse for / spur *to future research*.

(Xを実施できるようになれば、今後の研究を継続的に行う励み/刺激/推進力/拍車となる)

52. 謝意を表する

☐ *This work was* carried out / performed *within the framework of an EU project and was partly sponsored by* ...

(本研究は欧州プロジェクトの枠組み内で実行され/実施され、〜から部分的に資金援助を受けた)

☐ *This research* was made possible by / benefited from *a grant from* ...

(本調査は〜からの助成金を受けて実施された/〜からの助成金を受けた)

☐ *Support was given by the Institute of X, who funded the work in* all its / its initial *stages*.

(X研究所からは研究の全段階/初期段階に対する資金提供によりご支援いただいた)

☐ *We* thank / would like to thank *the following people for their support, without whose help this work would never have been possible*:

(次に挙げる皆さんからの支援に感謝する/感謝の意を表したい。皆さんお一人お一人の助けがなければこの研究は成し得なかった)

☐ *We gratefully acknowledge the* help provided by Dr. X / constructive comments of the anonymous referees.

(X博士によるご支援に/匿名の査読者による建設的なコメントに心から感謝する)

☐ *We are* indebted / particularly grateful *to Dr. Alvarez for* ...

(アルバレズ博士の〜に感謝の意を表する/に特に感謝する)

☐ *We* thank / are grateful to / gratefully acknowledge *Dr. Y for her* help / valuable suggestions and discussions.

(Y博士からのご支援/貴重な提案や考察に感謝する/ありがたく思う/心から感謝する)

☐ Thanks are also due to / The authors wish to thank *Prof. X, who gave us much valuable advice in the early stages of this work*.

(また、X教授にもお礼を申し上げる/X教授に感謝したい。本研究の早期に非常に貴重なご助言をいただいた)

☐ *Dr. Y* collaborated with / worked alongside *our staff during this research project*.

(Y博士は本調査プロジェクト中、我々スタッフと協力して/ともに働いてくださった)

☐ *We also thank Prof. Lim for her* ongoing collaboration with our department / technical assistance in all our experimental work.

(当部門と協同して働いて/実験作業全般に対して技術的支援をくださった
リム教授にも感謝する)

53. 図表について説明する

☐ *Table 1* compares / lists / details / summarizes *the data on X.*

(表1はXのデータを比較して/挙げて/詳しく示して/まとめている)

☐ *Table 2* proves / shows / demonstrates / illustrates / highlights *that X is* ...

(表2はXが〜を証明して/示して/説明して/図示して/強調している)

☐ *Figure 1* presents / reports / shows / details *the data on X.*

(図1はXのデータを表して/報告して/示して/詳しく表している)

☐ *Figure 3* pinpoints / indicates *exactly where X meets Y.*

(図3はXが正確にどこでYと接触するかの位置を示して/指し示している)

☐ *As* shown / highlighted / illustrated / detailed / can be seen *in Fig. 1, the value of*...

(図1に示した/で強調した/描写した/詳しく示した/に記載したとおり、〜の値は〜)

☐ *The value of X is greater when Y = 2* (Fig. 1 / Eq. 2)

(Xの値はY=2のときに大きくなる［図1/式2］)

☐ *The results on X* can be seen / are compared / are presented *in Fig. 1.*

(Xの結果は図1に記載/で比較/に提示している)

☐ *From the* graph / photo / chart / histogram *we can* see / note *that* ...

(グラフ/写真/チャート/ヒストグラムから、〜ということを観察/指摘することができる)

☐ *It* can be seen in / is apparent from *Fig. 1 that* ...

(図1から〜であることが分かる/明らかである)

☐ *We* observe / note *from Table 1 that*...

(表1から観察/指摘できるのは〜)

☐ *The graph* above / below / to the left / to the right *shows that*...

(上記/下記/左記/右記のグラフは〜を示している)

470　第21章　ネイティブが教える論文英語表現

□ *Figure 8 shows a* clear trend / significant difference *in* ...

(図8は〜における明らかな傾向/有意差を示している)

□ *The table is* revealing / interesting *in several ways. First*...

(表には啓発的な/興味深い側面が複数ある。最初に、〜)

54. 新しいトピックに話題を転換する

□ If we now turn to / Turning now to / Let us now look *at the second part*...

(次に第2の部分に目を向けると/移ると/焦点を移すと、〜)

□ As far as *X is / Xs are* concerned ...

(Xに関する限り〜)

□ As regards / Regarding / Regarding the use of / As for *X it was found that* ...

(Xについては/に関しては/の使用に関しては/については、〜とわかった)

55. 前述したことや後述することに言及する

□ *As was* mentioned / stated / noted / discussed / reported *in the Methods,* ...

(「方法」で言及した/述べた/指摘した/論じた/報告したとおり、〜)

□ *As reported* above / previously / earlier / before ...

(上記で/既に/これまでに/以前に報告したとおり、〜)

□ *As* mentioned / stated / outlined *in the literature review* ...

(文献レビュー内で言及した/述べた/概要を説明したとおり、〜)

□ *The* above- / afore-mentioned *X is* ...

(上記で言及した/先述のXは〜)

□ *More details on this will be given* below / in the next section / in the appendix.

(これについて詳細は以下/次項/付録に記載する)

□ The following is / Here follows / Below is *a list of*...

(次に示すのは/この次に挙げるのは/以下は〜の一覧である)

□ *Please refer to* Appendix 2 / Table 6 / the Supplementary Material *for*....

(〜については付録2/表6/補足資料を参照していただきたい)

471

56. 研究の目的を再確認する

☐ *As stated in the Introduction, our main* aim / objective / target / purpose / goal *was to* ...

（序論で述べたとおり、我々の主要な［具体的な］目的/［達成予定の］目的/［達成］目標/［決意に基づく］目的/［目指す］目標は～であった）

☐ *As stated in the Introduction, the research* was conducted / undertaken / carried out *in order to* ...

（序論で述べたとおり、～のために本調査を実施した/に着手した/を行った）

☐ Given that / Since *our main aim was, as mentioned in the Introduction, to* ...

（序論で述べたとおり、我々の主要な目的は～であったことから/であったため～）

☐ *Before interpreting our results, we* remind the reader of / would just like to restate *our main aims*.

（結果を解釈する前に、我々の主要な目的を再度お伝えしたい/繰り返させていただきたい）

☐ *Returning to the* hypothesis / question *posed at the beginning of this study, it is now possible to state that*...

（本研究の最初に挙げた仮説/疑問に戻ると、～と述べることが可能となった）

57. 参考文献に言及する

☐ See the respective handbook [Ref] for a description of X.

（Xの説明については各ハンドブック［参考文献］を参照）

☐ For a detailed review on this topic see [Ref].

（本トピックについての詳しい総説は［参考文献］を参照）

☐ More details on this topic can be found in [Ref].

（本トピックについてのさらに詳しい情報は［参考文献］を参照）

謝辞

　本シリーズの別の書籍の出版でもご尽力いただいたうえに、本書第2版の出版にあたり校正を引き受けてくださったグレイン・ニューカム氏に、心からの感謝の意を表します。また引用をご快諾あるいは貴重な助言をいただいた方々にも、以下に名前を記して感謝の意を表したいと思います。

Alan Chong, Ali Hedayat, Andrea Mangani, Ahmed Nagy, Alyson Price, Anchalee Sattayathem, Anna Southern, Antonio Strozzi, Alistair Wood, Basile Audoly, Beatrice Pezzarossa, Begum Cimen, Bernadette Batteaux, Boris Demeshev, Brian Bloch, Calliope-Louisa Sotiropoulou, Carolina Perez-Iratxeta, Caroline Mitchell, Catherine Bertenshaw, Cesare Carretti, Chandler Davis, Chandra Ramasamy, Chris Powell, Chris Rozek, Congjun Mu, Daniel Sentenac, David Dunning, David Hine, Donald Dearborn, Donald Sparks, Du Huynh, Elisabetta Giorgi, Estrella Garcia Gonzalez, Filippo Conti, Francesco Rizzi, Greg Anderson, Ivan Appelqvist, James Hitchmough, Javier Morales, John Morley, John R. Yamamoto-Wilson, Justin Kruger, Karen McKee, Kateryna Pishchikova, Keith Harding, Ken Hyland, Ken Lertzman, Khalida Madani, Lena Dal Pozzo, Liselotte Jansson, Magdi Selim, Maggie Charles, Magnus Enquist, Marcello Lippmann, Marco Abate, Maria Andrea Kern, Maria Gkresta, Mark Worden, Matteo Borzoni, Melanie Bell, Mercy Njima, Michaela Panter, Michael Shermer, Mike Seymour, Mohamed Abedelwahab, Osmo Pekonen, Paola Giannetti, Peter Rowlinson, Pierdomenico Perata, Richard Wydick, Robert Adams, Robert Coates, Robert Matthews, Robert Shewfelt, Ronald Gratz, Rogier Kievit, Rory Rosszell, Rossella Borri, Sandy Lang, Sara Tagliagamba, Sébastien Neukirch, Stefano Di Falco, Stefano Ghirlanda, Tracy Seeley, Wei Zheng, William Mackaness, and Wojciech Florkowski.

　ウィリアム・ピュー教授、ロバート・コーツ教授、チャールズ・フォックス教授、ホジエ・キービット氏、受賞論文から本書へのいくつかの引用をご快諾いただきましたイグノーベル賞創設者（www.improbable.com）、カツゾフ氏の記事を自由に引用することを許可していただきましたNASAのコミュニケーションオフィス、そしてBMJ（英国医師会誌）、*Nature*、ベイツ大学のウェブサイトのコンテンツクリエイターに特別の感謝を述べさせていただきます。

付録：ファクトイドその他のデータソース

ファクトイドに掲載された情報の多くがインターネットで閲覧可能です。それ以外のファクトイド、引用、統計データについては以下にデータソースを紹介します。括弧の中の数字はファクトイドの番号を示しています。たとえば、"(2)" はそのファクトイドの2番目の例を指しています。

第1章

(1) *In Search of the Cradle of Civilization,* Georg Feuerstein, Quest Books, 2001; (2) トムソン・ロイターのプレスリリース（2007年5月15日）; (3) *Communicative characteristics of reviews of scientific papers written by non-native users of English,* M Kourilova, Comenius University, Bratislava; (4) http://www.theguardian.com/education/2014/sep/09/italy-spain-graduates-skills-oecd-report-education; (5) www.insme.org/documenti/Statistic_Report_part1.pdf (6) http://www.oecd.org/document/30/0,3343,en_2649_33703_35471385_1_1_1_1,00.html

1.1 *Writing for Science,* R Goldbort, Yale University Press, 2006; *How to Write and Publish a Scientific Paper,* R Day, Cambridge University Press, 2006; *Handbook of Writing for the Mathematical Sciences,* N Highman, SIAM, 1998. このハイマンの著書は私が読んだ科学英語に関する書籍の中で最高の書籍の1つ。数学を専門の研究者にお勧め。

1.13 Nicholas Carr, *The Shallows,* W. W. Norton & Company, 2010

第2章

(3) *Can a Knowledge of Japanese Help our EFL Teaching?* John R. Yamamoto-Wilson (Not found)

第3章

(1) Nicholas Carr, *The Shallows,* W. W. Norton & Company, 2010; (2) Leggett A *Notes on the Writing of Scientific English for Japanese Physicists,* 日本物理学会誌（Vol. 21, No. 11, pp. 790-805）. EAP教師や科学ジャーナル編集者にはとても興味深い記事。全文は https://www.jstage.jst.go.jp/article/butsuri1946/21/11/21_11_790/_article/-char/ja からダウンロード可; (3) www.guardian.co.uk/books/2010/jul/15/slow-reading

3.18 *Clarity in Technical Reporting,* S Katzoff, NASA Scientific and Technical Information Division. フリーダウンロード可: http://courses.media.mit.edu/2010spring/mas111/NASA-64-sp7010.pdf

第4章

(1) スタンフォード大学の学生に関する調査統計データより: *Consequences of Erudite Vernacular Utilized Irrespective of Necessity: Problems with Using Long Words Needlessly,* Daniel Oppenheimer. ウェブサイトからダウンロード可: https://onlinelibrary.wiley.com/doi/abs/10.1002/acp.1178; (3, 4) John Adair の *The Effective Communicator*（The Industrial Society, 1989）より。Google Booksでも入手可。

4.1 *On the Origin of Species,* Charles Darwin, 1859; *Good Style - Writing for Science and Technology,* John Kirkman, Routledge, 2006

第5章

（1）http://www.businessinsider.com/the-worlds-smallest-language-has-only-100-words-and-you-can-say-almost-anything-2015-7;（2）http://www.nature.com/authors/author_resources/how_write.html;（3、4）Nicholas Carr, *The Shallows*, W. W. Norton & Company, 2010

5.1 最初の3つの引用は *The Penguin Dictionary of Twentieth Century Quotations*（1996）, M J & J M Cohen（編集）より。ノーベル賞受賞者Barbara Kingsolverの引用は2010年6月9日のBBCとのインタビューから。Bruce Cooperの引用は校正者を対象にした彼の秀逸な著書 *Writing Technical Reports*, Penguin UK, 1999 から。

5.20 *The Impact of Article Length on the Number of Future Citations: A Bibliometric Analysis of General Medicine Journals*: http://journals.plos.org/plosone/article?id=10.1371/journal.pone.0049476#pone-0049476-t003

第6章

（1）*The Mother Tongue,* Bill Bryson, HarperCollins, 1990;（2）http://www.mfa.gov.il/mfa/foreignpolicy/peace/guide/pages/un%20security%20council%20resolution%20242.aspx

6.6 さらに詳しい情報は：http://www.fact-index.com/u/un/un_security_council_resolution_242.html

6.12 法律関連の例文は実際のケースに基づいており、Douglas Walton の論文 *New Dialectical Rules For Ambiguity* に収められている。

6.14 *The Mother Tongue,* Bill Bryson, HarperCollins, 1990

第7章

すべてのファクトイドがすでに公になっている。さまざまなデータソースから入手。

第8章

すべてのファクトイドがすでに公になっている。さまざまなデータソースから入手。

第9章

（1-3、5-10）：*I wish I hadn't said that: Experts speak and get it wrong*, C Cerf & V Navasky, Harper Collins Publishers, 2000.（4）http://www.theguardian.com/uk-news/2015/jun/10/nobel-scientist-tim-hunt-female-scientists-cause-trouble-for-men-in-labs

9.1 *Brilliant Blunders: From Darwin to Einstein - Colossal Mistakes by Great Scientists That Changed Our Understanding of Life and the Universe,* Mario Livio, Simon & Schuster, 2014

9.2 *Why People Believe Weird Things*, Michael Shermer, Holt Paperbacks, 2002: http://abacus.bates.edu/~ganderso/biology/resources/writing/HTWtablefigs.html; Pauling quoted in Livio.

9.3 www.bmj.com

9.6 さらに詳しい情報は、英国応用言語学会より出版された *Language, Culture and Identity in*

Applied Linguistics の第9章の、Dr. Maggie Charles が執筆した *Revealing and obscuring the writer's identity: evidence from a corpus of theses* を参照。

第10章
（1）*The Ascent of Man,* Jacob Bronowski, Little Brown & Co., 1974; （2）*Notes on the Writing of Scientific English for Japanese Physicists*, Leggett A, 日本物理学会誌（Vol. 21, No. 11, pp. 790-805）。

10.1 George Mikesの書籍は楽しく読める。詳しくは：http://f2.org/humour/howalien.html

第11章
（3）www.ithenticate.com/; （5）McCabe の 記 事：https://www.researchgate.net/publication/228654731_Cheating_among_college_and_university_students_A_North_American_perspective

11.1.3 Robert Adams教授の引用は本書のために特別に依頼。Ronald K. Gratz博士の引用は博士の論文 *Using Another's Words and Ideas* より。Gratz博士の論文はEAPの先生方や校正に携わる方には必読の資料。ダウンロード可：
http://hdmzweb.hu.mtu.edu/husyllabi/1999_2000/UN1001_fa00_27.pdf

11.2 http://cdn2.hubspot.net/hub/92785/file-318578964-pdf/docs/ithenticate-decoding-surveysummary-092413.pdf

盗用に対する編集者の理解を知るためには：http://www.springer.com/authors/book+authors/helpdesk?SGWID=0-1723113-12-807204-0、 お よ び http://www.elsevier.com/editors/perk/questions-and-answers#plagiarism を参照

11.3 Alistair Woodの記事は、1997年4月 *Science Tribune* に発表。ダウンロード可：http://www.tribunes.com/tribune/art97/wooda.htm.

11.4/11.6 上記 **11.1.3** を参照。

第12章
（1-4）イグノーベル賞受賞者：www.improbable.com/ig/winners/、（5-6）https://arxiv.org より。
（7-12）http://mathoverflow.net/questions/44326/most-memorable

12.2 http://www.nature.com/news/papers-with-shorter-titles-get-more-citations-1.18246; *The relationship between manuscript title structure and success: editorial decisions and citation performance for an ecological journal*: http://onlinelibrary.wiley.com/doi/10.1002/ece3.1480/full

12.17 このセクションは *American Journal Experts*（*AJE*）のウェブサイトより引用。このサイトは研究者にとっても科学ジャーナルの編集者にとっても非常に有益。筆者は Michaela Panter。ウェブサイトアドレス：https://www.aje.com/en/author-resources/articles/editing-tip-crafting-appropriate-running-title

第13章

（1）

http://arxiv.org/ftp/arxiv/papers/1110/1110.2832.pdf；（2）*The Journal of Emergency Medicine*
Vol 8 Issue 3 May-June 1990；（3）http://scholar.harvard.edu/files/joshuagoodman/files/
goodmans.pdf；（4）http://arxiv.org/abs/0711.4114；（5）http://arxiv.org/abs/1004.2003v2；（6）
http://link.springer.com/article/10.1007/s00300-003-0563-3?no-access=true；（7）*EOS Trans.*
AGU Vol 72, No 27-53, p456 に収録。

論文タイトルと要旨についてさらに詳しくは：http://www.quora.com/What-is-the-funniest-
research-paper-you-have-ever-read

13.1 http://www.tribunes.com/tribune/art97/wooda.htm

13.8 スタイル1は http://www.tribunes.com/tribune/art97/wooda.htm から；スタイル2は
Tumbling toast, Murphy's Law and the fundamental constants, R A J Matthews, Eur. J. Phys. 16
172-176（1995）: http://www.iop.org/journals/ejp から；スタイル4は *American Psychological
Association* より許諾を得て掲載；*Unskilled and unaware of it: How difficulties in recognizing
one's own incompetence lead to inflated self-assessments,* Justin Kruger, David Dunning,
Journal of Personality and Social Psychology. Vol 77（6）, Dec 1999, 1121-1134. APA の情報を
使用しているが、APA による推奨があるわけではない。

13.10 http://www.nlm.nih.gov/bsd/policy/structured_abstracts.html. NLM（米国国立医学図書
館）から、2015年5月28日づけの電子メールで、「このウェブページの内容をパラフレーズするこ
とを許可する」旨の許諾を得た。

13.12 http://www.sigsoft.org/resources/pugh.html

13.13 ビデオ要旨の作成を依頼したいときはKaren McKeeをお勧めする。Karen は本サブセクシ
ョンの作成に大いに貢献してくれた。Karen の連絡先は：http://thescientistvideographer.com/
wordpress/how-to-make-a-video-abstract-for-your-next-journal-article／

13.14 https://www.nature.com/nature/for-authors/formatting-guide または https://www.nature.
com/documents/nature-summary-paragraph.pdf

13.29 https://www.sigsoft.org/resources/pugh.html

第14章

（1-10）*The Book of Lists,* David Wallechinsky, Irving Wallace, Amy Wallace, Corgi, 1977

14.3 *Fragmentation of Rods by Cascading Cracks: Why Spaghetti Does Not Break in Half,*
Physical Review Letters Vol. 95, 095505（2005）. 全文は次のサイトに掲載：http://www.lmm.
jussieu.fr/spaghetti/audoly_neukirch_fragmentation.pdf

14.6 Chris Rozekの論文 *The Effects of Feedback and Attribution Style on Task Persistence* の全
文は次のサイトに掲載：http://citeseerx.ist.psu.edu/viewdoc/download?doi=10.1.1.176.673
&rep=rep1&type=pdf

第15章

http://www.nature.com/news/the-top-100-papers-1.16224

15.4 Chris Rozekの論文 *The Effects of Feedback and Attribution Style on Task Persistence* の全文は次のサイトに掲載：http://citeseerx.ist.psu.edu/viewdoc/download?doi=10.1.1.176.673&rep=rep1&type=pdf

第16章

16.1 *The Ultimate Book of Notes and Queries,* Joseph Harker（編集）, Atlantic Books, 2002.

16.5/16.6 これらのセクションは *Journal of Zhejiang University-SCIENCE B*（Biomedicine & Biotechnology）Vol.（14）4, Apr 2013に発表された *Be careful! Avoiding duplication: a case study* と題された論文にヒントを得た。この論文の筆者らは、自己剽窃を避けるための修正を指示されたある筆者について報告をしている。

16.12 *How to Write and Publish a Scientific Paper,* Day R, Cambridge University Press, 2006

第17章

(2-6) https://ipa.org.au/wp-content/uploads/archive/1323311664_document_kesten_green.pdf
(7) https://en.wikipedia.org/wiki/Influenza_A_virus_subtype_H5N1 (8) http://www.telegraph.co.uk/news/earth/environment/globalwarming/11395516/The-fiddling-with-temperature-data-is-the-biggest-science-scandal-ever.html

17.7 *Bad Science,* Ben Goldacre, Harper Collins, 2008. Goldacreのウェブサイトに掲載されている動画も参照：www.badscience.net; *What do you care what other people think?* Richard Feynman, W. W. Norton & Company, 2001

17.8/17.9 Ken Lertzmanの *Notes on Writing Papers and Theses* はダウンロード可：http://www.jstor.org/stable/20167913?seq=1#page_scan_tab_contents; Bates: **17.11** を参照。

17.10 http://en.wikipedia.org/wiki/Brazil_v_Germany_%282014_FIFA_World_Cup%29

17.11 ベイツ大学のウェブサイト：http://abacus.bates.edu/~ganderso/biology/resources/writing/HTWtablefigs.html;

17.13 ポスドク関連の記事はFilippo Conti著。

第18章

18.4 www.bmj.com/about-bmj/resources-authors/article-types/research
18.6 ベイツ大学（米国メイン州）のGreg Andersonの生物学のウェブサイトは生物学の研究者でなくても一見の価値あり：http://abacus.bates.edu/~ganderso/biology/resources/writing/HTWtoc.html

18.6, 18.18 Catherine Bertenshaw と Peter Rowlinson の論文 *Exploring Stock Managers: Perceptions of the Human-Animal Relationship on Dairy Farms and an Association with Milk Production* は *Anthrozoos* に収録：*A Multidisciplinary Journal of The Interactions of People &*

Animals, Volume 22, Number 1, March 2009, pp. 59-69（11）, Berg Publishers, an imprint of A&C Black Publishers Ltd. ダウンロード可：https://www.tandfonline.com/doi/abs/10.2752/175303708X390473

18.8 *Chickens prefer beautiful humans*の初掲載は*Human Nature* Volume 13, Number 3, 383-389. 全文は次のサイトに掲載：http://cogprints.org/5272/1/ghirlanda_jansson_enquist2002.pdf

18.9 このサブセクションはShahn Majidが数学専攻の学生を対象に著した小冊子*Hints for New PhD students on How to Write Papers*を基に作成。全文は次のサイトに掲載：https://www.findaphd.com/advice/doing/writing-research-papers.aspx

第19章

The Year 2000 - A Framework for Speculation on the Next Thirty-Three Years, Herman Kahn and Anthony J. Weiner, Macmillan, 1967.

19.2 https://www.nature.com/articles/nphys724

19.3 トロント大学のウェブサイトに、ライティングスキルに関して優れたページが掲載されている：https://ecp.engineering.utoronto.ca/resources/online-handbook/components-of-documents/conclusions/

第20章

これらはすべてCharles Fox教授の論文に対する査読者の実際のコメント：http://www.uky.edu/~cfox/PeerReview/Index.htm

20.1 これらのレビューのデータソース：http://shitmyreviewerssay.tumblr.com/. Rogier Kievitに感謝します；Dunning教授の引用データソース：*Ignobel Prizes - The Annals of Improbable Research by Mark Abrahams,* Penguin Group, USA. Dunning教授に使用の許諾をいただいたことに感謝します。

20.5 *Plain English for Lawyers,* Richard C. Wydick, Carolina Academic Press

20.16 https://www.bmj.com/content/343/bmj.d7506

翻訳者あとがき

　素晴らしい本書との出会いに、翻訳者としてよりもむしろ英語学習者として感謝したいと思います。5年前に本書に出会っていなければ現在の自分（前平）はなかったと思うからです。本書からはとてもたくさんのことを学びました。巷にも論文執筆ガイドの良書はありますが、これほど網羅的で深い示唆を与えてくれる解説書は他に類を見ません。当時はまだ翻訳版は出版されておらず、私は原書を貪るように読み、効果的な英語論文の構成のテクニックと英語ネイティブの語感を大いに学びました。本書は今でも私の英文作法のバイブルです。理解が深まれば深まるほど、英語論文の投稿を控えているできるだけ多くの日本の科学者の皆さんに本書を読んでいただきたいと思うようになりました。強い願いは叶うもので、こうして日本語版の出版に至ることができました。

　本書の特徴は、何と言っても、論文の編集、校正に長年にわたって携わり、アクセプトされる原稿とそうでない原稿について熟知しているエイドリアン・ウォールワーク氏が執筆していることです。しかも、英語を母国語としない科学者を対象にして執筆されています。エイドリアンの貴重な経験から得られたアクセプトされるための原稿執筆のノウハウが惜しげもなく公開されています。また本書には、多くの例文と多くの「修正前」と「修正後」の比較が掲載されていますが、これも本書ならではの特徴です。査読者や編集者の目にはどのような英文が良い・悪いと映るのでしょうか？　私はすべての例文と「修正前」と「修正後」を何度も読み返し、多くの気づきを得ました。皆さんも投稿された原稿を査読する側の視点に立ってこれらの例文を研究してみてください。きっと多くの発見があると思います。

　英文ライティングにおいて最も重要なスキルを、エイドリアンは第2章で次のように要約しています。

- ●センテンスは、ロジックが直線的かつ段階的に理解されるときに読みやすくなる。
- ●センテンス内の語順は、読者を思考のロジカルな流れに沿って導けるように配置しなければならない。思考は前に向かって進む。決して後ろ向きではない。だから読者が読み返したり、読者の思考が中断したりすることがあってはならない。

　すなわち、英文ライティングにおいては情報の配列の順序がきわめて重要であるとエイドリアンは教えてくれています。頭では分かってはいても、やはり日本語が母国語の私たちには難しいことです。これが私たちの最大の弱点であり、英文ライティング上達の突破口であることには間違いないと思います。

　またエイドリアンは、今回の日本語版の出版にあたり、日本の科学者の皆さんへ特別にメッセージを送ってくれました。その中でエイドリアンは、英語論文に頻出

する表現を学ぶことの重要性について指摘し、論文を読みながら役立つ英語表現を学習し応用することを薦めています。巻末に、序論から結論までの各セクションに頻出する英語表現が機能別にまとめられています。これは原著の第1版には収録されていたのですが、第2版では削除されていました。しかし、あまりにも優れた付録であり、日本語版では載せてもらいました。これらの表現をぜひ実際に活用してみてください。

各章は"論文ファクトイド"で始まります。ファクトイド（Factoid）は、手元の辞書によると、*a small and quite interesting information that is not importantと定義されています。日本語の「豆知識」に相当するでしょうか。ファクトイドを訳すたびにエイドリアンの博識ぶりに驚かされました。ここは本人が紹介しているとおり、頭の準備運動として読みましょう。

本書の翻訳は私（前平）と笠川の2人で行いました。笠川との共同翻訳がなければ、この日本語版が出版されることはありませんでした。笠川の翻訳はきわめて秀逸で、本書同様に笠川の翻訳からも大きな刺激を受けました。日本語に翻訳しながら英語論文の作法とネイティブの語感を学び、同時に笠川から翻訳術を学ぶという贅沢な時間を過ごせたことにも感謝したいと思います。

私（笠川）も翻訳に携われたことをとても幸せに思っています。訳し終えてあらためて本書の素晴らしさに感激しています。もっと早く出会えていたらと思います。著者のエイドリアンはイギリス出身ですが現在はイタリアのピサに在住。長年にわたり英語の指導や論文の編集・校正、本の執筆を続けています。英語を母国語としない人たちを日常的に指導している先生ですので、外国人が英語で論文を書く困難さをよく理解なさっています。英語論文の書き方に関する本は何冊も読んできましたが、この本にしか載っていない知識や技法も多く、日本人にとってもエイドリアンの教えは役に立つに違いないと感じています。この本の翻訳を持ちかけてくださり、表現力豊かな英文ライティングでエイドリアンとのやりとりも率先して引き受けてくださった前平氏には御礼の申し上げようもありません。

遅れがちな原稿をいつも辛抱強く待っていただき、長い翻訳に挫けそうになるのを最後まで励ましてくださった講談社サイエンティフィクの横山真吾氏と秋元将吾氏の両氏にも感謝の意を表したいと思います。

最後になりましたが、本書が読者の皆さんの英語論文の執筆のお役に立ち、少しでも多くの日本発の論文が海外のジャーナルにアクセプトされ、皆さんの知見が世界の科学の発展に大きく貢献することを、エイドリアン同様、私たちも心から願っております。

2019年12月

前平謙二／笠川 梢

（*Longman Advanced Dictionary of Contemporary Englishより引用）

索引 （第1章～第20章）

日本語

あ

あいまいさ	107 328
あいまいな受動態	145
アメリカ英語とイギリス英語	404
一貫性	47 402
インタビューの引用	348
インパクトファクター	6
引用	215
置き換え	211
オリジナリティ	5
オンラインのジャーナル	104

か

革新性	8
拡張要旨	264
カジュアルな文体	341
学会投稿用のタイトル	246
学会発表用の要旨	279
括弧	83 116
カット＆ペースト	379 401
可読性が高まる	67
カバーレター（メール）	405
関係代名詞	122
関係代名詞 that	125
関係代名詞 which	74 122
関係代名詞 who	124
簡潔なセンテンス	65
簡潔な表現	87
冠詞	130 235
既知の情報	41
却下の理由	5
キャプション	347
強調	12 153 159 197
キーワード	66 113 256

句読点	120
句読法（パンクチュエーション）	79
ケアレスミス	89
形容詞	32 96 199 237
結果（Results）の書き方	336
結果のオープニング	339
結果の時制	340
結果（まとめ）	350
結果を強調する	12
結論（Conclusions）の書き方	374
結論の時制	377
結論の締めくくり	388
結論（まとめ）	391
研究の限界	179 271 366 384
研究の強みと弱点	8
検索エンジン	16
検索のためのヒント	239
考察（Discussion）の書き方	351
考察と序論の違い	381
考察のオープニング	357
考察の締めくくり	370
考察の長さ	368
考察（まとめ）	372
構造化考察（Structured Discussion）	356
構造化要旨（抄録）	253 261
肯定的に批判する	204
語順	20 109
誇張しすぎない	177
小見出し	166 334 369
コロン	81
コンマ	79
コンマの多用	80

さ

査読者	14 161 274 400 406
査読者の存在	400
サブセクション	334

サブトピック	49
時制	148 149 150 298 311
執筆準備	3
ジャーナルの選び方	6
謝辞（Acknowledgements）	390
10の基本ルール	410
主語と動詞	22
主語の提示	24
主張を和らげる	200
受動態	144 145
冗長な表現	90 95
冗長を避ける	87 301 399
情報の配列の順序	20
将来の研究につなげる	385
省略形	256
抄録	254 261
序数	51
助動詞	202
序論（Introduction）の書き方	287
序論と要旨	289
序論のオープニング	292
序論の構成	289
序論の時制	298
序論の長さ	292
序論（まとめ）	303
新規情報	41
新規性	7
新規の情報	41
人文系の考察	367
人文系の序論	294
人文系の要旨	276
数詞	273
スタイルガイド	11
スタイルと構造	11
図表の解説	101 167 344
スペルチェック	248 404
制限用法	122
正式な英語	403
セクションを書く順序	9
接続語句（link words）	93
接続詞	72 78 188 207

セミコロン	81
セミナー発表の要旨	283
先行詞	124
前置詞	232
センテンスの構造	18 325
専門用語の使用	117

た

第一人称	144
第一パラグラフ	37
タイトル	229
タイトルの冠詞	235
タイトルの疑問形	241
タイトルの前置詞	232
タイトルの長さ	231
タイトル（まとめ）	250
タイポ（誤字）	139
代名詞	28
確からしさ（確実性）	202
誰の研究かを示す	142
単語繰り返し恐怖症	113
チェックポイント：提出前	399
チェックポイント：読みやすさ	400
抽象的vs具体的	91 120
著者向け情報	11
定冠詞	130
データ解釈の代替案	186
テンプレート作成	9
同義語	113
投稿規定	11 144 257
投稿前の最終チェック	392
投稿前（まとめ）	409
動詞＋名詞	99
動詞-ing形	78 125
同綴異義語	138
導入語句	97
導入のセンテンス	46 47
トピックセンテンス	46 48
トーンを抑える	198

483

な

長いセンテンスを分割	61
長いパラグラフ	52
ナレッジギャップ	267 372
人称代名詞	258
能動態と受動態	354

は

背景情報	270
ハイフン	121
ハイライト	256
パラグラフのエンディング	57
パラグラフの構成	35
パラグラフの第一センテンス	40
パラグラフを改めるとき	56
パラフレージング	211
パラレル(並列)構造	168
非制限用法	74 122
筆者の声	203
筆者の責任	13
否定語	29
否定的な結果	181 342
ビデオ要旨	265
非人称代名詞	258
批判・批評	203
批判を避ける	203
剽窃	211
剽窃ソフトウェア	214
フォーマルな英語	145
不可算名詞	128
複雑なセンテンス	64
副詞	31 199 208
不定冠詞	130
不定詞	102
ブラインド査読	156
プレイジャリズム	211
ブレット(箇条書き)	165 327
文献検索	8
文献レビューのオープニング	307

文献レビューの書き方	304
文献レビューの時制	357
文献レビュー(まとめ)	316
文体	214 258 340 390
文頭のit	24
文脈を与える	45
文脈を作る	43
平凡な表現	171
ヘッジング表現	194
勉強会	11
編集者のニーズ	7
方法(Methods)の書き方	317
方法のオープニング	322
方法の時制	368
方法(まとめ)	335
母国語で書くかどうか	10

ま

見出し	166
無駄な表現	100 398
名詞をつなげない	33
メイントピック	49
面目をつぶさない	194

や

有料校正サービス	398 407
要旨(Abstract)の書き方	251
要旨と結論の違い	379
要旨の時制	260
要旨(まとめ)	286
要約(Summary)	254
より具体性の高い言葉	120

ら

ラテン語に由来	137
ランニングタイトル	247
リジェクト	14 110 397 405
レジェンド	347

レビュー論文の要旨	279
レファレンス	153
ロジカルな流れ	29
ロジカルな論理展開	51
ロジカルにつなぐ表現	54
論文構成の説明	301
論理的な文脈	48
論理展開	63

わ

ワークショップの要旨	283

英語

A

a total of	340
achieve an improvement	100
allow	331
although	72
among other things	90
an additional feature of	55
an example of	55
another way to do	55
appear	365
as a result of	74
as can be seen in Table 2	55
as far as X is concerned	55
as noted earlier	55
as well as	69
author guidelines	11
authour resources	11

B

because of this	55
BMJ	12 265 406
both A and B	135
breakthrough	363

C

carry out	115
carry out a test	100
cause a cessation	100
Clarity of Technical Reporting	57
comparatively	119
compare	99
conceivably	203
conduct a survey	100
consequently	333
considerable	119
CONSORT	356
convincing	363
could	202

D

differed by	343
drastic	364
due to	74

E

e.g.	137
earlier	133
effect a reduction	100
either A or B	135
emphasize	115
enable	331
exciting	363
excuse a search	100
exert an influence	100
exhibit a performance	100
experience a change	100

F

fairly	119
feasible	202
Figure 1 shows	55

finally 51
firstly 51
following this 55
for example 55
furthermore 71

G

give an explanation 100
Good Style-Writing for Science and Technology
.... 63

H

heavy in weight 90
hence 333
highlight 115
however 72 171
huge 363

I

i.e. 137
implement an change 100
in addition 171
in an attempt to 67
in color 90
in conclusion 55 97
in contrast 171
in fact 73
in order to do this 55
in relation to X 55
in sum 55
indisputable 363
innovative 237
instructions for authors 11
interesting 343
interestingly 55
intriguing 343
it is worth noting that 55
It is 構文 97

it must be emphasized 92
iThenticate 214

L

later 133
leap 363
like 136
likelihood 202

M

make a prediction 100
massive 363
may 202
might 202
moreover 71
moreover と in addition 176
must 202

N

Nature 87 108 266 376
nearly all 119
nevertheless 55
next 333
note 24 92 172
notes for authors 11
noting 172
novel 237

O

obtain an increase 100
on the other hand 72
ostensibly 203
owing to 74

P

period of ... days 90

486

permit	331
plausibly	203
possibility	202
possible	202
powerful	237
practically	119
presence of	90
previously	133
probability	202
probable	202
propose	389

R

rather	119
reach a conclusion	100
real	119
recommend	389
regrettably	384
relatively	119
reliable	237
remarkable	343
respectively	134
robust	237
round in shape	90

S

scalable	237
secondly	51
section	302
seem	365
several	119
Shit My Reviewers Say	393
should	202
show an improvement	100
since	73
small in size	90
somewhat	119
stress	115
subject to examination	100

substantially	119
suggest	389

T

the former	131
the latter	131
then	55
there is	208 341
thereby	333
therefore	333
these considerations imply that	55
these results indicate	56
thirdly	51
this highlights that	55
this means that	55
this study shows that	56
thus	74 95 127 333
to this end	55

U

undeniable	363
underline	115
unfortunately	183
unlike	136
unlikely	203

W

we	152 153
we believe	190
we か受動態か	144 320 340 354
we の禁止	148
whereas	72
whith this in mind	55
Who Did What	142
with the aim to	67
with the purpose of	67
with this in mind	55
wordnik.com	240

Writing Successfully in Science 339

索引（第21章）

英字

X＝Yである 432
XがYをできるか 421
Xがあることで 441
Xの将来性を概説 419
Xの特徴は 421
Xを選択した基準 442
YからXを引く 440

和字

あ

あいまいさがある 432
青写真を提供 463
明らかな傾向を示し 471
明らかにしている 440
新しい 422 424 426
後のセクションで考察 ... 427
誤って～した可能性 457
表すことができる 440
ある意味で～の落とし穴 ... 432
ある程度の反対意見 422
アンケートやインタビュー結果
.... 447
暗示している 461
言い換えられる 439
以下に記載する 471
遺憾ながら 455
意義深いことは 449
意見や可能性を示す 461
以降Xと称する 425
移行できない 465
以上の期間にわたって ... 443
以上をまとめると 463
いずれにしても 460

以前発表した論文 437
位置している 438
一助となる可能性 466
位置を示している 470
一層の研究 467
一致した 452
一般化する 464
一般には受け入れられ ... 435
意図せぬバイアス 458
いまだ未完成 465
今では～が示唆 430
浮き彫りになった 450
影響を確認 447
エビデンスが見つかった ... 448
エビデンスと一致しない ... 452
エビデンスは決定的でない
.... 432
応用できる可能性 465
応用の可能性と意義 465
大いに役立つ 461
大きな関心 428
大きな躍進を受けて 429
多くの数の 454
多くの疑問点 432
多くの研究 427 429
多くの試み 430
多くのことが知られて ... 427
多くの注目 428
多くの文献 427 428 432
多くの例がある 427
おおまかに 437
推し進める 467
お粗末であった 455
おそらく仮定される 458
劣っていない 454
驚いたことに 448
主な欠陥 421
主な欠点の1つは 432

主な原因 418 457
主な限界 432
主な特徴 418
主な問題は～がない 421
主に～点の 465
主に～に基づいて 427
思われる 461
終わるとすぐに 443

か

解決 420 427 468
概して 448
解釈できるかもしれない
.... 459
解釈の注意点 454
概説である 423
改善の余地 456
回答者の大多数 447
解明されたわけではない ... 458
科学者は～と考えてきた ... 419
欠かせない 468
限られたデータに基づいて
.... 423
革新的解決策 424
確認している 430
各ハンドブックを参照 ... 472
過去の文献 428
頭字語は～を意味 425
カスタマイズ（特注・改造）
.... 439
仮説 431 450 461
仮説は現実的なようだ ... 431
固く信じている 467
活用した道具 437
活用できる 466
過度に依存 435
可能性が導かれる 462

489

可能にする 436	結果と合致している 451	この5年間で〜使用 419
過半数 447	結果の受容性を正当化 ... 453	この時点で 444
かろうじて区別できる ... 451	結果の理由について 458	この方法は〜だけに応用 ... 422
代わりにYを使う 446	結果は図〜に記載 470	これ以降 443
考えている 446	結果も確認 451	これ以上調べること 457
考えられなくはない 456	結果を得るための方法 ... 446	これに留意して 423
観察できるのは 470	欠陥は明解 433	今回が初めて 450
感謝の意を表し 469	結局のところ 466	今後数年間で〜 420
患者は〜歳 442	決定的な長所 446	混乱を招く 434
関する多くの仮説が 420	欠点があるにもかかわらず	
完成したXは 444	 421	
管理する 436	結論 430 431 462	**さ**
基準は〜に設定 443	結論や要約 462	最近の〜考慮すると懸念が
帰せられる 458	結論を再び述べる 462	 422
期待の持てそうな 465	原因 418 456 461	最近の文献 429
貴重な応用例 445	限界を強調 464	最近まで〜と考え 419
基本的な問題は 420	限界を認める 456	再現している 453
疑問視し 423	元気づけられるもの 465	最後に 444
疑問を投げかけている ... 430	研究が実行された 429	最後の調整 444
逆に我々は 452	言及したとおり 471	最終セクションで解説 ... 426
急速に熱した 442	研究者の発表・報告 430	最初
強調している 431	研究の限界は 460	... 419 428 429 443 447 472
共通点がある 452	研究目的を再確認 472	最先端の論文 428
協同して働いて 470	現在に至るまでの研究概説	最善の手順 441
興味深い側面 471	 419	最大限に活用する 440
協力して働いて 469	現在 420 446	最大 445 457
強力な手段 463	検査の目的や実験方法 ... 436	最適ではなかったが 459
極めて重要な課題 468	検出できなかった 449	再度お伝えしたい 472
近年 419 429	顕著 418 456	採用 439 441
区別している 431	限定的に使用 456	避けられない 460
組み合わせて 440	検討している 430	指し示すようだ 461
組み立てられた 438	効果的に使用できる 461	さらに裏づけられる 451
グラフは〜を示している ... 470	構成されている 437	さらに詳しい情報は 472
傾向にある 431	広範囲 428 468	さらに詳しく解説 426
計算機を利用 442	合理的説明 458	さらに細かく分類 442
計算された 438	ごく少数だった 448	さらに示している 463
形式解が得られる 440	心から感謝する 469	さらに分析 448
警鐘を鳴らす 455	ご支援いただいた 469	さらにもう一つ 466
継続中であるが 464	この10年間で〜見直され	さらに良くなって 446
系統的研究 429	 419	差を検査 447
経費は高くなる 446	この2年間で〜成長を ... 419	参加に同意 447

参考文献 472	条件下 443	相関関係がある 439
残念ながら 432	使用したソフトウェア 438	総説は [～] を参照 472
しかし、まだ 421	使用して収集した 438	装置とその入手経路 437
然るべき注意 455	詳述した 436	装置を採用したのは 441
時間のかからない 446	焦点 467 471	相当な注意 445
時間枠を説明 443	情報が利用可能 429	相当量の差 454
資金援助を受けた 469	証明 433 453 455	測定 429 436
示唆している 462	将来的な研究 467	損なわれた 433
支持しない 453	初期研究 428	その意義をさらに 426
事実に反して 459	助言をいただいた 469	そのうえ、～失敗している
事実にもかかわらず 464	助成金を受けて実施 469	422
自信を持っている 466	序論で述べたとおり 472	それでもなお 460
し過ぎることはない 450	調べることから始める 427	それに対し 452
した研究者はいない 420	資料を参照 471	それにもかかわらず 452
実験が～によって実施 429	深刻な弱点 433	
実行不可能な 421	慎重に解釈 454	
実施することができた 463	慎重にならなければ 465	た
実施中・計画中の研究 467	信頼できる 431 441	第一歩 465
実質的に同じ 436	図～に示した 470	対応すべき 468
実証された 451	遂行する 467	大革新をもたらし～ 418
市販のソフトウェア 439	推定するため 467	第三者に託す 467
紙面の都合により 427	少し 442 453	対象者を分割 443
謝意を表する 469	図示している 470	対象範囲外 460
若干の例外を除き 449	既に 435 452 467	代替となる 445
収集の従来のアプローチ 442	すなわち～無数に存在 425	代替の方法 446
周知の批判 432	図表の説明 470	代入する 440
十分 433 451 454	するために研究を実施 423	タイプがある。具体的に 426
重要 420 466	正確に判断するため 457	だけで有意 448
重要な専門用語を解説 424	成績はむしろ 457	達成内容を強調 463
従来のエビデンスと一致 451	正当性 442 431 453	誰も～を研究していない 421
従来の研究の限界 433	正の相関 448	段階を経た後 444
従来の研究の限界 (匿名)	精密に検査し 454	断定している 439
431	設計・開発 468	知見が拡大する 451
従来の方法 428	説得力のある 434	着手した 472
出発点になり得る 464	説明 433 455 458	注意深く 442 454
手法に原因がある 460	潜在的な短所 464	注意を喚起 445
主要な目的は 472	潜在能力 445	注意を引きつける 431
順序に従って 445	前述・後述 471	中心的 419 420
準備した 441	先述の 471	注目 449
紹介する 426	前世紀で最も～ 419	調査 429 430 433 464 467
上記で報告したとおり 471	前例のない 451	調整を加えている 437

491

直近のエビデンスにより	430	
追試する	467	
追跡している	430	
通常〜に言及	424	
次に示すのは	471	
次の10年間で〜	419	
次の章では	427	
次のステップのきっかけ	444	
次のような変更	439	
次のように改造した	439	
強く感じている	461	
提案と同じだ	437	
定義	424	
提供していただいた	438	
提言する	468	
提示してきた	462	
提唱されている	461	
適合している	437	
適している	465	
適切ではない	433	
できることを意味した	441	
で構成されていた	442	
デザインは〜を対象	441	
手順とほぼ同じ	437	
データ収集の困難	456	
データ分析	438	
テーマの重要性を説得	418	
デメリットである	433	
伝統的に〜に着目〜	419	
と〜を同じ意味として	425	
という事実だ	456	
という用語を使っている	426	
どういうわけか	449	
同意が得られた	442	
統計学的に有意	439 449	
搭載している	438	
到達できない	444	
同定する	436	
同様の手順を用いて	442	
特色がある	445	

特注の装置	439
特徴がある	465
特定されている	427
特に	421 445 464 469
特筆すべき結果	449
匿名の査読者	469
特有である	451
どちらとも言い難い	434
どのように解決すべきか	423
伴う	445
ともに使用する	439
と呼んでいるテーマは	425
どれほど重要か	450

な

長すぎる	434
投げかけた	468
納得のゆくもの	458
ナレッジギャップ・限界を指摘	420
に関する限り	471
に言及するために〜が	424
について詳しく述べる	426
についてコミュニティは	422
について尋ねられ	448
についてはいくつかの定義	424
入手した	438
によって定義された	424
のアプローチを採用するよりも	435
の一部	418
残りのX	443
の使用に関しては	471
の使用は広く受け入れられ	425
望んでいなかった結果	455
のために〜を提示	423
の分野で広く使用〜	418
のみ適用される	459

のように構成されている	426

は

バイアスの存在は除外	459
拍車となる	469
励みになる	468
発見したこと	448
発見したにもかかわらず	452
発見できなかったこと	449
発生した可能性	458
嵌め込まれて	438
はるかに高い値	452
煩雑	434
反証する	453
反対意見がある	422
判明した	448
光を当てた	463
被験者〜名	447
非公式に実施	443
非常に困難	460
ヒストグラムから	470
必要性に疑問	430
人を募集	442
批判を免れる	435
表〜は	470
評価するために	446
標本・調査の選択手順	442
標本や溶液準備	441
表明したように	452
表面的だ	434
ひょっとすると	456
広い意味で〜定義	425
深みを与えている	464
複数の説明	458
複数の側面において	464
複数の著者が	435
相応しくない	434
踏まえて小規模の標本	441
プロセスの時間枠	444
文献の概観	427

分析 438 447 449	申し分ない 451	
分野において 420	もう一つの弱点 434	ら
分類すると 425	目的と貢献を述べる 422	利害関係者 466
平均スコア 448	目的は〜の知見を拡張 ... 423	立証 440 450
別の研究者の意見を利用	目的は〜を研究 423	利点 446
.... 435	目的は〜を正当化すること	略語である 440
変化は〜を用いて特定 ... 447	 423	留保されている 467
包括的な結果 463	目標は Y を行うこと 440	理由を提供 431
方向性が示唆され 468	もしかしたら影響 459	量が減少すれば 444
報告している 470	もっと大きい懸念 434	利用している 438
方法、標本の選択理由 ... 440	最も著しい 450	理論は〜に基づいて 431
方法などのメリット 445	最も驚くべき相関 450	臨時の装置 439
方法を変化させた 437	最も重要な〜と認められ ... 418	類似点の概略 436
他の科学者が強調 435	最も重要な限界は 464	レビュー内で述べたとおり
他の研究の肯定的側面 ... 431	最も広く使われ 418	 471
ほとんどすべて 448	最も有名な批評家は 436	論文の構成を示す 426
ほのめかしている 462	モデルが正しい 450	
本報告で我々は 422	問題が残っている 428	わ
本レビューで我々は 462	問題を解決する技術 421	わかりやすくするため ... 440
本論文では〜を調査 462		僅かな不一致は別に 454
	や	話題の転換 471
ま	役立つ可能性がある 465	我々の見解では 461
マイナス面 457	有意な差は無かった 449	我々の知る限り 461
ますます重要に 418	有益である 466	
まず我々は 443	ゆえに 455	
まだ定義はない 425	用意ができている 444	
まとめて考えるならば ... 462	容易に立証 440	
まとめると 462	溶液は〜を含んでいた ... 442	
まもなく〜だろう 420	容器に入れる 444	
稀にしかない 445	要件 439 441	
満足のいく一致 454	用語 X は〜を意味 424	
見込みを指し示して 462	用語と記号解説 425	
見過ごしている 433	要約されている 435	
見通しが得られた 463	予期していなかった 459	
無視しても構わない 459	予想外 448 458 459	
矛盾 454 455	予想外の結果を正当化 ... 457	
明解な方法 446	予想外の結果を小さく ... 459	
明白に存在 462	予想に反して 455	
メリットは〜にある 463	予備研究 428	
面接した人のうち 447	予備的な試行 460	

493

著者紹介

エイドリアン・ウォールワーク

1984年から科学論文の編集・校正および外国語としての英語教育に携わる。2000年からは博士課程の留学生に英語で科学論文を書いて投稿するテクニックを教えている。30冊を超える著書がある（シュプリンガー・サイエンス・アンド・ビジネス・メディア社、ケンブリッジ大学出版、オックスフォード大学出版、BBC他から出版）。現在は、科学論文の編集・校正サービスの提供会社を運営（e4ac.com）。連絡先は、adrian.wallwork@gmail.com

訳者紹介

前平　謙二（まえひら　けんじ）

医学論文翻訳家。実用英語技能検定1級、JTF（日本翻訳連盟）ほんやく検定1級（医学・薬学、日→英）。著書に『アクセプト率をグッとアップさせるネイティブ発想の医学英語論文』メディカ出版、訳書に『ブランディングの科学』朝日新聞出版、『P&Gウェイ』東洋経済新報社。ウェブサイト：https://www.igaku-honyaku.jp/

笠川　梢（かさかわ　こずえ）

医薬翻訳者。実用英語技能検定1級、JTF（日本翻訳連盟）ほんやく検定1級（医学・薬学、英→日・日→英）。留学、社内翻訳を経て、2005年独立。治験関連文書や論文など様々な医薬文書の英訳・和訳を手がける。日本翻訳連盟会員、日本翻訳者協会会員。ウェブサイト：https://translators-life.com/

NDC407　　511p　　21cm

ネイティブが教える　日本人研究者のための論文の書き方・アクセプト術

2019年12月19日　第1刷発行
2020年 7月 2日　第4刷発行

著　者　エイドリアン・ウォールワーク
訳　者　前平謙二・笠川　梢
発行者　渡瀬昌彦
発行所　株式会社　講談社
　　　〒112-8001　東京都文京区音羽2-12-21
　　　　　販　売　(03) 5395-4415
　　　　　業　務　(03) 5395-3615

編　集　株式会社　講談社サイエンティフィク
　　　代表　矢吹俊吉
　　　〒162-0825　東京都新宿区神楽坂2-14　ノービィビル
　　　　　編　集　(03) 3235-2701

本文データ制作　美研プリンティング　株式会社
カバー・表紙印刷　豊国印刷　株式会社
本文印刷・製本　株式会社　講談社

落丁本・乱丁本は、購入書店名を明記のうえ、講談社業務宛にお送りください。送料小社負担にてお取替えいたします。なお、この本の内容についてのお問い合わせは、講談社サイエンティフィク宛にお願いいたします。定価はカバーに表示してあります。

© Kenji Maehira and Kozue Kasakawa, 2019

本書のコピー、スキャン、デジタル化等の無断複製は著作権法上での例外を除き禁じられています。本書を代行業者等の第三者に依頼してスキャンやデジタル化することはたとえ個人や家庭内の利用でも著作権法違反です。

Printed in Japan

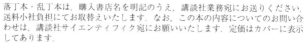

ISBN 978-4-06-512044-6